普通高等教育"十四五"系列教材

工程建设法规及案例评析

主 编 覃 源 黄灵芝 温立峰

副主编 曹 靖 宋锦焘

中国水利水电出版社

www.waterpub.com.cn

·北京·

内 容 提 要

本书结合土木工程及水利水电工程实际，根据相关专业教学需要而编写，系统地介绍了工程建设法规的基础知识及《中华人民共和国民法典》相关规定，包括合同的基础知识、典型合同、建设工程的发包与承包、建设工程监理、建设工程竣工验收和工程质量验收。既有详细的理论介绍，又有代表性的实际案例评析，可帮助学生在学习中思考法律问题。为了巩固所学的理论知识，每章均设置了课后思考题，有利于学生对重点、难点的把握。

本书可作为土木工程及水利水电工程专业本科生、研究生学习用书。

图书在版编目（CIP）数据

工程建设法规及案例评析 / 覃源，黄灵芝，温立峰
主编. -- 北京：中国水利水电出版社，2021.9
普通高等教育"十四五"系列教材
ISBN 978-7-5170-9963-5

Ⅰ. ①工… Ⅱ. ①覃… ②黄… ③温… Ⅲ. ①建筑法
－中国－高等学校－教材 Ⅳ. ①D922.297

中国版本图书馆CIP数据核字(2021)第194750号

书　　名	普通高等教育"十四五"系列教材 **工程建设法规及案例评析** GONGCHENG JIANSHE FAGUI JI ANLI PINGXI	
作　　者	主　编　覃　源　黄灵芝　温立峰 副主编　曹　靖　宋锦焘	
出版发行	中国水利水电出版社 （北京市海淀区玉渊潭南路1号D座　100038） 网址：www.waterpub.com.cn E-mail：sales@mwr.gov.cn 电话：(010) 68545888（营销中心）	
经　　售	北京科水图书销售有限公司 电话：(010) 68545874、63202643 全国各地新华书店和相关出版物销售网点	
排　　版	中国水利水电出版社微机排版中心	
印　　刷	天津嘉恒印务有限公司	
规　　格	184mm×260mm　16开本　22.5印张　544千字	
版　　次	2021年9月第1版　2021年9月第1次印刷	
印　　数	0001—1500册	
定　　价	**65.00元**	

前　言

　　土木工程及水利水电工程的建设在我国国民经济建设中具有不可替代的作用。进入 21 世纪后，我国经济高速增长，土木及水利建设市场日益成熟，建设法规日臻完善。工程建设法规阐述了建设工程中相关法律和法规的基本制度，是土木工程及水利工程专业的一门必修专业课程，它对于培养学生系统掌握建设工程法律法规、运用法律知识分析和解决执行法规中所存在的问题，起着重要的作用。

　　本书是结合土木工程及水利水电工程实际，根据相关专业教学需要而编写的教材。通过学习，要求学生掌握基本法律知识并熟悉工程建设领域的主要法律法规，着重于培养土木工程及水利工程专业学生的法律意识，提高工程建设管理水平，保证工程建设质量和安全。本书系统地介绍了工程建设法规的基础知识及《中华人民共和国民法典》相关规定，包括合同的基础知识、典型合同、建设工程的发包与承包、建设工程监理、建设工程竣工验收和工程质量验收。既有详细的理论介绍，又有代表性的实际案例评析，可帮助学生在学习中思考法律问题。为了巩固所学的理论知识，每章均设置了课后思考题，有利于学生对重点、难点的把握。

　　本书由西安理工大学水利水电学院覃源、黄灵芝、温立峰、曹靖、宋锦泰共同编著，覃源、黄灵芝、温立峰为主编。

　　本书在编写过程中，参考了国内大量的法律条文，借鉴了工程领域众多专家学者的研究成果，得到了何冠洁博士及杨莹、曹卫锋、吴莉、赵鹏龙、奚宏林、陈思琦、田爽、宋健、贺绍伦硕士的大力协助，也得到了中国水利水电出版社编辑的热情帮助，在此表示感谢。由于时间仓促，加之编者水平有限，书中内容难免有不当之处，敬请读者给予指正。

编者

2021 年 5 月

目 录

前言

第1章　合同的基础知识　·········· 1

1.1　合同的概念及一般规定　·········· 1

　1.1.1　合同的适用范围　·········· 1

　1.1.2　合同的种类　·········· 1

　1.1.3　合同的基本原则　·········· 2

1.2　合同的订立　·········· 3

　1.2.1　订立合同当事人的主体资格　·········· 4

　1.2.2　要约　·········· 4

　1.2.3　承诺　·········· 6

　1.2.4　合同的成立　·········· 9

　1.2.5　合同条款　·········· 10

　1.2.6　缔约过失责任　·········· 11

1.3　合同的效力　·········· 12

　1.3.1　合同的效力概念　·········· 12

　1.3.2　合同生效的条件　·········· 12

　1.3.3　合同生效后的法律约束力　·········· 14

　1.3.4　附条件合同和附期限合同　·········· 14

　1.3.5　无效合同　·········· 16

1.4　合同的履行　·········· 16

　1.4.1　合同履行的概念　·········· 16

　1.4.2　合同履行的原则　·········· 16

　1.4.3　提前履行和部分履行　·········· 19

　1.4.4　合同履行中的抗辩权　·········· 19

1.5　合同的保全　·········· 21

　1.5.1　合同保全的概念　·········· 21

　1.5.2　代位权　·········· 21

　1.5.3　撤销权　·········· 22

1.6　合同的变更和转让 ·· 23

   1.6.1　合同的变更 ··· 23

   1.6.2　合同的转让 ··· 24

1.7　合同权利义务终止 ·· 25

   1.7.1　合同权利义务终止的概念 ·· 25

   1.7.2　合同权利义务终止的事由 ·· 25

   1.7.3　合同终止后的义务 ·· 27

1.8　违约责任 ··· 28

   1.8.1　违约责任的概念 ··· 28

   1.8.2　违约行为 ··· 28

   1.8.3　违约责任的形式 ··· 30

   1.8.4　免责事由 ··· 33

思考题 ··· 34

第 2 章　典型合同 ··· 35

2.1　买卖合同 ··· 35

   2.1.1　买卖合同的概念 ··· 35

   2.1.2　买卖合同的特征 ··· 36

   2.1.3　买卖合同的内容 ··· 36

   2.1.4　买卖合同双方的义务 ··· 37

2.2　供用电、水、气、热力合同 ··· 38

   2.2.1　供用电、水、气、热力合同的概念 ···························· 38

   2.2.2　供用电、水、气、热力合同的主要特征 ····················· 39

2.3　赠与合同 ··· 39

   2.3.1　赠与合同的概念 ··· 39

   2.3.2　赠与合同的主要特征 ··· 39

2.4　借款合同 ··· 40

   2.4.1　借款合同的概念 ··· 40

   2.4.2　借款合同的主要特征 ··· 41

   2.4.3　借款合同双方的权利和义务 ······································ 42

2.5　保证合同 ··· 43

   2.5.1　保证合同的概念 ··· 43

   2.5.2　保证合同的主要特征 ··· 43

   2.5.3　保证责任的种类 ··· 45

2.6　租赁合同 ··· 47

   2.6.1　租赁合同的概念 ··· 47

   2.6.2　租赁合同的主要特征 ··· 48

   2.6.3　租赁合同双方的义务 ··· 48

2.7　融资租赁合同 ··· 49

2.7.1 融资租赁合同的概念 ……………………………… 49
2.7.2 融资租赁合同的主要特征 …………………………… 50

2.8 保理合同 ……………………………………………… 51
2.8.1 保理合同的概念 ……………………………………… 51
2.8.2 保理的对象 …………………………………………… 51

2.9 承揽合同 ……………………………………………… 51
2.9.1 承揽合同的概念 ……………………………………… 51
2.9.2 承揽合同的主要特征 ………………………………… 53

2.10 建设工程合同 ………………………………………… 55
2.10.1 建设工程合同的概念 ………………………………… 55
2.10.2 建设工程合同的种类 ………………………………… 55
2.10.3 建设工程合同的主要特征 …………………………… 56

2.11 运输合同 ……………………………………………… 58
2.11.1 运输合同的概念 ……………………………………… 58
2.11.2 运输合同的主要特征 ………………………………… 59
2.11.3 运输合同的种类 ……………………………………… 59
2.11.4 货运合同中的权利和义务 …………………………… 60

2.12 技术合同 ……………………………………………… 62
2.12.1 技术合同的概念 ……………………………………… 62
2.12.2 技术合同的主要特征 ………………………………… 62
2.12.3 技术开发合同 ………………………………………… 63
2.12.4 技术转让合同和技术许可合同 ……………………… 65
2.12.5 技术咨询合同和技术服务合同 ……………………… 68

2.13 保管合同 ……………………………………………… 69
2.13.1 保管合同的概念 ……………………………………… 69
2.13.2 保管合同的主要特征 ………………………………… 69

2.14 仓储合同 ……………………………………………… 69
2.14.1 仓储合同的概念 ……………………………………… 69
2.14.2 仓储合同的主要特征 ………………………………… 69

2.15 委托合同 ……………………………………………… 71
2.15.1 委托合同的概念 ……………………………………… 71
2.15.2 委托合同的主要特征 ………………………………… 72
2.15.3 委托合同中的权利和义务 …………………………… 73

2.16 物业服务合同 ………………………………………… 73
2.16.1 物业服务合同的概念 ………………………………… 73
2.16.2 物业服务合同的主要特征 …………………………… 73

2.17 行纪合同 ……………………………………………… 74
2.17.1 行纪合同的概念 ……………………………………… 74

2.17.2　行纪合同的主要特征 ……………………………………………… 74

2.18　中介合同 …………………………………………………………………… 75

2.18.1　中介合同的概念 …………………………………………………… 75

2.18.2　中介合同的主要特征 ……………………………………………… 75

2.19　合伙合同 …………………………………………………………………… 76

2.19.1　合伙合同的概念 …………………………………………………… 76

2.19.2　合伙合同的主要特征 ……………………………………………… 77

思考题 ……………………………………………………………………………… 77

第3章　建设工程的发包与承包 …………………………………………… 78

3.1　建设项目发包与承包管理体制概述 ………………………………………… 78

3.1.1　建设项目管理体制中发包与承包的概念 ………………………… 79

3.1.2　发包与承包的立法 ………………………………………………… 79

3.1.3　建设工程发包的方式及应用范围 ………………………………… 82

3.1.4　建设工程承包的方式 ……………………………………………… 84

3.1.5　《建筑法》关于发包与承包的规定 ……………………………… 85

3.1.6　《建筑工程施工发包与承包违法行为认定查处管理办法》关于发包与承包的规定 … 86

3.2　招标与投标概述 ……………………………………………………………… 89

3.2.1　招标投标的概念 …………………………………………………… 89

3.2.2　建设工程招标投标活动的特点 …………………………………… 90

3.2.3　招标投标的原则 …………………………………………………… 91

3.2.4　招标投标主体的权利及义务 ……………………………………… 92

3.2.5　建设工程招标方式 ………………………………………………… 96

3.2.6　招标办法 …………………………………………………………… 100

3.2.7　招标的种类 ………………………………………………………… 101

3.2.8　招标投标的一般程序 ……………………………………………… 103

3.2.9　电子招标投标 ……………………………………………………… 107

3.3　建设工程招标 ………………………………………………………………… 108

3.3.1　建设工程招标应具备的条件 ……………………………………… 108

3.3.2　准备招标阶段 ……………………………………………………… 109

3.3.3　发布招标公告 ……………………………………………………… 110

3.3.4　建设工程招标投标资格审查 ……………………………………… 111

3.3.5　建设工程招标文件的编制 ………………………………………… 114

3.3.6　标底 ………………………………………………………………… 117

3.3.7　核定招标控制价 …………………………………………………… 117

3.3.8　组织现场踏勘和标前会议 ………………………………………… 119

3.4　建设工程投标 ………………………………………………………………… 121

3.4.1　资格审查的准备 …………………………………………………… 121

3.4.2　投标前的准备工作 ………………………………………………… 121

　　　3.4.3　建设工程投标文件的编制 ·································· 127

　　　3.4.4　建设工程投标文件的递交 ·································· 131

　　　3.4.5　投标过程中需要注意的问题 ······························ 131

　　3.5　建设工程决标 ·· 133

　　　3.5.1　开标 ·· 133

　　　3.5.2　评标 ·· 137

　　　3.5.3　定标 ·· 155

　　　3.5.4　《招标投标法》中关于决标的其他规定 ··················· 161

　　3.6　建设工程招标的管理机构及职责 ································ 173

　　　3.6.1　行政主管部门 ·· 173

　　　3.6.2　招投标过程中监督的内容及方式 ························ 174

　　思考题 ···176

第4章　建设工程监理 ··· 177

　　4.1　概述 ·· 177

　　　4.1.1　建设工程监理法规概述 ···································· 177

　　　4.1.2　必须实施监理的建设工程项目 ···························· 182

　　　4.1.3　建设工程监理的原则 ······································ 183

　　4.2　工程监理企业和监理工程师 ···································· 185

　　　4.2.1　工程监理企业的资质等级 ································ 185

　　　4.2.2　工程监理企业资质申请和审批 ···························· 189

　　　4.2.3　工程监理企业监督管理 ···································· 193

　　　4.2.4　注册监理工程师 ·· 194

　　4.3　建设工程监理各方的关系 ······································ 197

　　　4.3.1　业主与承包商的关系 ······································ 197

　　　4.3.2　业主与监理单位的关系 ···································· 198

　　　4.3.3　监理工程师与承包商的关系 ································ 199

　　　4.3.4　分包商与其他各方的关系 ································ 201

　　4.4　建设工程监理组织与协调 ······································ 202

　　　4.4.1　建设工程监理合同和监理程序 ···························· 202

　　　4.4.2　建设工程监理组织 ·· 207

　　　4.4.3　建设工程监理机构及其设施 ······························ 210

　　　4.4.4　建设工程监理规划及监理实施细则 ······················ 217

　　4.5　建设工程监理工作及目标控制 ·································· 223

　　　4.5.1　建设工程投资控制 ·· 224

　　　4.5.2　建设工程进度控制 ·· 234

　　　4.5.3　建设工程质量控制 ·· 249

　　　4.5.4　建设工程合同管理工作 ···································· 267

　　4.6　建设工程监理信息管理 ·· 287

4.6.1 建设工程监理信息管理概述 ·············· 288

4.6.2 建设工程监理的信息管理工作 ·············· 289

4.6.3 建设工程监理资料和文档管理 ·············· 295

4.7 建设工程监理的其他相关规定 ·············· 300

4.7.1 建设工程监理的管理机构及职责 ·············· 300

4.7.2 建设工程监理的法律责任 ·············· 301

思考题 ·············· 305

第5章 建设工程竣工验收 ·············· 306

5.1 建设工程竣工验收的概念 ·············· 306

5.1.1 建设工程竣工验收的目的 ·············· 306

5.1.2 建设工程竣工验收的组织方式 ·············· 307

5.1.3 建设工程竣工验收的法定条件 ·············· 307

5.1.4 建设工程竣工验收的内容 ·············· 308

5.1.5 竣工验收的流程 ·············· 310

5.2 水利工程建设项目竣工验收 ·············· 311

5.2.1 法人验收和政府验收 ·············· 311

5.2.2 水利工程建设项目竣工验收的条件和所需资料 ·············· 312

5.2.3 水利工程建设项目竣工验收的规定 ·············· 312

5.3 建设工程竣工其他部门验收 ·············· 313

5.3.1 建设工程竣工规划验收规定 ·············· 314

5.3.2 建设工程竣工消防验收规定 ·············· 314

5.3.3 建设工程竣工环保验收规定 ·············· 315

5.3.4 建设工程竣工节能验收规定 ·············· 317

5.4 建设工程竣工验收备案及归档资料 ·············· 318

5.4.1 建设工程竣工验收备案的规定 ·············· 318

5.4.2 建设工程竣工归档资料的规定 ·············· 319

5.4.3 水利工程建设项目竣工验收资料归档 ·············· 320

5.4.4 水利工程建设项目档案验收 ·············· 321

思考题 ·············· 323

第6章 工程质量验收 ·············· 324

6.1 工程质量验收简介 ·············· 324

6.1.1 工程质量的概念 ·············· 324

6.1.2 建设工程质量管理体系 ·············· 324

6.2 质量体系认证制度 ·············· 325

6.2.1 建设工程质量标准化制度 ·············· 326

6.2.2 建设工程质量管理体系认证制度 ·············· 327

6.2.3 水利工程标准化制度 ·············· 327

        6.2.4　建筑材料使用许可制度 ……………………………………………… 328

　6.3　政府对建设工程的监督管理 ………………………………………………… 328

        6.3.1　建设工程质量监督机构 ……………………………………………… 328

        6.3.2　建设工程质量监督制度 ……………………………………………… 330

        6.3.3　建设工程质量的检测制度 ……………………………………………… 331

        6.3.4　建筑材料使用许可制度 ……………………………………………… 332

　6.4　水利工程的质量监督管理 …………………………………………………… 332

        6.4.1　水利工程的质量监督管理规定 ………………………………………… 332

        6.4.2　水利工程质量监督机构划分及监督方式 ……………………………… 333

        6.4.3　水利工程建设单位质量管理 …………………………………………… 334

        6.4.4　水利工程监理单位质量管理 …………………………………………… 334

        6.4.5　水利工程设计单位质量管理 …………………………………………… 334

        6.4.6　水利工程施工单位质量管理 …………………………………………… 335

　6.5　建设行为主体的质量责任与义务 …………………………………………… 335

        6.5.1　建设单位的质量责任与义务 …………………………………………… 335

        6.5.2　建设工程监理单位的质量责任与义务 ………………………………… 336

        6.5.3　勘察设计单位的质量责任与义务 ……………………………………… 337

        6.5.4　施工单位的质量责任与义务 …………………………………………… 338

        6.5.5　建筑材料、构配件生产及设备供应单位的质量责任与义务 ………… 339

　6.6　建设工程质量保修及损害赔偿 ……………………………………………… 339

        6.6.1　最低质量保修期限 ……………………………………………………… 340

        6.6.2　建设工程质量保修程序 ………………………………………………… 340

        6.6.3　建设工程质量保修书的主要内容 ……………………………………… 340

        6.6.4　建设工程质量保修的损失承担 ………………………………………… 341

        6.6.5　建设工程质量保修违法责任 …………………………………………… 342

思考题 …………………………………………………………………………………… 343

参考文献 ………………………………………………………………………………… 344

第1章 合同的基础知识

【章节指引】 本章讲述了合同的概念、订立、效力、履行和违约责任等方面的基本知识，并在此基础上列举了关于合同订立、有效以及履行方面的典型案例。

【章节重点】 要约与承诺、合同的订立、合同的效力、合同的履行、违约责任。

【章节难点】 订立和履行合同的基本原则，《中华人民共和国民法典》中此部分内容与工程相关的法律条款，违约责任的判断方法，并能够用于进行案例分析。

1.1 合同的概念及一般规定

合同又称契约。广义泛指发生一定权利和义务的协议。狭义专指双方或多方当事人关于设立、变更、终止民事法律关系的协议。《中华人民共和国民法典》（以下简称《民法典》）第四百六十四条规定："合同是民事主体之间设立、变更、终止民事法律关系的协议。"

1.1.1 合同的适用范围

（1）只适用于平等主体之间。平等主体主要指当事人之间无领导与被领导的关系，无管理与被管理的关系，无隶属关系。

（2）只调整有关的财产关系。《民法典》第一条规定："为了保护民事主体的合法权益，调整民事关系，维护社会和经济秩序，适应中国特色社会主义发展要求，弘扬社会主义核心价值观，根据宪法，制定本法。"第二条规定："民法调整平等主体的自然人、法人和非法人组织之间的人身关系和财产关系。"

1.1.2 合同的种类

1.1.2.1 按《民法典》的规定分类

按《民法典》的规定典型合同可分为：①买卖合同；②供用电、水、气热力合同；③赠与合同；④借款合同；⑤保证合同；⑥租赁合同；⑦融资租赁合同；⑧保理合同；⑨承揽合同；⑩建设工程合同；⑪运输合同；⑫技术合同；⑬保管合同；⑭仓储合同；⑮委托合同；⑯物业服务合同；⑰行纪合同；⑱中介合同；⑲合伙合同。

1.1.2.2 按性质分类

（1）指令合同与非指令合同。指令合同是指根据国家下达指令而订立的合同；不以国家指令为合同订立前提的合同是非指令合同，也称普通合同。

（2）双务合同与单务合同。缔约双方互负义务的合同为双务合同。仅由当事人一方负担义务，而他方只享有权利的合同为单务合同。如赠与合同、无息借贷合同、无偿保管合同等。

（3）有偿合同与无偿合同。当事人因取得权利需付出一定代价的合同为有偿合同。只取得利益，不付出代价的合同为无偿合同。

（4）要式合同与非要式合同。要式合同指合同成立须依一定方式始为有效的合同，否则为非要式合同。

（5）诺成合同与实践合同。诺成合同指以当事人双方意思表示一致，合同即告成立的合同。除当事人意思表示一致外，还须以实物给付合同始能成立的合同为实践合同。

（6）主合同与从合同。主合同为不依他种合同的存在为前提而能独立成立的合同。从合同为必须以主合同的存在为前提始能成立的合同。

（7）有名合同与无名合同。有名合同又称典型合同或列名合同，指法律上已确定一定名称及规则的合同。《民法典》第三编第二分编规定的 19 大类合同就是有名合同。无名合同又称非典型合同，指法律上未定一定名称及规则的合同。

（8）《民法典》第二编物权和其他法律中规定的合同类型。

1.1.2.3　按订立形式分类

合同的形式，指的是合同的表现方式。《民法典》第四百六十九条规定："当事人订立合同，可以采用书面形式、口头形式或者其他形式。"

（1）口头合同是以口头的（包括电话等）意思表示方式而订立的合同。它的主要优点是简便迅速，缺点是发生纠纷时难于举证和分清责任。因此，应限制使用口头合同。

（2）书面合同是以文字的意思表示方式（包括书信、电报、契卷等）而订立的合同。《民法典》第四百六十九条规定："书面形式是合同书、信件、电报、电传、传真等可以有形地表现所载内容的形式。以电子数据交换、电子邮件等方式能够有形地表现所载内容，并可以随时调取查用的数据电文，视为书面形式。"书面合同的优点是把合同条款、双方责任均笔之于书，有利于分清是非责任，有利于督促当事人履行合同以及判定违约责任。《民法典》第七百八十九条规定："建设工程合同应当采用书面形式。"

1.1.3　合同的基本原则

1.1.3.1　遵守法律、法规原则

签订合同的双方当事人的主体资格要合法；订立的合同条款不能违反法律、行政法规的强制性规定，否则所签订的合同无效。订立合同的程序和形式要合法。《民法典》第八条规定："民事主体从事民事活动，不得违反法律，不得违背公序良俗。"第十条规定："处理民事纠纷，应当依照法律；法律没有规定的，可以适用习惯，但是不得违背公序良俗。"

典型案例【D1-1】

甲公司与乙公司签订一份秘密从境外买卖走私工程配件并运至国内销售的合同，甲公司依双方约定，按期将配件运至境内，但乙公司提走货物后，以目前账上无钱为由，要求暂缓支付货款，甲公司同意。3 个月后，乙公司仍未支付货款，甲公司多次索要无果，遂向当地人民法院起诉要求乙公司支付货款并支付违约金。

试分析：

（1）该合同是否具有法律效力？

（2）应如何处理？

分析如下：

（1）该合同属于无效合同。

依据《民法典》第一百五十三条的规定："违反法律、行政法规的强制性规定的民事法律行为无效。但是，该强制性规定不导致该民事法律行为无效的除外。违背公序良俗的民事法律行为无效。"以及第五百零五条之规定："当事人超越经营范围订立的合同的效力，应当依照本法第一编第六章第三节和本编的有关规定确定，不得仅以超越经营范围确认合同无效。"甲公司与乙公司之间的买卖合同属于违反法律、行政法规强制性规定的合同，故为无效合同。

（2）由于合同为无效合同，合同确定永久没有法律拘束力，因此法院应驳回甲公司的诉讼请求。同时，甲公司和乙公司的交易损害了国家利益，法院可以采取民事制裁措施，没收双方用于交易的财产。

1.1.3.2 平等、公平原则

所谓平等，其含义为：合同当事人的法律地位平等，一方不得将自己的意志强加给另一方。《民法典》第四条规定："民事主体在民事活动中的法律地位一律平等。"第六条规定："民事主体从事民事活动，应当遵循公平原则，合理确定各方的权利和义务。"

1.1.3.3 自愿原则

《民法典》第五条规定："民事主体从事民事活动，应当遵循自愿原则，按照自己的意思设立、变更、终止民事法律关系。"

1.1.3.4 诚信原则

诚实信用原则，简称诚信原则。诚信原则要求一切市场参加者在不损害他人利益和社会公益的前提下，追求自己的利益。诚信原则并没有固定的意义，《民法典》第七条规定："民事主体从事民事活动，应当遵循诚信原则，秉持诚实，恪守承诺。"

1.1.3.5 利于资源节约和生态保护

坚持节约资源和保护环境，是实现经济社会全面协调可持续发展的内在要求。提高能源利用效率对于打好节能减排攻坚战和持久战、转变经济发展方式、建设资源节约型和环境友好型社会，具有重要作用。《民法典》第九条规定："民事主体从事民事活动，应当有利于节约资源、保护生态环境。"

1.2 合同的订立

所谓合同订立，是指签订合同的当事人双方之间互相进行意思表示并达成合意的状态。合同的订立包含了签订合同的当事人各方自接触、洽谈直至达成合意的过程，它是动态行为与静态协议的统一体。动态行为就是在最终达成协议之前，当事人的接触与洽商，即讨价还价达成一致的过程；静态协议即缔约达成合意，合同成立。

合同成立一般是指签订合同的当事人双方对合同主要条款达成一致意见而使合同生效。合同的订立与成立不同，两者是包含与被包含、整体与部分的关系，合同订立完毕之后便成立了。在工程建设中，合同的成立与否意义重大，它关系到以下问题：

（1）合同是否依法存在。

（2）所承担的责任是否明确。

如果合同成立且有效，当事人一方违约，就应承担违约责任；如果合同应成立而未成立，有过错的当事人一方应承担缔约过失责任。

（3）合同是否生效。

为维护公平与当事人的合法权益，《民法典》第四百九十条规定："当事人采用合同书形式订立合同的，自当事人均签名、盖章或者按指印时合同成立。在签名、盖章或者按指印之前，当事人一方已经履行主要义务，对方接受时，该合同成立。法律、行政法规规定或者当事人约定合同应当采用书面形式订立，当事人未采用书面形式但是一方已经履行主要义务，对方接受时，该合同成立。"另外，《民法典》第四百九十一条规定："当事人采用信件、数据电文等形式订立合同要求签订确认书的，签订确认书时合同成立。"

1.2.1　订立合同当事人的主体资格

当事人订立合同，应当具有相应的民事权利能力和民事行为能力。其中，民事权利能力指法律赋予民事主体享有的民事权利和承担民事义务的资格。

《民法典》第十三条规定："自然人从出生时起到死亡时止，具有民事权利能力，依法享有民事权利，承担民事义务。"另外，第十四条规定："自然人的民事权利能力一律平等。"

民事行为能力指民事主体通过自己的行为取得民事权利和设定民事义务的资格。

《民法典》第十八条规定："成年人为完全民事行为能力人，可以独立实施民事法律行为。十六周岁以上的未成年人，以自己的劳动收入为主要生活来源的，视为完全民事行为能力人。"《民法典》第十七条规定："十八周岁以上的自然人为成年人。不满十八周岁的自然人为未成年人。"

《民法典》第十九条规定："八周岁以上的未成年人为限制民事行为能力人，实施民事法律行为由其法定代理人代理或者经其法定代理人同意、追认；但是，可以独立实施纯获利益的民事法律行为或者与其年龄、智力相适应的民事法律行为。"第二十条规定："不满八周岁的未成年人为无民事行为能力人，由其法定代理人代理实施民事法律行为。"第二十一条规定："不能辨认自己行为的成年人为无民事行为能力人，由其法定代理人代理实施民事法律行为。"

在建设工程活动中，发包人与承包人的主体资格必须合格，特别是承包人必须具备法人资格，否则所签订的工程合同无效。

1.2.2　要约

《民法典》第四百七十一条规定："当事人订立合同，可以采取要约、承诺方式或者其他方式。"要约与承诺是订立任何合同不可少的程序，是合同订立的基本规则。《民法典》对要约与承诺有详尽的规定，包括要约的生效、撤回、撤销和失效，承诺的方式、生效、撤回、期限和变更等。建设工程中的招标与投标，实质上就是要约与承诺的一种具体方式，也是合同成立的过程。

1.2.2.1　要约的概念

要约是一方当事人以缔结合同为目的，向对方当事人提出合同条件，希望对方当事人接受的意思表示。发出要约的一方称要约人，接受要约的一方称受要约人。

要约不同于事实行为。要约作为一种缔约的意思表示，它能够对要约人和受要约人产生一种拘束力。尤其是要约人在要约的有效期限内，必须受要约内容的拘束。要约发出后，非依法律规定或受要约人的同意，不得擅自撤回、撤销或者变更要约的内容。

要约不同于法律行为。一方面，要约是要约人一方的意思表示，必须经过受要约人的承诺，才能产生要约人预期的法律效果（即成立合同）；而法律行为既包括单方的意思表示，又包括双方和多方的意思表示一致的行为，均可直接产生当事人预期的法律效果。另一方面，要约作为意思表示的一种，其拘束力只体现在"不能反悔"即不能擅自撤回、撤销或者变更上，而不能直接产生设定权利义务的法律效果；而法律行为则是以意思表示为要素，旨在设立、变更、终止民事权利义务的行为。

《民法典》第四百七十二条规定："要约是希望与他人订立合同的意思表示，该意思表示应当符合下列条件：

（一）内容具体确定；

（二）表明经受要约人承诺，要约人即受该意思表示约束。"

1.2.2.2 要约的成立与生效

要约的成立条件包括：

（1）要约人应是具有缔约能力的特定人。

（2）要约的内容须具体、确定。

（3）要约具有缔结合同的目的，并表示要约人受其约束。

（4）要约必须发给要约人希望与其订立合同的受要约人。

（5）要约应以明示方式发出。

（6）要约必须送达于受要约人。

《民法典》第一百三十七条规定："以对话方式作出的意思表示，相对人知道其内容时生效。以非对话方式作出的意思表示，到达相对人时生效。以非对话方式作出的采用数据电文形式的意思表示，相对人指定特定系统接收数据电文的，该数据电文进入该特定系统时生效；未指定特定系统的，相对人知道或者应当知道该数据电文进入其系统时生效。当事人对采用数据电文形式的意思表示的生效时间另有约定的，按照其约定。"

1.2.2.3 要约的失效

要约发出后，有下列情形之一的，要约失效，要约人不再受原要约的拘束，《民法典》第四百七十八条规定："有下列情形之一的，要约失效：

（一）要约被拒绝；

（二）要约被依法撤销；

（三）承诺期限届满，受要约人未作出承诺；

（四）受要约人对要约的内容作出实质性变更。"

1.2.2.4 要约的撤回与撤销

要约的撤回，是指要约人在发出要约后，于要约到达受要约人之前取消其要约的行为。《民法典》第一百四十一条规定："行为人可以撤回意思表示。撤回意思表示的通知应当在意思表示到达相对人前或者与意思表示同时到达相对人。"在此情形下，被撤回的要约实际上是尚未生效的要约。若撤回的通知于要约到达后到达，而按其通知方式依通常情形应先于要约到达或同时到达，依诚信原则，相对人应当向要约人发出迟到的通知，相对人怠于为通知且其情形为要约人可得而知者，其要约撤回的通知视为未迟到。

要约的撤销，是指在要约发生法律效力后，要约人取消要约从而使要约归于消灭的行为。要约的撤销不同于要约的撤回（前者发生于生效后，后者发生于生效前）。《民法典》第四百七十七条规定："撤销要约的意思表示以对话方式作出的，该意思表示的内容应当在受要约人作出承诺之前为受要约人所知道；撤销要约的意思表示以非对话方式作出的，应当在受要约人作出承诺之前到达受要约人。"

另外，《民法典》第四百七十六条规定："要约可以撤销，但是有下列情形之一的除外：

（一）要约人以确定承诺期限或者其他形式明示要约不可撤销；

（二）受要约人有理由认为要约是不可撤销的，并已经为履行合同做了合理准备工作。"

要约的撤回与撤销二者的主要区别仅在于时间的不同，在法律效力上是等同的。要约的撤回是在要约生效之前为之，即撤回要约的通知应当在要约到达受约人之前或者与要约同时到达受要约人；而要约的撤销是在要约生效之后承诺作用之前而为之，即撤销要约的通知应当在受要约人发出承诺通知之前到达受要约人。

1.2.2.5　要约邀请

《民法典》第四百七十三条规定："要约邀请是希望他人向自己发出要约的表示。拍卖公告、招标公告、招股说明书、债券募集办法、基金招募说明书、商业广告和宣传、寄送的价目表等为要约邀请。商业广告和宣传的内容符合要约条件的，构成要约。"

可见：①要约邀请是指一方邀请对方向自己发出要约；②要约邀请是一种事实行为，而非法律行为；③要约邀请又称为"要约引诱"，意在引诱他人向自己发出要约，在发出邀请之后，要约邀请人撤回其邀请，只要未给善意相对人造成信赖利益的损失，要约邀请人并不承担法律责任。

1.2.3　承诺

1.2.3.1　承诺的概念

承诺是指受要约人按照所指定的方式，对要约的内容表示同意的一种意思表示。在国际贸易中，也称"接受"或"收盘"。《民法典》第四百七十九条规定："承诺是受要约人同意要约的意思表示。"

1.2.3.2　承诺的特征

承诺必须由受要约人作出。要约和承诺是一种相对人的行为。因此，承诺必须由受要约人作出。受要约人以外的任何第三者即使知道要约的内容并对此作出同意的意思表示，也不能认为是承诺。受要约人通常指的是受要约人本人，但也包括其授权的代理人。无论是前者还是后者，其承诺都具有同等效力。

典型案例【D1-2】

某特种混凝土公司（以下简称甲方）曾向南方某市混凝土添加剂公司（以下简称乙方）购买过添加剂。因乙方添加剂效果好，价格便宜，新产品投入市场后销售很好。甲方又向乙方传真购买添加剂 10 千克的合同。随后甲方担心乙方不继续供货，在发出传真一周后又向乙方寄去一封挂号信,信中除了提出再多购买5千克添加剂外,又提出双方在协商的基础上签订合同确认书。在挂号信寄出后的第二天,乙方收到甲方的传真,并同意按甲方传真中的条件供货10千克。挂号信及确认书一事双方没有再提及。不久,因供求关系变化,添加剂跌价,甲方要求其订购的添加剂价格也要下调5%,否则不收货。乙方没理睬甲方的要求,按原约定送来添加剂15千克。甲方要求按下调的价格支付货款,乙方不同意,认为自己按合同履行义务,对方也应当按合同支付价款。双方协商不成,诉至法院。

法院在核查事实时发现,乙方在收到甲方要求签订合同确认书之前已经发出同意供货10千克传真,故判决10千克添加剂按旧价格执行,后5千克添加剂通过当事人和解,按甲方提出的价格执行。

试分析:

(1) 法院的处理正确吗?

(2) 为什么?

分析如下:

(1) 法院的处理正确。

(2) 因为前10千克添加剂在甲方提出签订确认书之前乙方已经承诺供货,而且该承诺在甲方的建议到达受要约人(乙方)之前已经到达要约人(甲方),因此签订合同确认书的建议不能生效。甲乙双方买卖10千克添加剂的合同成立,所以10千克添加剂按原合同价格执行。后5千克添加剂买卖合同是在提出签订确认书时提出的,对此乙方没有做出承诺,合同自然没有成立。当事人通过和解自行解决后5千克添加剂的问题,因没有损害国家和他人的合法利益,法院尊重当事人协商的结果。

典型案例【D1-3】

某混凝土拌和站因本地政策紧张,市场上砂石供不应求,向外地某砂石厂发出一份传真:"因我市市场砂石紧俏,不知贵方能否供应。如有充足货源,我公司欲购十个火车皮。望能及时回电与我公司联系协商相关事宜。"砂石厂因产量丰收,正愁没有销路,接到传真后,喜出望外,立即组织十个车皮货物给混凝土拌和站发去,并随即回电:"十个车皮的货已发出,请注意查收。"在混凝土拌和站发出传真后,砂石厂回电前,本地政策开放,大量砂石厂复工,导致价格骤然下跌。接到外地砂石厂回电后,混凝土拌和站立即复电:"因市场发生变化,贵方发来的货,我公司不能接收,望能通知承运方立即停发。"但因货物已经起运,砂石厂不能改卖他人。为此,混凝土拌和站拒收,砂石厂指责混凝土拌和站违约,并向法院起诉。

试分析:

(1) 本案的纠纷是因谁的原因导致?

(2) 为什么?

(3) 此案应如何处理?

分析如下:

(1) 此案的纠纷是因砂石厂的原因而导致。

(2) 此案双方发生纠纷的原因是砂石厂没有理解要约和要约邀请的区别。依据《民法典》第四百七十三条,混凝土拌和站给砂石厂的传真是询问砂石厂是否有货源,虽然该混

7

凝土拌和站在给砂石厂的传真中提出了具体数量和品种，但同时希望砂石厂回电通报情况。因此，混凝土拌和站的传真具有要约邀请的特点。砂石厂没有按混凝土拌和站的传真要求通报情况，在直接向混凝土拌和站发货后，才向混凝土拌和站回电的行为，因没有要约而不具有承诺的性质，相反倒具有要约的性质。在此情况下如果混凝土拌和站接收这批货，这一行为就具有承诺性质，合同就成立。但由于混凝土拌和站拒绝接收货物，故此买卖没有承诺，合同不成立。

（3）基于上述原因，法院判决砂石厂败诉，混凝土拌和站不负赔偿责任。

1.2.3.3　承诺的期限

承诺必须是在有效时间内作出。所谓有效时间，是指要约定有答复期限的，规定的期限内即为有效时间；要约并无答复期限的，通常认为合理的时间，即为有效时间。《民法典》第四百八十一条规定："承诺应当在要约确定的期限内到达要约人。要约没有确定承诺期限的，承诺应当依照下列规定到达：（一）要约以对话方式作出的，应当即时作出承诺；（二）要约以非对话方式作出的，承诺应当在合理期限内到达。"

另有第四百八十二条规定："要约以信件或者电报作出的，承诺期限自信件载明的日期或者电报交发之日开始计算。信件未载明日期的，自投寄该信件的邮戳日期开始计算。要约以电话、传真、电子邮件等快速通信方式作出的，承诺期限自要约到达受要约人时开始计算。"

1.2.3.4　承诺的方式

《民法典》第四百八十条规定："承诺应当以通知的方式作出；但是，根据交易习惯或者要约表明可以通过行为作出承诺的除外。"

1.2.3.5　承诺生效的时间

承诺生效的时间，是指承诺什么时候产生法律效力。由于因承诺而使合同成立，因此，承诺生效的时间在《民法典》中具有重要的意义。

（1）承诺生效的时间直接决定了合同成立的时间。因为合同在何时生效，当事人就于何时受合同关系的拘束，享受合同上的权利和承担合同上的义务。

（2）承诺生效的时间常常与合同订立的地点是联系在一起的，而合同的订立地点又与法院管辖权的确定以及选择适用法律的问题密切联系在一起。所以，确定承诺生效的时间意义重大。

《民法典》第四百八十三条规定："承诺生效时合同成立，但是法律另有规定或者当事人另有约定的除外。"另有第四百八十四条规定："以通知方式作出的承诺，生效的时间适用本法第一百三十七条的规定。承诺不需要通知的，根据交易习惯或者要约的要求作出承诺的行为时生效。"其中，第一百三十七条为："以对话方式作出的意思表示，相对人知道其内容时生效。"

1.2.3.6　承诺的撤回

承诺的撤回是指承诺人在承诺生效前有权取消承诺。是受要约人在发出承诺之后并且在承诺生效之前采取一定的行为将承诺取消，使其失去效力。《民法典》第四百八十五条规定："承诺可以撤回。承诺的撤回适用本法第一百四十一条的规定。"其中，《民法典》第一百四十一条规定："行为人可以撤回意思表示。撤回意思表示的通知应当在意思表示到达相对人前或者与意思表示同时到达相对人。"

因此，撤回的通知必须在承诺生效之前到达要约人，或与承诺通知同时到达要约人，撤回才能生效。如果承诺通知已经生效，合同已经成立，则受要约人不能再撤回承诺。此外，由于承诺生效后，合同就已经成立，因此各国法律均未规定承诺的撤销制度。

1.2.3.7 新要约

承诺必须与要约的内容完全一致。即承诺必须是无条件地接受要约的所有条件。凡是第三者对要约人所作的"承诺"、超过规定时间的承诺、内容与要约不相一致的承诺，都不是有效的承诺。

《民法典》第四百八十六条规定："受要约人超过承诺期限发出承诺，或者在承诺期限内发出承诺，按照通常情形不能及时到达要约人的，为新要约；但是，要约人及时通知受要约人该承诺有效的除外。"另有第四百八十八条规定："承诺的内容应当与要约的内容一致。受要约人对要约的内容作出实质性变更的，为新要约。有关合同标的、数量、质量、价款或者报酬、履行期限、履行地点和方式、违约责任和解决争议方法等的变更，是对要约内容的实质性变更。"

典型案例【D1-4】

甲厂向乙公司去函表示："本厂生产的钢筋螺栓配件，每副单价30元。如果贵公司需要，请与我厂联系。"乙公司回函："我司愿向贵厂订购钢筋螺栓配件1000副，每副单价30元，但需在配件上附加一个尺寸适用说明。"两个月后，乙公司收到甲厂发来的1000副配件，但这批配件上没有尺寸适用说明，于是拒收，为此甲厂以乙公司违约为由向法院起诉。

试分析：

乙公司是否违约？为什么？

分析如下：

乙公司不违约。因为合同还未成立。乙公司对甲厂的回函是一个附条件的接受甲厂要约，其对甲厂的要约作出了实质性变更，这一行为并不是承诺，而是一个新要约。因此合同没有成立，乙公司并不承担任何违约责任。

1.2.3.8 《民法典》中的新规定

由于国家需要，《民法典》就抢险救灾、疫情防控订购货物方面也进行了要求，例如，第四百九十四条规定："国家根据抢险救灾、疫情防控或者其他需要下达国家订货任务、指令性任务的，有关民事主体之间应当依照有关法律、行政法规规定的权利和义务订立合同。

依照法律、行政法规的规定负有发出要约义务的当事人，应当及时发出合理的要约。

依照法律、行政法规的规定负有作出承诺义务的当事人，不得拒绝对方合理的订立合同要求。"

1.2.4 合同的成立

1.2.4.1 合同成立的时间

合同成立的时间指的是合同成立的具体时间。因合同种类不同，合同成立的时间也不相同。一般来说，承诺生效时合同成立。当事人采用书面形式订立合同的，自双方当事人签字或者盖章时合同成立。当事人采用信件、数据电文等形式订立合同的，可以在合同成立之前要求签订确认书。签订确认书时合同成立。法律、行政法规规定或者当事人约定合同应当采用书面形式订立，当事人未采用书面形式但是一方已经履行主要义务，对方接受时，该合同成立。

《民法典》第四百九十一条规定："当事人采用信件、数据电文等形式订立合同要求签订确认书的，签订确认书时合同成立。当事人一方通过互联网等信息网络发布的商品或者服务信息符合要约条件的，对方选择该商品或者服务并提交订单成功时合同成立，但是当事人另有约定的除外。"

1.2.4.2　合同成立的地点

确定合同成立的地点在法律上具有十分重要的意义，主要是因为该地点涉及了合同发生纠纷和争议并起诉到法院时，可以作为法院管辖的依据。因此《民法典》第四百九十二条规定："承诺生效的地点为合同成立的地点。采用数据电文形式订立合同的，收件人的主营业地为合同成立的地点；没有主营业地的，其住所地为合同成立的地点。当事人另有约定的，按照其约定。"另外，《民法典》第四百九十三条规定："当事人采用合同书形式订立合同的，最后签名、盖章或者按指印的地点为合同成立的地点，但是当事人另有约定的除外。"

1.2.5　合同条款

1.2.5.1　合同条款的概念

合同条款是合同条件的表现和固定化，是确定合同当事人权利和义务的根据。即从法律文书而言，合同的内容是指合同的各项条款。因此，合同条款应当明确、肯定、完整，而且条款之间不能相互矛盾，否则将影响合同成立、生效和履行以及实现订立合同的目的，所以准确理解条款含义有重要作用。

1.2.5.2　合同条款的种类

根据合同条款的地位和作用，合同条款主要有以下几类。

（1）必备条款和非必备条款。所谓必备条款又称主要条款，是指根据合同的性质和当事人的特别约定所必须具备的条款，缺少这些条款将影响合同的成立。所谓非必备条款又称普通条款，是指合同的性质在合同中不是必须具备的条款，即使合同不具备这些条款也不应当影响合同的成立，如缺少有关履行期限、数量、质量等条款情况下，完全可以根据《民法典》第五百一十条、第五百一十一条的规定填补漏洞。《民法典》第四百七十条规定，合同一般包括当事人的名称和住所、标的、数量、质量等八项条款。

（2）格式条款和非格式条款。格式条款是指由一方为了反复使用而预先制订的，在订立合同时不能与对方协商的条款。非格式条款是指当事人在订立合同时可以与对方协商的条款。《民法典》第四百九十六条规定："格式条款是当事人为了重复使用而预先拟定，并在订立合同时未与对方协商的条款。采用格式条款订立合同的，提供格式条款的一方应当遵循公平原则确定当事人之间的权利和义务，并采取合理的方式提示对方注意免除或者减轻其责任等与对方有重大利害关系的条款，按照对方的要求，对该条款予以说明。提供格式条款的一方未履行提示或者说明义务，致使对方没有注意或者理解与其有重大利害关系的条款的，对方可以主张该条款不成为合同的内容。"

非格式条款指的是当事人在格式条款以外另行协商约定的条款，也可以是经过协商对原格式条款进行修改形成的条款。

（3）实体条款和程序条款。凡是规定当事人在合同中所享有的实体权利义务内容的条款都是实体条款。如有关合同标的、数量、质量的规定等都是实体条款。而程序条款主要是指当事人在合同中规定的履行合同义务的程序及解决合同争议的条款。

（4）有责条款和免责条款。有责条款是指当事人在合同约定的当事人违反合同应承担的责任条款，即违约条款。免责条款指当事人在合同中约定的，免除排除或限制其未来责任的条款。《民法典》第五百零六条规定，合同中的下列免责条款无效：①造成对方人身损害的；②因故意或者重大过失造成对方财产损失的。

1.2.5.3 合同的一般条款

合同的一般条款包括签订合同时当事人双方的姓名、住所、合同的标的、数量、质量以及价款等主要内容。《民法典》第四百七十条规定，合同的内容由当事人约定，一般包括下列条款：①当事人的姓名或者名称和住所；②标的；③数量；④质量；⑤价款或者报酬；⑥履行期限、地点和方式；⑦违约责任；⑧解决争议的方法。当事人可以参照各类合同的示范文本订立合同。

1.2.6 缔约过失责任

缔约过失责任，是指在合同缔结过程中，当事人一方或双方因自己的过失而致合同不成立、无效或被撤销，应对信赖其合同为有效成立的相对人赔偿基于此项信赖而发生的损害。缔约过失责任既不同于违约责任，也有别于侵权责任，是一种独立的责任。它是一种新型的责任制度，具有独特和鲜明的特点，可以是产生于缔约过程之中，也可以是合同成立并生效时。是对依诚信原则所负的先合同义务的违反；是造成他人信赖利益损失所负的损害赔偿责任；是一种弥补性的民事责任。

由于缔约过失责任采取的是过错责任原则，所以其构成要件应当包括客观要件和主观要件这两个方面。具体来说，缔约过失责任的构成要件有以下四个：

（1）缔约一方当事人有违反法定附随义务或先合同义务的行为。

（2）违反法定附随义务或先合同义务的行为给对方造成了信赖利益的损失。

（3）违反法定附随义务或先合同义务一方缔约人在主观上必须存在过错。

（4）缔约人一方当事人违反法定附随义务或先合同义务的行为与对方所受到的损失之间必须存在因果关系。

《民法典》中也有对"缔约过失责任"的相关规定，如第五百条所述，当事人在订立合同过程中有下列情形之一，造成对方损失的，应当承担赔偿责任：①假借订立合同，恶意进行磋商；②故意隐瞒与订立合同有关的重要事实或者提供虚假情况；③有其他违背诚信原则的行为。

所谓"假借"就是根本没有与对方订立合同的意思，与对方进行谈判只是个借口，目的是损害订约对方当事人的利益。此处所说的"恶意"，是指假借磋商、谈判，而故意给对方造成损害的主观心理状态。恶意必须包括两个方面内容，一是行为人主观上并没有谈判意图，二是行为人主观上具有给对方造成损害的目的和动机。恶意是此种缔约过失行为构成的最核心的要件。

所谓"故意隐瞒或者提供虚假情况"属于缔约过程中的欺诈行为。欺诈是指一方当事人故意实施某种欺骗他人的行为，并使他人陷入错误而订立的合同。而且无论何种欺诈行为都具有两个共同的特点：①欺诈方故意陈述虚假事实或隐瞒真实情况；②欺诈方客观上实施了欺诈行为。

所谓"违背诚信原则的行为"包括除了前两种情形以外的违背先契约义务的行为。在缔约过程中常表现为，一方当事人未尽到通知、协助、告知、照顾和保密等义务而造成对方当事人人身或财产的损失的情形。

1.3 合同的效力

1.3.1 合同的效力概念

合同效力是指依法成立受法律保护的合同，对合同当事人产生的必须履行其合同的义务，不得擅自变更或解除合同的法律拘束力，即法律效力。这个"法律效力"不是说合同本身是法律，而是说由于合同当事人的意志符合国家意志和社会利益，国家赋予当事人的意志以拘束力，要求合同当事人严格履行合同，否则即依靠国家强制力，要当事人履行合同并承担违约责任。

合同效力是法律赋予依法成立的合同所产生的约束力。合同的效力可分为四大类，即有效合同，无效合同，效力待定合同，可变更、可撤销合同。

典型案例【D1-5】

甲企业与乙企业达成口头协议，由乙企业在半年之内供应甲企业 50 吨供预应力钢筋使用的钢材。三个月后，乙企业以原定钢材价格过低为由要求加价，并提出，如果甲企业表示同意，双方立即签订书面合同，否则，乙企业将不能按期供货。甲企业表示反对，并声称，如乙企业到期不履行协议，将向法院起诉。

试分析：

此案中，双方当事人签订的合同有无法律效力？为什么？

分析如下：

双方当事人签订的口头合同具有法律约束力。据《民法典》第四百六十九条的规定："当事人订立合同，可以采用书面形式、口头形式或者其他形式。书面形式是合同书、信件、电报、电传、传真等可以有形地表现所载内容的形式。以电子数据交换、电子邮件等方式能够有形地表现所载内容，并可以随时调取查用的数据电文，视为书面形式。"买卖合同在《民法典》上属于不要式合同，不采取书面形式对买卖合同效力没有影响。依据《民法典》第五百零二条的规定，本案中双方当事人之间的买卖合同属于生效的买卖合同，双方当事人必须严格遵守《民法典》的规则，履行自己的合同义务。

1.3.2 合同生效的条件

合同的生效和成立为两个性质不同的法律概念，尽管其二者具有较强的联系，但是其区别也是显而易见的，不论是在《民法典》理论上还是司法实践中都有着极其重要的作用。《民法典》第五百零二条规定："依法成立的合同，自成立时生效，但是法律另有规定或者当事人另有约定的除外。依照法律、行政法规的规定，合同应当办理批准等手续的，依照其规定。未办理批准等手续影响合同生效的，不影响合同中履行报批等义务条款以及相关条款的效力。应当办理申请批准等手续的当事人未履行义务的，对方可以请求其承担违反该义务的责任。"

《民法典》第五百零二条主要包含了两个方面的意思，其一是合同应当"依法"，其二是指出了合同生效的时间。在一般情况下，如果是依法成立的合同，则其生效的时间就是合同成立的时间。该条款尽管规定了大多数合同成立与生效时间的同一性，但并不表示合同成立与生效是完全统一的，在当事人没有约定或者约定不明时也可适用。

1.3.2.1 行为人具有相应的民事行为能力

指法人、其他组织或者自然人在订立合同时，应当具有同订立的合同相应的民事权利和民事行为能力。如，在建设工程施工中，我国法律规定，禁止自然人从事工程施工的承包工作，因此，自然人如与发包人签订工程施工合同，就因主体不合格而无效。

1.3.2.2 意思表示真实

意思表示真实是《民法典》平等、自愿原则的体现。当事人双方只有在平等、自愿基础上订立的合同才是真实意思的表示。《民法典》第一百四十六条规定："行为人与相对人以虚假的意思表示实施的民事法律行为无效。以虚假的意思表示隐藏的民事法律行为的效力，依照有关法律规定处理。"

另外，第一百四十八条规定："一方以欺诈手段，使对方在违背真实意思的情况下实施的民事法律行为，受欺诈方有权请求人民法院或者仲裁机构予以撤销。"第一百四十九条规定："第三人实施欺诈行为，使一方在违背真实意思的情况下实施的民事法律行为，对方知道或者应当知道该欺诈行为的，受欺诈方有权请求人民法院或者仲裁机构予以撤销。"

典型案例【D1-6】

某工程项目需新进一种小型碎石机，价格定为9598元。销售人员在制作价签时，误将9598元写为6598元。采购人员赵某在浏览该销售商的碎石机时，发现该碎石机物美价廉，于是用信用卡支付6598元购买了一台碎石机。一周后，商家盘点时，发现少了3000元，经查是销售人员标错价签所致。由于赵某用信用卡结算，所以商店查出是赵某少付了碎石机货款，找到赵某，提出或补交3000元或退回碎石机，商家退还6598元。赵某认为彼此的买卖关系已经成立并交易完毕，商家不能反悔，拒绝商家的要求。商家无奈只得向人民法院起诉，要求赵某返还3000元或碎石机。

试分析：

（1）商家的诉讼请求有法律依据吗？

（2）为什么？

（3）应如何处理？

分析如下：

（1）商家的诉讼请求有法律依据。

（2）《民法典》第一百四十七条规定："基于重大误解实施的民事法律行为，行为人有权请求人民法院或者仲裁机构予以撤销。"《民法典》第一百五十七条规定:"民事法律行为无效、被撤销或者确定不发生效力后,行为人因该行为取得的财产,应当予以返还;不能返还或者没有必要返还的,应当折价补偿。有过错的一方应当赔偿对方由此所受到的损失;各方都有过错的,应当各自承担相应的责任。法律另有规定的,依照其规定。"基于上述理由,商家的诉讼请求有法律依据。本案中,当事人因对标的物的价格的认识错误而实施的商品买卖行为。这一错误不是出卖人的故意造成,而是因疏忽标错价签造成,这一误解对出卖人造成较大的经济损失。所以,根据本案的情况,符合重大误解的构成要件,应依法认定为属于重大误解的民事行为。

(3)法院可根据《民法典》第一百五十七条规定,裁决赵某将碎石机返还给商店,由销售人员对由此造成赵某的损失承担责任。

1.3.2.3 不违反法律、行政法规的强制性规定,不违背公序良俗

(1)不违反法律、行政法规,仅指不违反法律、行政法规的强制性规定,否则合同无效。强制性规定包括义务性规定和禁止性规定。

(2)不违背公序良俗。公序良俗是"公共秩序"和"善良风俗"的简称。所谓公序,即社会一般利益,在我国现行法上包括国家利益、社会经济秩序和社会公共利益。所谓良俗,即一般道德观念或良好道德风尚,包括我国现行法上所称的社会公德、商业道德和社会良好风尚。公序良俗原则的作用主要是填补法律漏洞,克服法律局限性。

1.3.3 合同生效后的法律约束力

1.3.3.1 合同的内在效力

合同的内在效力指合同一旦成立生效后,就对当事人产生法律约束力。当事人应当依照合同的约定,享有权利并承担义务。在不违反法律规定的情况下,当事人可以不主张权利,但义务必须履行。否则,违反合同义务就要承担违约责任。

1.3.3.2 合同的外在效力

合同的外在效力指合同生效后,还对第三人产生一定的法律约束力。任何单位或个人都不得侵犯合同当事人的合法权利,不得非法阻止合同当事人权利的主张和义务的履行。

《民法典》第一百三十六条规定:"民事法律行为自成立时生效,但是法律另有规定或者当事人另有约定的除外。行为人非依法律规定或者未经对方同意,不得擅自变更或者解除民事法律行为。"

1.3.4 附条件合同和附期限合同

1.3.4.1 附条件合同

(1)附条件合同的概念。附条件合同是指当事人在合同中特别规定一定的条件,以条件是否成就来决定合同效力的发生或消灭的合同。《民法典》第一百五十八条规定:"民事法律行为可以附条件,但是根据其性质不得附条件的除外。附生效条件的民事法律行为,自条件成就时生效。附解除条件的民事法律行为,自条件成就时失效。"另有第一百五十九条规定:"附条件的民事法律行为,当事人为自己的利益不正当地阻止条件成就的,视为条件已经成就;不正当地促成条件成就的,视为条件不成就。"

(2)合同中所附条件的分类。

1)生效条件。生效条件也被称为延缓条件,它是指限制合同效力发生的条件。如果

合同附有生效条件，则合同在成立以后还不能立即生效，必须待生效条件成就以后，合同才能产生效力，当事人才可以实际享受权利和承担义务。

2）解除条件。解除条件也被称为消灭条件，它是限制合同失效的条件。如果合同附有解除条件，则合同已经实际发生效力，只有在条件成就时合同才失效，如果条件不成就则合同将继续有效。

在附条件的合同成立以后，在条件未成就以前，当事人均不得为了自己的利益，以不正当的行为促成或阻止条件的成就，而只能听任作为条件的事实自然发生。

综上所述，合同中所附的条件，必须是将来发生的、不确定的事实。条件是由当事人议定的而不是法定的。条件必须是合法的。而且条件不得与合同的主要内容相矛盾。在附条件合同成立以后，在条件未成就以前，当事人均不得为了自己的利益，以不正当的行为促成或阻止条件的成就，而只能听任作为条件的事实自然发生。

1.3.4.2 附期限合同

附期限合同，是指当事人在合同中设定一定的期限，作为决定合同效力的附款的合同。所谓期限，是指当事人以将来客观确定到来的事实，作为决定法律行为效力的附款，期限是法律行为的附款，是限制法律行为效力的附款，是以将来确定事实的到来为内容的附款。这里的期限与法律行为的履行期限是有区别的，履行期限是基于已生效法律行为所负义务的履行所加的时间限制。

期限以其作用在决定效力的发生或消灭为标准可分为始期和终期，以作为内容的事实发生之时是否确定为标准，可分为确定期限与不确定期限。期限的效力在期限到来时，法律行为的效力发生或消灭。期限到来的效力在于决定附期限法律行为效力的发生或消灭。

《民法典》第一百六十条规定："民事法律行为可以附期限，但是根据其性质不得附期限的除外。附生效期限的民事法律行为，自期限届至时生效。附终止期限的民事法律行为，自期限届满时失效。"

典型案例【D1-7】

某砂石公司（以下简称甲方）引进一套自动筛选砂石标号的设备，在还未开工时，某日某工厂（以下简称乙方）因承担某河道护坡项目建设，找到甲方购买符合标号的砂石。因甲方要一个月以后才能正式生产，所以它与乙方签订的合同明确规定在一个月后生效；而乙方也向甲方提出在40日内必须交货。到了截止时间，乙方未收到甲方提供的砂石，便去电话询问，要求甲方最迟再延缓2日内必须交货，否则即解除合同。甲方答复到时保证送货。但到第5日，甲方才将乙方需要的砂石骨料送到乙方。乙方拒收，甲方认为乙方违约，向法院起诉，要求乙方收货并支付货款。

试分析：

（1）甲方的请求有无法律依据？

（2）请说明理由。

分析如下：

（1）甲方的请求无法律依据。

（2）此案涉及附期限的合同，当事人之间的合同于合同签订后1个月生效。依据《民法典》第一百六十条之规定："民事法律行为可以附期限，但是根据其性质不得附期限的除外。附生效期限的民事法律行为，自期限届至时生效。附终止期限的民事法律行为，自期限届满时失效。"合同约定的甲方交货期限是 40 日内，甲方未按时交货，构成迟延履行。并且在乙方确定的宽限期到来时仍未交货，甲方有权解除合同，拒收货物。

1.3.5　无效合同

1.3.5.1　无效合同的概念

无效合同，是指合同虽然已经成立，但因其严重欠缺有效要件，在法律上不按当事人之间的合意赋予其法律效力。一方以欺诈、胁迫的手段订立合同，损害国家利益；恶意串通，损害国家、集体或者第三人利益；以合法形式掩盖非法目的；损害社会公共利益；违反法律、行政法规的强制性规定。

《民法典》第一百四十四条、第一百四十六条、第一百五十三条、第一百五十四条规定：①无民事行为能力人实施的民事法律行为无效；②行为人与相对人以虚假的意思表示实施的民事法律行为无效；③违反法律、行政法规的强制性规定的民事法律行为无效；④行为人与相对人恶意串通，损害他人合法权益的民事法律行为无效。

1.3.5.2　无效合同的种类

（1）全部无效合同。指的是合同的全部内容自始不产生法律约束力。

1）订立合同主体不合格：①无民事行为能力人、限制民事行为能力人订立合同且法定代理人不予追认的，该合同无效；②代理人不合格且相对人有过失而成立的合同，该合同无效；③法人和其他组织的法定代表人、负责人超越权限订立的合同，且相对人知道或应当知道其超越权限的，该合同无效。

2）订立合同内容不合法：①违反法律、行政法规的强制性规定的合同，无效；②违反社会公共利益的合同，无效；③恶意串通，损害国家、集体或三人利益的合同，无效；④以合法形式掩盖非法目的合同，无效。

3）意思表示不真实的合同，即意思表示有瑕疵，如一方以欺诈、胁迫的手段订立合同，损害国家利益的，无效。

（2）部分无效合同。是指合同的部分内容不具有法律约束力，合同的其余部分内容仍然具有法律效力。

1.4　合 同 的 履 行

1.4.1　合同履行的概念

合同履行，是指合同债务人按照合同的约定或法律的规定，全面、适当地完成合同义务，使债权人的债权得以实现。合同履行不是一个单纯的动态概念，而是一种包含了动态和静态的综合概念。首先，合同的履行是债务人完成合同义务的行为，比如支付价款、交付标的物、提供劳务等；其次，合同的履行要求达到实现债权之结果，也就是使债权转变成物权或与物权具有相等价值的权利。《民法典》提出"当事人应当按照约定全面履行自己的义务"。

1.4.2　合同履行的原则

合同履行的原则，是指法律规定的所有种类合同的当事人在履行合同的整个过程中，所必须遵循的一般准则。合同的履行除应遵守平等、公平、诚实信用等民法基本原则外，还应遵循以下合同履行的特有原则，即适当履行原则、协作履行原则、经济合理、节约资源原则和环境及生态保护原则。以下就这些合同履行的特有原则加以介绍。《民法典》第五百零九条规定："当事人应当按照约定全面履行自己的义务。当事人应当遵循诚信原则，根据合同的性质、目的和交易习惯履行通知、协助、保密等义务。当事人在履行合同过程中，应当避免浪费资源、污染环境和破坏生态。"

典型案例【D1-8】

某工程公司（以下简称甲方）为降低施工过程中造成的环境污染，向某机械厂（以下简称乙方）订购一组除污设备。双方本应按照约定签订书面合同，但由于乙方说没关系，表示肯定能够在两个月内送货上门，并安装调试至顺利投入使用，故双方没有签订书面合同。两个月后，乙方准时将设备送到甲方，并进行了安装调试。在安装完毕之后的试运行过程中，机器出现故障。甲方请乙方的专业人员又进行了两次调试，但故障仍未排除。于是，甲方以合同未采用法律规定的书面形式为由，要求认定合同不成立，并退货。

试分析：

（1）甲方的要求认定合同不成立的请求有无法律依据？

（2）为什么？

（3）此案应如何处理？

分析如下：

（1）甲方的请求没有法律依据。

（2）在此案中，双方虽然没有按法律规定签订书面合同，但是合同当事人乙方已经履行了主要义务，而甲方也接受了，因此双方达成的协议已经成立。（其法律依据是《民法典》第四百九十条）

（3）至于机器没有调试成功，乙方应当继续调试。如果多次调试均不成功，设备的确存在质量问题，可以认为乙方没有按合同的要求履行，甲方可以请求换货；如果乙方的确不可能提供合格产品，也可以请求解除合同，但不能请求认定合同不成立。

1.4.2.1 适当履行原则

适当履行原则是指当事人应依合同约定的标的、质量、数量，由适当主体在适当的期限、地点，以适当的方式，全面完成合同义务的原则。这一原则要求：

（1）履行主体适当。即当事人必须亲自履行合同义务或接受履行，不得擅自转让合同义务或合同权利让其他人代为履行或接受履行。

（2）履行标的物及其数量和质量适当。即当事人必须按合同约定的标的物履行义务，而且还应依合同约定的数量和质量来给付标的物。

（3）履行期限适当。即当事人必须依照合同约定的时间来履行合同，债务人不得迟延履行，债权人不得迟延受领；如果合同未约定履行时间，则双方当事人可随时提出或要求履行，但必须给对方必要的准备时间。

（4）履行地点适当。即当事人必须严格依照合同约定的地点来履行合同。

（5）履行方式适当。履行方式包括标的物的履行方式以及价款或酬金的履行方式，当事人必须严格依照合同约定的方式履行合同。

典型案例【D1 - 9】

甲公司与乙公司订立一份合同，约定由乙公司在 10 天内，向甲公司提供纤维混凝土 6000 千克，每千克混凝土的单价为 10 元。乙公司在规定的期间内，向甲公司提供了尼龙纤维混凝土 6000 千克，甲公司拒绝接受这批尼龙纤维混凝土，认为自己所承建的工程项目一直以来需要的都是聚丙烯纤维混凝土，尼龙纤维混凝土不是合同所要的纤维混凝土。双方为此发生争议，争议的焦点不在价格，也不涉及合同的其他条款，唯有对合同的标的双方各执一词。甲公司认为自己的公司从来没有买过尼龙纤维混凝土，与乙公司是长期合作关系，经常向其购买纤维混凝土，每次买的都是聚丙烯纤维混凝土，乙公司应该知道这种情况，但是其仍然送来了甲公司不需要的尼龙纤维混凝土，这是曲解了合同标的。乙公司称合同的标的是纤维混凝土，尼龙纤维混凝土也是纤维混凝土，甲公司并没有说清楚要什么样的纤维混凝土，合同的标的规定是纤维混凝土，而尼龙纤维混凝土也归属纤维混凝土系列，所以乙公司就送了尼龙纤维混凝土过去，这没有违反合同的规定。甲公司称纤维混凝土就是聚丙烯纤维混凝土的说法太过牵强附会，既没有合同依据也没有法律依据，不足为凭。

试分析：

（1）什么是合同的标的？

（2）如何解释该合同的标的？

分析如下：

（1）合同约定的权利义务所指向的目标即为合同的标的。

（2）a. 根据《民法典》第五百一十条的规定："合同生效后，当事人就质量、价款或者报酬、履行地点等内容没有约定或者约定不明确的，可以协议补充；不能达成补充协议的，按照合同相关条款或者交易习惯确定。"本合同双方当事人的争议在于合同的标的不能达成一致意见。应当根据《民法典》第五百一十条的规定对此做出解释。

b. 乙公司对合同做出的解释有点过于按照自己的意思解释合同，但是严格按照合同的条款看，其并无太大的过错。但是，乙公司的行为与《合同法》中规定的诚实信用原则不太符合，按照诚实信用原则的精神，当事人对合同条款不清楚之处应当本着协商的精神履行合同，而不应该自己单方面解释合同，给对方造成被动。

c. 甲公司的主张也缺少法律依据和合同依据，只是强调自己的工程项目一贯使用的都是聚丙烯纤维混凝土，该说法不能成为自己单方面指定合同标的的理由。但是根据甲公司与乙公司长期合作的事实，乙公司应当考虑到甲公司的具体情况，在提供纤维混凝土前征求甲公司的意见，如果不能达成一致意见的，就按照合同法规定的解释原则解决双方的争议。在此不能适用合同文字含义解释，不能适用合同的条款原则解释，也不能适用合同上下文的意思解释，只能适用交易习惯原则解释，按照交易习惯原则，甲公司与乙公司经常有提供混凝土的合作关系，平常是如何供应混凝土的，在本合同争议中也应当参照平时的交易习惯确定合同的标的。

1.4.2.2　协作履行原则

协作履行原则是指在合同履行过程中，双方当事人应互助合作共同完成合同义务的原则。合同是双方民事法律行为，不仅仅是债务人一方的事情，债务人实施给付，需要债权人积极配合受领给付，才能达到合同目的。

由于在合同履行的过程中，债务人比债权人更多地应受诚信、适当履行等原则的约束，协作履行往往是对债权人的要求。协作履行原则也是诚信原则在合同履行方面的具体体现。协作履行原则具有以下几个方面的要求：

（1）债务人履行合同债务时，债权人应适当受领给付。

（2）债务人履行合同债务时，债权人应创造必要条件、提供方便。

（3）债务人因故不能履行或不能完全履行合同义务时，债权人应积极采取措施防止损失扩大，否则，应就扩大的损失自负其责。

1.4.2.3 经济合理、节约资源原则

经济合理、节约资源原则是指在合同履行过程中，应讲求经济效益，以最少的成本取得最佳的合同效益。在市场经济社会中，交易主体都是理性地追求自身利益最大化的主体，因此，如何以最少的履约成本完成交易过程，一直都是合同当事人所追求的目标。由此，交易主体在合同履行的过程中应遵守经济合理原则是必然的要求。

1.4.2.4 环境及生态保护原则

生态保护要遵循预防为主、保护优先，生态保护与生态建设并举，谁开发谁保护、谁破坏谁恢复、谁使用谁付费、谁受益谁补偿，既要尊重经济规律，又要尊重自然客观规律四条基本原则。其主要内容有：

（1）保护优先和预防为主，因为环境一旦污染，短期内很难消除，想要恢复极为困难。

（2）综合治理，即需要对已经存在的污染采用综合性的措施进行治理。

（3）公众参与，即民众要广泛地参与保护环境，推动社会决策和活动环保方案的实施等。

（4）损害担责的原则。

1.4.3 提前履行和部分履行

合同的提前履行是指在合同约定的履行期限届满之前履行合同义务的情况。《民法典》第五百三十条规定："债权人可以拒绝债务人提前履行债务，但是提前履行不损害债权人利益的除外。债务人提前履行债务给债权人增加的费用，由债务人负担。"

合同的部分履行是指当事人一方合同履行的数量不够，只是履行了一部分的合同义务或要求。《民法典》第五百三十一条规定："债权人可以拒绝债务人部分履行债务，但是部分履行不损害债权人利益的除外。债务人部分履行债务给债权人增加的费用，由债务人负担。"

1.4.4 合同履行中的抗辩权

1.4.4.1 抗辩权的概念

广义的抗辩权是指妨碍他人行使其权利的对抗权，至于他人所行使的权利是否为请求权在所不问。而狭义的抗辩权则是指专门对抗请求权的权利，亦即权利人行使其请求权时，义务人享有的拒绝其请求的权利。

1.4.4.2 抗辩权的类型

抗辩权被分为同时履行抗辩权、后履行抗辩权、不安抗辩权等，这些抗辩权除了具有民事权利的一般特点之外，还具有自己的特征。

（1）同时履行抗辩权是指双务合同的当事人应同时履行义务的，一方在对方未履行前，有权拒绝对方请求自己履行合同的权利。《民法典》第五百二十五条规定："当事人互负债务，没有先后履行顺序的，应当同时履行。一方在对方履行之前有权拒绝其履行请求。一方在对方履行债务不符合约定时，有权拒绝其相应的履行请求。"

（2）后履行抗辩权是指双务合同中应先履行义务的一方当事人未履行时，对方当事人有拒绝其请求履行的权利。根据《民法典》第五百二十六条规定："当事人互负债务，有先后履行顺序，应当先履行债务一方未履行的，后履行一方有权拒绝其履行请求。先履行一方履行债务不符合约定的，后履行一方有权拒绝其相应的履行请求。"

（3）不安抗辩权是指在有先后履行顺序的双务合同中，应先履行义务的一方有确切证据证明对方当事人难以给付时，在对方当事人未履行或未为合同履行提供担保之前，有暂时中止履行合同的权利。规定不安抗辩权是为了切实保护当事人的合法权益，防止借合同进行欺诈，促使对方履行义务。《民法典》第五百二十七条规定："应当先履行债务的当事人，有确切证据证明对方有下列情形之一的，可以中止履行：

（一）经营状况严重恶化；

（二）转移财产、抽逃资金，以逃避债务；

（三）丧失商业信誉；

（四）有丧失或者可能丧失履行债务能力的其他情形。

当事人没有确切证据中止履行的，应当承担违约责任。"

典型案例【D1－10】

甲公司与乙公司签订一份买卖钢材合同，合同约定买方甲公司应在合同生效后 15 日内向卖方乙公司支付 40% 的预付款，乙公司收到预付款后 3 日内发货至甲公司，甲公司收到货物验收后即结清余款。乙公司收到甲公司 40% 预付款后的 2 日即发货至甲公司。甲公司收到货物后经验收发现钢材质量不符合合同约定，遂及时通知乙公司并拒绝支付余款。

试分析：

（1）甲公司拒绝支付余款是否合法？

（2）甲公司的行为若合法，法律依据是什么？

（3）甲公司行使的是什么权利？若行使该权利必须具备什么条件？

分析如下：

（1）甲公司拒绝支付余款是合法的。

（2）《民法典》第五百二十六条规定："当事人互负债务，有先后履行顺序，应当先履行债务一方未履行的，后履行一方有权拒绝其履行请求。先履行一方履行债务不符合约定的，后履行一方有权拒绝其相应的履行请求。"乙公司虽然将钢材如期运至甲公司，但其钢材质量不符合合同约定的质量，及其履行债务不符合合同约定，根据第 67 条的规定，甲公司有权拒绝支付余款。

（3）甲公司行使的是后履行抗辩权。

后履行抗辩权的行使应当具备以下三个条件：

1）双方当事人须由同一双务合同互负债务。

2）须双方所负的债务有先后履行顺序。

3）应当先履行的当事人未履行债务或履行债务不符合约定。

典型案例【D1－11】

甲乙两公司签订钢材购买合同，合同约定：乙公司向甲公司提供钢材，总价款 500 万元。甲公司预支价款 200 万元。在甲公司即将支付预付款前，得知乙公司因经营不善，无法交付钢材，并有确切证据证明。于是，甲公司拒绝支付预付款，除非乙公司能提供一定的担保，乙公司拒绝提供担保。为此，双方发生纠纷并诉至法院。

试分析：

（1）甲公司拒绝支付余款是否合法？

（2）甲公司的行为若合法，法律依据是什么？

（3）甲公司行使的是什么权利？若行使该权利必须具备什么条件？

分析如下：

（1）甲公司拒绝支付余款是合法的。

（2）《民法典》第五百二十七条规定："应当先履行债务的当事人，有确切证据证明对方有下列情形之一的，可以中止履行：（一）经营状况严重恶化；（二）转移财产、抽逃资金，以逃避债务；（三）丧失商业信誉；（四）有丧失或者可能丧失履行债务能力的其他情形。当事人没有确切证据中止履行的，应当承担违约责任。"本案中，甲公司作为先为给付的一方当事人，得知对方财产状况明显恶化，且未提供适当担保，可能危及其债权实现时，可以中止履行合同，保护权益不受损害。因此在发生纠纷时，法院应支持甲公司的主张。

（3）甲公司行使的是不安抗辩权。

不安抗辩权的适用条件是：

1）须是同一双务合同所产生的两项债务，并且互为对价给付。

2）互为对价给付的双务合同规定有先后履行顺序，且应先履行债务的一方的履行期届至。

3）应后履行债务的一方当事人，在合同依法成立之后，出现丧失或有可能丧失对待履行债务的能力。

4）应后履行债务的当事人未能为对待给付或为债务的履行提供适当的担保。

1.5　合同的保全

1.5.1　合同保全的概念

合同的保全是指法律为防止因债务人财产的不当减少致使债权人债权的实现受到危害，而设置的保全债务人责任财产的法律制度，具体包括债权人代位权制度和债权人撤销权制度。

1.5.2　代位权

代位权着眼于债务人的消极行为，当债务人有权利行使而不行使，以致影响债权人权利的实现时，法律允许债权人代债务人之位，以自己的名义向第三人行使债务人的权利。

《民法典》第五百三十五条规定："因债务人怠于行使其债权或者与该债权有关的从权利，影响债权人的到期债权实现的，债权人可以向人民法院请求以自己的名义代位行使债务人对相对人的权利，但是该权利专属于债务人自身的除外。代位权的行使范围以债权人的到期债权为限。债权人行使代位权的必要费用，由债务人负担。"

典型案例【D1－12】

甲、乙公司于 2021 年 4 月 1 日签订钢筋配件买卖合同，合同标的额为 100 万元。根据合同约定，甲公司应于 4 月 10 日前交付 20 万元的定金，以此作为买卖合同的生效要件。4 月 15 日，乙公司在甲公司未交付定金的情况下发出全部货物，甲公司接受了该批货物。4 月 20 日，乙公司要求甲公司支付 100 万元的货款，遭到拒绝。经查明：甲公司怠于行使对丙公司的到期债权 100 万元，此外甲公司欠丁银行贷款本息 100 万元。4 月 30 日，乙公司向丙公司提起代位权诉讼，向人民法院请求以自己的名义代位行使甲公司对丙公司的到期债权。人民法院经审理后，认定乙公司的代位权成立，由丙公司向乙公司履行清偿义务，诉讼费用 2 万元由债务人甲公司负担。丁银行得知后，向乙公司主张平均分配丙公司偿还的 100 万元，遭到乙公司的拒绝。

试分析：

（1）丁银行的主张是否成立？

（2）人民法院判定诉讼费用由甲公司负担是否符合法律规定？

分析如下：

（1）丁银行的主张不成立。根据《民法典》第五百三十七条的规定："人民法院认定代位权成立的，由债务人的相对人向债权人履行义务，债权人接受履行后，债权人与债务人、债务人与相对人之间相应的权利义务终止。债务人对相对人的债权或者与该债权有关的从权利被采取保全、执行措施，或者债务人破产的，依照相关法律的规定处理。"债权人行使代位权，其债权就代位权行使的结果有优先受偿权利。在本案例中，债权人乙公司就其代位权行使的结果享有优先受偿的权利，因此丁银行的主张不成立。

（2）人民法院判定诉讼费用由甲公司负担不符合法律规定。根据《民法典》的规定，在代位权诉讼中，诉讼费用由债务人负担。在本案中，诉讼费用应当由丙公司负担。

1.5.3　撤销权

撤销权则着眼于债务人的积极行为，当债务人在不履行其债务的情况下，实施减少其财产而损害债权人债权实现的行为时，法律赋予债权人有诉请法院撤销债务人所为的行为的权利。《民法典》第五百三十八条规定："债务人以放弃其债权、放弃债权担保、无偿转让财产等方式无偿处分财产权益，或者恶意延长其到期债权的履行期限，影响债权人的债权实现的，债权人可以请求人民法院撤销债务人的行为。"

典型案例【D1－13】

甲企业（下称甲）向乙企业（下称乙）发出传真订货，该传真列明了货物的种类、数量、质量、供货时间、交货方式等，并要求乙在 10 日内报价。乙接受甲发出传真列明的条件并按期报价，亦要求甲在 10 日内回复；甲按期复电同意其价格，并要求签订书面合同。乙在未签订书面合同的情况下按甲提出的条件发货，甲收货后未提出异议，亦未付货款。后因市场发生变化，该货物价格下降。甲遂向乙提出，由于双方未签订书面合同，买卖关系不能成立，故乙应尽快取回货物。乙不同意甲的意见，要求其偿付货款。随后，乙发现甲放弃其对关联企业的到期债权，并向其关联企业无偿转让财产，可能使自己的货款无法得到清偿，遂向人民法院提起诉讼。

试分析：

（1）试述甲传真订货、乙报价、甲回复报价行为的法律性质。

（2）买卖合同是否成立？

（3）对甲放弃到期债权、无偿转让财产的行为，乙可向人民法院提出何种权利请求，以保护其利益不受侵害？对乙行使该权利的期限，法律有何规定？

分析如下：

（1）甲传真订货行为的性质属于要约邀请。因该传真欠缺价格条款，邀请乙报价，故不具有要约性质。乙报价行为的性质属于要约。根据《民法典》第四百七十二条的规定："要约是希望与他人订立合同的意思表示，该意思表示应当符合下列条件：（一）内容具体确定；（二）表明经受要约人承诺，要约人即受该意思表示约束。"乙的报价因同意甲方传真中的其他条件，并通过报价使合同条款内容具体确定，约定回复日期则表明其将受报价的约束，已具备要约的全部要件。甲回复报价行为的性质属于承诺。因其内容与要约一致，且于承诺期限内作出。

（2）买卖合同成立。根据《民法典》第四百九十条的规定："当事人采用合同书形式订立合同的，自当事人均签名、盖章或者按指印时合同成立。在签名、盖章或者按指印之前，当事人一方已经履行主要义务，对方接受时，该合同成立。法律、行政法规规定或者当事人约定合同应当采用书面形式订立，当事人未采用书面形式但是一方已经履行主要义务，对方接受时，该合同成立。"本案例中，虽双方未按约定签订书面合同，但乙已实际履行合同义务，甲亦接受，未及时提出异议，故合同成立。

（3）乙可向人民法院提出行使撤销权的请求，撤销甲的放弃到期债权、无偿转让财产的行为，以维护其权益。对撤销权的时效，《民法典》第五百三十九条规定："债务人以明显不合理的低价转让财产、以明显不合理的高价受让他人财产或者为他人的债务提供担保，影响债权人的债权实现，债务人的相对人知道或者应当知道该情形的，债权人可以请求人民法院撤销债务人的行为。"《民法典》第五百四十条规定："撤销权的行使范围以债权人的债权为限。债权人行使撤销权的必要费用，由债务人负担。"《民法典》第五百四十一条规定："撤销权自债权人知道或者应当知道撤销事由之日起一年内行使。自债务人的行为发生之日起五年内没有行使撤销权的，该撤销权消灭。"

1.6　合同的变更和转让

1.6.1　合同的变更

合同的变更有广义和狭义之分，广义合同变更包括合同主体与合同内容的变更，狭义合同变更仅指合同内容的变更，我国法律取狭义的合同变更之意，即《民法典》上合同的变更仅指合同内容的变更，而合同主体的变更实际上是合同权利义务的转让。换而言之，合同的变更是指在合同成立以后，基于当事人的法律行为、法院或仲裁机构的裁判行为或法律规定，不改变合同主体而使合同内容发生变化的现象。《民法典》第五百四十三条规定："当事人协商一致，可以变更合同。"另有第五百四十四条："当事人对合同变更的内容约定不明确的，推定为未变更。"

合同的变更在实践中非常常见，也是合同制度的重要内容。《民法典》第五条规定："民事主体从事民事活动，应当遵循自愿原则，按照自己的意思设立、变更、终止民事法律关系。"另有第一百三十三条规定："民事法律行为是民事主体通过意思表示设立、变更、终止民事法律关系的行为。"可见"变更"在《民法典》中的重要地位。

1.6.2　合同的转让

合同的转让，是指当事人一方将其合同权利、合同义务或者合同权利义务，全部或者部分转让给第三人。合同的转让是合同主体的变更，准确地说是合同权利、义务的转让，即在不改变合同关系内容的前提下，使合同的权利主体或者义务主体发生变动。

根据转让内容的不同，合同转让包括了合同权利的转让、合同义务的转让以及合同权利和义务的概括转让三种类型。合同转让既可以全部转让也可以部分转让。合同转让的类型不同，其转让的条件、程序和效力也不尽相同。

《民法典》第五百四十五条规定，债权人可以将债权的全部或者部分转让给第三人，但是有下列情形之一的除外：①根据债权性质不得转让；②按照当事人约定不得转让；③依照法律规定不得转让。当事人约定非金钱债权不得转让的，不得对抗善意第三人。当事人约定金钱债权不得转让的，不得对抗第三人。

典型案例【D1-14】

某年 10 月 15 日，甲公司与乙公司签订合同，合同约定由乙公司于次年 1 月 15 日向甲公司提供一批价款为 50 万元工程配件，某年 12 月 1 日甲公司因工期原因，需要乙公司提前提供工程配件，甲公司要求提前履行的请求被乙公司拒绝，甲公司为了不影响工程进度，只好从外地进货，随后将对乙公司的债权转让给了丙公司，但未通知乙公司。丙公司于次年 1 月 15 日去乙公司提货时遭拒绝。

试分析：

（1）乙公司拒绝丙公司提货有无法律依据？

（2）甲公司与丙公司的转让合同是否有效？如何处理？

分析如下：

（1）乙公司拒绝丙公司的提货有法律依据。

《民法典》第五百四十六条规定："债权人转让债权，未通知债务人的，该转让对债务人不发生效力。债权转让的通知不得撤销，但是经受让人同意的除外。"本案例中，甲公司将债权转让给丙公司，但未通知乙公司，因而对乙公司不发生效力。

（2）依《民法典》第五百四十五条的规定："债权人可以将债权的全部或者部分转让给第三人，但是有下列情形之一的除外：（一）根据债权性质不得转让；（二）按照当事人约定不得转让；（三）依照法律规定不得转让。当事人约定非金钱债权不得转让的，不得对抗善意第三人。当事人约定金钱债权不得转让的，不得对抗第三人。"甲公司与丙公司的债权转让合同有效。丙公司的履行要求被拒绝，应当由甲公司对丙公司承担责任。

1.7 合同权利义务终止

1.7.1 合同权利义务终止的概念

合同权利义务终止，简称为合同的终止，又称合同的消灭，是指合同关系在客观上不复存在，合同权利和合同义务归于消灭。根据《民法典》第五百五十七条，合同为有期限的民事法律关系，不能永久存在，具备法律规定或者当事人约定的某些情形时，合同关系在客观将不复存在，合同债权和合同债务归于消灭，此即合同权利义务的终止。

典型案例【D1-15】

甲公司3月欲从乙公司购进某新型混凝土添加剂（以下简称"添加剂"）50批次，每批次2800元，共计14万元。双方约定4月货到后先付4万元，其余待销售后付清余下的10万元货款。后乙公司想在甲公司开设销售平台，打开销路。双方遂签订租赁场地合同，约定租赁期为1年，自同年4月起至次年4月止，月租金2万元，共计24万元。由乙公司3个月付1次，分4次付清。7月乙公司通知甲公司，称用应收甲公司的10万元添加剂货款中的6万元抵销其4月至7月的租金。

试分析：

（1）乙公司的做法是否合法？

（2）为什么？

分析如下：

（1）《民法典》第五百五十七条规定："有下列情形之一的，债权债务终止：（一）债务已经履行；（二）债务相互抵销；（三）债务人依法将标的物提存；（四）债权人免除债务；（五）债权债务同归于一人；（六）法律规定或者当事人约定终止的其他情形。合同解除的，该合同的权利义务关系终止。"本案例涉及的是合同权利义务终止中债务相互抵销的法律规定。抵销，是指两个以上的债务关系的当事人就互负给负种类相同的债务，各自得以其对他方享有的债权充抵自己对他方的债务，而使各自的债务在对等的数额内相互消灭的意思表示。

（2）《民法典》第五百六十八条规定："当事人互负债务，该债务的标的物种类、品质相同的，任何一方可以将自己的债务与对方的到期债务抵销；但是，根据债务性质、按照当事人约定或者依照法律规定不得抵销的除外。当事人主张抵销的，应当通知对方。通知自到达对方时生效。抵销不得附条件或者附期限。"本案例中，甲公司与乙公司互负债务，互享债权，彼此的合同标的物又属于种类和品质相同的货币，也到了履行期，因此，乙公司可以根据《合同法》的有关同类债务相互抵销的规定，通知甲公司对6万元债务予以抵销。

1.7.2 合同权利义务终止的事由

合同权利义务终止的事由，依照《民法典》第五百五十七条规定，有下列情形之一的，债权债务终止：①债务已经履行；②债务相互抵销；③债务人依法将标的物提存；

④债权人免除债务；⑤债权债务同归于一人；⑥法律规定或者当事人约定终止的其他情形。合同解除的，该合同的权利义务关系终止。

合同权利义务终止的主要事由有清偿、抵销、提存、免除、混同、解除。其中，清偿、抵销、提存、免除和混同为合同的绝对终止，即合同权利义务的清灭。解除为合同的相对终止，即合同履行效力的消灭。

1.7.2.1 清偿

清偿，是指债务人按合同的约定了结债务、配合债权人实现债权目的的行为。《民法典》第五百五十七条规定债务已经履行，将导致合同关系终止。此处所说的按照约定对义务的履行，就是指清偿。

1.7.2.2 抵销

抵销，是指当事人互负债务且其给付种类相同的情形，各以其债权充当债务之清偿，而使其债务与相对人的债务在对等额内相互消灭。抵销制度的目的在于避免双方当事人分别请求以及分别履行所带来的不便及不公平，故其被许多国家立法所肯定并在实践中广为应用。

1.7.2.3 提存

提存，是指债务人履行其到期债务时，因债权人的原因无正当理由而拒绝受领，或者因债权人下落不明等原因债务人无法向债权人履行债务时，可依法将其履行债务的标的物送交有关部门，以代替履行的制度。提存是代为履行的方法，提存之后，合同终止。《民法典》第五百七十条对此也作出了规定，有下列情形之一，难以履行债务的，债务人可以将标的物提存：①债权人无正当理由拒绝受领；②债权人下落不明；③债权人死亡未确定继承人、遗产管理人，或者丧失民事行为能力未确定监护人；④法律规定的其他情形。标的物不适于提存或者提存费用过高的，债务人依法可以拍卖或者变卖标的物，提存所得的价款。

提存制度的建立和完善，有利于债务纠纷的及时解决，更好地平衡债权人和债务人双方的利益冲突，保证市场机制的正常运行。

1.7.2.4 免除

免除，是指当事人为消灭债务关系而抛弃债权的单方法律行为。因债权人全部或部分抛弃债权，债务人得以全部或部分免除债务，故免除也是一种合同终止的原因。免除是债权人的一种单方法律行为，不以债务人同意为必要但须向债务人作出免除债务的意思表示。

1.7.2.5 混同

混同，是指债权和债务同归一人，原则上致使债的关系消灭的事实。债权人与债务人系处于对立状态，法律乃在于规范此类对立的主体之间的财产关系，债权因混同而消灭，并非逻辑的必然，仅仅是在通常情况下，处于这种状态下的债权继续存续，已经没有法律上的需要，法律规定它因混同而消灭。

1.7.2.6 解除

合同解除，是指合同当事人一方或者双方依照法律规定或者当事人的约定，依法解除合同效力的行为。合同解除分为合意解除和法定解除两种情况。解除是合同之债终止的事由之一，它也是一种法律制度。在适用情势变更原则时，合同解除是指履行合同实在困难，若履行即显失公平，法院裁决合同消灭的现象。这种解除与一般意义上的解除相比，有一个重要的特点，就是法院直接基于情事变更原则加以认定，而不是通过当事人的解除行为。《民法典》第五百六十二条规定："当事人协商一致，可以解除合同。当事人可以约定一方解除合同的事由。解除合同的事由发生时，解除权人可以解除合同。"

就当事人是否可以解除合同方面，《民法典》第五百六十三条也进行了详细的规定，有下列情形之一的，当事人可以解除合同：①因不可抗力致使不能实现合同目的；②在履行期限届满前，当事人一方明确表示或者以自己的行为表明不履行主要债务；③当事人一方迟延履行主要债务，经催告后在合理期限内仍未履行；④当事人一方迟延履行债务或者有其他违约行为致使不能实现合同目的；⑤法律规定的其他情形。以持续履行的债务为内容的不定期合同，当事人可以随时解除合同，但是应当在合理期限之前通知对方。

此外，当事人可以在订立合同时协商约定解除权，但需要注意的是，该解除权一般附有一定的期限，正如《民法典》第五百六十四条中规定："法律规定或者当事人约定解除权行使期限，期限届满当事人不行使的，该权利消灭。法律没有规定或者当事人没有约定解除权行使期限，自解除权人知道或者应当知道解除事由之日起一年内不行使，或者经对方催告后在合理期限内不行使的，该权利消灭。"

1.7.3 合同终止后的义务

合同终止后的义务通常有以下几方面。

（1）通知的义务：合同终止后，一方当事人应当将有关情况及时通知另一方当事人。比如，债务人将标的物提存的，应当通知债权人标的物提存的地点和领取方式。

（2）协助的义务：合同终止后，当事人应当协助对方处理与合同有关的事务。比如，合同解除后，需要恢复原状的，对于恢复原状给予必要的协助；合同终止后，对于需要保管的标的物协助保管。

（3）保密的义务：保密指保守国家秘密、商业秘密和合同约定不得泄露的事项。

《民法典》第五百五十八条规定："债权债务终止后，当事人应当遵循诚信等原则，根据交易习惯履行通知、协助、保密、旧物回收等义务。"

典型案例【D1-16】

某年3月15日，某钢筋配件制造厂与某钢结构加工厂签订一份钢筋配件买卖合同，双方约定：由钢筋配件制造厂于同年4月15日前提供某标号配件1000套，钢结构加工厂先支付价款8万元，并于5月20日将货款一次性全部支付。同年4月15日，钢结构加工厂通知钢筋配件制造厂按合同约定的时间交货，钢筋配件制造厂回函言：因设备老化，按时交付有一定困难，请求暂缓履行。钢结构加工厂因为要抢在阶段性工期结束之前完成组装配送，没有同意钢筋配件制造厂迟延履行的要求。同年4月25日，因钢筋配件制造厂没有履行合同，钢结构加工厂致函钢筋配件制造厂，要求钢筋配件制造厂最迟在5月10日前履行合同，否则解除合同。同年5月20日，钢筋配件制造厂仍未履行合同，钢结构加工厂只好从别的渠道以每套90元的价格购买了某标号配件1000套，总价款9万元，同时通知钢筋配件制造厂解除合同，返还8万元货款及利息，并要求钢筋配件制造厂赔偿误工损失费。同年8月10日，钢筋配件制造厂要求履行合同，称钢结构加工厂解除合同没有征得钢筋配件制造厂的同意，因而合同没有解除，钢结构加工厂应当接受货物。在遭到拒绝后遂起诉至法院。

试分析：

（1）钢结构加工厂是否有权解除合同？

（2）法院能否支持钢筋配件制造厂的主张？

（3）钢结构加工厂能否要求损害赔偿？

分析如下：

（1）钢结构加工厂有权解除合同。《民法典》第五百六十三条规定："有下列情形之一的，当事人可以解除合同：（一）因不可抗力致使不能实现合同目的；（二）在履行期限届满前，当事人一方明确表示或者以自己的行为表明不履行主要债务；（三）当事人一方迟延履行主要债务，经催告后在合理期限内仍未履行；（四）当事人一方迟延履行债务或者有其他违约行为致使不能实现合同目的；（五）法律规定的其他情形。以持续履行的债务为内容的不定期合同，当事人可以随时解除合同，但是应当在合理期限之前通知对方。"本案例中，钢筋配件制造厂迟延履行主要债务，在钢结构加工厂的催告后，在合理的期限内仍未履行，因此钢结构加工厂有权解除合同。

（2）法院不能支持钢筋配件制造厂的主张。这涉及法定解除权应当如何行使的问题。《民法典》第五百六十五条规定："当事人一方依法主张解除合同的，应当通知对方。合同自通知到达对方时解除；通知载明债务人在一定期限内不履行债务则合同自动解除，债务人在该期限内未履行债务的，合同自通知载明的期限届满时解除。对方对解除合同有异议的，任何一方当事人均可以请求人民法院或者仲裁机构确认解除行为的效力。当事人一方未通知对方，直接以提起诉讼或者申请仲裁的方式依法主张解除合同，人民法院或者仲裁机构确认该主张的，合同自起诉状副本或者仲裁申请书副本送达对方时解除。"本案例中，钢结构加工厂在解除合同时通知了钢筋配件制造厂，钢筋配件制造厂对此没有提出异议，依照法律的规定，合同自解除的通知到达钢筋配件制造厂时就已经生效，不需要钢筋配件制造厂的同意。因此钢筋配件制造厂的主张，法院不能支持。

（3）钢结构加工厂可以要求损害赔偿。依据法律有关规定，解除合同与损害赔偿可以并存，当事人解除合同后如果有其他损失的仍可以要求赔偿损失。

1.8 违 约 责 任

1.8.1 违约责任的概念

违约责任，是指当事人不履行合同义务或者履行合同义务不符合合同约定而依法应当承担的民事责任。违约责任是合同责任中一种重要的形式，其成立必须以有效合同的存在为前提，可以由当事人在订立合同时事先约定。《民法典》第五百七十七至五百九十四条对此部分内容有详细的规定。

1.8.2 违约行为

根据违约行为发生的时间，违约行为总体上可分为预期违约和实际违约。

1.8.2.1 预期违约

预期违约，也被称为先期违约、事先违约、提前违约、预期毁约，是指当事人一方在合同规定的履行期到来之前，明示或者默示其将不履行合同，由此在当事人之间发生一定的权利义务关系的一项合同法律制度。《民法典》第五百七十八条规定："当事人一方明确表示或者以自己的行为表明不履行合同义务的，对方可以在履行期限届满前请求其承担违约责任。"其中"明确表示"即为明示预期违约，"以自己的行为表明"即为默示预期违约。

1.8.2.2 实际违约

实际违约，是指在合同履行期限到来以后，当事人不履行、不完全履行或拒绝履行合同义务的行为。主要分为以下五种情况：

（1）不能履行。不能履行是指债务人在客观上已经没有履行能力，或者法律禁止债务的履行。在以提供劳务为标的的合同中，债务人丧失工作能力，为不能履行。在以特定物为标的物合同中，该特定物毁损灭失，构成不能履行。不能履行以订立合同时为标准，可分为自始不能履行和嗣后不能履行。前者可构成合同无效，后者是违约的类型。

（2）延迟履行。延迟履行又称债务人延迟或者逾期履行，指债务人能够履行，但在履行期限届满时却未履行债务的现象。是否构成延迟履行，履行期限具有重要意义。

在不确定期限的合同中，原则上自债权人通知或者债务人直到履行期限届至时，发生履行迟延，但依据诚信原则，债务人履行其债务需要一段合理时间，可以例外。

在履行期限不明确的合同中，未约定履行期限或者约定不明的，而且无法根据法律规定、债务的性质、交易习惯等情事中确定履行期限的，可依据《民法典》第五百一十一条第四款执行："履行期限不明确的，债务人可以随时履行，债权人也可以随时请求履行，但是应当给对方必要的准备时间。"在此情形下，催告成为债务人负延迟履行责任的必要条件。（注：指债权人或其代理人请求债务人履行债务的意思通知。）

（3）不完全履行。不完全履行是指债务人虽然履行了债务，但其履行不符合债务的要求，包括标的物的品种、规格、型号、数量、质量、运输的方法、包装方法等不符合合同约定等。不完全履行与否应以履行期限届满仍未消除缺陷或者另行给付时为准。如果债权人同意给债务人一定的宽限期消除缺陷或者另行给付，那么在该宽限期届满时仍未消除或者令行为给付，则构成不完全履行。

（4）拒绝履行。拒绝履行是债务人对债权人表示不履行合同，能够实际履行而故意不履行的行为。这种行为表示一般为明示的，也可以是默示的。拒绝履行首先是一种"毁约"行为，是合同当事人一方拒绝按照合同约定履行自己义务，致使合同目的不能实现的行为；其次，是一种"抗辩"行为，即在双务合同中，负有先履行义务的一方未在合同约定期限履行自己义务时，负有后履行义务的一方可以拒绝履行自己义务的一种行使先履行抗辩权的行为。

（5）债权人延迟。债权人延迟是指债权人对于债务人已经提供的给付，未为受领或未为其他给付完成所必需的协助的事实。债权人迟延包括两个方面的内容，一是受领迟延，二是债权人未尽其他协助义务。《民法典》第五百八十九条规定："债务人按照约定履行债务，债权人无正当理由拒绝受领的，债务人可以请求债权人赔偿增加的费用。在债权人受领迟延期间，债务人无须支付利息。"

1.8.3　违约责任的形式

违约责任的形式即承担违约责任的具体方式。《民法典》第五百七十七条规定："当事人一方不履行合同义务或者履行合同义务不符合约定的，应当承担继续履行、采取补救措施或者赔偿损失等违约责任。"除此之外，违约责任还有其他形式，如违约金和定金责任。

1.8.3.1　继续履行

继续履行，也称强制实际履行，是指违约方根据对方当事人的请求继续履行合同规定的义务的违约责任形式。

(1) 继续履行的特征。

1) 继续履行是一种独立的违约责任形式，不同于一般意义上的合同履行。具体表现在：继续履行以违约为前提；继续履行体现了法的强制；继续履行不依附于其他责任形式。

2) 继续履行的内容表现为按合同约定的标的履行义务，这一点与一般履行并无不同。

3) 继续履行以对方当事人（守约方）请求为条件，法院不得径行判决。

典型案例【D1-17】

某村委会与某公司负责人张某签订了村内河道景观建设承包合同。合同规定，村委会负责给张某提供修复材料2000份和运输用车，张某每年向村委会上交承包费1.5万元，3年内河道区域的景观旅游收入所得归张某所有。合同签订后，张某如数上交了当年的承包费1.5万元，但村委会只提供了500份修复材料，而且未提供运输用车，张某为了能赶在计划工期内完成承包项目，只好自己购买高价材料和租用其他车辆，比原计划多支付2万元。张某要求村委会赔偿因其不严格履行合同而给自己造成的经济损失，并继续提供运输用车。村委会拒绝赔偿，张某诉至法院。

试分析：

(1) 张某的诉讼请求有法律依据吗？

(2) 此案应如何处理？

分析如下：

(1)《民法典》第五百七十七条规定："当事人一方不履行合同义务或者履行合同义务不符合约定的，应当承担继续履行、采取补救措施或者赔偿损失等违约责任。"根据这条规定，张某的诉讼请求有法律依据。村委会应当按合同的约定如数提供2000份材料和运输用车，未提供即属违约，要承担相应的法律责任。

(2) 本案中，村委会因违约，需赔偿张某多支付的2万元，并继续为张某提供运输用车。

典型案例【D1-18】

甲公司与某混凝土加工厂订立一份C30混凝土供销合同，双方约定由加工厂在1个月内向甲公司供应C30混凝土30吨，每吨单价1000元。在合同履行期间，乙公司找到加工厂表示愿意以每吨1200元的单价购买20吨C30混凝土，加工厂见其出价高，就将20吨本来准备运给甲公司的C30混凝土卖给了乙公司，致使只能供应10吨C30混凝土给甲公司。甲公司要求加工厂按照合同的约定供应剩余的 20 吨 C30 混凝土，加工厂表示无法按照原合同的条件供货，并要求解除合同。甲公司不同意，坚持要求加工厂履行合同。

试分析：

（1）甲公司的要求是否有法律依据？

（2）在合同没有明确约定的情况下，甲公司如果要求加工厂继续履行合同有无法律依据？

（3）加工厂能否只赔偿损失或者只支付违约金而不继续履行合同？

分析如下：

（1）甲公司要求加工厂继续供货是有法律依据的。因为，双方合同约定由加工厂供应甲公司 C30 混凝土 30 吨，现 C30 混凝土只供应了 10 吨，所以甲公司有权要求继续供货。

（2）若合同没有明确约定是否继续供应 C30 混凝土，依《民法典》的规定，甲公司有权要求加工厂继续供货。《民法典》第五百七十七条规定："当事人一方不履行合同义务或者履行合同义务不符合约定的，应当承担继续履行、采取补救措施或者赔偿损失等违约责任。"

（3）订立合同的目的就在于通过履行合同获取预定的利益，合同生效后当事人不履行合同义务，对方就无法实现权利。如果违约方有履行合同的能力，对方（受损害方）认为实现合同权利对自己是必要的，有权要求违约方继续履行合同。违约方不得以承担了对方的损失为由拒绝继续履行合同，受损害方在此情况下，可以请求法院或者仲裁机构强制违约方继续履行合同。所以加工厂不能只赔偿损失或者只支付违约金而不继续履行合同。

（2）继续履行不适用的情况。

1）不能履行。金钱之债不发生不能履行问题。

2）债务的标的不适合继续履行或者继续履行的费用过高。一般涉及的法律关系具有人身专属性的，在性质上决定了不适合继续履行；所谓履行费用过高，指对标的物若进行继续履行的话，其代价过高，可能超过合同的牟利等情况。

3）债权人在合理期限内未提出履行的要求。以此督促债权人及时行使其权利，以平衡双方的利益。

4）法律明文规定不得使用继续履行的，而责令违约方承担违约金责任或者损害赔偿责任。货运合同中承运人对货物的损毁灭失承担损害赔偿责任。

5）因不可归责于当事人双方的原因导致合同履行实在困难。比如适用情势变更场合，如果继续要求承担继续履行责任则显失公平。

1.8.3.2 采取补救措施

采取补救措施，是指矫正合同不适当履行、使履行缺陷得以消除的具体措施。这种责任形式，与继续履行（解决不履行问题）和赔偿损失具有互补性。

（1）采取补救措施的类型。《民法典》第五百八十二条规定："履行不符合约定的，应当按照当事人的约定承担违约责任。对违约责任没有约定或者约定不明确，依据本法第五百一十条的规定仍不能确定，受损害方根据标的的性质以及损失的大小，可以合理选择请求对方承担修理、重作、更换、退货、减少价款或者报酬等违约责任。"其中，第五百一十条规定："合同生效后，当事人就质量、价款或者报酬、履行地点等内容没有约定或者约定不明确的，可以协议补充；不能达成补充协议的，按照合同相关条款或者交易习惯确定。"也就是说，我国法律规定，采取补救措施的具体方式可以为修理、重作、更换、退货、减少价款或者报酬等形式。

（2）采取补救措施的适用情况。

1）采取补救措施的适用以合同对质量不合格的违约责任没有约定或者约定不明确，而依《民法典》第五百一十条仍不能确定违约责任为前提。也就是说，对于不适当履行的违约责任形式，当事人有约定者应依其约定；没有约定或约定不明者，首先应按照《民法典》第五百一十条规定确定违约责任；没有约定或约定不明又不能按照《民法典》第五百一十条规定确定违约责任的，才适用这些补救措施。

2）应以标的物的性质和损失大小为依据，确定与之相适应的补救方式。

3）受害方对补救措施享有选择权，但选定的方式应当合理。

1.8.3.3 赔偿损失

赔偿损失，是指违约方以支付金钱的方式弥补受害方因违约行为所减少的财产或者所丧失的利益的责任形式。赔偿损失具有如下特点：

（1）赔偿损失是最重要的违约责任形式。赔偿损失具有根本救济功能，任何其他责任形式都可以转化为赔偿损失。

（2）赔偿损失是以支付金钱的方式弥补损失。金钱为一般等价物，任何损失一般都可以转化为金钱，因此，赔偿损失主要指金钱赔偿。但在特殊情况下，也可以以其他物代替金钱作为赔偿。

（3）赔偿损失是由违约方赔偿守约方因违约所遭受的损失。首先，赔偿损失是对违约行为所造成的损失的赔偿，与违约行为无关的损失不在赔偿之列。其次，赔偿损失是对守约方所遭受损失的一种补偿，而不是对违约行为的惩罚。《民法典》第五百八十四条规定："当事人一方不履行合同义务或者履行合同义务不符合约定，造成对方损失的，损失赔偿额应当相当于因违约所造成的损失，包括合同履行后可以获得的利益；但是，不得超过违约一方订立合同时预见到或者应当预见到的因违约可能造成的损失。"

（4）赔偿损失责任具有一定的任意性。赔偿的范围和数额，可由当事人约定。当事人既可以约定违约金的数额，也可以约定赔偿的计算方法。《民法典》第五百八十五条规定："当事人可以约定一方违约时应当根据违约情况向对方支付一定数额的违约金，也可以约定因违约产生的损失赔偿额的计算方法。"

典型案例【D1-19】

某年11月，A钢材厂与B铁道工程局签订买卖配件合同，约定由A钢铁厂每季度卖给B铁道工程局配件100套，B铁道工程局收到货后向A钢材厂支付货款。自同年12月至次年6月，A钢材厂累计卖给B铁道工程局配件200套，总价款1000万元，B铁道工程局先后支付货款500万元，尚欠货款500万元。期间A钢材厂多次向B铁道工程局催收余款，但未曾提出由B铁道工程局清偿全部货款及延期付款利息的请求。B铁道工程局每次收到货后即支付部分货款，A钢材厂每次催收货款B铁道工程局也支付部分货款，但均未结清。第三年6月，A钢材厂向法院起诉，请求判决B铁道工程局清偿拖欠的全部货款和延期付款的银行利息及逾期付款滞纳金。

试分析：

（1）法院是否全部支持 A 钢材厂的诉讼请求？

（2）为什么？

分析如下：

（1）法院部分支持 A 钢材厂诉讼请求。①法院支持 A 钢材厂要求 B 铁道工程局清偿全部货款的诉讼请求；②法院支持 A 钢材厂要求 B 铁道工程局赔偿延期付款银行利息及逾期付款滞纳金，但仅从第三年 6 月自 B 铁道工程局清偿货款之日止的延期付款银行利息及逾期付款滞纳金。

（2）法院部分支持 A 钢材厂诉讼请求的法律依据是：《民法典》第五百一十一条规定："当事人就有关合同内容约定不明确，依据前条规定仍不能确定的，适用下列规定：（一）质量要求不明确的，按照强制性国家标准履行；没有强制性国家标准的，按照推荐性国家标准履行；没有推荐性国家标准的，按照行业标准履行；没有国家标准、行业标准的，按照通常标准或者符合合同目的的特定标准履行。（二）价款或者报酬不明确的，按照订立合同时履行地的市场价格履行；依法应当执行政府定价或者政府指导价的，依照规定履行。（三）履行地点不明确，给付货币的，在接受货币一方所在地履行；交付不动产的，在不动产所在地履行；其他标的，在履行义务一方所在地履行。（四）履行期限不明确的，债务人可以随时履行，债权人也可以随时请求履行，但是应当给对方必要的准备时间。（五）履行方式不明确的，按照有利于实现合同目的的方式履行。（六）履行费用的负担不明确的，由履行义务一方负担；因债权人原因增加的履行费用，由债权人负担。"B 铁道工程局可以随时向 A 钢材厂履行支付货款的义务，或者按 A 钢材厂随时提出的付款要求履行支付货款的义务。在本案中，A 钢材厂是第三年 6 月起诉时提出清结货款并支付延期付款的银行利息及逾期付款滞纳金的请求，以前未曾提出过。所以，B 铁道工程局未清偿全部货款的行为不构成违约，仅从 A 钢材厂提起诉讼次日为未履行付款义务，应承担这一段时间后的违约责任。即 B 铁道工程局在清偿全部货款后并赔偿从 A 钢材厂提起诉讼次日起至清偿全部货款之日止的延期付款的银行利息及逾期付款滞纳金。

1.8.3.4　定金责任

定金，是指合同当事人为了确保合同的履行，根据双方约定，由一方按合同标的额的一定比例预先给付对方的金钱或其他替代物。《民法典》第五百八十六条规定："当事人可以约定一方向对方给付定金作为债权的担保。定金合同自实际交付定金时成立。定金的数额由当事人约定；但是，不得超过主合同标的额的百分之二十，超过部分不产生定金的效力。实际交付的定金数额多于或者少于约定数额的，视为变更约定的定金数额。"据此，在当事人约定了定金担保的情况下，如一方违约，定金罚则即成为一种违约责任形式。其中定金罚则在《民法典》第五百八十七条中有明确规定："债务人履行债务的，定金应当抵作价款或者收回。给付定金的一方不履行债务或者履行债务不符合约定，致使不能实现合同目的的，无权请求返还定金；收受定金的一方不履行债务或者履行债务不符合约定，致使不能实现合同目的的，应当双倍返还定金。"

1.8.4　免责事由

免责事由，即免责条件，是指当事人对其违约行为免于承担违约责任的事由。《民法典》规定的免责事由可分为两大类，即法定免责事由和约定免责事由。

法定免责事由是指由法律直接规定、不需要当事人约定即可援用的免责事由，主要指不可抗力。《民法典》第五百九十条规定："当事人一方因不可抗力不能履行合同的，根据不可抗力的影响，部分或者全部免除责任，但是法律另有规定的除外。因不可抗力不能履行合同的，应当及时通知对方，以减轻可能给对方造成的损失，并应当在合理期限内提供证明。当事人迟延履行后发生不可抗力的，不免除其违约责任。"

约定免责事由是指当事人约定的免责条款，值得说明的是，免责条款不能排除当事人的基本义务，也不能排除故意或者重大过失的责任。

思考题

（1）订立和履行合同的基本原则是什么？

（2）合同生效与成立之间存在怎样的差异？如何理解这种差异？

（3）如何判断合同双方是否存在违约行为？出现违约行为时应如何处理？

第2章 典型合同

【章节指引】 本章讲述了《民法典》中规定的买卖合同、租赁合同、建设工程合同、技术合同和运输合同等19种合同类型的概念及主要特征，并在此基础上对水利、土木行业较为常用的合同类型进行了案例列举和分析。

【章节重点】 买卖合同、建设工程合同、技术合同、借款合同、租赁合同、承揽合同、运输合同。

【章节难点】 买卖合同、建设工程合同、技术合同、借款合同、租赁合同、承揽合同和运输合同的概念及主要法律特征，此部分内容中涉及的《民法典》相关条款与原《中华人民共和国合同法》《中华人民共和国担保法》以及《中华人民共和国民法通则》之间区别，使用相关法律条款进行案例分析。

2.1 买卖合同

2.1.1 买卖合同的概念

买卖合同，是一方转移标的物的所有权于另一方，另一方支付价款的合同。转移所有权的一方被称为出卖人或卖方，支付价款而取得所有权的一方被称为买受人或者买方。《民法典》第五百九十五条规定："买卖合同是出卖人转移标的物的所有权于买受人，买受人支付价款的合同。"买卖是商品交换最普遍的形式，买卖合同也是典型的有偿合同。

典型案例【D2－1】

甲公司与乙公司于某年4月6日签订了一份螺栓供应合同（买卖合同的一种特殊形式，由供方按期将一定数量、质量的物资转让给需方所有或经营管理，需方应及时接收并支付价款）。合同规定：乙公司向甲公司供应螺栓2万套，总价款人民币4万元，同年4月20日交货，货到付款，合同有效期至同年4月30日止，双方若有违约行为应支付违约金。5月9日，乙公司送来2万套螺栓，甲公司以交货已过合同有效期为由拒收货物。经乙公司再三请求，甲公司同意接受2万套螺栓。次日，甲公司销售人员将螺栓售出5000套，其余部分入库存放。6月底，乙公司电话催促甲公司支付货款，甲公司原签约人称："螺栓已卖出5000套，剩余部分存在仓库中。"同年10月8日，乙公司派人来收取货款，甲公司认为此批货系己方暂时代为保管，除已代售的5000套螺栓货款如数支付外，其余螺栓应由乙公司取回，但乙公司要求甲公司给付全部货款。

试分析：

（1）甲公司起初拒收货物是否有法律依据？

（2）乙公司要求甲公司给付全部货款是否有理？

(3) 乙公司在履约过程中应承担什么违约责任？

(4) 甲公司在履行合同中是否应该承担违约责任？

分析如下：

(1) 乙公司逾期交货，又未在发货前与甲公司协商，应认定乙公司违约。按照《民法典》的有关规定，甲公司起初拒收货物是有法律依据的。

(2) 后甲公司同意接受乙公司迟延交付的货物并将部分货物出售，因此乙公司要求甲公司给付全部货款有理。

(3) 乙公司逾期交货，应按照合同的约定，向甲公司偿付逾期交货违约金。

(4) 甲公司逾期付款，应比照银行有关延期付款的规定向乙公司偿付逾期付款违约金。

2.1.2 买卖合同的特征

2.1.2.1 买卖合同是有偿合同

买卖合同的实质是以等价有偿方式转让标的物的所有权，即出卖人移转标的物的所有权于买方，买方向出卖人支付价款。这是买卖合同的基本特征，也是有偿民事法律行为。

2.1.2.2 买卖合同是双务合同

在买卖合同中，买方和卖方都享有一定的权利，承担一定的义务。其权利和义务存在对应关系，即买方的权利就是卖方的义务，买方的义务就是卖方的权利。《民法典》第五百九十八条规定："出卖人应当履行向买受人交付标的物或者交付提取标的物的单证，并转移标的物所有权的义务。"另外，《民法典》第六百二十六条也对买受人的权利和义务进行了相应的规定："买受人应当按照约定的数额和支付方式支付价款。对价款的数额和支付方式没有约定或者约定不明确的，适用本法第五百一十条、第五百一十一条第二项和第五项的规定。"

2.1.2.3 买卖合同是诺成合同

买卖合同自双方当事人意思表示一致就可以成立，不以一方交付标的物为合同的成立要件，当事人交付标的物属于履行合同。

2.1.2.4 买卖合同一般是不要式合同

通常情况下，买卖合同的成立、有效并不需要具备一定的形式，但法律另有规定者除外。要式合同，是指法律要求必须具备一定的形式和手续的合同。不要式合同，是指法律不要求必须具备一定形式和手续的合同，当事人订立的合同依法并不需要采取特定的形式，可以采取口头方式，也可以采取书面形式。除法律有特别规定以外，合同均为不要式合同。

2.1.2.5 买卖合同是双方民事法律行为

双方民事法律行为，又称"双方行为"，即基于双方当事人意思表示一致而成立的法律行为。双方民事法律行为的有效成立除须遵循法律行为成立的一般规则外，还适用特定的行为规则。主要包括当事人意思表示一致原则、法律行为内容等价有偿原则、当事人地位平等原则等。

2.1.3 买卖合同的内容

《民法典》第五百九十六条规定："买卖合同的内容一般包括标的物的名称、数量、质量、价款、履行期限、履行地点和方式、包装方式、检验标准和方法、结算方式、合同使用的文字及其效力等条款。"细化的内容包括以下几个方面。

（1）合同当事人的姓名：如果是法人，则需法人的名称。必要时还可查看当事人的身份证或执照。

（2）合同标的：需要说明货物的名称、规格型号和购买数量等。

（3）价格：货币、金额及其单位。

（4）履行期限：具体的履行时间，超过履行期限会导致违约，守约方可以解除合同。

（5）违约责任：一般会约定违约金比例或损失赔偿办法。

（6）纠纷解决方式：约定是采用仲裁还是诉讼的方式。如果约定仲裁，最好在合同中约定仲裁条款。

（7）法律适用问题：这牵涉到诉讼发生时将向哪里的法院起诉的问题，在国际买卖合同中尤为重要。

（8）其他条款可由当事人协商约定。

2.1.4　买卖合同双方的义务

2.1.4.1　出卖人的主要义务

（1）交付标的物。交付标的物是出卖人的首要义务，也是买卖合同最重要的合同目的。《民法典》第五百九十八条规定："出卖人应当履行向买受人交付标的物或者交付提取标的物的单证，并转移标的物所有权的义务。"

（2）转移标的物的所有权。买卖合同以转移标的物所有权为目的，因此出卖人负有转移标的物所有权归买受人的义务。为保证出卖人能够转移标的物的所有权归买受人，出卖人出卖的标的物应当属于出卖人所有或者出卖人有权处分。《民法典》第五百九十七条规定："因出卖人未取得处分权致使标的物所有权不能转移的，买受人可以解除合同并请求出卖人承担违约责任。法律、行政法规禁止或者限制转让的标的物，依照其规定。"

2.1.4.2　买受人的主要义务

（1）支付价款。价款是买受人获取标的物的所有权的对价。依合同的约定向出卖人支付价款，是买受人的主要义务。买受人须按合同约定的数额、时间、地点支付价款；合同无约定或约定不明的，应依法律规定或参照交易惯例确定。《民法典》第六百二十六条规定："买受人应当按照约定的数额和支付方式支付价款。对价款的数额和支付方式没有约定或者约定不明确的，适用本法第五百一十条、第五百一十一条第二项和第五项的规定。"

（2）受领标的物。对于出卖人交付标的物及其有关权利和凭证，买受人有及时受领义务。《民法典》第六百零八条规定："出卖人按照约定或者依据本法第六百零三条第二款第二项的规定将标的物置于交付地点，买受人违反约定没有收取的，标的物毁损、灭失的风险自违反约定时起由买受人承担。"《民法典》第六百零三条第二款第二项为："标的物不需要运输，出卖人和买受人订立合同时知道标的物在某一地点的，出卖人应当在该地点交付标的物；不知道标的物在某一地点的，应当在出卖人订立合同时的营业地交付标的物。"

（3）对标的物检查通知的义务。买受人受领标的物后，应当在当事人约定或法定期限内，依通常程序尽快检查标的物。若发现应由出卖人负担保责任的瑕疵时，应妥善保管标的物并将其瑕疵立即通知出卖人。

《民法典》第六百二十条规定："买受人收到标的物时应当在约定的检验期限内检验。没有约定检验期限的，应当及时检验。"第六百二十一条规定："当事人约定检验期限的，买受人应当在检验期限内将标的物的数量或者质量不符合约定的情形通知出卖人。买受人怠于通知的，视为标的物的数量或者质量符合约定。当事人没有约定检验期限的，买受人应当在发现或者应当发现标的物的数量或者质量不符合约定的合理期限内通知出卖人。买受人在合理期限内未通知或者自收到标的物之日起二年内未通知出卖人的，视为标的物的数量或者质量符合约定；但是，对标的物有质量保证期的，适用质量保证期，不适用该二年的规定。出卖人知道或者应当知道提供的标的物不符合约定的，买受人不受前两款规定的通知时间的限制。"

2.2 供用电、水、气、热力合同

2.2.1 供用电、水、气、热力合同的概念

根据《民法典》第三编第十章供用电、水、气、热力合同的相关规定，供用电、水、气、热力合同，是供电（供水、供气、供热力）人向用电（用水、用气、用热力）人供电（供水、供气、供热力），用电（用水、用气、用热力）人支付电（水、气、热力）费的合同。同时，《民法典》第六百四十九条规定："供用电合同的内容一般包括供电的方式、质量、时间，用电容量、地址、性质，计量方式，电价、电费的结算方式和供用电设施的维护责任等条款。"另外，第六百五十六条规定："供用水、供用气、供用热力合同，参照适用供用电合同的有关规定。"

典型案例【D2-2】

某县电网公司（供电方，以下简称甲方）与该县河堤加固项目部（用电方，以下简称乙方）签订了供用电合同。合同生效后，甲方按照国家规定的供电标准和合同的约定，保证了供电的安全性和连续性。但乙方没按时缴纳电费，甲方诉至法院，要求乙方缴纳电费。在诉讼期间，电费上涨，法院遂判决乙方按新的电费价格缴纳电费，并承担逾期交付的违约责任。

试分析：

(1) 法院的上述判决的法律依据是什么？

(2) 请根据供用电合同的概念及性质论证法院判决的依据。

分析如下：

(1) 法院的上述判决的法律依据是《民法典》第五百一十三条的规定。

(2) 供用电合同是供电人向用电人供电，用电人支付价款的合同。供用电合同是执行国家定价的合同。本案乙方未按合同约定交纳电费，属于逾期付款的行为。按照《民法典》第五百一十三条规定："执行政府定价或者政府指导价的，在合同约定的交付期限内政府价格调整时，按照交付时的价格计价。逾期交付标的物的，遇价格上涨时，按照原价格执行；价格下降时，按照新价格执行。逾期提取标的物或者逾期付款的，遇价格上涨时，按照新价格执行；价格下降时，按照原价格执行。"因此，法院判决乙方按新的电费价格交纳电费是正确的，有法律依据的。

2.2.2 供用电、水、气、热力合同的主要特征

2.2.2.1 公益性

电、水、气、热力的使用人是社会公众，而供应人往往是独此一家，具有垄断性质，因此，供应人对于相对人的缔约要求无拒绝权，其收费标准由国家规定。《民法典》第六百四十八条规定："向社会公众供电的供电人，不得拒绝用电人合理的订立合同要求。"此要求同样适用于供用水、气、热力合同。

2.2.2.2 持续性

电、水、气、热力的提供不是一次性的，而是在一定时间内持续、不间断的，而使用人则是按期付款。《民法典》第六百五十四条规定："用电人应当按照国家有关规定和当事人的约定及时支付电费。用电人逾期不支付电费的，应当按照约定支付违约金。经催告用电人在合理期限内仍不支付电费和违约金的，供电人可以按照国家规定的程序中止供电。供电人依据前款规定中止供电的，应当事先通知用电人。"

2.2.2.3 格式性

供用电、水、气、热力合同是格式合同，适用法律对格式合同的规定。

2.3 赠 与 合 同

2.3.1 赠与合同的概念

赠与合同的概念在《民法典》第六百五十七条有明确的规定："赠与合同是赠与人将自己的财产无偿给予受赠人，受赠人表示接受赠与的合同。"赠与人在赠与财产的权利转移之前可以撤销赠与。

2.3.2 赠与合同的主要特征

2.3.2.1 赠与是双方的法律行为

赠与合同虽然属于单务、无偿合同，但仍需要有当事人双方一致的意思表示才能成立。如果一方有赠与意愿，而另一方无意接受该赠与的，赠与合同不能成立。在现实生活中，也会出现一方出于某种考虑而不愿接受对方赠与的情形，如遇此情况，赠与合同不成立。

2.3.2.2 赠与合同是转移财产所有权的合同

赠与合同是以赠与人将自己的财产给予受赠人为目的的合同，是赠与人转移财产所有权于受赠人的合同。

2.3.2.3 赠与合同为无偿合同

一般在赠与合同中，仅由赠与人无偿地将自己的财产给予受赠人，而受赠人取得赠与的财产，不需向赠与人偿付相应的代价。这是赠与合同与买卖等有偿合同的主要区别。

2.3.2.4 赠与合同是单务合同

在一般情况下，赠与合同仅有赠与人负有将自己的财产给予受赠人的义务，而受赠人并不负有义务。《民法典》第六百六十一条规定："赠与可以附义务。赠与附义务的，受赠人应当按照约定履行义务。"在附义务的赠与中，赠与人负有将其财产给付受赠人的义务，受赠人按照合同约定负担某种义务，但受赠人所负担的义务与赠与人所负义务并不是相互

对应的。赠与合同为诺成合同、不要式合同。

典型案例【D2-3】

曹某与陈某两人是好友。一日，曹某到陈某公司作客，曹某见陈某公司里有一木榫结构模型很是喜欢，陈某见状表示愿意将此物赠送曹某，曹某表示不信，陈某当即立据为凭。后曹某与陈某两人因事发生争执导致关系恶化，陈某一直也就没有将木榫结构模型给曹某。曹某很生气，拿着陈某所立凭据找陈某索要木榫结构模型不成，遂起诉至法院，要求陈某承担违约责任。

试分析：

(1) 陈某与曹某所订立的合同是什么性质的合同？

(2) 法院会支持曹某的主张吗？为什么？

分析如下：

(1) 陈某与曹某所订立的合同是赠与合同。

(2) 法院会支持曹某的主张。因为首先，我国《民法典》上所规定的赠与合同属于诺成合同，只要双方协商一致，合同关系即可以成立，符合合同生效条件，即从成立之时起生效。其次，《民法典》第六百五十八条规定："赠与人在赠与财产的权利转移之前可以撤销赠与。经过公证的赠与合同或者依法不得撤销的具有救灾、扶贫、助残等公益、道德义务性质的赠与合同，不适用前款规定。"但本案例中，直至曹某起诉，陈某也没有行使任意撤销权，赠与合同仍有法律拘束力。所以陈某应对曹某承担违约责任。

2.4 借 款 合 同

2.4.1 借款合同的概念

借款合同是借款人向贷款人借款，到期返还借款并支付利息的合同。借款合同又称借贷合同。按合同的期限不同，可以分为定期借贷合同、不定期借贷合同、短期借贷合同、中期借贷合同和长期借贷合同。按合同的行业对象不同，可以分为工业借贷合同、商业借贷合同和农业借贷合同。《民法典》第六百六十七条规定："借款合同是借款人向贷款人借款，到期返还借款并支付利息的合同。"另外，第六百六十八条第二款规定："借款合同的内容一般包括借款种类、币种、用途、数额、利率、期限和还款方式等条款。"

典型案例【D2-4】

甲公司为开发新工程项目，急需资金。某年3月12日，向乙公司借钱15万元。双方谈妥，乙公司借给甲公司15万元，借期6个月，月息为银行贷款利息的1.5倍，至同年9月12日本息一起付清，甲公司为乙公司出具了借据。但甲公司因新项目开发不顺利，未盈利，到了9月12日无法偿还欠乙公司的借款。某日，乙公司向甲公司催促还款无果，但得到一信息，某单位曾向甲公司借款20万元，现已到还款期，某单位正准备还款，但甲公司让某单位不用还款。于是，乙公司向法院起诉，请求甲公司以某单位的还款来偿还债务，甲公司辩称该债权已放弃，无法清偿债务。

试分析：

（1）甲公司的行为是否构成违约？

（2）乙公司是否可针对甲公司的行为行使撤销权？

（3）乙公司是否可以行使代位权？

分析如下：

（1）甲公司的行为已构成违约。

甲公司与乙公司之间的借贷合同关系，系自愿订立，无违法内容，又有书面借据，是合法有效的。甲公司系债务人，负有按期清偿本息的义务；乙公司为债权人，享有按期收回本金、收取利息的权利。甲公司因新项目开发不顺利，不能如约履行清偿义务，构成违约。

（2）乙公司可行使撤销权，请求法院撤销甲公司的放弃债权行为。

债权人对于自己享有的债权，完全可以根据自己的意志，决定行使或者放弃。但是，当该债权人另外又系其他债权人的债务人时，如果他放弃债权的行为使他的债权人的权利无法实现时，他的债权人享有依法救济的权利。本案例中，甲公司放弃对某单位享有的债权，表面上是处分自己的权益，但实际上却损害了乙公司的债权，依照《民法典》第五百三十八条的规定："债务人以放弃其债权、放弃债权担保、无偿转让财产等方式无偿处分财产权益，或者恶意延长其到期债权的履行期限，影响债权人的债权实现的，债权人可以请求人民法院撤销债务人的行为。"乙公司可以行使撤销权，撤销甲公司放弃债权的行为。

（3）乙公司可以行使代位权。

《民法典》第五百三十五条的规定："因债务人怠于行使其债权或者与该债权有关的从权利，影响债权人的到期债权实现的，债权人可以向人民法院请求以自己的名义代位行使债务人对相对人的权利，但是该权利专属于债务人自身的除外。代位权的行使范围以债权人的到期债权为限。债权人行使代位权的必要费用，由债务人负担。相对人对债务人的抗辩，可以向债权人主张。"乙公司可以直接向某单位行使代位权。

2.4.2 借款合同的主要特征

2.4.2.1 贷款方必须是国家批准的专门金融机构，包括中国人民银行和专业银行

专业银行是指中国工商银行、中国人民建设银行、中国农业银行、中国银行和信用合作社等。全国的信贷业务只能由国家金融机构办理，其他任何单位和个人无权与借款方发生借贷关系。

2.4.2.2 借款方一般是指实行独立核算、自负盈亏的全民和集体所有制企业

国家机关、社会团体、学校和研究单位等实行财政预算拨款的单位则无权向金融机构申请贷款。在特殊情况下，城乡个体工商户和实行生产责任制的农民也可以成为借款合同的主体，同银行、信用社签订借款合同。

2.4.2.3 借款合同必须符合国家信贷计划的要求

信贷计划是签订借款合同的前提和条件。借款方必须根据国家批准和信贷计划向贷款方申请贷款；贷款方必须在符合国家信贷计划的信贷政策的条件下，由贷款方与借款方签订借款合同。超计划贷款必须严格控制。

2.4.2.4 借款合同的标的为人民币和外币

人民币是我国的法定货币，是借款合同的主要标的。外币主要是供中外合资经营企业

和其他需要使用外汇贷款的单位借贷使用的。在外币的借款合同中，应明确规定借什么货币还什么货币（包括计收利息）。

2.4.2.5 订立借款合同必须提供保证或担保

借款方向银行申请贷款时，必须有足够的物资作保证或者由第三者提供担保，否则，银行有权拒绝提供贷款。这种保证或担保是使贷款能够得到按期偿还的一种保证措施。

2.4.2.6 借款合同的贷款利率由国家统一规定，由中国人民银行统一管理

借款方在归还贷款时，一般要偿还贷款利息，而利率必须按照国家统一规定计付，当事人双方无权商定。对国家规定的利率，任何人无权变更或修改。《民法典》第六百八十条规定："禁止高利放贷，借款的利率不得违反国家有关规定。借款合同对支付利息没有约定的，视为没有利息。借款合同对支付利息约定不明确，当事人不能达成补充协议的，按照当地或者当事人的交易方式、交易习惯、市场利率等因素确定利息；自然人之间借款的，视为没有利息。"

2.4.3 借款合同双方的权利和义务

2.4.3.1 贷款人的权利和义务

在借款合同中，贷款人的义务主要有：不得利用优势地位预先在本金中扣除利息。《民法典》第六百七十条规定："借款的利息不得预先在本金中扣除。利息预先在本金中扣除的，应当按照实际借款数额返还借款并计算利息。"贷款人不得将借款人的营业秘密泄露于第三方，否则，应承担相应的法律责任。

贷款人的权利主要有：

（1）有权请求返还本金和利息。

（2）对借款使用情况的检查、监督权。

贷款人可以按照约定检查、监督贷款的使用情况。《民法典》第六百七十二条规定："贷款人按照约定可以检查、监督借款的使用情况。借款人应当按照约定向贷款人定期提供有关财务会计报表或者其他资料。"

（3）停止发放借款、提前收回借款和解除合同权。《民法典》第六百七十三条规定："借款人未按照约定的借款用途使用借款的，贷款人可以停止发放借款、提前收回借款或者解除合同。"

2.4.3.2 借款人的权利和义务

（1）提供真实情况。《民法典》第六百六十九条规定："订立借款合同，借款人应当按照贷款人的要求提供与借款有关的业务活动和财务状况的真实情况。"

（2）按照约定用途使用借款。合同对借款有约定用途的，借款人须按照约定用途使用借款，接受贷款人对贷款使用情况实施的检查、监督。借款人未按照约定的借款用途使用借款的，贷款人可以停止发放借款、提前收回借款或者解除合同。（《民法典》第六百七十三条）

（3）按期归还借款本金和利息。当借款为无偿时，借款人须按期归还借款本金；当借款为有偿时，借款人除须归还借款本金外，还必须按约定支付利息。（《民法典》第六百六十七条）

2.5 保 证 合 同

2.5.1 保证合同的概念

保证合同，指的是保证人和债权人达成的明确相互权利义务，当债务人不履行债务时，由保证人承担代为履行或连带责任的协议。《民法典》第六百八十一条规定："保证合同是为保障债权的实现，保证人和债权人约定，当债务人不履行到期债务或者发生当事人约定的情形时，保证人履行债务或者承担责任的合同。"换而言之，保证合同是指保证人与债权人订立的在主债务人不履行其债务时，由保证人承担保证债务的协议。保证合同的当事人称为保证人和被保证人。

2.5.2 保证合同的主要特征

2.5.2.1 保证合同是有名合同

保证合同是一种有名合同（根据在法律上有无法定名称及内容，将合同分为有名合同与无名合同），即由法律直接规定其名称及内容的合同。

区分有名合同和无名合同的意义在于，处理合同纠纷时便于适用法律，有利于法律实务工作者解决纠纷。有名合同的纠纷应按法律的直接规定来处理，而无名合同纠纷的处理则可参照类似的有名合同或者根据有关合同的规定和民法的基本原则处理。

2.5.2.2 保证合同是从合同

必须以他种合同为前提的合同为从合同，与之对应的，不以他种合同为存在的前提，能自身独立存在的合同为主合同；保证关系是从属于主债关系而存在的，也因此具有从属性，是从属于主合同而存在的。《民法典》第六百八十二条规定："保证合同是主债权债务合同的从合同。主债权债务合同无效的，保证合同无效，但是法律另有规定的除外。保证合同被确认无效后，债务人、保证人、债权人有过错的，应当根据其过错各自承担相应的民事责任。"

2.5.2.3 保证合同是单务合同

单务合同是指，当事人一方只承担义务不享有权利，另一方只享有权利而无须承担义务的合同，单务合同中，权利义务并没有关联性。与之相对应，如果当事人双方都承担一定义务的合同，称为双务合同。在双务合同中，当事人的权利与其义务是相互关系的，有权利必担义务，有义务也必享有权利。

保证合同，是保证人一方承担保证义务而不享有权利，主债权人只享有权利而无须承担义务的合同，所以保证合同是单务合同。保证是一种担保债权实现的合同，本质上不追求经济利益，唯以担保为目的，因而是一种较为典型的单务合同。在保证合同中，保证人只承担保证义务而没有实体上的权利，债权人只享有保证请求权而不对保证人承担义务。

2.5.2.4 保证合同是无偿合同

保证合同属于无偿合同，即债权人享有保证请求权，而不必向保证人偿付代价。无偿合同的特点是享有权利而不必偿付相应代价的合同，如赠与、借用、无息贷款等也是无偿合同。与之相对应的有偿合同是指，若享有权利则必须偿付相应代价的合同，如获取货物必须支付货款的买卖合同，使用他人机械设备须交付租金的租赁合同等。

在实践中，保证人也可能获得一定的益处。这主要是因为由于保证人提供保证，使债权债务关系得以顺利建立，故订立保证合同的同时，债务人出于感激和友善心理可能给予保证人一定的酬金或其他益处。但这是属于合同效力以外的问题，不属于保证合同关系的内容，因而并不影响保证合同的无偿性。

2.5.2.5 保证合同是诺成合同

诺成合同是当事人双方就合同必要条款经协商达成一致时即为成立的合同。运输、保管等合同类型，除有协议外，一般还要交付运送物、保管物，否则合同就不能成立。保证合同是典型的诺成合同。其成立无须担保人交付财产，只要双方当事人意思表示一致，合同就告成立。《民法典》第六百八十五条规定："保证合同可以是单独订立的书面合同，也可以是主债权债务合同中的保证条款。第三人单方以书面形式向债权人作出保证，债权人接收且未提出异议的，保证合同成立。"

2.5.2.6 保证合同是附停止条件的合同

附条件合同的所附条件实际上反映着当事人的动机和目的。这里的条件有停止条件和解除条件两类。停止条件是指在条件未出现时，合同的效力将处于停止或静止状态；解除条件是指条件出现时，合同效力随即解除。

保证合同是一种附停止条件的合同，这个条件就是债务人不履行债务。当债务人届期不履行债务时，即条件出现时，保证合同发生实际效力。而在正常情况下，债务人若如期履行债务，即条件没有出现时，保证合同的效力则处于停止或静止状态。在这种情形下，虽然保证合同中的权利和义务已经确定，但债权人尚不能对保证人行使保证请求权，保证人也不必履行他所承担的代为履行义务或负连带赔偿责任。只有在债务人不履行债务的条件成就时，其间的权利义务才发生具体的法律效力，所以保证合是附停止条件的合同。《民法典》第六百八十八条规定："当事人在保证合同中约定保证人和债务人对债务承担连带责任的，为连带责任保证。连带责任保证的债务人不履行到期债务或者发生当事人约定的情形时，债权人可以请求债务人履行债务，也可以请求保证人在其保证范围内承担保证责任。"

典型案例【D2-5】

某工程有限公司与某商业银行签订了一份借款合同。合同约定：某商业银行向某工程有限公司贷款人民币500万元，借款期限为3年，借款用途为技术改造。

试分析：

(1) 借款合同如果没有采用书面形式是否合法？为什么？

(2) 某股份有限公司按照银行要求提供保证担保，保证人为某股份有限公司的主管部门，即市水利局。该担保是否合法？为什么？

(3) 某商业银行为了控制风险，将利息75万元预先在本金中扣除。这种行为是否合法？为什么？

(4) 假如当事人双方没有在合同中约定利息的支付期限，应当怎么处理？为什么？

分析如下：

(1) 借款合同如果没有采用书面形式不符合法律规定。《民法典》第六百六十八条规定："借款合同应当采用书面形式，但是自然人之间借款另有约定的除外。借款合同的内容一般包括借款种类、币种、用途、数额、利率、期限和还款方式等条款。"本案例中当事人之间的借款不是自然人之间的借款，因此应当采用书面形式。

（2）不符合法律规定。根据《民法典》第六百八十三条规定："机关法人不得为保证人，但是经国务院批准为使用外国政府或者国际经济组织贷款进行转贷的除外。以公益为目的的非营利法人、非法人组织不得为保证人。"市水利局为国家机关，因此不符合法律规定。

（3）不合法。《民法典》第六百七十条规定："借款的利息不得预先在本金中扣除。利息预先在本金中扣除的，应当按照实际借款数额返还借款并计算利息。"

（4）如果当事人没有约定利息支付期限，可根据《民法典》规定处理。《民法典》第五百一十条规定："合同生效后，当事人就质量、价款或者报酬、履行地点等内容没有约定或者约定不明确的，可以协议补充；不能达成补充协议的，按照合同相关条款或者交易习惯确定。"《民法典》第六百七十四条规定："借款人应当按照约定的期限支付利息。对支付利息的期限没有约定或者约定不明确，依据本法第五百一十条的规定仍不能确定，借款期间不满一年的，应当在返还借款时一并支付；借款期间一年以上的，应当在每届满一年时支付，剩余期间不满一年的，应当在返还借款时一并支付。"

2.5.3 保证责任的种类

保证责任可以分为两类，即一般保证和连带责任保证。《民法典》第六百八十六条规定："保证的方式包括一般保证和连带责任保证。当事人在保证合同中对保证方式没有约定或者约定不明确的，按照一般保证承担保证责任。"

2.5.3.1 一般保证

一般保证是指保证人与债权人约定，当债务人不能履行债务时，由保证人承担保证责任的行为。一般保证最重要的特点就是保证人享有先诉抗辩权。所谓先诉抗辩权，是指一般保证的保证人在主合同纠纷未经审判或者仲裁，并在债务人财产依法强制执行仍不能履行债务前，对债权人可以拒绝承担保证责任。《民法典》第六百八十七条规定，当事人在保证合同中约定，债务人不能履行债务时，由保证人承担保证责任的，为一般保证。一般保证的保证人在主合同纠纷未经审判或者仲裁，并就债务人财产依法强制执行仍不能履行债务前，有权拒绝向债权人承担保证责任，但是有下列情形之一的除外：①债务人下落不明，且无财产可供执行；②人民法院已经受理债务人破产案件；③债权人有证据证明债务人的财产不足以履行全部债务或者丧失履行债务能力；④保证人书面表示放弃本款规定的权利。

2.5.3.2 连带责任保证

连带责任保证是指保证人与债权人约定，保证人与债务人对债务承担连带责任的行为。连带责任保证的债务人，在主合同规定的债务履行期限届满没有履行债务的，债权人可以要求债务人履行债务，也可以要求保证人在其保证范围内承担保证责任。《民法典》第六百八十八条规定："当事人在保证合同中约定保证人和债务人对债务承担连带责任的，为连带责任保证。连带责任保证的债务人不履行到期债务或者发生当事人约定的情形时，债权人可以请求债务人履行债务，也可以请求保证人在其保证范围内承担保证责任。"

典型案例【D2－6】

某年 7 月 1 日，A 工程公司与 B 银行签订了 2000 万元的借款合同。根据借款合同的约定，借款期限为同年 7 月 1 日—12 月 31 日。根据 B 银行的要求，C 公司作为 A 公司的保证人与 B 银行签订了保证合同。根据保证合同的约定，C 公司为连带保证人，但双方未约定保证期间。同年 9 月 1 日，A 公司与 B 银行经协商，将借款数额由 2000 万元增加到 2500 万元，同时将还款期限变更为次年 3 月 31 日，但双方变更借款合同未征得 C 公司的书面同意。次年 4 月 1 日，A 公司不能偿还到期借款，B 银行于次年 4 月 10 日书面通知 A 公司偿还借款本息，当日遭到 A 公司的拒绝。次年 7 月 15 日，B 银行要求 C 公司承担保证责任，遭到 C 公司的拒绝。B 银行经调查得知，A 公司怠于行使对 D 公司的到期债权 1000 万元，B 银行于次年 8 月 10 日提起代位权诉讼，请求人民法院判定由 D 公司向 B 银行支付 1000 万元。人民法院经审理，裁定 B 银行胜诉。A 公司的债权人 E 银行得知后，向 B 银行提出按照各自的债权比例分配 D 公司偿还的 1000 万元，遭到 B 银行的拒绝。

试分析：

（1）C 公司拒绝承担保证责任是否符合有关法律规定？

（2）E 银行的主张是否成立？

分析如下：

（1）C 公司拒绝承担保证责任符合有关法律规定。理由如下：

1）《民法典》第六百九十二条规定："保证期间是确定保证人承担保证责任的期间，不发生中止、中断和延长。债权人与保证人可以约定保证期间，但是约定的保证期间早于主债务履行期限或者与主债务履行期限同时届满的，视为没有约定；没有约定或者约定不明确的，保证期间为主债务履行期限届满之日起六个月。债权人与债务人对主债务履行期限没有约定或者约定不明确的，保证期间自债权人请求债务人履行债务的宽限期届满之日起计算。"即保证期间为次年 1 月 1 日—次年 6 月 30 日。

2）债权人和债务人变更主合同履行期限，未经保证人同意的，保证期间为原合同约定的或者法律规定的期间。在本案例中，由于 B 银行和 A 公司变更主合同的履行期限未经保证人 C 公司的同意，因此 C 公司的保证期间仍为次年 1 月 1 日—次年 6 月 30 日。

3）《民法典》第六百九十三条规定："一般保证的债权人未在保证期间对债务人提起诉讼或者申请仲裁的，保证人不再承担保证责任。连带责任保证的债权人未在保证期间请求保证人承担保证责任的，保证人不再承担保证责任。"在本案例中，由于债权人 B 银行未在保证人 C 公司的保证期间内要求其承担保证责任，因此 C 公司的保证责任解除。

（2）E 银行的主张不成立。《民法典》第五百三十五条规定："因债务人怠于行使其债权或者与该债权有关的从权利，影响债权人的到期债权实现的，债权人可以向人民法院请求以自己的名义代位行使债务人对相对人的权利，但是该权利专属于债务人自身的除外。代位权的行使范围以债权人的到期债权为限。债权人行使代位权的必要费用，由债务人负担。相对人对债务人的抗辩，可以向债权人主张。"

2.6 租 赁 合 同

2.6.1 租赁合同的概念

租赁合同，也称为转移租赁物使用收益权的合同，我国《民法典》第七百零三条规定："租赁合同是出租人将租赁物交付承租人使用、收益，承租人支付租金的合同。"

交付租赁物的一方为出租人，接受租赁物的一方为承租人，被交付使用的财产即为租赁物，租金就是承租人向出租人交纳的使用租赁物的代价。《民法典》第七百零四条规定："租赁合同的内容一般包括租赁物的名称、数量、用途、租赁期限、租金及其支付期限和方式、租赁物维修等条款。"

典型案例【D2-7】

李某与刘某签订一厂房租赁合同。根据《民法典》的知识和相关法律规定。

试分析：

(1) 假如厂房租赁合同的期限为30年，合同是否有效？为什么？

(2) 假如租赁期间厂房需要维修，承租人也要求维修，但由于没有维修，致使厂房侧墙倒塌，造成承租人财产损失，责任应当由谁承担？为什么？

(3) 为了美观舒适，承租人自己对厂房进行了装修，要求出租人按照装修费用的一半支付是否合理？为什么？

(4) 承租人经出租人同意将厂房转租，承租人和出租人之间的关系是否解除？为什么？

(5) 在承租期间，出租人将厂房出售，是否需要承租人的同意？为什么？

分析如下：

(1) 合同部分有效，部分无效。《民法典》第七百零五条规定："租赁期限不得超过二十年。超过二十年的，超过部分无效。租赁期限届满，当事人可以续订租赁合同；但是，约定的租赁期限自续订之日起不得超过二十年。"

(2) 责任应当由出租人承担。《民法典》第七百零八条规定："出租人应当按照约定将租赁物交付承租人，并在租赁期限内保持租赁物符合约定的用途。"《民法典》第七百一十二条规定："出租人应当履行租赁物的维修义务，但是当事人另有约定的除外。"

(3) 不合理。《民法典》第七百一十五条规定："承租人经出租人同意，可以对租赁物进行改善或者增设他物。承租人未经出租人同意，对租赁物进行改善或者增设他物的，出租人可以请求承租人恢复原状或者赔偿损失。"该承租人没有得到出租人的同意自己进行装修，违反法律的规定，因此要求出租人支付一半的费用是不合理的。

(4) 没有解除。《民法典》第七百一十六条规定："承租人经出租人同意，可以将租赁物转租给第三人。承租人转租的，承租人与出租人之间的租赁合同继续有效；第三人造成租赁物损失的，承租人应当赔偿损失。承租人未经出租人同意转租的，出租人可以解除合同。"

(5) 不需要承租人的同意，但应当提前通知承租人。《民法典》第七百二十六条规定："出租人出卖租赁房屋的，应当在出卖之前的合理期限内通知承租人，承租人享有以同等条件优先购买的权利；但是，房屋按份共有人行使优先购买权或者出租人将房屋出卖给近亲属的除外。出租人履行通知义务后，承租人在十五日内未明确表示购买的，视为承租人放弃优先购买权。"

2.6.2 租赁合同的主要特征

2.6.2.1 租赁合同是转移租赁物使用收益权的合同

在租赁合同中，承租人的目的是取得租赁物的使用收益权，出租人也只转让租赁物的使用收益权，而不转让其所有权；租赁合同终止时，承租人须返还租赁物。这是租赁合同区别于买卖合同的根本特征。

2.6.2.2 租赁合同是双务、有偿合同

在租赁合同中，交付租金和转移租赁物的使用收益权之间存在着对价关系，交付租金是获取租赁物使用收益权的对价，而获取租金是出租人出租财产的目的。《民法典》第七百二十二条规定："承租人无正当理由未支付或者迟延支付租金的，出租人可以请求承租人在合理期限内支付；承租人逾期不支付的，出租人可以解除合同。"

2.6.2.3 租赁合同是诺成合同

租赁合同的成立不以租赁物的交付为要件，当事人只要依法达成协议合同即告成立，另外《民法典》第七百零六条还规定："当事人未依照法律、行政法规规定办理租赁合同登记备案手续的，不影响合同的效力。"

2.6.3 租赁合同双方的义务

2.6.3.1 出租人的义务

（1）交付出租物。出租人应依照合同约定的时间和方式交付租赁物。租赁物的使用以交付占有为必要的，出租人应按照约定交付承租人实际占有使用。租赁物的使用不以交付占有为必要的，出租人应使之处于承租人得以使用的状态。如果合同成立时租赁物已经为承租人直接占有，从合同约定的交付时间起，承租人即对租赁物享有使用收益权。《民法典》第七百二十条规定："在租赁期限内因占有、使用租赁物获得的收益，归承租人所有，但是当事人另有约定的除外。"

（2）在租赁期间保持租赁物符合约定用途。租赁合同是继续性合同，在其存续期间，出租人有继续保持租赁物的法定或者约定品质的义务，使租赁物处于约定的使用收益状态。若发生品质降低而影响承租人使用收益或其他权利时，则应维护修缮，恢复原状。《民法典》第七百零八条规定："出租人应当按照约定将租赁物交付承租人，并在租赁期限内保持租赁物符合约定的用途。"因修理租赁物而影响承租人使用、收益的，出租人应相应减少租金或延长租期，但按约定或习惯应由承租人修理，或租赁物的损坏因承租人过错所致的除外。

2.6.3.2 承租人的义务

（1）支付租金。租金为租赁物使用收益的代价，一般以金钱计，当事人约定以租赁物的孳息或者其他物充当租金的，也是法律允许的，但不得以承租人的劳务代租金。约定以一方付出劳务作为对租赁物的使用收益的代价的，当事人之间的关系不为租赁关系。

租赁的数额可由当事人自行约定，但法律对租金数额有特别规定的，当事人则应依法律的规定进行约定；若当事人约定的租金高于法律规定的最高限额，其超过部分无效。

《民法典》第七百二十九条规定："因不可归责于承租人的事由，致使租赁物部分或者全部毁损、灭失的，承租人可以请求减少租金或者不支付租金；因租赁物部分或者全部毁损、灭失，致使不能实现合同目的的，承租人可以解除合同。"

承租人交付租金，应当依数一次性交足，不能仅交租金的一部分，而拖欠一部分。承租人延迟交付租金的，应负债务延迟履行的责任。《民法典》第七百二十二条规定："承租人无正当理由未支付或者迟延支付租金的，出租人可以请求承租人在合理期限内支付；承租人逾期不支付的，出租人可以解除合同。"

（2）按照约定的方法使用租赁物。承租人应按照约定的方法使用租赁物；无约定的或约定不明确的，可以由当事人事后达成补充协议来确定；不能达成协议的，按合同的有关条款或交易习惯确定；仍不能确定的，应根据租赁物的性质使用。承租人按照约定的方法或者按租赁物的性质使用致使租赁物受到损耗的，属于正常损耗，不承担损害赔偿责任。承租人不按照约定方法或者不按租赁物的性质使用致使租赁物受到损耗的，实为承租人违约，出租人可以解除合同并要求赔偿损失。《民法典》第七百一十条规定："承租人按照约定的方法或者根据租赁物的性质使用租赁物，致使租赁物受到损耗的，不承担赔偿责任。"

（3）妥善保管租赁物。承租人未尽妥善保管义务，造成租赁物毁损、灭失的，应当承担损害赔偿责任。《民法典》第七百一十四条规定："承租人应当妥善保管租赁物，因保管不善造成租赁物毁损、灭失的，应当承担赔偿责任。"

（4）不得擅自改善和增设他物。《民法典》第七百一十五条规定："承租人经出租人同意，可以对租赁物进行改善或者增设他物。承租人未经出租人同意，对租赁物进行改善或者增设他物的，出租人可以请求承租人恢复原状或者赔偿损失。"

（5）返还租赁物。租赁合同终止时，承租人应将租赁物返还出租人。逾期不返还，即构成违约，须给付违约金或逾期租金，并须负担逾期中的风险。经出租人同意对租赁物进行改善和增设他物的，并且不是附合装饰装修的，承租人可以请求出租人偿还租赁物增值部分的费用。《民法典》第七百三十三条规定："租赁期限届满，承租人应当返还租赁物。返还的租赁物应当符合按照约定或者根据租赁物的性质使用后的状态。"

2.7 融 资 租 赁 合 同

2.7.1 融资租赁合同的概念

融资租赁是目前国际上最为普遍、最基本的非银行金融形式。它是指出租人根据承租人的请求，与第三方订立供货合同，根据此合同，出租人出资向供货商购买承租人选定的设备。同时，出租人与承租人订立一项租赁合同，将设备出租给承租人，并向承租人收取一定的租金。《民法典》第七百三十五条规定："融资租赁合同是出租人根据承租人对出卖人、租赁物的选择，向出卖人购买租赁物，提供给承租人使用，承租人支付租金的合同。"

在租赁期内租赁物件的所有权属于出租人所有，承租人拥有租赁物件的使用权。租期届满，租金支付完毕并且承租人根据融资租赁合同的规定履行完全部义务后，对租赁物的归属没有约定的或者约定不明的，可以协议补充；不能达成补充协议的，按照合同有关条款或者交易习惯确定；仍然不能确定的，租赁物件所有权归出租人所有。《民法典》第七百三十六条第一款规定："融资租赁合同的内容一般包括租赁物的名称、数量、规格、技术性能、检验方法，租赁期限，租金构成及其支付期限和方式、币种，租赁期限届满租赁物的归属等条款。"

2.7.2 融资租赁合同的主要特征

融资租赁合同的主体为三方当事人，即出租人（买受人）、承租人和出卖人（供货商）。承租人要求出租人为其融资购买承租人所需的设备，然后由供货商直接将设备交给承租人。其法律特征是：

（1）融资租赁合同的出卖人（供货商）是向承租人履行交付标的物和瑕疵担保义务，而不是向出租人（买受人）履行义务，即承租人享有出租人（买受人）的权利但不承担出租人（买受人）的义务。其中，瑕疵担保责任是担保责任中的一种，是指依法律规定，在交易活动中当事人一方移转财产或权利给另一方时，应担保该财产或权利无瑕疵，若移转的财产或权利有瑕疵，则应向对方当事人承担相当的责任。

（2）融资租赁合同的出租人不负担租赁物的维修与瑕疵担保义务，但承租人须向出租人履行交付租金义务。

（3）根据约定以及支付的租金数额，融资租赁合同的承租人有取得租赁物的所有权或返还租赁物的选择权。即如果承租人支付的是租赁物的对价，就可以取得租赁物的所有权；如果支付的仅是租金，则须于合同届满时将租赁物返还出租人。

典型案例【D2－8】

某年 4 月，甲租赁公司与乙机械厂签订了融资租赁合同，合同约定由甲租赁公司按照乙机械厂的要求，从国外购买设备 3 台，租给乙机械厂使用，租期 2 年。同年 6 月设备抵达大连港，但由于购买人是甲租赁公司，所以运单上载明的收货人是甲租赁公司。设备到后，甲租赁公司通知乙机械厂前去提货。当乙机械厂到港口提货时被拒绝，理由是收货人是甲租赁公司。乙机械厂急忙电告甲租赁公司派人解决，但甲租赁公司以承租人为租赁物的接受人为由未及时派人前往港口提货，后来乙机械厂通过别的办法提取了设备，但由于耽误了提货期限被港口罚款 2 万元。乙机械厂认为是甲租赁公司延误了提货期限，向甲租赁公司索赔罚款 2 万元无果，遂向法院提起诉讼。

试分析：

这笔罚款应由谁负担？为什么？

分析如下：

《民法典》第七百四十八条规定："出租人应当保证承租人对租赁物的占有和使用。出租人有下列情形之一的，承租人有权请求其赔偿损失：（一）无正当理由收回租赁物；（二）无正当理由妨碍、干扰承租人对租赁物的占有和使用；（三）因出租人的原因致使第三人对租赁物主张权利；（四）不当影响承租人对租赁物占有和使用的其他情形。"本案例中造成乙机械厂被罚款的主要责任在甲租赁公司。应由甲租赁公司承担责任。尽管按照融资租赁合同的约定，乙机械厂是使用设备的人，应该前去提货，但由于运单上写明收货人是甲租赁公司，故乙机械厂无法提出设备，而甲租赁公司在知道情况后未及时派人前去处理导致延期提货，甲租赁公司未保证承租人乙机械厂及时提取租赁物，乙机械厂未能按合同约定及时享有对租赁物的占有和使用权，所以过错在甲租赁公司，应由甲租赁公司承担责任，即向乙机械厂赔偿 2 万元。

2.8 保 理 合 同

2.8.1 保理合同的概念

《民法典》新增了保理合同，保理即为保付代理。保理是指以延期付款方式交易的卖方，在货物交货后将发票、汇票和货运单据等有关应收账款债权的单据卖给金融机构（一般是提供保理服务的银行），即可取得交易中的大部分货款，日后，若一旦发生买方因为经营不善引起的不付款或逾期付款，则由保理银行承担相关的风险与损失。

《民法典》第七百六十一条规定："保理合同是应收账款债权人将现有的或者将有的应收账款转让给保理人，保理人提供资金融通、应收账款管理或者催收、应收账款债务人付款担保等服务的合同。"

保理指供应商将基于自身与采购商订立的货物销售、服务合同所产生的应收账款转让给保理商，由保理商为其提供应收账款融资、应收账款管理及催收、信用风险管理等综合金融服务的贸易融资工具。商业保理的本质是供货商基于商业交易，将核心企业（即采购商）的信用转为自身信用，实现应收账款融资。

《民法典》第七百六十二条规定："保理合同的内容一般包括业务类型、服务范围、服务期限、基础交易合同情况、应收账款信息、保理融资款或者服务报酬及其支付方式等条款。保理合同应当采用书面形式。"

2.8.2 保理的对象

应收账款一般指在商事活动中产生的真正的债权，包括现在已经发生的或未来的应收债权。

中国人民银行 2017 年颁布的《应收账款质押登记办法》第二条规定："应收账款是指权利人因提供一定的货物、服务或设施而获得的要求义务人付款的权利以及依法享有的其他付款请求权。"

主要包括下列权利：①销售、出租产生的债权；②提供医疗、教育、旅游等服务或劳务产生的债权；③能源、交通运输、水利、环境保护、市政工程等基础设施和公用事业项目收益权；④提供贷款或其他信用活动产生的债权；⑤其他以合同为基础的具有金钱给付内容的债权。

保理人在行使权力时，应向应收账款债务人发出应收账款转让通知，且需要表明保理人身份并附有必要凭证，正如《民法典》第七百六十四条规定："保理人向应收账款债务人发出应收账款转让通知的，应当表明保理人身份并附有必要凭证。"

2.9 承 揽 合 同

2.9.1 承揽合同的概念

承揽合同是日常生活中除买卖合同外常见和普遍的合同，《民法典》第七百七十条对承揽合同所下定义为："承揽合同是承揽人按照定作人的要求完成工作，交付工作成果，定作人支付报酬的合同。承揽包括加工、定作、修理、复制、测试、检验等工作。"在承揽合同中，完成工作并交付工作成果的一方称为承揽人；接受工作成果并支付报酬的一方称为定作人。承揽合同的承揽人可以是一人，也可以是数人。在承揽人为数人时，数个承揽人即为共同承揽人，如无相反约定，共同承揽人对定作人负连带清偿责任。此外《民法典》第七百七十一条规定："承揽合同的内容一般包括承揽的标的、数量、质量、报酬，承揽方式，材料的提供，履行期限，验收标准和方法等条款。"

典型案例【D2－9】

某年5月26日，某工程公司与某器械制造厂订立了一份购销合同。工程公司从器械制造厂购买应用于地基振捣的夯实机设备一套，单价5万元。因为器械制造厂原有的夯实机设备不能完全符合工程公司的使用要求，故工程公司要求器械制造厂按其提供的资料进行改造生产，器械制造厂同意，并在合同中注明这一点。同年7月26日，新设备运到工程公司。工程公司随即按合同支付了货款。可是工程公司8月初在设备运抵工程项目之后进行测试时发现设备在压实度方面存在一些问题，即要求器械制造厂来人处理。经检查后，工程公司发现该设备远远达不到技术要求，其原因是器械制造厂生产的设备没有完全按工程公司提供的资料制作，致使无法正常投入使用，工程公司要求器械制造厂重新制作符合其要求的夯实设备。

试分析：

(1) 该案例中的合同是买卖合同还是承揽合同？合同性质的不同对案件的结果是否有影响？

(2) 本案应该怎么处理？

分析如下：

(1) 本案例属承揽合同。承揽合同与买卖合同都存在标的物的交付，这使得二者在实践活动有时极其相似，其根本的区别在于：承揽合同的定作物是根据定作人的要求而制作，它必须是存在于合同履行之后；而买卖合同的标的物可以存在于买卖合同订立之前，或者虽存在于买卖合同履行后，但是出卖人根据自己的标准生产的标准化的成品，买受人只是选择了规格。本案例中工程公司要求器械制造厂按其提供的资料进行生产，这就使得合同的性质为承揽合同。不同的合同其效力不同，所以合同的性质对确定双方当事人的权利与义务有重要的意义。

(2) 本案例中承揽人器械制造厂没有按照定作人某工程公司的要求进行工作，应承担相应的违约责任。《民法典》第七百八十一条规定："承揽人交付的工作成果不符合质量要求的，定作人可以合理选择请求承揽人承担修理、重作、减少报酬、赔偿损失等违约责任。"

典型案例【D2－10】

某工程公司（以下简称甲方）与某混凝土浇灌模具加工厂（以下简称乙方）于4月初签订了模具定作合同。合同规定：甲方提供样品，由乙方购料制作模具500套。每套材料费180元，加工费90元，所用材料与甲方所提供的样品相同，以所封存的样品为检验产品质量的依据。乙方分3次交货，4月底交200套，5月底交200套，6月初交100套。

每次交货后甲方在6天内付款。4月底，甲乙双方如期履行了合同。但5月底，乙方交付的第二批模具，经甲方检验，发现存在同一规格的模具尺寸大小不一、封口及预留位上下左右偏位等质量问题，与样品完全不相符。于是，甲方要求乙方停止工作，双方解除合同，乙方赔偿甲方延长工程工期所造成的经济损失。乙方则提出，该批模具已转给某个体加工作坊加工，质量问题也应由该加工作坊独立承担责任。双方协商不成，甲方遂向法院提起诉讼，要求乙方赔偿损失。法院受理此案后，进行了调查取证，发现乙方于5月初与某大公司签订了出口模具加工合同，乙方全部设备与劳动力都投入加工出口模具中，故将制作甲公司模具的任务在未与甲方协商的情况下，擅自转给个体加工作坊。

试分析：

(1) 在此纠纷中谁负有违约责任？法律依据是什么？

(2) 定作合同转让中要注意什么问题？

(3) 此案如何处理？

分析如下：

(1) 此案中乙方负有违约责任。《民法典》第七百七十二条规定："承揽人应当以自己的设备、技术和劳力，完成主要工作，但是当事人另有约定的除外。承揽人将其承揽的主要工作交由第三人完成的，应当就该第三人完成的工作成果向定作人负责；未经定作人同意的，定作人也可以解除合同。"因为甲方与乙方签订的是模具定作合同。从甲方的角度来看，它是基于对乙方的技术条件、工作能力和信誉的信任，才与其订立合同的；而乙方未同甲方协商，就擅自转让定作合同，私自让某个体加工作坊独立完成加工模具的大部分工作任务，影响了模具的质量，使甲方利益受损。

(2) 承揽合同是一种以行为为标的的合同。在合同履行的过程中，承揽方可能有需要将合同中规定的主要工作转让给第三人的情形。在转让之前，承揽方应认识到转让一事不仅与己相关，而且也与定作人的权益紧密相连，故应与定作人商量，在征得其同意后，方可将其承揽的主要工作交由第三人完成，否则定作人有权解除合同，并要求承揽人赔偿损失。

(3) 本案应如下处理：解除承揽合同。第二批模具由乙方收回，其损失乙方自行承担或与加工作坊共同承担。对甲方的间接经济损失可适当补偿。

2.9.2 承揽合同的主要特征

承揽合同是诺成、有偿、双务、非要式合同，具有以下特征。

2.9.2.1 承揽合同以完成一定的工作并交付工作成果为标的

在承揽合同中，承揽人必须按照定作人的要求完成一定的工作，但定作人的目的不是工作过程，而是工作成果，这是与单纯提供劳务的合同的不同之处。按照承揽合同所要完成的工作成果可以是体力劳动成果，也可以是脑力劳动成果；既可以是物，也可以是其他财产。

2.9.2.2 承揽合同的标的物具有特定性

承揽合同是为了满足定作人的特殊要求而订立的，因而定作人对工作质量、数量、规格、形状等的要求使承揽标的物特定化，并同市场上的物品有所区别，以满足定作人的特殊需要。

典型案例【D2-11】

某年 4 月 13 日，公司 B 与公司 A 订立了一份购销合同。公司 A 从公司 B 购买应用于 M 设备的部件三套，每套单价 1000 元。因为公司 B 生产的部件不能完全符合 M 设备的要求，故公司 A 要求公司 B 按其提供的图纸进行生产，公司 B 同意，并在合同中注明这一点。同年 6 月 23 日，三套配件送到了公司 A。公司 A 随即按合同支付了货款。可是 7 月初，公司 A 在安装配件之前进行测试发现配件存在一些问题，即要求公司 B 来人处理。经修理后，公司 A 发现 M 设备达不到使用要求，原因是公司 B 的配件没有完全按公司 A 提供的图纸制作，由于配件存在以上问题，致使 M 设备无法正常投入使用。

试分析：

(1) 该案例中的合同是买卖合同，还是承揽合同？合同性质的不同对案件的结果有否影响？

(2) 本案应该怎么处理？

分析如下：

(1) 本案是承揽合同。《民法典》第七百七十条规定："承揽合同是承揽人按照定作人的要求完成工作，交付工作成果，定作人支付报酬的合同。承揽包括加工、定作、修理、复制、测试、检验等工作。"《民法典》第七百七十一条规定："承揽合同的内容一般包括承揽的标的、数量、质量、报酬，承揽方式，材料的提供，履行期限，验收标准和方法等条款。"承揽合同与买卖合同都存在标的物的交付，根本的区别在于承揽合同的定作物是根据定作人的要求而制作，它必须是存在于合同履行之后；而买卖合同的标的物可以存在于买卖合同订立之前，或者虽存在于买卖合同履行后，但是出卖人根据自己的标准生产的标准化的成品，买受人只是选择了规格。本案公司 A 要求公司 B 按其提供的图纸进行生产，这就使得合同的性质为承揽合同。

(2) 本案公司 B 没有按照定作人的要求进行工作，应承担相应的违约责任。《民法典》第七百八十一条规定："承揽人交付的工作成果不符合质量要求的，定作人可以合理选择请求承揽人承担修理、重作、减少报酬、赔偿损失等违约责任。"

2.9.2.3 承揽人工作具有独立性

承揽人以自己的设备、技术、劳力等完成工作任务，不受定作人的指挥管理，独立承担完成合同约定的质量、数量、期限等责任，在交付工作成果之前，对标的物意外灭失或工作条件意外恶化风险所造成的损失承担责任。故承揽人对完成工作有独立性，这种独立性受到限制时，其承受意外风险的责任亦可相应减免。《民法典》第七百七十二条第一款规定："承揽人应当以自己的设备、技术和劳力，完成主要工作，但是当事人另有约定的除外。"另有第七百八十四条规定："承揽人应当妥善保管定作人提供的材料以及完成的工作成果，因保管不善造成毁损、灭失的，应当承担赔偿责任。"

2.9.2.4 承揽合同具有一定人身性质

承揽人一般必须以自己的设备、技术、劳力等完成工作并对工作成果的完成承担风险。承揽人不得擅自将承揽的工作交给第三人完成，且对完成工作过程中遭受的意外风险负责。但是如果经过定作人的同意，承揽人可以将承揽的主要工作交由第三人，但需注意的是工程成果仍需由承揽人向定作人负责。《民法典》第七百七十二条第二款规定："承揽人将其承揽的主要工作交由第三人完成的，应当就该第三人完成的工作成果向定作人负责；未经定作人同意的，定作人也可以解除合同。"另有第七百七十三条规定："承揽人可以将其承揽的辅助工作交由第三人完成。承揽人将其承揽的辅助工作交由第三人完成的，应当就该第三人完成的工作成果向定作人负责。"

2.9.2.5 承揽合同是诺成合同、有偿合同、双务合同

承揽合同是诺成合同，即自当事人双方意思表示一致时即可成立，不以一方交付标的物为合同的成立要件，当事人交付标的物属于履行合同，而与合同的成立无关。另外，《民法典》规定承揽合同是有偿合同，即："承揽合同是承揽人按照定作人的要求完成工作，交付工作成果，定作人支付报酬的合同。"在承揽合同中，双方当事人互相承担义务并享有权利，且双方当事人承担的义务与他们享有的权利相互关联、互为因果，也就是说承揽合同也是双务合同。

2.9.2.6 承揽合同强调履行的协作性

承揽合同强调履行合同双方当事人的协作。当定作人不履行协作义务时，承揽人可依法解除合同。《民法典》第七百七十八条规定："承揽工作需要定作人协助的，定作人有协助的义务。定作人不履行协助义务致使承揽工作不能完成的，承揽人可以催告定作人在合理期限内履行义务，并可以顺延履行期限；定作人逾期不履行的，承揽人可以解除合同。"

2.9.2.7 承揽合同的双方是相互独立的责任主体

依据《民法典》第七百七十九条规定："承揽人在工作期间，应当接受定作人必要的监督检验。定作人不得因监督检验妨碍承揽人的正常工作。"另有第七百八十一条规定："承揽人交付的工作成果不符合质量要求的，定作人可以合理选择请求承揽人承担修理、重作、减少报酬、赔偿损失等违约责任。"以及，第七百八十条规定："承揽人完成工作的，应当向定作人交付工作成果，并提交必要的技术资料和有关质量证明。定作人应当验收该工作成果。"

2.10 建设工程合同

2.10.1 建设工程合同的概念

建设工程合同也称建设工程承发包合同，是指由承包人进行工程建设，发包人支付价款的合同。《民法典》第七百八十八条规定："建设工程合同是承包人进行工程建设，发包人支付价款的合同。建设工程合同包括工程勘察、设计、施工合同。"

2.10.2 建设工程合同的种类

2.10.2.1 建设工程勘察合同

建设工程勘察合同，是承包方进行工程勘察，发包人支付价款的合同。建设工程勘察单位称为承包方，建设单位或者有关单位称为发包方（也称为委托方）。

建设工程勘察合同的标的是为建设工程需要而作的勘察成果。工程勘察是工程建设的第一个环节，也是保证建设工程质量的基础环节。为了确保工程勘察的质量，勘察合同的承包方必须是经国家或省级主管机关批准、持有"勘察许可证"、具有法人资格的勘察单位。

建设工程勘察合同必须符合国家规定的基本建设程序，勘察合同由建设单位或有关单位提出委托，经与勘察部门协商，双方取得一致意见，即可签订，任何违反国家规定的建设程序的勘察合同均是无效的。

2.10.2.2 建设工程设计合同

建设工程设计合同，是承包方进行工程设计，委托方支付价款的合同。建设单位或有关单位为委托方，建设工程设计单位为承包方。

建设工程设计合同为建设工程需要而作的设计成果。工程设计是工程建设的第二个环节，是保证建设工程质量的重要环节。工程设计合同的承包方必须是经国家或省级主要机关批准，持有"设计许可证"，具有法人资格的设计单位。只有具备了上级批准的设计任务书，建设工程设计合同才能订立；小型单项工程必须具有上级机关批准的文件方能订立。如果单独委托施工图设计任务，应当同时具有经有关部门批准的初步设计文件方能订立。

2.10.2.3 建设工程施工合同

建设工程施工合同是工程建设单位与施工单位，也就是发包方与承包方以完成商定的建设工程为目的，明确双方相互权利和义务的协议。建设工程施工合同的发包方可以是法人，也可以是依法成立的其他组织或公民，而承包方必须是法人。

2.10.3 建设工程合同的主要特征

2.10.3.1 建设工程合同是以完成特定不动产的工程建设为主要内容的合同

建设工程合同与承揽合同一样，在性质上属以完成特定工作任务为目的的合同，但其工作任务是工程建设，不是一般的动产承揽，当事人权利和义务所指向的工作物是建设工程项目，包括工程项目的勘察、设计和施工成果。这也是我国建设工程合同不同于承揽合同的主要特征。

换而言之，建设工程合同就是以建设工程的勘察、设计或施工为内容的承揽合同。从双方权利和义务的内容来看，承包人主要提供的是专业的建设工程勘察、设计及施工等劳务。

2.10.3.2 在建设工程合同的订立和履行各环节均体现了国家较强的干预

在我国，大量的建设工程的投资主体是国家或国有资本，而且建设工程项目一经投入使用，通常会对公共利益产生重大影响，因此国家对建设工程合同实施了较为严格的干预。体现在立法上，就是除《民法典》外还有大量的行业法律和法规。

法律方面包括《中华人民共和国建筑法》（以下简称《建筑法》）、《中华人民共和国招标投标法》（以下简称《招标投标法》）、《中华人民共和国土地管理法》、《中华人民共和国城市规划法》、《中华人民共和国环境保护法》、《中华人民共和国环境影响评价法》等。

行政法规包括《建设工程质量管理条例》《建设工程安全生产管理条例》《建设工程勘察设计管理条例》《中华人民共和国土地管理法实施条例》等。

部门规章包括《工程监理企业资质管理规定》《注册监理工程师管理规定》《建设工程监理范围和规模标准规定》《建筑工程设计招标投标管理办法》《房屋建筑和市政基础设施工程施工招标投标管理办法》《评标委员会和评标方法暂行规定》《建筑工程施工发包与承包计价管理办法》《建筑工程施工许可管理办法》《城市建设档案管理规定》等。

这些法律、行政法规和规章制度对建设工程合同的订立和履行诸环节进行规制。具体来说，立法对建设工程合同的干预体现在以下诸方面。

（1）对缔约主体的限制。在我国，自然人基本上被排除在建设工程合同承包人的主体之外，只有具备法定资质的单位才能成为建设工程合同的承包主体。《建筑法》明确规定了从事建筑活动的建筑施工企业、勘察单位、设计单位和工程监理单位应具备的条件，并将其划分为不同的资质等级，只有取得相应等级的资质证书后，才可在其资质等级许可的范围内从事建筑活动。《建筑法》第十二条规定："从事建筑活动的建筑施工企业、勘察单位、设计单位和工程监理单位，应当具备下列条件：

（一）有符合国家规定的注册资本；

（二）有与其从事的建筑活动相适应的具有法定执业资格的专业技术人员；

（三）有从事相关建筑活动所应有的技术装备；

（四）法律、行政法规规定的其他条件。"

此外，对建筑从业人员也有相应的条件限制。《建筑法》第十四条规定："从事建筑活动的专业技术人员，应当依法取得相应的执业资格证书，并在执业资格证书许可的范围内从事建筑活动。"这是法律的强制性规定，违反此规定的建设工程合同依法无效。

（2）对合同的履行有一系列的强制性标准。建设工程的质量关系到人民生命财产安全，因此对其质量进行监控非常重要。为确保建设工程质量监控的可操作性，在建设工程质量的监控过程中需要适用大量的标准。《建筑法》第三条规定："建筑活动应当确保建筑工程质量和安全，符合国家的建筑工程安全标准。"建筑活动从勘测、设计到施工、验收和各个环节，均存在大量的国家强制性标准的适用。可以说，对主体资格的限制和强制性标准的大量适用，使得建筑业的行业准入标准得到提高，为建设工程的质量提供了制度上的保障。

（3）合同责任的法定性。与通常的合同立法多任意性规范不同，建设工程合同的立法中强制性规范占了相当的比例，相当一部分的合同责任因此成为法定责任，使得建设工程合同的主体责任呈现出较强的法定性。如：合同订立程序中的招标发包规定，对承包人转包的禁止性规定与分包的限制性规定，以及对承包人质量保修责任的规定等均带有不同程度的强制性，从而部分或全部排除了当事人的缔约自由。《民法典》第七百九十条规定："建设工程的招标投标活动，应当依照有关法律的规定公开、公平、公正进行。"《民法典》第七百九十一条第二款规定："总承包人或者勘察、设计、施工承包人经发包人同意，可以将自己承包的部分工作交由第三人完成。第三人就其完成的工作成果与总承包人或者勘察、设计、施工承包人向发包人承担连带责任。承包人不得将其承包的全部建设工程转包给第三人或者将其承包的全部建设工程支解以后以分包的名义分别转包给第三人。"第三款规定："禁止承包人将工程分包给不具备相应资质条件的单位。禁止分包单位将其承包的工程再分包。建设工程主体结构的施工必须由承包人自行完成。"

2.10.3.3 建设工程承包合同

（1）总承包合同与分承包合同。总承包方式适用于发包人将建设工程任务总体承包给一个总承包人的场合，即发包人将建设工程的勘察、设计、施工等工程建设的全部任务一并发包给一个具备相应的总承包资质条件的承包人。总承包合同是发包人与总承包人签订的由承包人负责工程的全部建设工作的合同。分承包合同是指总承包人就工程的勘察、设计、施工任务分别与勘察人、设计人、施工人订立的勘察、设计、施工承包合同。

在这种承包方式中，发包人仅直接与总承包人订立建设工程合同，发生债权债务关系。发包人应当依合同的约定向总承包人提供必要的技术文件、资料和其他工作条件，总承包人应当按照合同的约定按期保质保量地完成工程建设工作。总承包人分别与勘察人、设计人、施工人订立分包合同，相互间发生直接关系。总承包人就工程建设全过程向发包人负责，须对勘察人、设计人、施工人完成的工作成果向发包人承担责任。总承包人与勘察人、设计人、施工人签订合同时应征得发包人的同意。分承包合同的勘察人、设计人、施工人就其完成的工作成果向总承包人负责，并于总承包人一同向发包人负连带责任。

（2）承包合同与分包合同。承包合同，又称单任务承包合同，是指发包人将建设工程中的勘察、设计、施工等不同的工作任务分别发包给某一勘察人、设计人、施工人，并与其签订相应的承包合同。承包人就其承包的工程建设中的勘察、设计、施工工作的完成向发包人负责。发包人与承包人订立单项任务承包合同时，不得将应由一个承包人完成的建设工程支解成若干部分发包给几个承包人。《民法典》第七百九十一条第二款规定："承包人不得将其承包的全部建设工程转包给第三人或者将其承包的全部建设工程支解以后以分包的名义分别转包给第三人。"

【知识补充】　《民法典》中将"肢解"一词修改为了"支解"，"肢解"一词表示分解四肢，古代酷刑之一。现在多比喻分解，分散。"支解"一词也是古代碎裂肢体的一种酷刑，现多比喻外力将某完整的东西分割成碎块。"肢解"和"支解"虽然在某些时候可以通用，但是在建设工程领域中，其本意是将建设工程分割成几个部分发包给多个承包人，因此在建设工程领域中，适用"支解"比"肢解"更为恰当。

在这种承包方式中，各个承包勘察、设计、施工工作任务的承包合同完全是独立的，各个承包人之间不发生联系。而承包合同与分包合同虽是两个合同，合同的当事人不一致，但两个合同的承包标的有联系，即分包合同的承包标的是承包合同承包标的的一部分，所以承包人订立分包合同时，也应经发包人同意。发包人与承包人、分包人之间形成一个复杂的联系体系。第三人就其完成的工作不仅应向勘察、设计、施工承包人负责，而且与承包人一同向发包人负连带责任。《民法典》第七百九十一条第二款还规定了："总承包人或者勘察、设计、施工承包人经发包人同意，可以将自己承包的部分工作交由第三人完成。第三人就其完成的工作成果与总承包人或者勘察、设计、施工承包人向发包人承担连带责任。"

2.11　运　输　合　同

2.11.1　运输合同的概念

运输合同是承运人将旅客或货物运到约定地点，旅客、托运人或收货人支付票款或运费的合同。运输合同是有偿的、双务的合同；运输合同的客体是指承运人将一定的货物或旅客送到约定的地点的运输行为；运输合同大多是格式条款合同。《民法典》第八百零九条规定："运输合同是承运人将旅客或者货物从起运地点运输到约定地点，旅客、托运人或者收货人支付票款或者运输费用的合同。"

2.11.2 运输合同的主要特征

2.11.2.1 运输合同主体的复杂性

所谓运输合同的主体，是指运输合同权利的享有者和义务的承担者。运输合同的主体与一般合同主体不同，具有其特殊性和复杂性，这是由运输合同的特点所决定的。运输合同的主体包括承运人、旅客、托运人和收货人。

2.11.2.2 运输合同标的特殊性

运输合同的客体是承运人运送旅客或者货物的劳务行为而不是旅客和货物。旅客或者托运人与承运人签订运输合同，其目的是要利用承运人的运输工具完成旅客或者货物的位移，承运人的运输劳务行为是双方权利义务共同指向的目标。因此，只有运输劳务的行为才是运输合同的标的。运输合同的履行结果是旅客或货物发生了位移，并没有创造新的使用价值。

2.11.2.3 运输合同当事人权利义务的法定性

运输合同当事人的权利义务大多数是由法律、法规、规章所规定的，当事人按照有关规定办理相关手续后，合同即告成立。但当事人对合同的内容也可以依法进行修改。对于法律规定的强制性条款，当事人不能协商。选择性的条款和提示性的条款当事人可以协商，当事人协商的补充条款，也具有法律效力。

2.11.2.4 运输合同格式的标准性

运输合同一般采取标准合同形式订立。所谓标准合同，也称格式合同，是指合同一方提供的具有合同全部内容和条件的格式，另一方当事人予以确认后合同即告成立。由于格式条款是由当事人一方提供格式条款文本，对另一方来说，很可能侵害其合法权益，因此，法律对制定标准格式合同的一方规定了很严格的义务，目的是要保护对方的权益。运输合同涉及的范围比较广，为简便手续，各国基本上都采取标准格式合同。旅客运输合同一般通过出售客票来完成合同的订立过程。货物运输合同绝大多数也是格式条款，并且通过规章形式明确各自的权利义务。

2.11.2.5 运输合同为有偿、双务合同

承运人履行将旅客或者货物从一地运送到另一地的义务，从而给旅客或者托运人带来"位移"的利益；承运人也取得了要求旅客或者托运人（收货人）支付报酬，即运费的权利。承运人以运输为业，以收取运费为营利手段，旅客或者托运人须向承运人支付运费。因此，运输合同是有偿合同。运输合同一经成立，当事人双方互负义务，承运人须将旅客或者货物从一地运到另一地，旅客或者托运人（收货人）须向承运人支付运费，双方的权利义务是相互对应、相互依赖的，因此，运输合同是双务合同。

2.11.3 运输合同的种类

根据不同的标准，运输合同可以划分为不同的种类。

2.11.3.1 按运输方式分类

根据运输方式的不同，运输合同可以分为铁路运输合同、公路运输合同、水路运输合同、航空运输合同和多式联运合同五大类。这五类运输合同主体的承运人是不同的运输企业，而托运人和旅客可以是企事业单位，也可以是公民个人。

2.11.3.2 按照运送对象分类

根据运送对象的不同，运输合同可以分为旅客运输合同和货物运输合同两类。其中，货物运输合同是指以货物作为运送对象的合同。

2.11.3.3 按照是否有涉外因素分类

根据是否有涉外因素，运输合同还可以分为国内运输合同和涉外运输合同两类。国内运输合同是指运输合同当事人是中国的企业事业单位或者公民，且起运地和到达地等均在国内的运输合同。涉外运输合同是指当事人或者货物的起运地、到达地有一项涉及国外的合同，例如国际铁路货物联运合同、国际航空运输合同等。

2.11.4 货运合同中的权利和义务

2.11.4.1 托运人的主要权利

托运人的主要权利包括：要求承运人按合同约定的时间安全运输到约定的地点；在承运人将货物交付收货人前，托运人可以请求承运人中止运输、返还货物、变更到货地点或将货物交给其他收货人，但由此给承运人造成的损失应予赔偿。《民法典》第八百二十九条规定："在承运人将货物交付收货人之前，托运人可以要求承运人中止运输、返还货物、变更到达地或者将货物交给其他收货人，但是应当赔偿承运人因此受到的损失。"

2.11.4.2 托运人的主要义务

托运人的主要义务包括：如实申报货运基本情况的义务；办理有关手续的义务；包装货物的义务；支付运费和其他有关费用的义务。《民法典》第八百二十六条规定："货物运输需要办理审批、检验等手续的，托运人应当将办理完有关手续的文件提交承运人。"另有第八百二十七条规定："托运人应当按照约定的方式包装货物。对包装方式没有约定或者约定不明确的，适用本法第六百一十九条的规定。托运人违反前款规定的，承运人可以拒绝运输。"

2.11.4.3 承运人的主要权利

承运人的主要权利包括：收取运费及符合规定的其他费用；对逾期提货的，承运人有权收取逾期提货的保管费；对收货人不明或收货人拒绝受领货物的，承运人可以提存货物，不适合提存货物的，可以拍卖货物提存价款；对不支付运费、保管费及其他有关费用的，承运人可以对相应的运输货物享有留置权。《民法典》第八百三十六条规定："托运人或者收货人不支付运费、保管费或者其他费用的，承运人对相应的运输货物享有留置权，但是当事人另有约定的除外。"此外《民法典》第八百三十七条规定："收货人不明或者收货人无正当理由拒绝受领货物的，承运人依法可以提存货物。"

2.11.4.4 承运人的主要义务

承运人的主要义务包括：按合同约定调配适当的运输工具和设备，接收承运的货物，按期将货物运到指定的地点；从接收货物时起至交付收货人之前，负有安全运输和妥善保管的义务；货物运到指定地点后，应及时通知收货人收货。《民法典》第八百三十条规定："货物运输到达后，承运人知道收货人的，应当及时通知收货人，收货人应当及时提货。收货人逾期提货的，应当向承运人支付保管费等费用。"另有第八百三十二条规定："承运人对运输过程中货物的毁损、灭失承担赔偿责任。但是，承运人证明货物的毁损、灭失是因不可抗力、货物本身的自然性质或者合理损耗以及托运人、收货人的过错造成的，不承担赔偿责任。"

2.11.4.5 收货人的权利与义务

收货人的主要权利包括：承运人将货物运到指定地点后，持凭证领取货物的权利；在发现货物短少、毁损或灭失时，有请求承运人赔偿的权利。

收货人的主要义务包括：检验货物的义务；及时提货的义务；支付托运人少交或未交的运费或其他费用的义务。

典型案例【D2－12】

A 汽车制造厂于某年 3 月 10 日经由铁路某站托运 10 辆工程运输汽车，收货人为 B 工程公司。货物到站后，车站前后三次通知 B 工程公司领取货物，B 工程公司既不拒绝也不领取。随后，车站又通知托运人 A 汽车制造厂来车站处理，托运人也未前来处理。直到同年底，A 汽车制造厂才来车站要求提取货物。车站根据规定核收保管费近万元，A 汽车制造厂拒绝支付，发生纠纷，诉至法院。

试分析：

(1) 本案中车站核收保管费有无法律依据？

(2) 本案中应由谁负支付保管费的责任？

分析如下：

(1) 车站核收保管费有法律依据。《民法典》第八百三十条规定："货物运输到达后，承运人知道收货人的，应当及时通知收货人，收货人应当及时提货。收货人逾期提货的，应当向承运人支付保管等费用。"承运人已按规定通知收货人和托运人，要求及时处理货物，收货人和托运人未按规定的时间及时提取货物，承运人有理由核收保管费。

(2) 本案中承运人已经通知了收货人和托运人前来提取货物，根据上述法律规定，收货人 B 工程公司负有支付保管费责任，托运人可以先期支付逾期提货的保管费，再向收货人 B 工程公司追偿逾期提货的保管费。

典型案例【D2－13】

A 工程项目部与 B 钢轧厂在某年 11 月签订了一份钢筋加工合同。合同规定：由 B 钢轧厂为 A 工程项目部加工某型号钢筋 500 套，平均每套支付加工费 30 元，共计 15000 元；A 工程项目部负责提供原料、型号和规格；A 工程项目部在接到钢轧厂取货通知后 2 天内付款，钢轧厂接到货款后 3 天内将钢筋送达 A 工程项目部。钢轧厂在规定的时间里完成了钢筋加工任务并收到货款，依约在第 3 天将钢筋送达 A 工程项目部，可由于该项目部领导班子正处于调整之中，无人负责接收该批钢筋。连续一周仍无人出面接收钢筋。因此钢轧厂只好将该钢筋提存。在提存之后，钢轧厂认为既然 A 工程项目部领导班子未定，待领导班子确定后再通知 A 工程项目部来领取加工好的钢筋。于是 15 天后钢轧厂才通知 A 工程项目部领取提存物，A 工程项目部在领取提存物时被要求交付 15 天的保管费用，A 工程项目部拒交，认为钢轧厂未能及时通知 A 工程项目部去取钢筋，导致钢筋提存 15 天，应由钢轧厂支付提存费用。

试分析：

(1) A 工程项目部拒绝支付提存费用的理由有法律依据吗？

（2）钢轧厂的行为中有无不当之处？

（3）此案如何处理？

分析如下：

（1）A 工程项目部拒绝支付提存费用的理由有法律依据。

《民法典》第五百七十二条规定："标的物提存后，债务人应当及时通知债权人或者债权人的继承人、遗产管理人、监护人、财产代管人。"本案中，债务人提存的原因是债权人的领导班子处于调整之中，暂无人负责工作造成钢筋无法送达，属于债权人迟延受领而非债权人下落不明。因此，钢轧厂在提存标的物后应及时通知 A 工程项目部。15 天后才通知属于不及时通知，故 A 工程项目部不应为此承担责任。

（2）钢轧厂未能及时通知 A 工程项目部提取提存物，应为自己的迟延通知负责。至于钢轧厂没有及时通知的理由属于钢轧厂主观认为，而不是客观上无法通知，不能成为其没有及时通知的法律上的理由。钢轧厂的行为中有迟延通知之过。

（3）A 工程项目部应当先行支付该钢筋保管费，然后向某钢轧厂追索该保管费。

2.12 技 术 合 同

2.12.1 技术合同的概念

技术，是指根据生产实践经验和科学原理而形成的，作用于自然界一切物质设备的操作方法与技能。技术合同是指法人之间、公民之间、法人与公民之间就技术开发、技术转让和技术服务等，依据民事法律的规定所达成的权利与义务的协议。《民法典》第八百四十三条规定："技术合同是当事人就技术开发、转让、许可、咨询或者服务订立的确立相互之间权利和义务的合同。"

2.12.2 技术合同的主要特征

2.12.2.1 技术合同的标的与技术有密切联系

技术合同的标的不是一般的商品或劳务，而是凝聚着人类智慧的创造性的技术成果。不同类型的技术合同有不同的技术内容，技术转让合同的标的是特定的技术成果；技术服务与技术咨询合同的标的是特定的技术行为；技术开发合同的标的兼具技术成果与技术行为的内容。

2.12.2.2 技术合同履行环节多

技术合同履行期限长，价款、报酬或使用费的计算较为复杂，一些技术合同的风险性很高。如在技术开发合同中，《民法典》第八百五十八条第一款规定："技术开发合同履行过程中，因出现无法克服的技术困难，致使研究开发失败或者部分失败的，该风险由当事人约定；没有约定或者约定不明确，依据本法第五百一十条的规定仍不能确定的，风险由当事人合理分担。"

2.12.2.3 技术合同的法律调整具有多样性

技术合同标的物是人类智力活动的成果，这些技术成果中许多是知识产权法调整的对象，涉及技术权益的归属、技术风险的承担、技术专利权的获得、技术产品的商业标记、技术的保密、技术的表现形式等，受《中华人民共和国专利法》《中华人民共和国商标法》

《中华人民共和国反不正当竞争法》《中华人民共和国著作权法》等法律的调整。

2.12.2.4 当事人一方具有特定性

技术合同的至少一方当事人应当是具有一定专业知识或技能的技术人员，是能够利用自己的技术力量从事技术开发、技术转让、提供技术咨询和服务的法人或自然人，其主体一方具有特定性。

2.12.2.5 技术合同是双务、有偿合同

在技术合同中，双方当事人互相承担义务，双方当事人承担的义务与他们享有的权利相互关联、互为因果，所以是双务合同。另外，技术合同当事人一方从对方取得利益的，须向对方支付一定的代价，因此是有偿合同。

2.12.3 技术开发合同

2.12.3.1 技术开发合同的概念

技术开发合同是指当事人之间就新产品、新工艺和新材料及其系统的研究开发所订立的合同，包括委托开发合同和合作开发合同。其客体是尚不存在的有待开发的技术成果，其风险由当事人共同承担。

在委托开发合同中，委托方的义务是按照合同约定支付研究开发费用和报酬，完成协作事项并按期接受研究开发成果。受托方即研究开发方的义务是合理使用研究开发费用，按期完成研究开发工作并交付成果，同时接受委托方必要的检查。在合作开发合同中，合作各方应当依合同约定参与研究开发工作并进行投资，同时应保守有关技术秘密。

2.12.3.2 技术开发合同的特征

技术开发合同应具有如下特征：

（1）技术开发合同的标的物应具有新颖性。技术开发合同的标的物应具有新颖性，主要包括新技术、新产品、新工艺或者新材料及其系统等。《民法典》第八百五十一条第一款规定："技术开发合同是当事人之间就新技术、新产品、新工艺、新品种或者新材料及其系统的研究开发所订立的合同。"

（2）技术开发合同的内容是进行研究开发工作。《民法典》第八百五十七条规定："作为技术开发合同标的的技术已经由他人公开，致使技术开发合同的履行没有意义的，当事人可以解除合同。"

（3）技术开发合同是双务、有偿合同，合同履行具有协作性。《民法典》第八百五十二条规定："委托开发合同的委托人应当按照约定支付研究开发经费和报酬，提供技术资料，提出研究开发要求，完成协作事项，接受研究开发成果。"

（4）技术开发合同的风险由双方共同负担。《民法典》第八百五十八条规定："技术开发合同履行过程中，因出现无法克服的技术困难，致使研究开发失败或者部分失败的，该风险由当事人约定；没有约定或者约定不明确，依据本法第五百一十条的规定仍不能确定的，风险由当事人合理分担。

当事人一方发现前款规定的可能致使研究开发失败或者部分失败的情形时，应当及时通知另一方并采取适当措施减少损失；没有及时通知并采取适当措施，致使损失扩大的，应当就扩大的损失承担责任。"

典型案例【D2-14】

某工程公司（以下简称甲方）与某科研所（以下简称乙方）于某年 10 月 15 日签订了一份技术开发合同。合同约定，甲方委托乙方研究开发某大坝温控监测装置。双方约定，研制费由甲方支付，研制出的成果归甲方使用。4 个月后，乙方研制成功，甲方按约定支付研制费，同时依约定享有成果使用权。次年 4 月乙方将该技术成果向专利局申请发明创造专利权。甲方得知后也向专利局申请该技术的发明创造专利权。

试分析：

（1）《民法典》对此有无规定？若有规定，其主要内容是什么？

（2）《民法典》的有关规定，该技术成果申请专利的权利归哪方所有？为什么？

（3）若一方取得专利权，另一方可以享有什么权利？

分析如下：

（1）《民法典》第八百五十九条规定："委托开发完成的发明创造，除法律另有规定或者当事人另有约定外，申请专利的权利属于研究开发人。研究开发人取得专利权的，委托人可以依法实施该专利。研究开发人转让专利申请权的，委托人享有以同等条件优先受让的权利。"

（2）依《民法典》的规定，该技术成果的专利申请权归乙方所有。因为，《民法典》第八百五十九条规定委托开发完成的发明创造，除当事人另有约定的以外，申请专利的权利属于研究开发人。

（3）若乙方取得该项技术的专利权，依《民法典》的规定，委托方可以免费实施该项专利；研究开发方就其发明创造转让专利申请权的，委托方可以优先受让专利申请权。因此，甲方可以免费使用该大坝温控监测装置，并可优先受让该技术的专利申请权。

2.12.3.3　技术开发合同的权利和义务

（1）委托人的权利和义务。

1）按照约定交付研究开发费用和报酬。

2）按照合同约定提供技术资料、原始数据并完成协作事项。

3）按期接受研究开发成果。由于委托方无故拒绝或迟延接受成果，造成该研究开发成果被合同外第三人以合法形式善意获取时，或者该成果丧失其应有的新颖性时，或该成果遭到意外毁损或灭失时，委托方应承担责任。

（2）研发人的权利和义务。

1）制定和实施研究开发计划。研究开发计划是指导研究开发方实现委托开发合同的预期目的的指导性文件，是技术开发合同的组成部分。

2）合理地使用研究开发经费。研究开发人员必须按照合同约定的研究开发经费的使用范围使用研究开发经费，并应注意及时向委托方通报经费支出情况，接受委托方监督。

3）按期完成研究开发工作，交付研究开发成果。研究开发方提交的成果，必须真实、正确、充分、完整，以保证委托方实际应用该成果。

4）为委托方提供技术资料和具体技术指导，帮助委托方掌握应用研究开发成果。

（3）合作开发的权利和义务。

1）合作各方当事人应按照约定进行投资，包括以技术进行投资。

2）合作各方当事人应按照约定分工参与研究开发工作。

3）合作各方当事人应配合完成研究工作。

4）保守技术情报和资料的秘密。

2.12.4 技术转让合同和技术许可合同

2.12.4.1 技术转让合同和技术许可合同的概念

技术转让合同，是指出让方将一定技术成果的所有权或使用权移转受让方，而受让方须支付约定价金或使用费的协议。包括专利权转让合同、专利实施许可合同、非专利技术转让合同等多种。技术转让合同的主要特征包括：

（1）其标的是某种无体财产，包括专利技术、专有技术和其他技术成果。

（2）它是转让技术成果财产权，特别是使用权的合同，出让方在转让其技术后往往并不丧失其技术成果所有权。其主要合同内容包括鉴于条款、定义条款、转让方式、权利范围、合同区域、转让费用、担保条款、技术改进与回馈、保密条款、合同期限等。《民法典》第八百六十二条第一款规定："技术转让合同是合法拥有技术的权利人，将现有特定的专利、专利申请、技术秘密的相关权利让与他人所订立的合同。"

技术许可合同，是指以转让技术的使用权为内容的许可合同。技术主要表现为可供实现的工程产品设计、工艺程序、操作方法等，在经济生活中，往往还包括生产管理和商业经营方面的内容，特别是指为了生产某种专利产品或为了实现某种具有专利权的生产方法所必需的最关键的那部分技术。《民法典》第八百六十二条第二款规定："技术许可合同是合法拥有技术的权利人，将现有特定的专利、技术秘密的相关权利许可他人实施、使用所订立的合同。"

2.12.4.2 技术转让合同和技术许可合同的特征

（1）特定性。根据《技术合同认定规则》的规定，技术转让合同的标的是当事人订立合同时已经掌握的技术成果，包括发明创造专利、技术秘密及其他知识产权成果。技术转让合同的标的必须是已经存在的技术成果，不包括尚待研究开发的技术成果。如果当事人以尚待研究开发的技术成果为标的，则应订立技术开发合同，而非技术转让合同。

（2）完整性。根据《技术合同认定规则》的规定，技术转让合同的标的必须具有完整性和实用性，相关技术内容构成一项产品、工艺、材料、品种及其改进的技术方案。在技术咨询和技术服务合同中，一方当事人也会就咨询服务项目向另一方当事人提供技术信息和技术资料，但这与有着特定的完整的技术内容的技术方案是有着本质上的区别，这也是技术转让合同与技术咨询及技术服务合同的重要区别。

（3）权属性。技术转让合同的履行在形式上虽表现为以图纸、资料、磁盘、磁带为物质载体的技术文件或技术方案在当事人之间转移，但本质上是专利申请权、专利权、技术秘密权、专利实施许可权的权属在当事人之间转移。

（4）法定性。由于技术转让合同涉及专利、技术秘密等问题，所以除受《民法典》制约外，还要受《中华人民共和国专利法》等知识产权法律的制约。

典型案例【D2-15】

某新混凝土材料技术开发公司向某工程公司转让一种高耐寒性混凝土制备配合比的技术秘密。在某新混凝土材料技术开发公司的一再要求下，双方在技术转让合同中规定了在某工程公司使用该项技术秘密时，不得对该项技术秘密做任何技术改进。后某工程公司在使用该项技术秘密中为了适应生产条件进一步提高产品质量，对该项技术做了改进。某新混凝土材料技术开发公司得到消息后以某工程公司违约为由向法院提起诉讼，要求赔偿。

试分析：

(1) 法院会支持某新混凝土材料技术开发公司的诉讼请求吗？

(2) 请阐明法律依据和理由。

分析如下：

(1) 法院应依照《民法典》第八百六十四条的规定驳回某新混凝土材料技术开发公司的诉讼请求。

(2)《民法典》第八百六十四条规定："技术转让合同和技术许可合同可以约定实施专利或者使用技术秘密的范围，但是不得限制技术竞争和技术发展。"某新混凝土材料技术开发公司与某工程公司在所订立的高耐寒性混凝土制备配合比的技术秘密转让技术合同中，约定了受让人不得对技术作任何改进的条款。该条款实质上是对技术进步的一种限制，不利于技术竞争和技术进步，属于违反法定义务的无效条款。某新混凝土材料技术开发公司的起诉理由即无有效合同依据，又无任何法律依据，法院应驳回某新混凝土材料技术开发公司的诉讼请求。

2.12.4.3 技术转让合同和技术许可合同的权利和义务

(1) 专利权转让合同中当事人的义务。

1) 让与人的主要义务。

a. 按合同约定的时间将专利权移交给受让人。当然，专利权中的人身权并不因专利权的转让而转让。

b. 保证自己是转让专利权的合法拥有者，并保证专利权的真实、有效。

c. 按合同约定交付与转让的专利权有关的技术资料，并给予受让人提供必要的技术指导。

d. 保密义务。

《民法典》第八百七十条规定："技术转让合同的让与人和技术许可合同的许可人应当保证自己是所提供的技术的合法拥有者，并保证所提供的技术完整、无误、有效，能够达到约定的目标。"

2) 受让人的主要义务。

a. 向让与人支付合同约定的价款。

b. 按合同的约定承担保密义务。

《民法典》第八百七十一条规定："技术转让合同的受让人和技术许可合同的被许可人应当按照约定的范围和期限，对让与人、许可人提供的技术中尚未公开的秘密部分，承担保密义务。"

(2) 专利申请权转让合同中当事人的义务。

1) 让与人的主要义务。

a. 将合同约定的专利申请权移交受让人，并提供申请专利和实施发明创造所需要的技术情报和资料。

b. 保证作为申请权标的的发明创造为让与人自己或自己与他人合作通过创造性劳动合法获得，或者通过委托开发合同获得，即保证自己是所提供的技术的合法拥有者。

c. 按合同的约定承担保密义务。

2）受让人的主要义务。

a. 向让与人支付合同约定的价款。

b. 按合同约定承担保密义务。

（3）专利实施许可合同中当事人的义务。

1）让与人的主要义务。

a. 保证自己是所提供的专利技术的合法拥有者，即是自己提出专利申请、经专利机关审查后授予了专利权的技术，或者是让与人通过合法的转让合同获得。

b. 提供的专利技术完整、无误，能够达到约定的目的，并许可受让人在合同约定的范围内实施专利技术。

c. 交付与实施该项专利技术有关的资料，并按约定提供技术指导。

《民法典》第八百六十六条规定："专利实施许可合同的许可人应当按照约定许可被许可人实施专利，交付实施专利有关的技术资料，提供必要的技术指导。"

2）受让人的主要义务。

a. 在合同约定的范围内实施专利技术，并不得违反许可合同约定以外的第三人实施该项专利。

b. 支付合同约定的价款。

《民法典》第八百六十七条规定："专利实施许可合同的被许可人应当按照约定实施专利，不得许可约定以外的第三人实施该专利，并按照约定支付使用费。"

（4）技术秘密转让合同中当事人的义务。

1）让与人的主要义务。

a. 让与人应是该技术秘密成果的合法拥有者，保证在订立合同时该项技术秘密未被他人申请获得专利。

b. 按约定提供技术资料、进行技术指导。

c. 保证此项技术的实用性、可靠性。

d. 承担合同约定的保密义务。

《民法典》第八百六十八条第一款规定："技术秘密转让合同的让与人和技术秘密使用许可合同的许可人应当按照约定提供技术资料，进行技术指导，保证技术的实用性、可靠性，承担保密义务。"

2）受让人的主要义务。

a. 在合同约定的范围内使用技术。

b. 按合同约定支付使用费。

c. 承担合同约定的保密义务。

《民法典》第八百六十九条规定："技术秘密转让合同的受让人和技术秘密使用许可合同的被许可人应当按照约定使用技术，支付转让费、使用费，承担保密义务。"

2.12.5 技术咨询合同和技术服务合同

2.12.5.1 技术咨询合同和技术服务合同的概念

技术咨询合同，是指顾问方以自己的技术和劳力为委托方提供专业性咨询服务，而委托方须支付报酬的协议。技术咨询合同形式源自 19 世纪末，最初仅以土木工程咨询服务为内容，20 世纪以后被各国相继接受。我国的法律将其视为技术合同中的分类。《民法典》第八百七十八条第一款规定："技术咨询合同是当事人一方以技术知识为对方就特定技术项目提供可行性论证、技术预测、专题技术调查、分析评价报告等所订立的合同。"

技术服务合同，是指服务方以自己的技术和劳力为委托方解决特定的技术问题，而委托方接受工作成果并支付约定报酬的协议。技术服务合同制度源自英国、美国和法国等国家，20 世纪以后为各国相继接受。我国法律将其视为独立的技术合同类型。《民法典》第八百七十八条第二款规定："技术服务合同是当事人一方以技术知识为对方解决特定技术问题所订立的合同，不包括承揽合同和建设工程合同。"

2.12.5.2 技术咨询合同和技术服务合同的特征

（1）技术咨询合同具有以下特征。

1）技术咨询合同在技术领域内具有自己特定的调整对象，即合同当事人在完成一定的技术项目的可行性论证、技术预测、专题技术调查、分析评价报告等科学研究活动中产生的民事法律关系。（同《民法典》第八百七十八条第一款）

2）履行技术咨询合同的目的在于，受托方为委托方进行科学研究、技术开发、成果推广、技术改造、工程建设、科技管理等项目提出建议、意见和方案，供委托方在决策时参考，从而使用科学技术的决策和选择真正建立在科学化的基础之上。《民法典》第八百八十条规定："技术咨询合同的受托人应当按照约定的期限完成咨询报告或者解答问题，提出的咨询报告应当达到约定的要求。"

3）技术咨询合同有其特殊的风险责任承担原则，即因实施咨询报告而造成的风险损失，除合同另有约定外，受托方不承担赔偿责任。《民法典》第八百八十一条第三款规定："技术咨询合同的委托人按照受托人符合约定要求的咨询报告和意见作出决策所造成的损失，由委托人承担，但是当事人另有约定的除外。"

（2）技术服务合同具有以下特征。

1）合同标的是解决特定技术问题的项目。《民法典》第八百八十三条规定："技术服务合同的受托人应当按照约定完成服务项目，解决技术问题，保证工作质量，并传授解决技术问题的知识。"

2）履行方式是完成约定的专业技术工作。《民法典》第八百八十四条第二款规定："技术服务合同的受托人未按照约定完成服务工作的，应当承担免收报酬等违约责任。"

3）工作成果有具体的质量和数量指标。

4）有关专业技术知识的传递不涉及专利和技术秘密成果的权属问题。《民法典》第八百八十五条规定："技术咨询合同、技术服务合同履行过程中，受托人利用委托人提供的技术资料和工作条件完成的新的技术成果，属于受托人。委托人利用受托人的工作成果完成的新的技术成果，属于委托人。当事人另有约定的，按照其约定。"

2.13 保 管 合 同

2.13.1 保管合同的概念

保管合同又称寄托合同、寄存合同，是指双方当事人约定一方将物交付他方保管的合同。保管合同是保管人有偿地或无偿地为寄存人保管物品，并在约定期限内或应寄存人的请求，返还保管物品的合同。其中，寄存人只转移保管物的占有给保管人，而不转移使用和收益权，即保管人只有权占有保管物，而不能使用保管物。在《民法典》中明确规定寄托物以动产为限。《民法典》第八百八十八条第一款规定："保管合同是保管人保管寄存人交付的保管物，并返还该物的合同。"

2.13.2 保管合同的主要特征

2.13.2.1 保管合同是提供劳务的合同

保管合同以物的保管为目的，保管人为寄存人提供的是保管服务。保管合同的履行，仅转移保管物的位置，而对保管物的所有权、使用权不产生影响。

2.13.2.2 保管合同是实践合同

就保管合同而言，仅有当事人双方意思表示一致，合同还不能成立，还必须有寄存人将保管物交付给保管人的事实。《民法典》第八百九十条："保管合同自保管物交付时成立，但是当事人另有约定的除外。"

2.13.2.3 保管合同类型的多样性

保管合同既可以是单务、无偿、不要式合同，也可以是双务、有偿、要式合同。首先，在保管合同中，双方当事人既都享有权利和承担义务，也可以是一方当事人只享有权利而不尽义务。另一方则只负义务而不享有权利的合同，所以保管合同可以是双务合同，也可以是单务合同。其次，保管可以是无偿的，也可以是有偿的。《民法典》第八百九十七条规定："保管期内，因保管人保管不善造成保管物毁损、灭失的，保管人应当承担赔偿责任。但是，无偿保管人证明自己没有故意或者重大过失的，不承担赔偿责任。"另有第九百零二条规定："有偿的保管合同，寄存人应当按照约定的期限向保管人支付保管费。"

另外，在保管合同中，当事人订立合同时并不需要采取特定的形式，当事人可以采取口头方式，也可以采取书面方式。而当保管一些特殊物品时，当事人须依据法律、行政法规规定，或者当事人约定，以书面形式结合相关手续订立合同，所以保管合同可以是不要式合同，也可以是要式合同。

2.14 仓 储 合 同

2.14.1 仓储合同的概念

《民法典》第九百零四条规定："仓储合同是保管人储存存货人交付的仓储物，存货人支付仓储费的合同。"

2.14.2 仓储合同的主要特征

仓储合同在签订履行时要注意自己权利义务的内容、起始时间，这决定着承担责任的内容和开始时间，例如：仓储合同成立时则合同生效，仓储合同均为有偿合同等。

（1）仓储的货物所有权不发生转移，只是货物的占有权暂时转移，而货物的所有权或其他权利仍属于存货人所有。

（2）仓储合同以储存动产物为对象，储存物必须依约定存放于仓储人提供的场所内，不动产不能作为仓储合同的保管对象。

（3）仓储合同的保管人，必须具有依法取得从事仓储保管业务的经营资格。

（4）仓储合同是诺成合同。仓储合同自成立时生效，这是仓储合同区别于保管合同的显著特征。《民法典》第九百零五条规定："仓储合同自保管人和存货人意思表示一致时成立。"

（5）仓储合同是有偿合同。仓储作为一种商业活动，保管人替存货人储存仓储物，提供储存、保管服务，其目的是收取仓储费。存货人想获得保管人提供的储存、保管服务，必须以支付相应的仓储费为代价。

典型案例【D2-16】

某公司负责人赵某在 A 仓库寄存钢筋螺栓配件一批 100 台，价值共计 100 万元。双方商定：仓库自某年 1 月 15 日至 2 月 15 日期间保管，赵某分三批取走；2 月 15 日赵某取走最后一批钢筋螺栓配件时，支付保管费 2000 元。2 月 15 日，赵某前来取最后一批配件时，双方为保管费的多少发生争议。赵某认为自己的配件实际是在 1 月 25 日晚上才入 A 仓库，应当少付保管费 250 元。A 仓库拒绝减少保管费，理由是仓库早已为赵某公司的配件的到来准备了地方，至于赵某是不是准时进库是赵某自己的事情，与仓库无关。赵某认为 A 仓库位于江边码头，自己又通知了配件到站的准确时间，A 仓库不可能空着货位，只同意支付 1750 元保管费。A 仓库于是拒绝赵某提取所剩下的配件。

试分析：

（1）赵某要求减少保管费是否合理？为什么？

（2）A 仓库在赵某拒绝足额支付保管费的情况下是否可以拒绝其提取货物？说明理由。

（3）A 仓库留置所有货物的做法是否正确？

分析如下：

（1）不合理。本案当事人签订的是仓储合同，《民法典》第九百零五条规定："仓储合同自保管人和存货人意思表示一致时成立。"这就意味着仓储合同是诺成合同，而诺成合同，其成立不以交付标的物为要件，双方当事人就合同主要条款达成一致，合同即成立。若合同签订后，因存货人原因货物不能按约定入库，依然要交付仓储费。

（2）可以拒绝。根据《民法典》规定，对仓储合同没有规定时，适用法律对保管合同的规定。《民法典》第九百零三条规定："寄存人未按照约定支付保管费或者其他费用的，保管人对保管物享有留置权，但是当事人另有约定的除外。"所以本案虽为仓储合同，但在存货人不支付仓储费，而双方对留置无相反约定的情况下，保管人可以留置仓储物，拒绝其提取仓储物。

（3）本案保管人 A 仓库若留置了所有货物是不妥的。因为在仓储物是可分物时，保管人在留置时仅可留置价值相当于仓储费部分的仓储物。而本案的仓储物恰恰是可分物，所以 A 仓库没有理由留置所剩下的配件，而只能留置相当于 250 元的货物。

2.15 委 托 合 同

2.15.1 委托合同的概念

委托合同，是指受托人以委托人的名义和费用为委托人办理委托事务，而委托人则按约支付报酬的协议。委托合同内容可以是有偿的，也可是无偿的。在我国，委托合同的标的只限于法律行为，它是委托代理的发生根据。受托人在委托权限内与第三人所为法律行为的后果完全由委托人承担。《民法典》第九百一十九条规定："委托合同是委托人和受托人约定，由受托人处理委托人事务的合同。"

典型案例【D2 - 17】

A 工程实业集团公司委托 B 进出口公司从美国 C 公司进口一套钢筋拉延机生产线。B 进出口公司根据 A 工程实业集团公司提供的产品质量要求与技术要求与 C 公司签订了合同，合同约定：C 公司于某年 5 月 25 日交货。5 月 20 日 C 公司将设备交到 A 工程实业集团公司指定的厂房，并派人到 A 工程实业集团公司指导安装。设备安装完毕，于 6 月 1 日试运行，经过再三调试，至 8 月中旬设备运转仍不正常，不能拉延出合格的钢筋制品，无法达到合同的技术标准要求。后经专家鉴定，该设备在生产和设计中出现缺陷，不可能用原料生产出合格产品。为此，A 工程实业集团公司向公司所在地法院起诉，要求 C 公司赔偿其损失。C 公司辩称：合同的主体是 B 进出口公司，A 工程实业集团公司无权起诉。

试分析：

(1) 请分析该案件中的合同关系。

(2) C 公司的主张是否有法律依据？

(3) 法院应如何处理此案？

分析如下：

(1) 本案中 A 工程实业集团公司是委托人，B 进出口公司是受托人，美国 C 公司是第三人。《民法典》第九百二十六条规定："受托人以自己的名义与第三人订立合同时，第三人不知道受托人与委托人之间的代理关系的，受托人因第三人的原因对委托人不履行义务，受托人应当向委托人披露第三人，委托人因此可以行使受托人对第三人的权利。但是，第三人与受托人订立合同时如果知道该委托人就不会订立合同的除外。受托人因委托人的原因对第三人不履行义务，受托人应当向第三人披露委托人，第三人因此可以选择受托人或者委托人作为相对人主张其权利，但是第三人不得变更选定的相对人。委托人行使受托人对第三人的权利的，第三人可以向委托人主张其对受托人的抗辩。第三人选定委托人作为其相对人的，委托人可以向第三人主张其对受托人的抗辩以及受托人对第三人的抗辩。"因第三人履行合同不符合与委托人之间的合同约定，委托人 A 工程实业集团公司可直接向第三人即美国 C 公司行使索赔权。

(2) C 公司的主张没有法律依据。C 公司将合同标的运抵委托人 A 工程实业集团公司厂房，并指导设备安装，就已经知道受托人与委托人之间的代理关系。该合同履行地在中国，中国法院有管辖权。

（3）法院可以运用《民法典》对 C 公司因生产和设计上的缺陷过错，判处 C 公司赔偿 A 工程实业集团公司损失。

2.15.2 委托合同的主要特征

委托合同是典型的劳务合同；受托人以委托人的费用办理委托事务；委托合同具有人身性质，以当事人之间相互信任为前提；委托合同既可以是有偿合同，也可以是无偿合同；委托合同是诺成、双务合同。其主要特征包括以下几个方面。

2.15.2.1 委托合同需建立在委托人与受托人的相互信任基础上

委托人之所以选定受托人为自己处理事务，是以他对受托人的办事能力和信誉的了解、信任为基础的；而受托人之所以接受委托，也是出于愿意为委托人服务，能够完成委托事务的自信，这也是其基于对委托人的了解和信任。因此，委托合同只能发生在双方相互信任的特定人之间。没有当事人双方相互的信任和自愿，委托合同关系就不能建立。在委托合同中，受托人应当亲自处理受托的事务，不经委托人的同意，不能转托他人处理受托的事务。同时，在委托合同建立后，如果任何一方对他方产生了不信任，都可以随时终止委托合同。《民法典》第九百二十二条规定："受托人应当按照委托人的指示处理委托事务。需要变更委托人指示的，应当经委托人同意；因情况紧急，难以和委托人取得联系的，受托人应当妥善处理委托事务，但是事后应当将该情况及时报告委托人。"另有第九百二十三条规定："受托人应当亲自处理委托事务。经委托人同意，受托人可以转委托。转委托经同意或者追认的，委托人可以就委托事务直接指示转委托的第三人，受托人仅就第三人的选任及其对第三人的指示承担责任。转委托未经同意或者追认的，受托人应当对转委托的第三人的行为承担责任；但是，在紧急情况下受托人为了维护委托人的利益需要转委托第三人的除外。"

2.15.2.2 委托合同的标的是处理委托事务

委托合同是提供劳务类合同，其标的是劳务，这种劳务体现为受托人替委托人处理委托事务。应当指出，委托事务的范围并不是没有任何限制，委托事务必须是委托人有权实施的，且不违反法律或者公序良俗的行为。

2.15.2.3 受托人以委托人的名义和费用处理委托事务

受托人处理事务，除法律另有规定外，不是以自己的名义和费用，而是以委托人的名义和费用进行的。因此，委托合同的受托人处理受托事务的后果，直接归委托人承受。《民法典》第九百二十一条规定："委托人应当预付处理委托事务的费用。受托人为处理委托事务垫付的必要费用，委托人应当偿还该费用并支付利息。"

2.15.2.4 委托合同可以是有偿的，也可以是无偿的

委托合同是否有偿，由当事人双方约定。如约定收取报酬，则为有偿合同。如法律没有另外规定，当事人双方又没有约定给付受托人报酬的，则为无偿合同。《民法典》第九百二十九条第一款规定："有偿的委托合同，因受托人的过错造成委托人损失的，委托人可以请求赔偿损失。无偿的委托合同，因受托人的故意或者重大过失造成委托人损失的，委托人可以请求赔偿损失。"

2.15.3 委托合同中的权利和义务

2.15.3.1 受托人的权利和义务

（1）办理委托事务的义务。受托人对委托事务原则上应亲自办理，只有在事先取得委托人的同意，或因情况紧急的情况下，为了委托人的利益可以转托他人。

（2）遵守委托人指示的义务。

（3）报告的义务。受托人应将委托事务情况向委托人报告。

（4）转移利益的义务。受托人应将办理委托事务取得的各种利益及时转移给委托人。

（5）转移权利的义务。受托人以自己的名义为委托人办理事务取得的权利，应将权利转移给委托人。

2.15.3.2 委托人的权利和义务

（1）支付费用的义务。无论委托合同是否有偿，委托人都有义务提供或补偿委托事务的必要费用。

（2）付酬义务。对于有偿委托合同，委托人应向受托人支付约定的报酬。

（3）赔偿责任。

2.16 物 业 服 务 合 同

2.16.1 物业服务合同的概念

物业服务合同是指物业服务企业与业主委员会订立的，规定由物业服务企业提供对建筑物及其配套设备、设施和相关场地进行专业化维修、养护、管理以及维护相关区域内环境卫生和公共秩序，由业主支付报酬的服务合同。《民法典》第九百三十七条第一款规定："物业服务合同是物业服务人在物业服务区域内，为业主提供建筑物及其附属设施的维修养护、环境卫生和相关秩序的管理维护等物业服务，业主支付物业费的合同。"另有第九百三十八条第一款规定："物业服务合同的内容一般包括服务事项、服务质量、服务费用的标准和收取办法、维修资金的使用、服务用房的管理和使用、服务期限、服务交接等条款。"

2.16.2 物业服务合同的主要特征

2.16.2.1 物业服务合同是建立在平等、自愿、公平基础上的民事合同

物业服务合同中的当事人法律地位平等，一方不得将自己的意志强加给另一方。任何民事主体在法律人格上都是一律平等的，享有独立人格，不受他人的支配、干涉和控制。只有合同当事人的人格平等，才能实现合同当事人的法律地位平等。

当事人依法享有自愿订立合同的权利，任何单位和个人不得非法干预。其意义在于缔结合同、选择合同方式、决定合同内容、变更和解释合同的自愿或自由。实行合同自愿原则，并不排除国家对物业服务合同的适当限制。

2.16.2.2 物业服务合同是一种特殊的委托合同

物业服务合同产生的基础在于业主大会、业主委员会的委托，但其与一般的委托合同又存在差异。《民法典》第九百三十九条中也有具体体现："建设单位依法与物业服务人订立的前期物业服务合同，以及业主委员会与业主大会依法选聘的物业服务人订立的物业服务合同，对业主具有法律约束力。"

2.16.2.3　物业服务合同是以劳务为标的的合同

物业服务企业的义务是提供合同约定的劳务服务，如建筑物维修、设备保养、治安保卫、清洁卫生、园林绿化等。物业服务企业在完成了约定义务以后，有权获得报酬。《民法典》第九百四十四条第一款规定："业主应当按照约定向物业服务人支付物业费。物业服务人已经按照约定和有关规定提供服务的，业主不得以未接受或者无需接受相关物业服务为由拒绝支付物业费。"

2.16.2.4　物业服务合同是诺成合同、有偿合同、双务合同、要式合同

物业服务合同自业主委员会与物业服务企业就合同条款达成一致意见即告成立，无须以物业的实际交付为要件。物业服务企业是取得工商营业执照，参与市场竞争，自主经营、自负盈亏的以盈利为目的的企业法人，没有无偿的物业服务，因此物业服务合同是有偿合同。根据物业服务合同的内容，业主、业主大会、业主委员会、物业服务企业都既享有权利，又履行义务，因此物业服务合同是双务合同。物业服务合同因其服务综合事务具有涉及面广且利益关系相当重大，合同履行期也相对较长，为避免口头合同取证困难的弱点，《民法典》第九百三十八条第二款和第三款规定："物业服务人公开作出的有利于业主的服务承诺，为物业服务合同的组成部分。"

2.17　行　纪　合　同

2.17.1　行纪合同的概念

《民法典》第九百五十一条对行纪合同进行了定义，即："行纪合同是行纪人以自己的名义为委托人从事贸易活动，委托人支付报酬的合同。"其中，以自己名义为他人从事贸易活动的一方为行纪人；委托行纪人为自己从事贸易活动并支付报酬的一方为委托人。

2.17.2　行纪合同的主要特征

2.17.2.1　行纪合同主体的限定性

在我国，行纪合同的委托人可以是法人或者其他组织，并无太多限制。但行纪人只能是经批准经营行纪业务的法人、自然人或其他组织，法律往往对行纪人的资格、业务范围有严格的限制并对其业务活动实施专门的监督和管理。

2.17.2.2　行纪合同的标的具有特定性

行纪合同属于提供劳务类合同，由行纪人为委托人从事贸易活动，但其所提供的劳务具有特定性。我国规定其为物品的买进或卖出，且限于动产范围之内，不动产贸易不属于行纪范畴。《民法典》将行纪合同的标的规定为"从事贸易的活动"，实践中多指动产、有价证券的买卖以及其他商业上具有交易性质的行为，如代购、代销、寄售等。

2.17.2.3　行纪人以自己的名义为委托人办理委托事务

行纪合同中的行纪人在为委托人从事贸易活动时，以自己的名义与第三人发生法律关系。虽然处理事务的结果最终归于委托人承受，但行纪人是以独立的主体资格与第三人订立合同，无须向第三人披露自己与委托人的委托关系，对该合同直接享有权利、承担义务，第三人不履行义务致使委托人受到损害的，行纪人应当承担损害赔偿责任。《民法典》

第九百五十八条规定："行纪人与第三人订立合同的,行纪人对该合同直接享有权利、承担义务。第三人不履行义务致使委托人受到损害的,行纪人应当承担赔偿责任,但是行纪人与委托人另有约定的除外。"委托人与第三人之间一般不存在直接的权利义务关系,委托人无须支付与第三人的磋商、资信调查成本。这是行纪合同最重要的法律特征。

2.17.2.4 行纪人是为委托人的利益办理事务

虽然行纪人是以自己的名义与第三人进行交易,但交易所产生的权利义务最终归属于委托人承受,行纪人为其买入或卖出的商品或有价证券的所有权属于委托人。而且在行纪过程中,非由行纪人原因造成的委托物损毁、灭失的风险由委托人承担,故行纪人在为行纪活动时,应为委托人的利益计,严格遵守委托人的指示,不得从事损害委托人利益的行为。《民法典》第九百五十五条规定:"行纪人低于委托人指定的价格卖出或者高于委托人指定的价格买入的,应当经委托人同意;未经委托人同意,行纪人补偿其差额的,该买卖对委托人发生效力。行纪人高于委托人指定的价格卖出或者低于委托人指定的价格买入的,可以按照约定增加报酬;没有约定或者约定不明确,依据本法第五百一十条的规定仍不能确定的,该利益属于委托人。委托人对价格有特别指示的,行纪人不得违背该指示卖出或者买入。"

2.17.2.5 行纪合同是诺成合同、双务合同、有偿合同和不要式合同

行纪合同只需双方当事人之间的意思表示一致即可成立,无须一方当事人义务的实际履行,也无须具备特别的形式,故为诺成合同、不要式合同。在行纪合同中,行纪人负有为委托人办理交易事务的义务,委托人则有支付报酬的义务,行纪人提供行纪服务业意在获取报酬,所以行纪合同为双务合同、有偿合同。《民法典》第九百五十九条规定:"行纪人完成或者部分完成委托事务的,委托人应当向其支付相应的报酬。委托人逾期不支付报酬的,行纪人对委托物享有留置权,但是当事人另有约定的除外。"

2.18 中 介 合 同

2.18.1 中介合同的概念

所谓中介,是指中介人向委托人报告订立合同的机会或者提供订立合同的媒介服务,委托人支付报酬的一种制度。中介人是为委托人与第三人进行民事法律行为报告信息机会或提供媒介联系的中间人。据此,中介合同,是指双方当事人约定一方为他方报告订立合同的机会或者提供订立合同的媒介服务,他方给付报酬的合同。《民法典》第九百六十一条规定:"中介合同是中介人向委托人报告订立合同的机会或者提供订立合同的媒介服务,委托人支付报酬的合同。"中介人是指在合同订立前,起中介、媒介作用的人物,按我国《辞海》说法,是促成买卖双方交易成功来获取佣金的中间商人。

【知识补充】《民法典》中采用"中介合同"代替了原《合同法》中的"居间合同","中介人"代替"居间人",其内容无本质区别。

2.18.2 中介合同的主要特征

2.18.2.1 中介合同是中介人为他方报告订约机会的合同

《民法典》第九百六十二条规定:"中介人应当就有关订立合同的事项向委托人如实报

告。中介人故意隐瞒与订立合同有关的重要事实或者提供虚假情况，损害委托人利益的，不得请求支付报酬并应当承担赔偿责任。"

2.18.2.2　中介合同为有偿合同

《民法典》第九百六十三条第一款规定："中介人促成合同成立的，委托人应当按照约定支付报酬。对中介人的报酬没有约定或者约定不明确，依据本法第五百一十条的规定仍不能确定的，根据中介人的劳务合理确定。因中介人提供订立合同的媒介服务而促成合同成立的，由该合同的当事人平均负担中介人的报酬。"

2.18.2.3　中介合同为诺成合同和不要式合同

中介合同自当事人双方意思表示一致时即可成立，不以中介方成功提供合同订立的机会为中介合同的成立要件，当事人提供合同订立的机会属于履行合同，而与合同的成立无关，所以中介合同是诺成合同。另外，中介合同并没有要求要以书面的形式签订，所以签订中介合同时，可以以书面、口头或者其他形式签订，所以是不要式合同。《民法典》第九百六十五条规定："委托人在接受中介人的服务后，利用中介人提供的交易机会或者媒介服务，绕开中介人直接订立合同的，应当向中介人支付报酬。"

2.18.2.4　中介合同的委托人一方的给付义务的履行有不确定性

在中介合同中，中介人的活动实现中介目的时，委托人才会履行支付报酬的义务。而中介人能否实现中介目的具有不确定性，因此委托人的给付义务的履行也具有不确定性。《民法典》第九百六十四条规定："中介人未促成合同成立的，不得请求支付报酬；但是，可以按照约定请求委托人支付从事中介活动支出的必要费用。"

2.18.2.5　中介合同的主体具有特殊性

中介合同与委托合同、行纪合同都是提供劳务性质的合同，但中介合同的特殊之处在于：

（1）中介人限于报告订约机会或媒介订约，其服务范围有限制，只是介绍或协助委托人与第三人订立合同，中介人本人并不参与委托人与第三人间的合同。

（2）中介人只是为委托人提供与第三人订立合同的机会，行为本身不具有法律意义。

（3）中介合同虽为有偿合同，但中介人只在产生有效结果时才可以请求报酬，并可从双方取得报酬。

2.19　合 伙 合 同

2.19.1　合伙合同的概念

《民法典》第二分编中第二十七章"合伙合同"参考了《中华人民共和国民法通则》以及《中华人民共和国合伙企业法》（以下简称《合伙企业法》）等的相关内容。在《民法典》中，定义合伙合同为"两个以上合伙人为了共同的事业目的，订立的共享利益、共担风险的协议。"所谓合伙企业，根据《合伙企业法》第二条规定，是指依法在我国境内设立的，由各合伙人订立合伙合同，共同出资、合伙经营、共享收益、共担风险，并对合伙企业债务承担无限连带责任的营利性组织。

2.19.2 合伙合同的主要特征

2.19.2.1 合伙人必须共同出资

合伙人的共同出资作为合伙组织的价值形态表现，是合伙得以进行合伙经营事务的物质前提。所谓共同出资，就是各合伙人为了共同经营的需要，各自将自己拥有的资金、实物、技术、劳务等生产要素组合起来。合伙人的出资数额可以是均等的，也可以是不均等的。出资种类不限，既可以是实物形态的财产，也可以是无形财产。只要其他合伙人同意，出资方式是没有限制的。《民法典》第九百六十八条规定："合伙人应当按照约定的出资方式、数额和缴付期限，履行出资义务。"另外，第九百六十九条第一款规定："合伙人的出资、因合伙事务依法取得的收益和其他财产，属于合伙财产。"

2.19.2.2 合伙必须由合伙人合伙经营、共同劳动

合伙是一种共同经营、共同劳动的关系，在共同出资的前提下，各合伙人均应直接以自己的行为参与合伙经营，这是合伙在经营方式上的重要特征。《民法典》第九百七十条第二款规定："合伙事务由全体合伙人共同执行。按照合伙合同的约定或者全体合伙人的决定，可以委托一个或者数个合伙人执行合伙事务；其他合伙人不再执行合伙事务，但是有权监督执行情况。"

2.19.2.3 合伙经营合同为双务合同、有偿合同、诺成合同

在合伙合同中，各个合伙人均负有出资的义务，而且各合伙人的出资义务互有对价关系，所以合伙合同为双务合同、有偿合同。合伙合同既为双务合同，法律有关双务合同的规定自应对合伙合同也适用。合伙合同虽为双务合同、有偿合同，但因合同所生的当事人的权利义务均以共同经营的事业为对象，具有平行性。《民法典》第九百七十二条规定："合伙的利润分配和亏损分担，按照合伙合同的约定办理；合伙合同没有约定或者约定不明确的，由合伙人协商决定；协商不成的，由合伙人按照实缴出资比例分配、分担；无法确定出资比例的，由合伙人平均分配、分担。"

2.19.2.4 合伙人必须分享利益，并对合伙债务负连带责任

合伙经营的利益是合伙人共同追求的，合伙人共同出资、共同经营的最终目的就是为了分享合伙经营而带来的利益。每个合伙人对合伙事务和合伙效益都是至为关心的，因为合伙经营的盈亏及利润大小都是与合伙人的利益直接相关的。合伙的利益分配方式依合伙协议执行，一般按出资比例划分。合伙期间如出现意外事故等风险，其所受损失由合伙人共同负担。《民法典》第九百七十三条规定："合伙人对合伙债务承担连带责任。清偿合伙债务超过自己应当承担份额的合伙人，有权向其他合伙人追偿。"

思考题

（1）买卖合同的主要特征和买卖双方的权利义务有哪些？

（2）建设工程合同的种类和特征有哪些？

（3）技术合同分为哪几种？这些技术合同有什么区别和联系？

第3章　建设工程的发包与承包

【章节指引】　建设工程发包与承包；建设工程招标投标的概念；招标人、投标人的主体资格、权利及义务等；建设工程招标投标的一般程序；标底；招标控制价；开标；评标；中标。

【章节重点】　招标投标各阶段招标人、投标人的工作内容；《招标投标法》中关于开标、评标、中标的规定。

【章节难点】　招标投标过程中的权责认定，案例分析。

3.1　建设项目发包与承包管理体制概述

在建设工程领域，市场机制引入较早。但由于改革的不同步、不配套，在建筑市场的实际形成过程中出现了许多问题，例如跨地域、跨部门承包困难，恶性压价、越级承包、无证经营，导致企业举步维艰，极大地限制了行业及企业的正常发展。

我国的建筑项目管理体制大致可分为以下几个阶段：

（1）1949—1952年。这一阶段建设体制主要采用"建设单位自营制"，即修复和建设工程均由建设单位自行设计、自行组织队伍施工。这种短平快的方式适应了当时百废待兴的生产力状况，但在管理上存在许多问题。

（2）1953—1957年，即国家"一五"期间。在总结了国民经济恢复时期的经验教训后，我国加强了建设项目的前期工作管理，建立了设计院及施工企业（建筑安装工程公司）。许多项目推行了"甲、乙方承发包制"。甲方指项目建设单位，乙方指施工企业，也有人将设计院称为丙方。该时期承包制一般采用指派方式。

（3）20世纪70年代末。这一时期在经济指导思想上出现了否定经济规律的现象，否定了"甲、乙方承包制"，取消了甲、乙方。虽然这一时期有过短时间的整顿，但就整个时期而言，许多项目违背客观规律，边勘察、边设计、边施工。在工程建设管理上大多采用指挥部制，各方职责不清，只靠行政命令，不搞经济核算，其结果是不但工期拖长、质量没有保证，而且预算和开支也一再追加。

（4）改革开放以后。国家对建筑市场进行了多次整顿，各级建筑主管部门逐步达成了一致的共识：建筑市场的管理必须依法进行，工程建设管理也逐渐步入正轨。1982年，建设领域进行体制改革，主要改革措施是把原来由主管部门分配工程任务改为建设单位采用招标投标等方式发包，使工程设计和施工进入市场，由建筑企业投标竞争承包。之后，各项规章制度逐渐建立，加强经济核算，恢复承发包制，推行招标投标制、建设监理制，加强合同管理，建立项目法人负责制，建设项目管理的各项法规逐步健全。

3.1.1 建设项目管理体制中发包与承包的概念

建设工程发包与承包是指发包方通过合同委托承包方为其完成某一建设工程的全部或其中一部分工程的交易行为。建设工程发包方一般为建设单位或工程总承包单位；工程承包方则一般为工程勘察设计单位、施工单位、工程设备供应或制造单位等。发包方与承包方的权利、义务都由双方签订的合同来加以规定。招标和投标即是实现发包与承包的具体措施。汉语词典中解释"招标"为"兴建工程或进行大宗商品交易时，公布标准和条件，招人承包或承买"，"投标"则解释为"承包建筑工程或承购大宗商品时，承包人或买主按照招标公告的标准和条件提出价格，填写标书"。在这种交易方式下，发包方通过发布招标公告或者向一定数量的承包商发出邀请，提出数量、质量、技术要求、交货期、竣工期或提供服务的实践，以及对承包商的资格要求等条件，表明将选择能够满足要求的承包商与之签订合同的意向，由各有意提供所采购工程或服务项目的供应商、承包商，向发包方书面提出自己拟提供的工程或服务的报价及响应招标要求的条件，参加招标竞争。经发包人对各投标人报价及其他条件进行审查比较后，从中择定中标者作为承包人，并与其签订合同。

实行建设工程承包与发包制度，能够鼓励竞争、防止垄断、择优选择承包单位。从各地的实践来看，这一制度有力地促进了工程建设活动按程序和合同进行，提高了工程质量，能够严格地控制工程造价和工期，对市场经济的建设与发展起到了良好的促进作用。在市场经济中，建设工程承包与发包制度是建筑市场的基本制度之一。

3.1.2 发包与承包的立法

世界各国的招标投标几乎都起源于政府采购项目。1782年，英国政府首先设立文具公用局，作为特别负责政府部门所需办公用品采购的机构，该局在设立之初就规定了招标投标的程序，该局以后发展为物资供应部，专门采购政府各部门所需物资。美国联邦政府的招标投标历史可以追溯到1792年，当时有关招标投标的第一个立法确定了政府采购责任人为美国联邦政府的财政部部长；1861年，美国国会制定的一项法案要求每一项采购至少要有三个投标人；1868年，美国国会通过立法确立公开开标和公开授予合同的程序。之后，招标投标制度影响力不断扩大，先是西方发达国家，接着世界银行在货物采购、工程承包中大量推行招标方式，近二三十年来，发展中国家也日益重视和采用设备采购、工程建设招标。招标作为一种成熟而高级的交易方式，其重要性和优越性在国内、国际经济活动中日益为各国和各种国际经济组织所广泛认可，进而在相当多的国家和国际组织中得到立法推行。从制度建设上看，已经有相当多的国家建立了招标投标制度，有的国家甚至有专门的法律，如我国的《招标投标法》、埃及的《公共招标法》、科威特的《公共招标法》。当然，更多的国家是在政府采购法中规定了明确的招标投标制度。世界银行、亚洲开发银行等国际金融机构也都有严格的招标投标制度的规定。

我国最早采用招商比价式承包工程的是1902年张之洞创办的湖北制革厂，五家营造商参加开价比价，结果张同升以1270.1两白银的开价中标，并签订了以质量保证、施工工期、付款办法为主要内容的承包合同，这是目前可查的我国的最早的招标投标活动。其后，1918年汉阳铁厂的两项扩建工程曾在汉口《新闻报》刊登广告，公开招标。到1929年，当时的武汉市采办委员会曾公布招标规则，规定公有建筑或一次采购物料3000元以上者，均须通过招标决定承办厂商。中华人民共和国成立后，经济改革和对外开放揭开了我国招标发展历史的新篇章。1979 年，我国土木建筑企业最先参与国际市场竞争，以投标方式在中东、亚洲、非洲等地区开展国际承包工程业务，取得了国际工程投标的经验与信誉。国务院在 1980 年 10 月颁布了《关于开展和保护社会主义竞争的暂行规定》，指出"对一些适宜于承包的生产建设项目和经营项目，可以试行招标、投标的办法"。世界银行在 1980 年提供给我国的第一笔贷款，即第一个大学发展项目时，便以国际竞争性招标方式在我国（委托）开展其项目采购与建设活动。自此之后，招标活动在国内得到了重视，并获得了广泛的应用与推广。国内建筑业招标于 1981 年首先在深圳试行，进而推广至全国各地。国内机电设备采购招标于 1983 年首先在武汉试行，继而在上海等地广泛推广。1985 年，国务院决定成立中国机电设备招标中心，并在主要城市建立招标机构，招标投标工作正式纳入政府职能。

自 20 世纪 80 年代推行建设工程发包与承包制度以来，其对创造公平竞争环境、提高建设工程质量和效益起到了积极作用，但也陆续暴露出不少问题。程序不规范，做法不统一，地方与部门保护主义严重，行政干预不断，假招标、钱权交易的问题突出，严重干扰了正常经济秩序和社会安定。为此，国家十分重视建设工程承发包的立法工作，加大了立法力度，提高了立法层次。

1984 年，原国家计委和原城乡建设环境保护部联合下发了《建设工程招标投标暂行规定》（计施〔1984〕2410 号），倡导实行建设工程招投标。我国由此开始推行招投标制度。

1992 年 12 月 30 日，原建设部发布了《工程建设施工招标投标管理办法》（建设部令第 23 号）。

1994 年 12 月 16 日，原建设部、原国家经济体制改革委员会再次发出《全面深化建筑市场体制改革的意见》，强调了建筑市场管理环境的治理。意见明确提出大力推行招标投标，强化市场竞争机制。此后，各地也纷纷制定了各自的实施细则，使我国的工程招标投标制度趋于完善。

1999 年，我国工程招标投标制度面临重大转折。首先是 1999 年 3 月 15 日全国人民代表大会第二次会议通过了《中华人民共和国合同法》，并于同年 10 月 1 日起生效实施。由于招标投标是合同订立过程中的两个阶段，因此，该法对招标投标制度产生了重要的影响。其次是 1999 年 8 月 30 日全国人民代表大会常务委员会第十一次会议通过了《中华人民共和国招标投标法》，并于 2000 年 1 月 1 日起施行。这部法律基本上是针对建设工程发包活动而言的，其中大量采用了国际惯例或通用做法，这带来了招标体制的巨大变革。

2000 年 5 月 1 日，原国家计划委员会发布了《工程建设项目招标范围的规模标准规定》（国家计委令第 3 号）。该规定确定了必须进行招标的工程建设项目的具体范围和规模标准，规范了招标投标活动。

2000 年 7 月 1 日，原国家计划委员会又发布了《工程建设项目自行招标试行办法》（国家计委令第 5 号）和《招标公告发布暂行办法》（国家计委令第 4 号）。

2001 年 7 月 5 日，原国家计划委员会等七部委联合发布《评标委员会和评标方法暂行规定》（七部委令第 12 号）。其中有 3 个重大突破：①关于低于成本价的认定标准；

②关于中标人的确定条件；③关于最低价中标。在这里第一次明确了最低价中标的原则，这与国际惯例是接轨的，这一评标定标原则必然给我国现行的定额管理带来冲击。在这一时期，原建设部也连续颁布了《工程建设项目招标代理机构资格认定办法》（建设部令第29号）、《房屋建筑和市政基础设施工程施工招标投标管理办法》（建设部令第89号）（2001年6月1日施行）、《房屋建筑和市政基础设施工程施工招标文件范本》（2003年1月1日施行）、《建筑工程施工发包与承包计价管理办法》（建设部令第107号）（2001年11月5日施行，此办法2014年修订，自2014年2月1日起施行）等，对招标投标活动及其发承包中的计价工作做出进一步的规范。

2003年2月22日，原国家计划委员会颁布了《评标专家和评标专家库管理暂行办法》（国家计委令第29号），加强对评标专家和评标专家库的监督管理，健全评标专家库制度，于2003年4月1日起施行。

2003年3月8日，原国家计划委员会等七部委联合颁布了《工程建设项目施工招标投标办法》（七部委第30号令），规范工程建设项目施工招标投标活动，于2003年5月1日实施后，在2013年又进行了修订，于2013年5月1日起实施。

2003年6月12日，国家发展和改革委员会等八部委联合颁布了《工程建设项目勘察设计招标投标办法》（八部委第2号令），规范工程建设项目勘察设计招投标活动，于2003年8月1日执行。

为深入贯彻党的十六届三中全会精神，整顿和规范市场经济秩序，创造公开、公平、公正的市场经济环境，推动反腐败工作的深入开展，必须加强和改进招标投标行政监督，进一步规范招标投标活动。2004年7月12日，国务院办公厅颁布了《国务院办公厅关于进一步规范招投标活动的若干意见》（国办发〔2004〕56号）。

2005年1月18日，国家发展和改革委员会等七部委颁布了《工程建设项目货物招标投标办法》（七部委第27号令），规范工程建设项目的货物招标投标活动，于2005年3月1日执行。

为贯彻《国务院办公厅关于进一步规范招投标活动的若干意见》（国办发〔2004〕56号），促进招标投标信用体系建设，健全招标投标失信惩戒机制，规范招标投标当事人行为，国家发展和改革委员会等部委2008年9月1日联合颁布《招标投标违法行为记录公告暂行办法》（发改法规〔2008〕1531号）的通知（2009年1月1日执行）。

2007年1月11日，原建设部发布了《工程建设项目招标代理机构资格认定办法》（建设部令第154号），于2007年3月1日起施行。其目的是加强对工程建设项目招标代理机构的资格管理，维护工程建设项目招标投标活动当事人的合法权益。

2007年9月1日起实施的《建筑业企业资质管理规定》（建设部令第159号）中明确规定对我国建筑业企业实行资质管理，对违反资质管理的企业实施清出制度。

2007年9月21日，原建设部颁布了《工程建设项目招标代理机构资格认定办法实施意见》（建设〔2007〕230号），于2007年9月21日执行。

2007年11月1日，为了规范施工招标资格预审文件、招标文件编制活动，促进招标投标活动的公开、公平和公正，国家发展和改革委员会等部委联合颁布了《〈标准施工招标资格预审文件〉和〈标准施工招标文件〉暂行规定》（国家九部委第56号令），于2008

年 5 月 1 日执行。

2009 年 1 月 1 日起实施了《招标投标违法行为记录公告暂行办法》，建立了招标投标违法记录的制度，完善了招标投标信用体系。

2011 年 4 月 22 日，第十一届全国人民代表大会常务委员会第二十次会议《关于修改〈中华人民共和国建筑法〉的决定》完成对《建筑法》的第一次修正。

为了规范招标投标活动，2012 年 11 月 30 日，国务院公布了《中华人民共和国招标投标法实施条例》（以下简称《招标投标法实施条例》）（国务院令第 613 号），自 2012 年 2 月 1 日起施行。

为了规范电子招标投标活动，促进电子招标投标健康发展，国家发展改革委、工业和信息化部、监察部、住房和城乡建设部、交通运输部、铁道部、水利部、商务部联合制定了《电子招标投标办法》及相关附件，自 2013 年 5 月 1 日起施行。

2013 年 12 月 11 日，住房和城乡建设部发布了《建筑工程施工发包与承包计价管理办法》（住房和城乡建设部令第 16 号），自 2014 年 2 月 1 日起施行。

2017 年 12 月，第十二届全国人民代表大会常务委员会第三十一次会议《关于修改〈中华人民共和国招标投标法〉的决定》对《招标投标法》部分内容修正。

2019 年 1 月 3 日，住房和城乡建设部发布了《建筑工程施工发包与承包违法行为认定查处管理办法》（以下简称《办法》），对全国建筑工程施工发包与承包违法行为的认定查处工作实施统一监督管理。

2019 年 4 月 23 日，第十三届全国人民代表大会常务委员会第十次会议《关于修改〈中华人民共和国建筑法〉等八部法律的决定》进行了第二次修正。

3.1.3　建设工程发包的方式及应用范围

《建筑法》规定：建筑工程依法实行招标发包，对不适于招标发包的直接发包。因此，建设工程的发包可以有两种方式，即招标发包和直接发包。建设工程招标发包是发包方事先标明其拟建工程的内容和要求，有相应资质条件愿意承包的单位递送标书，明确其承包工程的价格、工程质量等条件，再由发包方从中择优选择工程承包方的交易方式。建设工程直接发包是发包方与具有相应资质条件的承包方直接进行协商，以约定工程的价格、工期和其他条件的交易方式。显而易见，建设工程招标投标比直接发包要有利于公平竞争，更符合市场经济规律的要求。所以，我国法律都提倡招标投标方式，对直接发包则加以限制。在法律法规没有特殊要求的前提下，发包人可以选择使用这两种方式的一种。但是《招标投标法》及相关的法规规定了必须进行招标的项目的范围，在这个范围之内的项目必须通过招标方式来选择承包单位。

必须进行招标的项目范围参见《招标投标法》第三条：在中华人民共和国境内进行下列建设工程项包括项目的勘察、设计、施工、监理以及与建设工程有关的重要设备、材料等的采购，必须进行招标：①大型基础设施、公用事业等关系社会公共利益、公众安全的项目；②全部或者部分使用国有资金投资或者国家融资的项目；③使用国际组织或者外国政府贷款、援助资金的项目。

前款所列项目的具体范围和规模标准，由国务院发展计划部门会同国务院有关部门制订，报国务院批准。法律或者国务院对必须进行招标的其他项目的范围有规定的，依照其规定。

在原国家计委发布的《建设工程项目招标范围和规模标准规定》中做了详细的分类规定。

3.1.3.1 具体范围

（1）关系社会公共利益、公众安全的基础设施项目的范围包括：①煤炭、石油、天然气、电力、新能源等能源项目；②铁路、公路、管道、水运、航空以及其他交通运输业等交通运输；③邮政、电信枢纽、通信、信息网络等邮电通信项目；④防洪、灌溉、排涝、引（供）水、滩涂治理、水土保持、水利枢纽等水利项目；⑤道路、桥梁、地铁和轻轨交通、污水排放及处理、垃圾处理、地下道、公共停车场等城市设施项目；⑥生态环境保护项目；⑦其他基础设施项目。

（2）关系社会公共利益、公众安全的公用事业项目的范围包括：①供水、供电供气、供热等市政工程项目；②科技、教育、文化等项目；③体育、旅游等项目；④卫生、社会福利等项目；⑤商品住宅，包括经济适用住房；⑥其他公用事业项目。

（3）使用国有资金投资项目的范围包括：①使用各级财政预算资金的项目；②使用纳入财政管理的各种政府性专项建设基金的项目；③使用国有企业事业单位自有资金，并且国有资产投资者实际拥有控制权的项目。

（4）国家融资项目的范围包括：①使用国家发行债券所筹资金的项目；②使用国家对外借款或者担保所筹资金的项目；③使用国家政策性贷款的项目；④国家授权投资主体融资的项目；⑤国家特许的融资项目。

（5）使用国际组织或者外国政府资金的项目的范围包括：①使用世界银行、亚洲开发银行等国际组织贷款资金的项目；②使用外国政府及其机构贷款资金的项目；③使用国际组织或者外国政府援助资金的项目。

3.1.3.2 规模标准

项目的勘察、设计、施工、监理以及与工程建设有关的重要设备、材料等的采购，达到下列标准之一的，必须进行招标：

（1）施工单项合同估算价在200万元人民币以上的。

（2）重要设备、材料等货物的采购，单项合同估算价在100万元人民币以上的。

（3）勘察、设计、监理等服务的采购，单项合同估算价在50万元人民币以上的。

（4）单项合同估算价低于第（1）、（2）、（3）项规定的标准，但项目总投资额在3000万元人民币以上的。

需要说明的是，省、自治区、直辖市人民政府根据实际情况，可以规定本地区必须进行招标的具体范围和规模标准，但不得缩小以上规定确定的必须进行招标的范围。

3.1.3.3 其他情形

根据《招标投标法》《招标投标法实施条例》的规定，可以不进行招标的项目主要有以下几类：

（1）涉及国家安全、国家秘密的项目。

（2）抢险救灾项目。

（3）属于利用扶贫资金实行以工代赈、需要使用农民工的项目。

（4）建设项目的勘察、设计，采用特定专利或者专有技术的，或者其建筑艺术造型有特殊要求的，经项目主管部门批准，可以不进行招标。

（5）采购人依法能够自行建设、生产或者提供的项目。符合这种情况时，采购人自行建设、生产或者提供即可。但需要注意的是，法律上的自行，仅指采购人自身，不包括与采购人相关的母公司、子公司等。

（6）已通过招标方式选定的特许经营项目投资人依法能够自行建设、生产或者提供的项目。

（7）需要向原中标人采购工程、货物或者服务，否则将影响施工或者功能配套要求的项目。

（8）国家规定的其他特殊情形。

2011 年发布的《招标投标法实施条例》取消了各省、自治区、直辖市人民政府规定必须进行招标的具体范围和规模标准的权力。《招标投标法实施条例》第三条规定："依法必须进行招标的工程建设项目的具体范围和规模标准，由国务院发展改革部门会同国务院有关部门制订，报国务院批准后公布施行。"

3.1.4　建设工程承包的方式

建设工程承包的方式可以按很多种方法分类，如对应于上述发包的可以分为直接发包承包和招标投标承包。

原建设部于 2001 年 4 月发布的《建筑业企业资质管理规定》和《建企业资质等级标准》中规定：建筑业企业分为施工总承包、专业承包、分包三个序列。另外，《建筑法》《招标投标法》中还特别规定了联合体方式。因此，可以把工程承包的方式归纳为以下几种。

3.1.4.1　总承包方式

总承包方式是指发包人在项目立项后，将工程项目的设计、施工和设备采购任务一次性地发包给一个具备总承包资质的总承包企业，由其负责工程的设计、施工和设备采购的全部工作，最后向发包人交出一个达到工程项目要求的承包方式。发包人和总承包单位签订一份承包合同，"交钥匙"、"统包"或"一揽子"合同，这种方式也称为"交钥匙方式"。当然，总承包单位可以根据需要，将其中的部分工程发包给具有相应资质的专业分包或劳务分包单位，但如果超出总承包合同中的约定，则必须发包人认可。采用这种承包方式，对总承包单位的管理能力、技术装备等要求很高。

在总承包方式中，还有一类比较特别的总承包，实际上它介于专业总承包或平行承包之间，但习惯上也称其为总承包，即将勘察、设计、施工和采购任务中的一项或几项分别发包给几个总承包单位，并分别与其订承包合同。总承包单位再根据需要进行分包。

3.1.4.2　专业承包方式

专业承包是指具备某种专业承包资质的企业向工程发包人直接承包专业工程。专业承包单位直接与发包人签订合同，在工程实施过程中接受发包人或发包人委托的监理公司的协调和监督。

3.1.4.3　专业分包方式

专业分包是指具备某种专业承包资质的企业向工程总承包单位承包专业工程。它是相对于总承包单位与发包人之间的总承包而言的。《建筑法》规定，总承包单位可以将承包工程中的部分工程发包给具有相应资质的分包单位。分包单位可以是专业分包，也可以是劳务分包。

3.1.4.4 劳务分包方式

劳务分包是指具备相应资质的劳务分包企业向总承包单位或专业承包单位承接劳务任务，提供劳务服务。劳务分包也属于分包的范围，也应遵守《建筑法》及相关法规关于分包的规定。

3.1.4.5 联合体承包方式

联合体承包方式是在国际上比较受欢迎的一种方式，也是大型工程项目的承包中经常采用的一种方式。采用联合体承包方式，可以集中联合体各成员的技术、资金、管理和经验等方面的优势，增强了竞争能力和抗风险能力。《招标投标法》第三十一条规定："两个以上法人或者其他组织可以组成一个联合体，以一个投标人的身份共同投标。"但是，要不要组成联合体投标是投标人自己的事情，招标人不得强制投标人组成联合体共同投标，不得限制投标人之间的竞争。

组成联合体投标时，联合体各方应当签订共同投标协议，明确约定各方联合体拟承担的工作和责任，并将共同投标协议连同投标文件一并提交招标人。中标后，联合体各方应当共同与招标人签订合同，就中标项目向招标人承担连带责任。

联合体各方均应当具备承担招标项目的能力，国家有关规定或者招标文件对投标人资格条件有规定的，联合体各方均应当具备规定的相应资格条件，并非只要其中一方具备就可以。关于资质等级的确定，法律规定由同一专业的单位组成的联合体，按照资质等级较低的单位确定资质等级。

3.1.5 《建筑法》关于发包与承包的规定

《建筑法》第三章是关于建筑工程发包与承包的规定，分为一般规定、发包、承包三节。这些规定大体可以概括为以下几个方面。

（1）关于建设工程承发包合同形式的规定。《民法典》规定，当事人订立合同，可以采用书面形式、口头形式或其他形式。建设工程承发包合同比较特殊，主要是因为建设工程具有投资大、风险大、合同履行期长、合同条件复杂、合同文件繁多等特点，在合同履行过程中，经常会发生变更、调整事项。如果采用其他形式，就不易记录，发生纠纷不易取证，对双方来说风险太大。所以《建筑法》《民法典》都规定：建设工程合同应当采用书面形式。

（2）关于招标投标有关事项的规定。《建筑法》中对招标投标的原则、招标投标应遵守的事项、开标、评标、定标等事项均有涉及，这些在《招标投标法》中都有详细的规定。

（3）关于总承包与分包的规定。《建筑法》中提倡对建筑工程实行总承包，规定建筑工程的发包单位可以将建筑工程的勘察、设计、施工、设备采购一并发包给一个工程总承包单位，也可以将建筑工程的勘察、设计、施工、设备采购的一项或者多项发包给一个工程总承包单位。

建筑工程总承包单位承包到工程后，经发包人同意，可以将承包工程中的部分工程发包给具有相应资质条件的分包单位。建筑工程总承包单位按照总承包合同的约定对建设单位负责；分包单位按照分包合同的约定对总承包单位负责，总承包单位和分包单位就分包工程对建设单位承担连带责任。

另外，为了确保工程质量，防止违规转包、分包，《建筑法》还规定施工总承包的，建筑工程主体结构的施工必须由总承包单位自行完成，不得将应当由一个承包单位完成的建筑工程支解成若干部分发包给几个承包单位，并禁止总承包单位将工程分包给不具备相应资质条件的单位，禁止分包单位将其承包的工程再分包。

（4）关于不得指定材料设备供应商的规定。按照合同约定，建筑材料、建筑构配件和设备由工程承包单位采购的，发包单位不得指定承包单位购入用于工程的建筑材料、建筑构配件和设备或者指定生产厂、供应商。

（5）关于禁止越级承包的规定。承包建筑工程的单位应当持有依法取得的资质证书，并在其资质等级许可的业务范围内承揽工程。禁止建筑施工企业超越本企业资质等级许可的业务范围或者以任何形式用其他建筑施工企业的名义承揽工程。禁止建筑企业以任何形式允许其他单位或者个人使用本企业的资质证书、营业执照，以本企业的名义承揽工程。

（6）关于联合承包的规定。《建筑法》中规定大型建筑工程或者结构复杂的建筑工程，可以由两个以上的承包单位联合共同承包。共同承包的各方对承包合同的履行承担连带责任。

3.1.6　《建筑工程施工发包与承包违法行为认定查处管理办法》关于发包与承包的规定

为规范建筑工程施工发包与承包活动，保证工程质量和施工安全，有效遏制违法发包、转包、违法分包及挂靠等违法行为，维护建筑市场秩序和建设工程主要参与方的合法权益，2019 年 1 月 3 日，住房城乡建设部在《建筑工程施工转包违法分包等违法行为认定查处管理办法（试行）》（建市〔2014〕118 号）（以下简称《办法（试行）》）的基础上发布了《建筑工程施工发包与承包违法行为认定查处管理办法》（以下简称《办法》），对全国建筑工程施工发包与承包违法行为的认定查处工作实施统一监督管理。该《办法》在强化监管与处罚、厘清"转包"与"挂靠"以及区分"违约"与"违法"方面有着较多的修订和创新，主要包括：

（1）删除了《办法（试行）》规定的违法发包情形中的"建设单位将施工合同范围内的单位工程或分部分项工程又另行发包的"及"建设单位违反施工合同约定，通过各种形式要求承包单位选择其指定分包单位的"的违法发包情形。建设单位将施工合同范围内的单位工程或分部分项工程又另行发包，如构成支解发包，基于支解发包已在《办法》中有明确禁止性规定；如不构成支解发包，则属于双方施工合同调整范畴，不宜纳入行政管理违法行为查处。对于技术性要求较高的专业工程，建设单位指定或限定专业施工单位，有利于工程质量保证和提高建设效率，禁止指定分包无明确上位法依据；结合国际惯例FIDIC 合同体系规定，指定分包在国际工程中并不禁止，为了与国际惯例接轨，不宜将指定分包纳入违法处理。

（2）由于建筑工程施工过程中有时特定项目的转包、挂靠的违法行为外部特征区分并不明显，修订过程中相关建设行政管理部门和司法审判部门均提出，实践中转包和挂靠对外表现形式较难以区分，建议进一步厘清。《办法》修订过程中将《办法（试行）》中有关挂靠的几种特殊情形，如项目主要管理人员没有劳动社保工资关系、材料设备由承包人以外他人采购、施工合同主体之间没有工程款收付关系等情形，不再归入挂靠情形下，调整后纳入转包的违法情形，这样调整易于转包与挂靠的区分，便于行政执法和司法裁判的标准掌握和统一。

（3）明确母公司承接工程后交由子公司实施认定为转包的情形。目前建筑业存在建筑施工单位将其承包的工程交由其集团下属独立法人资格的子公司施工的情形，根据《中华人民共和国公司法》（以下简称《公司法》）规定，子公司相对于母公司而言，不同于分公司相对于总公司，分公司不具有法人资格其民事责任由总公司承担，子公司有着自己的法人治理结构、管理体制和资质资格条件，独立承担民事责任，子公司应当属于《建设工程质量管理条例》第七十八条转包定义中的"他人"。母公司通过自身资质、能力和业绩等优势中标或承接工程后，转给子公司实施，损害了招标人、其他投标人的利益，不利于项目建设的质量、安全管控，扰乱了建筑市场的管理。所以《办法》转包情形中规定：承包单位将其承包的全部工程转给其他单位（包括母公司承接建筑工程后将所承接工程交由具有独立法人资格的子公司实施的情形）或个人施工的认定为转包。

（4）主要管理人员特定阶段尚未签订劳动合同的不视为转包。按照《办法（试行）》规定"施工单位在施工现场派驻的项目负责人、技术负责人、质量管理负责人、安全管理负责人中一人以上与施工单位没有订立劳动合同，或没有建立劳动工资或社会养老保险关系"的将认定为挂靠。考虑到根据劳动合同法和社会保险法规定，用人单位应当在用工之日起 30 日内签署劳动合同并缴纳社会保险，所以此类情况下如果施工单位主要管理人员已经同用人单位建立用工关系，但尚在法律规定签署劳动合同和缴纳社会保险的期限内，可以进行合理解释并提供相应证明的，该期间不宜以未订立劳动合同未发生工资和社会养老保险关系而认定为转包。因此修订后的《办法》将该情形调整纳入转包后，增加了"又不能进行合理解释并提供相应证明的"的条件规定。

（5）新增承包单位"转付"工程款认定为转包的情形。一般情况下，在正常、合法的施工承包关系中，施工单位在承接工程之后，工程款应当由建设单位支付给承包单位，两者之间应当存在直接的工程款收付关系。同理，专业分包工程的工程款支付主体也是如此。如果工程款支付上不是这种情况，或者工程款支付给承包单位后，该承包单位又将款项转拨或收取管理费等类似费用后转拨给其他单位和个人的，又不能进行合理解释的，应当认定为转包。

（6）新增联合体内部认定转包的情形。联合体承包模式本身并不被法律禁止，且在一些技术复杂、大型项目中强强联合的联合体模式有利于提高项目实施能力。但在实践中，有些施工企业在投标时与其他单位组成联合体，然后通过联合体协议或者在实际施工过程中，工程的所有施工及组织管理等均由联合体其他单位来完成和履行，联合体一方既不进行施工也不对施工活动进行组织管理，并且还收取联合体其他单位的管理费或其他类似费用。这种情形实质上是以联合体为名的承包单位之间实施的变相转包行为，扰乱了建筑市场招投标和项目管理秩序，损害了招标人和其他投标人利益，对这种情形《办法》规定视为转包予以查处。

（7）删除了《办法（试行）》中规定"施工合同中没有约定，又未经建设单位认可，施工单位将其承包的部分工程交由其他单位施工的"的违法分包情形。总承包商对部分工程进行分包，除了涉及主体结构和资质管理等法律特别限制外，应由承包商自主决定或通过发承包双方在合同中进行约定，即便承包商未按合同约定进行分包或未经建设单位同意分包，应由发承包双方通过合同关系进行处理或追究违约责任，不宜作为违法情形进行认定处罚。由此，修订后《办法》未再保留该项违法分包情形。

（8）以"专业作业承包人"的称谓替代"劳务分包单位"。《国务院办公厅关于促进建筑业持续健康发展的意见》（国办发〔2017〕19 号）指出："推动建筑业劳务企业转型，大力发展木工、电工、砌筑、钢筋制作等以作业为主的专业企业。"住房城乡建设部《关于培育新时期建筑产业工人队伍的指导意见（征求意见稿）》提出，将逐步取消"劳务分包"的概念与劳务分包资质审批，鼓励设立专业作业企业，促进建筑业农民工向技术工人转型。为了与建筑业改革新政相适应，推进建筑业劳务企业转型，《办法》将"劳务分包单位"改成"专业作业承包人"，意味着建筑业专业作业将不再强制要求劳务分包资质。

（9）新增住房城乡建设部门对司法、审计等部门移送的违法行为或线索进行查处的规定，建立了违法行为认定处理联动机制。《办法》第十四条增加规定："县级以上地方人民政府住房和城乡建设主管部门，如接到人民法院、检察机关、仲裁机构、审计机关、纪检监察等部门转交或移送的涉及本行政区域内建筑工程发包与承包违法行为的建议或相关案件的线索或证据，应当依法受理、调查、认定和处理，并把处理结果及时反馈给转交或移送的机构。"

施工过程中有关当事人往往为了掩饰违法行为，采取签订阴阳合同、制作虚假材料等应对行政机关的检查，而行政主管机关基于行政调查的措施和权限限制，往往无法发现和认定施工单位的违法行为。而施工当事人在不同阶段基于不同利益需求，又会在合同纠纷或民事争议过程中，主动提出项目实施过程中存在违法发包、转包、挂靠、违法分包等违法行为及证据，法院、审计等机关在审理和调查处理相关案件时，对发现存在发包与承包违法行为时，如将相关证据、线索或生效法律文书移送建设行政主管部门的，此时建设行政主管部门应当及时受理和查处。建立该联动机制，有利于进一步扼制建筑市场违法行为的发生。

（10）新增行政处罚追溯期限的规定。《办法》第十六条增加规定："对于违法发包、转包、违法分包、挂靠等违法行为的行政处罚追溯期限，应当按照全国人大法工委《对建筑施工企业母公司承接工程后交由子公司实施是否属于转包以及行政处罚两年追溯期认定法律适用问题的意见》（法工办发〔2017〕223 号）的意见，从存在违法发包、转包、违法分包、挂靠的建筑工程竣工验收之日起计算。合同工程量未全部完成而解除或终止履行合同的，为合同解除或终止之日。"

《中华人民共和国行政处罚法》第二十九条规定："违法行为在二年内未被发现的，不再给予行政处罚。法律另有规定的除外。前款规定的期限，从违法行为发生之日起计算；违法行为有连续或者继续状态的，从行为终了之日起计算。"建设工程由于其特殊性，建设周期长，若存在违法发包、转包、违法分包、挂靠等违法行为的，该违法行为处于连续或继续状态的特征比较明显。竣工验收是工程完成建设目标的标志，是全面考核基本建设成果，检验设计和工程质量的重要步骤，竣工验收合格的项目经备案后即从基本建设转入生产或使用。因此，建设工程若存在违法发包、转包、违法分包、挂靠等行为，其行为终了之日应界定为建设工程竣工验收合格之日。有些工程因特殊情况出现工程完工前双方解除或终止合同的情形，此时的"终了之日"为合同解除或终止之日。

3.2 招标与投标概述

《招标投标法》第三条规定在中华人民共和国境内进行下列工程建设项目包括项目的勘察、设计、施工、监理以及与工程建设有关的重要设备、材料等的采购，必须进行招标：

（1）大型基础设施、公用事业等关系社会公共利益、公众安全的项目。

（2）全部或者部分使用国有资金投资或者国家融资的项目。

（3）使用国际组织或者外国政府贷款、援助资金的项目。

以上所列项目的具体范围和规模标准，由国务院发展计划部门会同国务院有关部门制订，报国务院批准。法律或者国务院对必须进行招标的其他项目的范围有规定的，依照其规定。

3.2.1 招标投标的概念

招标投标是指招标人对工程建设、货物买卖、劳务承担等交易业务，事先公布选择采购的条件和要求，招引他人承接，若干或众多投标人做出愿意参加业务承接竞争的意思表示，招标人按照规定的程序和办法择优选定中标人的活动。一般情况下，招标是招标人（业主）以企业承包项目、建筑工程设计和施工、大宗商品交易等为目的，将拟买卖的商品或拟建工程等的名称、自己的要求和条件、有关材料或图样等对外公布，招来符合要求和条件的投标人参与竞争。投标则是投标人在详细认真研究招标文件内容的基础上，并充分调查情况之后，根据招标书所列的条件、要求，开列清单，拟出详细方案并提出自己要求的价格等有关条件，在规定的投标期限内向招标人投函申请参加竞选的过程。继而招标人通过比较论证，选择其中条件最佳者为中标人并与之签订合同。

从招标交易过程来看，招标投标必然包括招标和投标两个最基本的环节，前者是招标人以一定的方式邀请不特定或一定数量的潜在投标人组织投标，后者是投标人响应招标人的要求参加投标竞争。没有招标就不会有承包商的投标；没有投标，招标人的招标就没有得到响应，也就没有开标、评标、定标和合同签订等。

因此，招标投标是由招标人提出自己的要求和条件，利用投标企业之间的竞争，进行"货比三家""优中选优"，达到投资省或付款省、工程质量高或机器设备好、工期短或供货时间快、服务上乘等目的，它是一种有序的市场竞争交易方式，也是规范选择交易主体、订立交易合同的法律程序。

建设工程招标一般是指建设单位（或业主）就拟建的工程发布通告，用法定方式吸引建设项目的承包单位参加竞争，进而通过法定程序从中选择条件优越者来完成工程建设任务的法律行为。建设工程投标一般是指经过特定审查而获得投标资格的建设项目承包单位，按照招标文件的要求，在规定的时间内向招标单位填报投标书，并争取中标的法律行为。

3.2.2 建设工程招标投标活动的特点

建设工程招标投标具有有序竞争、优胜劣汰和优化资源配置等性质,可有效提高社会效益和经济效益。招标投标的竞争性,是社会主义市场经济的本质要求,也是招标投标的根本特性。随着我国市场经济体制改革的不断深入,招标投标这种反映公平、公正、有序竞争的有效方式也得到不断完善,具有以下特点。

3.2.2.1 程序规范

招标投标程序由固定的招标机构组织实施。其具体程序和条件由招标机构按照目前各国做法及国际惯例率先拟定,在招标投标双方之间具有法律效力,一般不能随意改变。当事人双方必须严格按既定程序和条件进行招标投标活动。

3.2.2.2 多方位开放,透明度高

招标的目的是在尽可能大的范围内寻找符合要求的中标人,一般情况下,邀请承包商的参与是无限制的。为此,招标人一般要在指定或选定的报刊或其他媒体上刊登招标公告,邀请所有潜在的投标人参加投标;提供给承包商的招标文件必须对拟招标的工程做出详细的说明,使承包商有共同的依据来编写投标文件;招标人事先要向承包商明确评价和比较投标文件以及选定中标者的标准(仅以价格来评定,或加上其他的技术性或经济性标准);在提交投标文件的最后截止日公开地开标;严格禁止招标人与投标人就投标文件的实质内容单独谈判。因此,招标投标活动完全置于公开的社会监督之下,可以防止不正当的交易行为。

3.2.2.3 投标过程统一、受有效的监管

大多数依法必须进行强制招标的招标项目必须在有形建筑市场内部进行,招标过程统一,透明度高。建设工程招标投标是招标投标双方按照法定程序进行交易的,双方的行为都受法律约束,在建筑市场内受到有效监管。

3.2.2.4 公平、客观

招标投标全过程自始至终按照事先规定的程序和条件,本着公平竞争的原则进行。在招标公告或投标邀请书发出后,任何有能力或资格的投标人均可参加投标。招标人不得有任何歧视投标人的行为。同时,评标委员会的组建必须公正、客观,其在组织评标时也必须公平、客观地对待每一个投标人;中标人的确定由评委会负责,能很大程度上减少腐败行为的发生。

3.2.2.5 双方一次成交

一般交易往往在进行多次谈判之后才能成交。招标投标则不同,它禁止交易双方面对面地讨价还价。交易主动权掌握在招标人手中,投标人只能应邀进行一次性报价,并以合理的价格定标。

3.2.2.6 经济节约

工程招标投标中最重要的两个行为主体就是招标人和投标人。招标人的最大和最终利益是期望在未来能获得一个符合功能要求的建设工程产品。因此,招标的目的是选择到一家报价合理、实施方案可行、最大程度令其满意的承包商。投标人的最终利益是从所有投标人的竞争中胜出成为中标人,并通过承接该工程获得尽可能高的利润回报。

在这一招标人与投标人、投标人与投标人相互之间的复杂博弈过程中,主体双方一定

会为实现自身利益最大化用尽一切办法和手段。

3.2.2.7 具有一定的不确定性和复杂性

现代工程涉及专业门类多,科技含量高。工程项目本身具有一次性及不可复制性的特点,导致在工程招标投标过程以及工程合同执行过程中具有一定的不确定性。另外,工程业务方式有着它自身的特殊性。通过工程招标投标先确定合同价格和工期,然后再完成工程的设计、供应和施工工作。而在招标投标阶段,对工程的描述常常是不完全的,双方理解也可能不一致。这导致要事先比较准确地确定合同价格和工期十分困难,特别对于总价合同尤其如此。这导致了招标投标过程和合同实施过程中双方可能有潜在的冲突与不确定性。

3.2.3 招标投标的原则

《招标投标法》第五条规定:"招标投标活动应当遵循公开、公平、公正和诚实信用的原则。"

3.2.3.1 公开原则

公开原则即"信息透明",要求招标投标活动必须具有高度的透明度,招标程序、投标人的资格条件、评标标准、评标方法、中标结果等信息都要公开,使每个投标人能够及时获得有关信息,从而平等地参与投标竞争,依法维护自身的合法权益。同时将招标投标活动置于公开透明的环境中,也为当事人和社会各界的监督提供了重要条件。从这个意义上讲,公开是公平、公正的基础和前提。

3.2.3.2 公平原则

招标投标属于民事法律行为,公平是指民事主体的平等。因此应当杜绝一方把自己的意志强加于对方,严禁招标方压价或订合同前无理压价以及投标人恶意串标、提高标价损害对方利益等违反平等原则的行为。

按照这个原则,招标人不得在招标文件中要求或者标明特定的生产供应者以及含有倾向或者排斥潜在投标人的内容,不得以不合理的条件限制或者排斥潜在投标人,不得对潜在投标人实行歧视待遇。否则,将承担相应的法律责任。

3.2.3.3 公正原则

公正是指按招标文件中规定的统一标准,实事求是地进行评标和定标,不偏袒任何一方。公正原则即"程序规范,标准统一",要求所有招标投标活动必须按照规定的时间和程序进行,以尽可能保障招标投标各方的合法权益,做到程序公正;招标评标标准应当具有唯一性,对所有投标人实行同一标准,确保标准公正。按照这个原则,《招标投标法》及其配套规定对招标、投标、开标、评标、中标、签订合同等都规定了具体程序和法定时限,明确了废标和否决投标的情形,评标委员会必须按照招标文件事先确定并公布的评标标准和方法进行评审、打分、推荐中标候选人,招标文件中没有规定的标准和方法不得作为评标和中标的依据。

3.2.3.4 诚实信用原则

诚实是指真实和合法,不可歪曲或隐瞒真实情况去欺骗对方。违反诚实的原则是无效的,且应对此造成的损失和损害承担责任。信用是指遵守承诺,履行合约,不见利忘义、弄虚作假,更不能损害他人、国家和集体的利益。诚实信用原则是市场经济的基本前提。

在社会主义条件下一切民事权利的行使和民事义务的履行，均应遵循这一原则。

诚实信用原则即"诚信原则"，是民事活动的基本原则之一，这是市场经济中诚实信用伦理准则法律化的产物，是以善意真诚、守信不欺、公平合理为内容的强制性法律原则。招标投标活动本质上是市场主体的民事活动，必须遵循诚信原则，也就是要求招标投标当事人应当以善意的主观心理和诚实、守信的态度来行使权利，履行义务，不能故意隐瞒真相或者弄虚作假，不能言而无信甚至背信弃义，在追求自己利益的同时不应损害他人利益和社会利益，维持双方的利益平衡，以及自身利益与社会利益的平衡，遵循平等互利的原则，从而保证交易安全，促使交易实现。

3.2.4 招标投标主体的权利及义务

招标投标活动的主体包括招标人、投标人、招标代理机构、招标投标管理机构。

3.2.4.1 招标人

《招标投标法》第八条明确规定，招标人是依照本法规定提出招标项目、进行招标的法人或者其他组织。具体到建筑行业，招标人主要是指建设工程项目的建设单位，一般就是发包人。建筑工程实践中，建设单位既可以自己作为招标人，也可以委托依法成立的招标代理机构进行招标。而建设方自己具有编制招标文件和组织评标能力的，可以自行办理招标事宜。建设单位作为"招标人"办理招标应具备下列条件：是法人或依法成立的其他组织；有与招标工程相适应的经济、技术管理人员；有组织编制招标文件的能力；有审查投标单位资质的能力；有组织开标、评标、定标的能力。

（1）招标人的权利。

1）按照规定收取招标代理费。

2）按规定或者招标项目本身要求，对潜在投标人进行资格预审。《招标投标法》第十八条规定："招标人可以根据招标项目本身的要求，在招标公告或者投标邀请书中，要求潜在投标人提供有关资质证明文件和业绩情况，并对潜在投标人进行资格审查；国家对投标人的资格条件有规定的，依照其规定。"

3）按规定时间对招标文件进行必要的澄清或者修改。《招标投标法》第二十三条规定："招标人对已发出的招标文件进行必要的澄清或者修改的，应当在招标文件要求提交投标文件截止时间至少十五日前，以书面形式通知所有招标文件收受人。该澄清或者修改的内容为招标文件的组成部分。"

4）按规定拒收投标文件。《招标投标法》第二十八条规定："投标人应当在招标文件要求提交投标文件的截止时间前，将投标文件送达投标地点。招标人收到投标文件后，应当签收保存，不得开启。投标人少于三个的，招标人应当依照本法重新招标。在招标文件要求提交投标文件的截止时间后送达的投标文件，招标人应当拒收。"

5）可以邀请所有投标人并主持开标。

（2）招标人的义务。

1）维护招标人和投标人的合法权益。《招标投标法》第十八条第 2 款规定："招标人不得以不合理的条件限制或者排斥潜在投标人，不得对潜在投标人实行歧视待遇。"

2）组织编制、解释招标文件。

3）招标人应当确定投标人编制投标文件所需要的合理时间。但是，依法必须进行招标的项目，自招标文件开始发出之日起至投标人提交投标文件截止之日止，最短不得少于二十日。

4）在招标文件要求提交投标文件的截止时间前收到的所有投标文件，开标时都应当当众予以拆封、宣读。

5）应当采取必要的措施，保证评标在严格保密的情况下进行。

6）接受国家招标投标管理机构和有关行业组织的指导、监督。

（3）招标人的保密义务。

招标人的保密义务履行是否到位，直接影响招投标"公平""公正""公开"等原则的落实，所以将保密义务进行着重介绍。

《招标投标法》第二十二条规定："招标人不得向他人透露已获取招标文件的潜在投标人的名称、数量以及可能影响公平竞争的有关招标投标的其他情况。招标人设有标底的，标底必须保密。"招标人不得泄露潜在投标人情况。这主要是为了有效地保证招标的竞争性，防止投标人之间相互串通如抬高投标报价，或者结成共同联盟，通过提高或者减低报价等手段有意让某个投标人中标，然后再轮流坐庄，或者从中捞取好处，损害招标人利益。

3.2.4.2 投标人

对于投标人，《招标投标法》明确有 3 个条件：第一个条件是响应招标，也就是指符合投标资格条件并有可能参加投标的人获得了招标信息，购买了招标文件，编制投标文件，准备参加投标活动的潜在投标人，这是一个有实际意义的条件，因为不响应招标，就不会成为投标人，没有准备投标的实际表现，就不会进入投标人的行列；第二个条件是参加投标竞争的行列，也就是指按照招标文件的要求提交投标文件，实际参与投标竞争，作为投标人进入招标投标法律关系之中；第三个条件是具有法人资格或者是依法设立的其他组织。招标文件对投标人的资格条件有规定的，投标人应当符合该规定的条件。

此外，根据《国家基本建设大中型项目实行招标投标的暂行规定》中规定的条件，参加建设项目主体工程的设计、建筑安装和监理以及主要设备、材料供应等投标单位，必须具备下列条件：①具有招标条件要求的资质证书，并为独立的法人实体；②承担过类似建设项目的相关工作，并有良好的工作业绩和履约记录；③财产状况良好，没有财产被接管、破产或者其他关、停、并、转状态；④在近三年没有参与骗取合同以及其他经济方面的严重违法行为；⑤近几年有较好的安全记录，投标当年内没有发生重大质量、特大安全事故。

（1）投标人的权利。

1）平等地获得招标信息。

2）要求招标人或招标代理机构对招标文件中的有关问题进行答疑。

3）控告、检举招标过程中的违法行为。

（2）投标人应尽的义务。

1）保证所提供的投标文件的真实性。

2）按招标人或招标代理机构的要求对投标文件的有关问题进行答疑。

3）提供投标保证金或其他形式的担保。

4）中标后与招标人签订并履行合同，非经招标人同意不得转让或分包合同。

3.2.4.3　招标代理机构

招标是一项复杂的系统化工作，有完整的程序，环节多，专业性强，组织工作繁杂。招标代理机构由于其专门从事招标投标活动，在人员力量和招标经验方面有得天独厚的条件，因此国际上一些大型招标项目的招标工作通常由专业招标代理机构代为进行。招标人与招标代理机构之间其实是一种委托代理关系。招标人一般为企业法人，一般都是项目的业主，而招标代理机构则只是一个组织招标投标活动的中介组织。在实际操作中，招标人应该根据招标项目的行业类型、规模标准，选择具有相应资格的招标代理机构，委托其代理招标采购业务。1984 年成立的中国技术进出口总公司国际金融组织和外国政府贷款项目招标公司（后改为中技国际招标公司）是中国第一家招标代理机构。随着招标投标事业的不断发展，国际金融组织和外国政府贷款项目招标等行业都成立了专职的招标机构，在招标投标活动中发挥了积极的作用。目前全国共有专门从事招标代理业务的机构数百家。这些招标代理机构拥有专门的人才和丰富的经验，对于那些实效接触招标、招标项目不多或自身力量薄弱的项目单位来说，具有很大的吸引力。

但是招标代理工作中也存在着一些不容忽视的问题，特别是招标代理机构的法律性质不明确，长期政企不分，处于无序竞争的状态；一些招标代理机构为承揽项目无原则地迁就招标人的无理要求，从而损害了投标人的合法权益，违反了招标的公正性原则，影响了招标的质量，甚至给国家和集体财产造成损失。

《招标投标法》第十三条规定招标代理机构是依法设立、从事招标代理业务并提供相关服务的社会中介组织。

《招标投标法》第十四条规定从事工程建设项目招标代理业务的招标代理机构，其资格由国务院或者省、自治区、直辖市人民政府的建设行政主管部门认定。具体认定办法由国务院建设行政主管部门会同国务院有关部门制定。从事其他招标代理业务的招标代理机构，其资格认定的主管部门由国务院规定。同时招标代理机构与行政机关和其他国家机关不得存在隶属关系或者其他利益关系。

招标代理机构应当具备下列条件：

其一，无论是哪种组织形式的代理机构都必须有固定的营业场所以便于开展招标代理业务。

其二，有与其所代理的招标业务相适应的能够独立编制有关招标文件、有效组织评标活动的专业队伍和技术设施，包括有熟悉招标业务所在领域的专业人员、有提供行业技术信息的情报手段及有一定的从事招标代理业务的经验等。

其三，应当备有依法可以作为评标委员会成员人选的技术、经济等方面的专家库，其中所储备的专家均应当从事相关领域工作 8 年以上并具有高级职称或者具有同等专业水平。

招标代理机构职责，是指招标代理机构在代理业务中的工作任务和所承担责任。《招标投标法》第十五条规定："招标代理机构应当在招标人委托的范围内办理招标事宜，并遵守关于招标人的规定。"《招标投标法实施条例》第十三条规定，招标代理机构在其资格许可和招标人委托的范围内开展招标代理业务，应当遵守招标投标法和本条例关于招标人的规定。据此，《工程建设项目施工招标投标办法》进一步规定，招标代理机构可以在其资格等级范围内承担以下招标事宜：

（1）获得采购人合法授权。由于招标机构是受采购人委托，以采购人名义组织招标，因此，在开展招标活动之前，必须获得采购人的正式授权，这是招标机构开展招标业务的法律依据。

授权的范围由采购人确定，招标机构也应根据工作的需要提出相应的要求。经过采购人和招标机构协商一致后，双方签订委托招标合同（或协议）。其主要内容包括：采购人和招标机构各自的责任权利、委托招标采购的标的和要求、采购的周期、定标的程序和招标机构收费办法等。这里特别强调的是定标的程序问题，这关系到赋予招标机构权限范围和招标机构所承担的责任。定标的程序可分为以下几种主要程序：一是委托招标机构评出优选方案，排出前三名的顺序，由采购人最终确定中标商；二是采购人委托评标委员会负责定标；三是采购人委托招标机构负责定标；四是招标机构提出中标的意见，经采购人同意后报有关主管机关最终确定中标商。由于不同的定标程序授权的范围不同，有关各方承担责任的大小也不一样。因此，委托方和招标机构在开始招标前，就应商定定标的程序。

（2）为采购人编制招标文件。招标文件（或称标书）是整个招标过程所遵循的法律性文件，是投标和评标的依据，而且是构成合同的重要组成部分。

一般情况下，招标人和投标人之间不进行或进行有限的面对面交流。投标人只能根据招标文件的要求，编写投标文件。因此，招标文件是联系、沟通招标人与投标人的桥梁。能否编制出完整、严谨的招标文件，直接影响招标的质量，也是招标成败的关键。因此，有人把招标文件比作各方遵循的"宪法"，由此可见招标文件的重要性。由于招标机构专门从事招标业务，拥有较丰富的经验和大量的投标商信息，可以编制更加完善的招标文件。招标机构主要注重以下几个方面的工作：一是对投标人做出严格的限制，在保证充分竞争的前提下，尽量使合格的供应商和承包商参加投标，以避免投标人过多，给各方面造成不必要的负担。这项工作建立在掌握投标商大量信息的基础上，而专职招标机构有条件做到这一点。二是对招标文件的制作做出详细的规定，使投标人按照统一的要求和格式编写投标文件，达到准确响应招标文件要求的目的。三是为采购人当好技术规格和要求的参谋，使采购者获得合乎要求且经济的采购品，四是保证招标文件的科学、完整，防止漏洞，不给投标人以可乘之机。

（3）严格按程序组织评标。一般情况下，采购人与一些供应商和承包商有各种业务往来，难以超脱者的身份组织评标，且容易被投标者误会。专职招标机构比较超脱，可以较好地避免问题的发生，并严格按招标文件要求和评标标准组织评标，以维护招标的公正性，保证招标的效果。

（4）做好采购人与中标人签订合同的协调工作。由于采购人处于主动的地位，容易将招标以外的一些条件强加给中标人，产生不平等的协议，使招标流于形式。有时中标者也找各种理由拒绝或拖延签订合同。上述问题如果没有一个中间人从中协调是很难解决的。由于招标机构是招标的组织者，承担此角色最为适宜。

（5）监督合同的执行、协调执行过程中的矛盾。有些招标合同执行需要较长的时间，在执行合同过程中，当事人双方难免遇到一些纠纷，不愿意诉诸法律，希望有一个中间人从中协调解决。在实际工作中，招标机构组织签订合同后，可以说已完成了招标代理工作，但在执行合同过程中当双方出现矛盾时，往往需要求助于招标机构来解决。招标机构出于对双方负责和提高自身信誉的目的，会尽最大努力使矛盾得到解决。

3.2.5　建设工程招标方式

根据《招标投标法》规定，建设工程招标分公开招标和邀请招标两种方式。

3.2.5.1　公开招标

公开招标又称无限竞争性招标，是指招标人以招标公告的方式邀请非特定法人或者其他组织投标。即招标人按照法定程序，在国内外公开出版的报刊或通过广播、电视、网络等公共媒体发布招标广告，凡有兴趣并符合广告要求的供应商、承包商，不受地域、行业和数量的限制均可以申请投标，经过资格审查合格后，按规定时间参加投标竞争。

这种招标方式的优点是：招标人可以在较广的范围内选择承包商或供应商，投标竞争激烈，择优率更高，有利于招标人将工程项目交予可靠的供应商或承包商实施，并获得有竞争性的商业报价，同时也可以在较大程度上避免招标活动中的贿标行为。因此，国际上政府采购通常采用这种方式。但其缺点是：准备招标、对投标申请者进行资格预审和评标的工作量大，招标时间长，费用高。同时，参加竞争的投标者越多，每个参加者中标的机会越小，风险越大，损失的费用也就越多，而这种费用的损失必然反映在标价上，最终会由招标人承担。

依法必须公开招标项目主要有三类：一是国家重点项目和省、自治区、直辖市人民政府确定的地方重点项目；二是国有资金占控股或者主导地位的依法必须进行招标的项目；三是其他法律法规规定必须进行公开招标的项目。例如，《中华人民共和国政府采购法》第二十六条规定，公开招标应作为政府采购的主要采购方式；《土地复垦条例》第二十六条规定，政府投资进行复垦的，有关国土资源主管部门应当依照招标投标法律法规的规定，通过公开招标的方式确定土地复垦项目的施工单位。

依法必须公开招标的项目，因存在需求条件和市场供应的限制而无法实施公开招标，且符合法律规定条件情形的，经招标项目有关监督管理部门审批、核准或认定后，可以采用邀请招标方式。

3.2.5.2　邀请招标

邀请招标也称有限竞争性招标，是指招标人以投标邀请书的形式邀请特定的法人或者其他组织投标。招标人向预先确定的若干家供应商、承包商发出投标邀请函，就招标工程的内容、工作范围和实施的条件等做出简要的说明，请他们来参加投标竞争。被邀请单位同意参加投标后，从招标人处获取招标文件，并在规定时间内投标报价。

采用邀请招标方式时，邀请对象应以 5～10 家为宜，至少不应少于 3 家，否则就失去了竞争意义。与公开招标相比，其优点是不发招标广告，不进行资格预审，简化了招标程序，因此，节约了招标费用、缩短了招标时间。而且由于招标人对投标人以往的业绩和履约能力比较了解，从而减少了合同履行过程中承包商违约的风险。邀请招标虽然不履行资格预审程序，但为了体现公平竞争和便于招标人对各投标人的综合能力进行比较，仍要求投标人按招标文件中的有关要求，在投标书内报送有关资质资料，在评标时以资格后审的形式作为评审的内容之一。

邀请招标的缺点是：由于投标竞争的激烈程度较差，有可能提高中标的合同价；也有可能排除了某些在技术上或报价上有竞争力的供应商、承包商参与投标。与公开招标相比，邀请招标耗时短、花费少，对于采购标的额较小的招标来说，采用邀请招标比较有利。另外，有些项目专业性强，有资格承接的潜在投标人较少，或者需要在短时间内完成投标任务等，也不宜采用公开招标的方式，而应采用邀请招标的方式。

在下列情形之一的，经批准可以进行邀请招标：一是涉及国家安全、国家秘密或者抢险救灾，适宜招标但不宜公开招标的；二是项目技术复杂或有特殊要求，或者受自然地域环境限制，只有少量潜在投标人可供选择的；三是采用公开招标方式的费用占项目合同金额的比例过大的。

国家重点建设项目的邀请招标，应当经国家国务院发展计划部门批准；地方重点建设项目的邀请招标，应当经各省、自治区、直辖市人民政府批准。全部使用国有资金投资或者国有资金投资占控股或者主导地位的并需要审批的工程建设项目的邀请招标，应当经项目审批部门批准，若项目审批部门只审批立项的，由有关行政监督部门审批。

典型案例【D3－1】

某省重点工程项目，招标项目估算价为 2500 万元。建设工程单位自行办理招标事宜。由于该省重点工程项目技术复杂，建设单位自行决定采用邀请招标，共邀请 A、B、C 三家国家特级施工企业参加投标。

投标邀请书规定，6 月 1—3 日 9：00—17：00 在该单位总经济师室出售招标文件。招标文件中规定，6 月 30 日为投标截止日；投标有效期截至 7 月 20 日；投标保证金统一定为 70 万元，投标保证金有效期到 8 月 20 日为止。评标采用综合评分法，技术标和商务标各占 50％。在评标过程中，鉴于各投标人的技术方案大同小异，建设单位决定将评标方法改为经评审的最低投标价法。评标委员会根据修改后的评标方法，确定的评标结果排名顺序为 A、C、B。建设单位于 7 月 15 日确定 A 公司中标，于 7 月 16 日向 A 公司发出中标通知书，并于 7 月 18 日与 A 公司签订了合同。在签订合同过程中，经审查，A 公司所选的设备安装分包单位不符合要求，建设单位遂指定国有一级安装企业 D 公司作为 A 公司的分包单位。建设单位于 7 月 28 日将中标结果通知 B、C 两家公司，并将投标保证金退还两家公司。建设单位于 8 月 2 日向当地招标投标管理部门提交了该工程招标投标情况的书面报告。

（1）招标人自行组织招标需具备什么条件？要注意什么问题？

（2）对于必须招标的项目，在哪些情况下可以采取邀请招标？

（3）该建设单位在招标工作中有哪些不妥之处？请逐一说明理由。

分析如下：

（1）招标人具有编制招标文件和组织评标能力的，可以自行办理招标事宜。依法必须进行招标的项目，招标人自行办理招标事宜的，应当向有关行政监督部门备案。

（2）根据《工程建设项目施工招标投标办法》（本案例以下简称《办法》）的规定，对于必须招标的项目，有下列情形之一的，经批准可以进行邀请招标：

1）项目技术复杂或有特许要求，只有少数几家潜在投标人可供选择的。

2）受自然地域环境限制的。

3) 涉及国家安全、国家秘密或抢险救灾，适宜招标但不宜公开招标的。

4) 拟公开招标的费用与项目的价值相比，不值得的。

5) 法律、法规规定不宜公开招标的。

（3）建设单位在招标工作中以下方面不妥：

1) 该建设单位自行决定采取邀请招标的做法不妥。按《办法》规定，国务院发展计划部门确定的国家重点项目和省（自治区、直辖市）人民政府确定的地方重点项目不适宜公开招标的，经国务院发展计划部门或者省（自治区、直辖市）人民政府批准，可以进行邀请招标。因此，本案中的建设单位擅自决定对省重点工程项目采取邀请招标的做法，违反了《办法》的有关规定，是不合法的。

2) 停止出售招标文件的时间不妥。按《办法》规定，自招标文件出售之日起至停止出售之日止，最短不得少于 5 个工作日。

3) 投标保证金数额不妥。按《办法》规定，投标保证金不得超过招标项目估算价的 2%。

4) 投标保证金有效期时间不妥。按《办法》规定，投标保证金有效期应当与投标有效期一致。

5) 评标过程中改变评标方法不妥。按《办法》规定，评标委员会应当按照招标文件确定的评标标准和方法进行评标。

6) 中标结果通知未中标人的时间不妥。按《办法》规定，中标人确定后，招标人应当在向中标人发出中标通知，同时将中标结果通知所有未中标人。

7) 退还投标保证金的时间不妥。按《办法》规定，招标人与中标人签订合同后 5 个工作日内，应当向未中标人退还投标保证金。

8) 指定 D 公司作为 A 公司的分包单位不妥。按《办法》规定，招标人不得直接指定分包人。

9) 向投标招标管理部门提交报告的时间不妥。按《招标投标法》规定，招标人应当自发出中标通知书之日起 15 日内，向有关行政监督部门提交招标投标情况的书面报告。

3.2.5.3 公开招标与邀请招标的区别

（1）发布信息的方式不同。公开招标采用公告的形式发布，邀请招标采用投标邀请书的形式发布。

（2）选择的范围不同。公开招标因使用招标公告的形式，针对的是一切潜在的对招标项目感兴趣的法人或其他组织，招标人事先不知道投标人的数量；邀请招标针对已经了解的法人或其他组织，而且事先已经知道投标人的数量。

（3）竞争的范围不同。由于公开招标使所有符合条件的法人或其他组织都有机会参加投标，竞争的范围较广，竞争性体现得也比较充分，招标人拥有绝对的选择余地，容易获得最佳招标效果；邀请招标中投标人的数目有限，竞争的范围有限，招标人拥有的选择余地相对较小，有可能提高中标的合同价，也有可能将某些在技术上或报价上更有竞争力的供应商或承包商遗漏。

（4）公开的程度不同。公开招标中，所有的活动都必须严格按照预先指定并为大家所知的程序和标准公开进行，大大减少了作弊的可能；相比而言，邀请招标的公开程度逊色一些，产生不法行为的机会也就多一些。

（5）时间和费用不同。由于邀请招标不发公告，招标文件只送几家，使整个招投标的时间大大缩短，招标费用也相应减少。公开招标的程序比较复杂，从发布公告、投标人做出反应、评标，到签订合同，有许多时间上的要求，要准备许多文件，因而耗时较长，费用也比较高。

3.2.5.4 议标

除公开招标和邀请招标外，还有一种招标方式，称之为议标。议标是一种谈判性采购，是指招标人指定少数几家承包商，分别就承包范围内的有关事宜进行协商，直到与某一承包商达成协议，将工程任务委托其完成。

议标与前两种招标方式比较，投标不具公开性和竞争性，因而不属于《招标投标法》所称的招投标采购方式。

从实践上看，公开招标和邀请招标的采购方式要求对报价及技术性条款不得进行谈判，议标则允许对报价等进行一对一的谈判。因此，对于一些小型项目来说，采用议标方式目标明确、省时省力；对于服务招标而言，由于服务价格难以公开确定，服务质量也需要通过谈判解决，采用议标方式也不失为一种恰当的采购方式。

但采用议标方式时，容易发生幕后交易。为了规范建筑市场的行为，议标方式仅适用于不宜公开招标或邀请招标的特殊工程或特殊条件下的工作内容，而且必须报请建设行政主管部门批准后才能采用。业主邀请议标的单位一般不应少于两家，只有在限定条件下才能只与一家单位议标。

议标通常适用的情况包括以下几种：

（1）军事工程或保密工程。

（2）专业性强，需要专门技术、经验或特殊施工设备的工程，以及涉及使用专利技术的工程，此时只能选择少数几家符合要求的承包商。

（3）与已发包工程有联系的新增工程（承包商的劳动力、机械设备都在施工现场，既可以减少前期开工费用和缩短准备时间，又便于现场的协调管理工作）。

（4）性质特殊、内容复杂，发包时工程量或若干技术细节尚难确定的紧急工程或灾后修复工程。

（5）工程实施阶段采用新技术或新工艺，承包商从设计阶段就已经参与开发工作，实施阶段还需要其继续合作的工程。

公开招标与邀请招标在程序上的差异：一是使承包商获得招标信息的方式不同；二是对投标人资格审查的方式不同。但均要通过招标、开标、评标、定标程序选择实施单位，最后与之签订承包合同。而议标则没有开标、评标程序，业主与投标人进行协商，双方意见达成一致即可签订承包合同。在公开招标和邀请招标两种招标方式中，投标人在投标截止日期后就不能对投标书内容作实质上的修改，而议标尽管也要求投标人提交投标书和报价，但在协商时双方仍可就合同的条件、所报价格、付款方式、材料供应条件等内容进行讨论修改，对此没有任何限制。为了规范招投标行为，体现"公开、公平、公正"的原则，在《招标投标法》规定的招标范围内的建设项目不允许使用议标的方式进行招标投标。

3.2.6　招标办法

招标一般有两种方法，一种是自行招标，还有一种是委托代理招标。自行招标的组织者为招标人，委托代理招标的组织者为招标代理机构。两种招标方法的区别主要体现在：

（1）两者定义范围不同。招标人是"招标单位"或"委托招标单位"的别称，指企业经济法人而非自然人。一般都是项目的业主，也就是项目的所有人或项目法人。在我国，规定招标活动是法人之间的经济活动，所以招标人亦指招标单位或委托招标单位的法人代表。招标人具有编制招标文件和组织评标能力的，可以自行办理招标事宜。任何单位和个人不得强制其委托招标代理机构办理招标事宜。

（2）承担法律责任不同。依《招标投标法》的规定招标人承担行政法律责任的违法行为有：

1）必须进行招标的项目而不招标的，将必须进行招标的项目化整为零或者以其他任何方式规避招标的，责令限期改正，可以处项目合同金额5‰以上、10‰以下的罚款；对全部或者部分使用国有资金的项目，可以暂停项目执行或者暂停资金拨付；对单位直接负责的主管人员和其他直接责任人员依法给予处分。

2）招标人以不合理的条件限制或者排斥潜在投标人的，对潜在投标人实行歧视待遇的，强制要求投标人组成联合体共同投标的，或者限制投标人之间竞争的，责令改正，可以处1万元以上、5万元以下的罚款。

3）依法必须进行招标的项目的招标人向他人透露已获取招标文件的潜在投标人的名称、数量或者可能影响公平竞争的有关招标投标的其他情况的，或者泄露标底的，给予警告，可以处1万元以上、10万元以下的罚款；对单位直接负责的主管人员和其他直接责任人员依法给予处分；构成犯罪的，依法追究刑事责任。所列行为影响中标结果的，中标无效。

4）依法必须进行招标的项目，招标人违反规定，与投标人就投标价格、投标方案等实质性内容进行谈判的，给予警告，对单位直接负责的主管人员和其他直接责任人员依法给予处分。所列行为影响中标结果的，中标无效。

5）招标人在评标委员会依法推荐的中标候选人以外确定中标人的，依法必须进行招标的项目在所有投标被评标委员会否决后自行确定中标人的，中标无效。责令改正，可以处中标项目金额5‰以上、10‰以下的罚款；对单位直接负责的主管人员和其他直接责任人员依法给予处分。

6）招标人与中标人不按照招标文件和中标人的投标文件订立合同的，或者招标人、中标人订立背离合同实质性内容的协议的，责令改正；可以处中标项目金额5‰以上、10‰以下的罚款。

招标代理机构是依法设立、从事招标代理业务的社会中介机构，其应当在招标人的委托范围内办理招标事宜，因此招标代理机构应当遵守法律、法规及部门规章中关于招标人的相关规定。但招标代理机构在招标投标活动中又具有独立的法律地位，因此法律、法规及部门规章对招标代理机构的法律责任又做出了一些特殊规定。

《招标投标法》第五十条规定了招标代理机构的法律责任，招标代理机构泄露应当保密的与招标投标活动有关的情况资料和招标代理机构违反本法规定与招标人、投标人串通损害国家利益、社会公共利益或者他人合法权益的行为，应当承担法律责任。该条款中既规定了招标代理机构的民事责任，又规定了招标代理机构的刑事责任和行政责任。依据这一条款的规定，招标代理机构承担民事责任的主要方式表现为赔偿责任和中标无效。招标代理机构因违法行为应承担的行政责任方式有：警告，责令改正，通报批评，对单位及直接负责的主管人员和其他直接责任人员罚款（对于罚款额度，根据违法行为的轻度及所造成的后果，处以不同罚款额），取消代理资格（根据违法行为的严重程度给予不同的处罚期限，暂停招标代理资格）等。构成犯罪的依法追究刑事责任。

除《招标投标法》中对招标代理机构的法律责任做出相关规定外，在其他一些法规及部门规章中，如《工程建设项目货物招标投标办法》《中央投资项目招标代理机构资格认定管理办法》《工程建设项目招标投标活动投诉处理办法》《工程建设项目施工招标投标办法》《工程建设项目招标代理机构资格认定办法》《机电产品国际招标投标实施办法》《进一步规范机电产品国际招标投标活动有关规定》等，对于招标代理机构的行政责任也做出了进一步详细的规定。

3.2.7 招标的种类

按招标范围不同，可将建设工程招标分为全过程招标、单项招标和专项招标三大类。

3.2.7.1 建设工程的全过程招标

全过程招标是指从工程项目可行性研究开始，包括可行性研究、勘察设计、设备材料采购、工程施工、生产准备、投料试车，直至投产交付使用为止全部工作内容的招标。全过程招标一般由业主选定总承包单位，再由其去组织各阶段的实施工作。无论是由项目管理公司、设计单位，还是施工企业作为总承包单位，鉴于其专业特长、实施能力等方面的限制，合同执行过程中不可避免地采用分包方式实施。

全过程招标由于对总承包单位要求的条件较高，有能力承担该项任务的单位较少，大多以议标方式选择总承包单位，而且在实施过程中由总承包单位向分包商收取协调管理费，因此，承包价格要比业主分别对不同工作内容单独招标高。这种招标方式大多适用于业主对工程项目建设过程管理能力较差的中小型工程，业主基本上不再参与实施过程中的管理，只是宏观地对建设过程进行监督和控制。这种方式的优点是可充分发挥工程承包公司已有的经验，节约投资，缩短工期，避免由于业主对建设项目管理方面经验不足而对项目造成损失。

3.2.7.2 建设工程的单项招标

单项招标是指工程规模或工作内容复杂的建设项目，业主对不同阶段的工作、单项工程或不同专业工程分别单独招标，将分解的工作内容直接发包给各种不同性质的单位实施，如勘察设计招标、物资供应招标、土建工程招标、安装工程招标等。单项招标包括如下内容：

（1）可行性研究。可行性研究即对拟建的建设项目应否投资建设所进行的研究和论证，以便进行投资决策。可行性研究可以通过招标的方式委托专门的咨询机构或设计机构进行承包，不论研究结论是否可行，也不论委托人是否采纳，都应按事先签订的协议支付报酬。但是可行性研究的结论如被采纳，而由于其错误的判断使投资者蒙受经济损失，委托人可依法向承担研究的咨询机构或设计机构索取补偿。

（2）编制设计任务书。设计任务书可以由主管部门组织有关单位编制，当业主在此领域内专业知识不足时，可通过招标方式委托专业咨询机构或设计单位完成。

（3）建设监理。为了加强对工程项目的管理，项目业主可以将与有关承包方签订各类合同的履行过程中的监督、协调、管理、控制等任务交予监理单位实施。为择优选择监理单位，招标是最佳的选择方式。

（4）勘察设计。工程勘察主要包括工程测量、水文地质勘察及工程地质勘察，可以通过招标方式委托专门的勘察单位承担。设计工作可分为总体规划设计、初步设计、技术设计和施工图设计等阶段，可以一次或分别以招标方式选择设计单位完成。

（5）工程施工。工程施工包括施工现场准备、土建工程、设备安装工程、环境绿化工程等。在施工阶段，还可以依据不同的承包方式，进一步划分为 3 种类型：

1）包工包料承包。承包商不仅负责施工，还要承担材料和设备的采购供应任务。这种方式大多适用于施工过程中使用一般常用建筑材料和定型生产设备的中小型工程。其优点是便于调剂余缺，合理组织供应，加快建设速度，促进施工单位厉行节约，合理使用材料。

2）包工部分包料承包。承包商只负责提供施工中所需的部分地方材料和中小型设备，并承担施工任务。主要工程材料、特殊工程材料和大型永久性工程设备则由业主负责采购供应，这种方式广泛应用于大型复杂工程项目的施工承包。这种方式虽然能确保材料设备的质量，但物资不能集中使用，余缺不便于调剂。另外，增加了不必要的流通环节，业主和承包商多设一层物资管理机构，造成人力的浪费。

3）包工不包料承包。承包商仅提供劳务完成施工任务，而不承担任何材料的采购义务。这种方式一般为分包工程的纯劳务承包。

（6）材料设备采购。对材料设备供应进行招标，一般是由业主按招标程序直接招标，其招标程序与土建工程大致相同。另外，少数工程中的一些大宗材料或成套工程设备由总承包人分包给材料或设备供应公司。这种方式适用于建设项目中工程设备供应技术复杂、数量较大的情况。总承包人自身无充足力量承担，或是因为某种大宗材料供应中分包公司具有价格较低的优势，采用材料分包方式可使总包人供应工作负担减轻，并有利可图，而分包公司则可依据自身的某种优势获取利润。

（7）生产职工培训。为了使新建项目建成后能及时交付使用或投入生产，在建设期间就必须进行干部和技术工人的培训工作。这项工作通常由业主负责组织，但在实行统包情况下，则包括在承包单位业务范围之内，也可单独进行招标，委托适当的专业机构完成培训任务。

（8）工程项目管理。工程项目管理的服务对象可以是业主，也可以是承包商，其任务是有效地利用资金和资源，以确保工程项目总目标的实现。具体内容因对象不同而有所差异，此工作可以委托专门的项目管理机构实施。

3.2.7.3　建设工程专项招标

专项招标是指某一建设阶段的某一专门项目，由于专业性较强，通过招标择优选择专业承包商来完成。例如，勘察设计阶段的工程地质勘察、洪水水源勘察、基础或结构工程设计、工艺设计；施工阶段的基础施工、金属结构制作和安装等。

典型案例【D3－2】

某大型水利枢纽主体土建工程的施工，最终划分成拦河主坝、泄洪排沙系统和引水发电系统 3 个合同标段进行招标。第一标段的工作内容为坝顶长 1667m、坝底宽 864m、坝高 154m 的黏土心墙堆石坝；第二标段包括 3 条直径 14.5m 的孔板消能泄洪洞、1 条灌溉洞、1 座溢洪道和 1 座非常溢洪道；第三标段包括 1 条直径 7.8m 的引水发电洞、3 条断面为 12m×19m 的尾水洞、1 座尾水闸门室、1 座 251.5m×26.2m×61.44m 的地下厂房。

该合同划分多标段主要考虑了以下因素。

（1）施工作业面分布在不同场地和不同高度，作业相对独立，不容易产生施工干扰。主体工程的几项工程可以同时施工，利于节约施工时间，使项目尽早发挥效益。

（2）合同标段考虑了施工内容的专业特点第一标段主要为露天填筑碾压工程；其他两个标段主要为地下工程施工，利于承包商发挥专业优势。

（3）合同标段划分的相对较少，有利于业主和监理的协调管理、监督控制，但一个标段的工作量较大对能力较强的承包商具有吸引力，有利于投标竞争。

3.2.8 招标投标的一般程序

招标程序是指招标单位或委托招标单位开展招标活动全过程的主要步骤、内容及其操作顺序。传统招标投标流程为：

3.2.8.1 招标

（1）编制招标方案。招标方案是指招标人通过分析和掌握招标项目的技术、经济、管理的特征，以及招标项目的功能、规模、质量、价格、进度、服务等需求目标，依据有关法律法规、技术标准，结合市场竞争状况，针对一次招标组织实施工作的总体策划。招标方案包括合理确定招标组织形式、依法确定项目招标内容范围和选择招标方式等，是科学、规范、有效地组织实施招标采购工作的必要基础和主要依据。

（2）组织资格预审（招投标资格审查）。为了保证潜在投标人能够公平获取公开招标项目的投标竞争机会，并确保投标人满足招标项目的资格条件，避免招标人和投标人的资源浪费，招标人可以对潜在投标人组织资格预审。

资格预审是招标人根据招标方案，编制发布资格预审公告，向不特定的潜在投标人发出资格预审文件。潜在投标人据此编制提交资格预审申请文件，招标人或者由其依法组建的资格审查委员会按照资格预审文件确定的资格审查方法、资格审查因素和标准，对申请人资格能力进行评审，确定通过资格预审的申请人。未通过资格预审的申请人，不具有投标资格。

（3）发售招标文件。招标人应结合招标项目需求的技术经济特点和招标方案确定要求、市场竞争状况，根据有关法律法规、标准文本编制招标文件。依法必须进行招标项目的招标文件，应当使用国家发展改革部门会同有关行政监督部门制定的标准文本。招标文件应按照投标邀请书或招标公告规定的时间、地点发售。

（4）踏勘现场。招标人可以根据招标项目的特点和招标文件的规定，集体组织潜在投标人实地踏勘了解项目现场的地形地质、项目周边交通环境等并介绍有关情况。潜在投标人应自行负责据此踏勘做出的分析判断和投标决策。工程设计、监理、施工和工程总承包以及特许经营等项目招标一般需要组织踏勘现场。

3.2.8.2　投标

（1）投标预备会。投标预备会是招标人为了澄清、解答潜在投标人在阅读招标文件或现场踏勘后提出的疑问，按照招标文件规定时间组织的投标答疑会。所有的澄清、解答均应当以书面方式发给所有获取招标文件的潜在投标人，并属于招标文件的组成部分。招标人同时可以利用投标预备会对招标文件中有关重点、难点等内容主动做出说明。

（2）编制、提交投标文件。

1）潜在投标人在阅读招标文件中产生疑问和异议的，可以按照招标文件规定的时间以书面提出澄清要求，招标人应当及时书面答复澄清。潜在投标人或其他利害人如果对招标文件的内容有异议，应当在投标截止时间 10 天前向招标人提出。

2）潜在投标人应依据招标文件要求的格式和内容，编制、签署、装订、密封、标识投标文件，按照规定的时间、地点、方式提交投标文件，并根据招标文件的要求提交投标保证金。

3）投标截止时间之前，投标人可以撤回、补充或者修改已提交的投标文件。投标人撤回已提交的投标文件，应当以书面形式通知招标人。

3.2.8.3　开标

招标人或其招标代理机构应按招标文件规定的时间、地点组织开标，邀请所有投标人代表参加，并通知监督部门，如实记录开标情况。除招标文件特别规定或相关法律法规有规定外，投标人不参加开标会议不影响其投标文件的有效性。

投标人少于 3 个的，招标人不得开标。依法必须进行招标的项目，招标人应分析失败原因并采取相应措施，按照有关法律法规要求重新招标。重新招标后投标人仍不足 3 个的，按国家有关规定需要履行审批、核准手续的依法必须进行招标的项目，报项目审批、核准部门审批、核准后可以不再进行招标。

3.2.8.4　评标

招标人一般应当在开标前依法组建评标委员会。依法必须进行招标的项目评标委员会由招标人代表和不少于成员总数三分之二的技术经济专家，且 5 人以上成员单数组成。依法必须进行招标项目的评标专家从依法组建的评标专家库内相关专业的专家名单中以随机抽取方式确定；技术复杂、专业性强或者国家有特殊要求，采取随机抽取方式确定的专家难以保证胜任评标工作的招标项目，可以由招标人直接确定。

机电产品国际招标项目确定评标专家的时间应不早于开标前 3 个工作日，政府采购项目评标专家的抽取时间原则上应当在开标前半天或前一天进行，特殊情况不得超过 2 天。

评标由招标人依法组建的评标委员会负责。评标委员会应当充分熟悉、掌握招标项目的需求特点，认真阅读研究招标文件及其相关技术资料，依据招标文件规定的评标方法、评标因素和标准、合同条款、技术规范等，对投标文件进行技术经济分析、比较和评审，向招标人提交书面评标报告并推荐中标候选人。

3.2.8.5　中标

（1）中标候选人公示。依法必须进行招标项目的招标人应当自收到评标报告之日起 3日内在指定的招标公告发布媒体公示中标候选人，公示期不得少于 3 日。中标候选人不止

1个的，应将所有中标候选人一并公示。投标人或者其他利害关系人对依法必须进行招标项目的评标结果有异议的，应当在中标候选人公示期间提出。招标人应当自收到异议之日起3日内做出答复；做出答复前，应当暂停招标投标活动。

（2）履约能力审查。中标候选人的经营、财务状况发生较大变化或者存在违法行为，招标人认为可能影响其履约能力的，应当在发出中标通知书前由原评标委员会按照招标文件规定的标准和方法审查确认。

（3）确定中标人。招标人按照评标委员会提交的评标报告和推荐的中标候选人以及公示结果，根据法律法规和招标文件规定的定标原则确定中标人。

（4）发出中标通知书。招标人确定中标人后，向中标人发出中标通知书，同时将中标结果通知所有未中标的投标人。

（5）提交招标投标情况书面报告。依法必须招标的项目，招标人在确定中标人的15日内应该将项目招标投标情况书面报告提交招标投标有关行政监督部门。

3.2.8.6 签订合同

招标人和中标人应当自中标通知书发出之日起30日内，按照中标通知书、招标文件和中标人的投标文件签订合同。签订合同时，中标人应按招标文件要求向招标人提交履约保证金，并依法进行合同备案。

邀请招标的程序基本上与公开招标相同，其不同之处只在于没有资格预审的步骤，而增加了发出投标邀请书的步骤。公开招标流程如图3.1所示。

典型案例【D3-3】

某单位（以下称招标单位）建设某工程项目，该项目受自然地域环境限制，拟采用公开招标的方式进行招标。该项目初步设计及概算应当履行的审批手续，已经批准；资金来源尚未落实；有招标所需的设计图纸及技术资料。考虑到参加投标的施工企业来自各地，招标单位委托咨询单位编制了两个标底，分别用于对本市和外省市施工企业的评标。招标公告发布后，有10家施工企业做出响应。在资格预审阶段，招标单位对投标单位的机构和企业概况、近2年完成工程情况、目前正在履行的合同情况、资源方面的情况等进行了审查。其中一家本地公司提交的资质等材料齐全，有项目负责人签字、单位盖章。招标单位认定其具备投标资格。某投标单位收到招标文件后，分别于第5天和第10天对招标文件中的几处疑问以书面形式向招标单位提出。招标单位以提出疑问不及时为由拒绝做出说明。投标过程中，因了解到招标单位对本市和外省市的投标单位区别对待，8家投标单位退出了投标。招标单位经研究决定，招标继续进行。剩余的投标单位在招标文件要求提交投标文件的截止日前，对投标文件进行了补充、修改。招标单位拒绝接受补充、修改的部分。分析该工程项目施工招投标程序中的不妥之处。

分析如下：

该工程项目施工招投标程序中存在诸多不妥之处，主要包括以下几个方面。

（1）招标单位采用的招标方式不妥。受自然地域环境限制的工程项目，宜采用邀请招标的方式进行招标。

（2）该工程项目尚不具备招标条件。依法必须招标的工程建设项目，应当具备下列条件才能进行施工招标：①招标人已经依法成立；②初步设计及概算应当履行审批手续的，

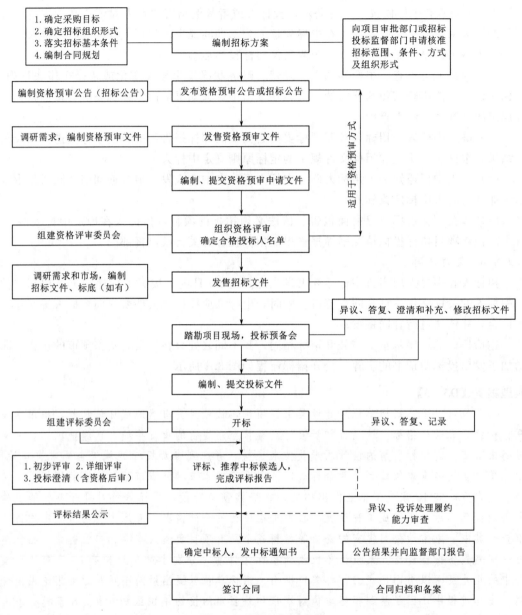

图 3.1　公开招标流程图

已经批准；③招标范围、招标方式和招标组织形式等应当履行核准手续的，已经核准；④有相应资金或资金来源已经落实；⑤招标所需的设计图纸及技术资料。

（3）招标单位编制两个标底不妥。标底由招标单位自行编制或委托中介机构编制，一个工程只能编制一个标底。

（4）资格预审的内容存在不妥。招标单位应对投标单位近 3 年完成工程情况进行审查。

（5）招标单位对上述提及的本地公司具备投标资格的认定不妥。投标单位提交的资质等资料应由法人代表签章。

（6）招标单位以提出疑问不及时为由拒绝作出说明不妥。投标单位对招标文件中的疑问，应在收到招标文件后的 7 日内以书面形式向招标单位提出。

（7）招标单位决定招标继续进行不妥。提交投标文件的投标单位少于 3 个的，招标人应当依法重新招标。重新招标后投标人仍少于 3 个的，属于必须审批的工程建设项目，报经原审批部门批准后可以不再进行招标；其他工程建设项目，招标人可自行决定不再进行招标。

（8）招标单位对投标单位补充、修改投标文件拒绝接受不妥。投标单位在招标文件要提交投标文件的截止日前，可以对投标文件进行补充、修改。该补充、修改的内容，为授标文件的组成部分。

3.2.9 电子招标投标

信息技术是工程建设改革的基础。基于现代信息技术兴起的电子投标形式，推动了投标形式的改变，改革了投标方式，减轻了工作人员的负担，降低成本，公开招标流程信息，各阶段成果方便储存，可促进招标工作的规范化，是未来发展的方向。

3.2.9.1 电子招标投标流程

电子招标投标流程包括：

（1）发布招标公告。根据《招标公告发布暂行办法》第七条规定："拟发布的招标公告文本应当由招标人或其委托的招标代理机构的主要负责人签名并加盖公章。"招标人借助电子签章在线起草招标公告并签字盖章；实现竞标信息一次发布、供应商批量接收。

（2）在线投标报名。投标人在线阅读电子招标公告、在线筹备电子版投标书、提交资质文件。与纸质标书逐页加盖角签、添加骑缝章相比，电子签章只需"动动手指"，即可快速完成。

（3）在线开标、评标。电子化投标模式实现评标人在线、远程评标。将电子签章功能与评标系统集成后，评标人经身份认证后，可在线填写评标意见并在线签字确认。

（4）在线签订合同。通过在线收集和比对供应商竞标信息，采购方最终确定评标结果并发布公示，竞标结果可快速反馈到招标人与中标人。中标人与投标人通过在线签署即可与招标人完成采购合同签订，缩短企业采购周期。

3.2.9.2 电子招标投标的法律约束

电子招标投标是招标投标的一种方式，其行为也必须满足招标投标相关法律法规的规定。为了规范电子招标投标活动，促进电子招标投标健康发展，《电子招标投标办法》（发展改革委令第 20 号）于 2013 年 5 月 1 日起施行。其中对于电子投标系统的监督和规范主要包括以下几个方面。

（1）停止运营。《电子招标投标办法》第五十三条规定：电子招标投标系统有下列情形的，责令改正，拒不改正的，不得交付使用，已经运营的应当停止运营：①不具备本办法及技术规范规定的主要功能；②不向行政监督部门和监察机关提供监督通道；③不执行统一的信息分类和编码标准；④不开放数据接口、不公布接口要求；⑤不按照规定注册登记、对接、交换、公布信息；⑥不满足规定的技术和安全保障要求；⑦未按照规定通过检测和认证。

（2）责令改正并处以罚款。《电子招标投标办法》第五十四条规定：招标人或者电子招标投标系统运营机构存在以下情形的，视为限制或者排斥潜在投标人，依照招标投标法第五十一条规定处罚：①利用技术手段对享有相同权限的市场主体提供有差别的信息；②拒绝或者限制社会公众、市场主体免费注册并获取依法必须公开的招标投标信息；③违规设置注册登记、投标报名等前置条件；④故意与各类需要分离开发并符合技术规范规定的工具软件不兼容对接；⑤故意对递交或者解密投标文件设置障碍。

（3）责令改正。《电子招标投标办法》第五十五条规定：电子招标投标交易平台运营机构有下列情形的，责令改正，并按照有关规定处罚：①违反规定要求投标人注册登记、收取费用；②要求投标人购买指定的工具软件；③其他侵犯招标投标活动当事人合法权益的情形。

（4）警告。可以处 1 万元以上 10 万元以下的罚款；对单位直接负责的主管人员和其他直接责任人员依法给予处分；构成犯罪的，依法追究刑事责任。《电子招标投标办法》第五十六条规定："电子招标投标系统运营机构向他人透露已获取招标文件的潜在投标人的名称、数量、投标文件内容或者对投标文件的评审和比较以及其他可能影响公平竞争的招标投标信息，参照招标投标法第五十二条关于招标人泄密的规定予以处罚。"

3.3　建　设　工　程　招　标

3.3.1　建设工程招标应具备的条件

招标人在项目招标程序开始之前，应满足的有关条件主要有三项：一是履行审批的手续；二是落实资金；三是保证必要的准备工作已完成。

3.3.1.1　履行审批手续

对于《招标投标法》第三条规定的必须进行招标的项目以及法律、国务院规定必须招标的其他项目，大多需要经过国务院、国务院有关部门或省（自治区、直辖市）有关部门的审批，且根据《工程建设项目申报材料增加招标内容和核准招标事项暂行规定》，凡是该规定第 2 条包括的工程建设项目，必须在报送的项目可行性研究报告或者资金申请报告、项目申请报告中增加有关招标的内容。没有经过审批或者审批没有获得批准的项目是不能进行招标的，擅自招标属于违法行为。投标人在参加要求履行审批手续的项目投标时，须特别注意招标项目是否已经通过有关部门审核批准，以免造成不必要的损失。

依法应当报送项目审批部门审批的工程建设项目，应当增加的招标内容包括：

（1）建设项目的勘察、设计、施工、监理以及重要设备、材料等采购活动的具体招标范围（全部或者部分招标）。

（2）建设项目的勘察、设计、施工、监理以及重要设备、材料等采购活动拟采用的招标组织形式（委托招标或者自行招标）。拟自行招标的，应按照《工程建设项目自行招标试行办法》（国家发展计划委员会令第 5 号）规定报送书面材料，至少包括项目法人营业执照、法人证书或者项目法人组建文件；与招标项目相适应的专业技术力量情况；内设的招标机构或者专职招标业务人员的基本情况；拟使用的专家库情况；以往编制的同类工程建设项目招标文件和评标报告，以及招标业绩的证明材料等。

（3）建设项目的勘察、设计、施工、监理以及重要设备、材料等采购活动拟采用的招标方式（公开招标或者邀请招标）；国家发展改革委员会确定的国家重点项目和省、自治区、直辖市人民政府确定的地方重点项目，拟采用邀请招标的，应对采用邀请招标的理由做出说明。

（4）其他有关内容。

3.3.1.2 落实资金

招标人应当保证进行招标项目的相应资金或资金来源已经落实，并在招标文件中如实载明。所谓"进行招标项目的相应资金或者资金来源已经落实"，是指进行某一单项建设项目、货物或服务采购所需的资金已经到位，或者尽管资金没有到位，但来源已经落实。从目前的实践看，招标项目的常用资金来源包括：国家和地方政府的财政拨款、企业的自有资金包括银行贷款在内的各种方式的融资，以及外国政府和有关国际组织的贷款。

以建筑工程的施工招标为例，招标时应具备的条件包括：①概算已经批准；②建设项目已正式列入国家、部门或地方的年度固定资产投资计划；③建设用地的征地工作已完成；④有能满足所需的设计图纸及技术资料；⑤建设资金和主要建筑材料、设备的来源已经落实；⑥已经建设项目所在地的规划部门批准，施工现场的"三通一平"工作已完成或一并列入施工招标范围；⑦有相应资金或资金来源已经落实。

建设工程项目具备必要条件后，招标人可向当地建设行政主管部门或其招标办事机构提出招标申请，经审查批准后，方可开展招标活动。

3.3.2 准备招标阶段

招标前的准备工作由招标人独立完成，主要工作包括确定招标范围，工程报建和编制与招标有关的各种文件。

（1）确定招标范围。根据工程特点和招标人的管理能力确定发包范围。例如，工程建设总承包招标或全过程总体招标；或者其中某个阶段的招标，如监理招标、设计招标、施工招标、材料设备采购招标等；或是某个阶段中某一专项的招标。并最终确定招标方式。

（2）完成工程报建。按照《工程建设项目报建管理办法》规定，工程建设项目由建设单位或其代理机构在工程项目可行性研究报告或其他立项文件被批准后，须向当地建设行政主管部门或其授权机构进行报建。报建范围包括各类房屋建筑、土木工程、设备安装、管道线路敷设、装饰装修等固定资产投资的新建、扩建、改建以及技改等建设项目。工程报建程序如下：

1）建设单位到建设行政主管部门或其授权机构领取"工程建设项目报建表"。

2）按报建表的内容及要求认真填写。

3）有上级主管部门的需经其批准同意后，一并报送建设行政主管部门，并按要求进行招标准备。

4）工程建设项目的投资和建设规模有变化时，建设单位应及时到建设行政主管部门或其授权机构进行补充登记。筹建负责人变更时，应重新登记。

凡未报建的工程建设项目，不得办理招标投标手续和发放施工许可证，设计、施工单位不得承接该项工程的设计和施工任务。

（3）编制与招标有关的各种文件。招标准备阶段应编制好招标过程中可能涉及的有关文件，保证招标活动的正常进行。这些文件包括招标公告、资格预审文件、招标文件、合同协议书以及资格预审和评标的方法。

3.3.3　发布招标公告

招标人采用公开招标方式的，应当发布招标公告。依法必须进行招标的项目的招标公告，应当通过国家指定的报刊、信息网络或者其他媒介发布。招标公告应当载明招标人的名称和地址、招标项目的性质、数量、实施地点和时间以及获取招标文件的办法等事项。

依法必须招标项目的资格预审公告和招标公告，应当载明以下内容：①招标项目名称、内容、范围、规模、资金来源；②投标资格能力要求，以及是否接受联合体投标；③获取资格预审文件或招标文件的时间、方式；④递交资格预审文件或投标文件的截止时间、方式；⑤招标人及其招标代理机构的名称、地址、联系人及联系方式；⑥采用电子招标投标方式的，潜在投标人访问电子招标投标交易平台的网址和方法；⑦其他依法应当载明的内容。

依法必须招标项目的招标公告和公示信息有下列情形之一的，潜在投标人或者投标人可以要求招标人或其招标代理机构予以澄清、改正、补充或调整：①资格预审公告、招标公告载明的事项不符合《招标公告和公示信息发布管理办法》（中华人民共和国国家发展和改革委员会令 第 10 号）第五条、第六条规定；②在两家以上媒介发布的同一招标项目的招标公告和公示信息内容不一致；③招标公告和公示信息内容不符合法律法规规定。招标人或其招标代理机构应当认真核查，及时处理，并将处理结果告知提出意见的潜在投标人或者投标人。

典型案例【D3-4】

某城市地方政府在城市中心区投资兴建一座现代化公共建筑 A，批准单位为国家发展改革委，文号为发改投字 C200516 号，建筑面积为 56844m^2，占地为 4688m^2，建筑檐口高度为 68.86m，地下 3 层，地上 20 层。采用公开招标、资格后审的方式确定设计人，要求设计充分体现城市特点，与周边环境相匹配，建成后成为城市的标志性建筑。招标内容为方案设计、初步设计和施工图设计三部分，以及建设过程中配合发包人解决现场设计遗留问题等事项。某招标代理机构草拟了一份招标公告如下：

招　标　公　告

招标编号：××××08—××号

××城市的 A 工程项目，已由国家发展改革委投字〔2005〕146 号文批准建设，该项目为政府投资项目已经具备了设计招标条件，现采用公开招标的方式确定该项目设计人，凡符合资格条件的潜在投标人均可以购买招标文件，在规定的投标截止时间授标。

（1）工程概况。详见招标文件。

（2）招标范围。方案设计、初步设计、施工图设计以及工程建设过程中配合招标人解决现场设计遗留问题。

（3）资格审查采用资格后审方式，凡符合本工程房屋建筑设计甲级资格要求并资格审查合格的投标申请人才有可能被授予合同。

（4）对本招标项目感兴趣的潜在投标人，可以从××省××市××路××号政府机关服务中心购买招标文件。时间为 2008 年 9 月 10 日至 2008 年 9 月 12 日，每日上午 8 时 30 分至 12 时 00 分，下午 1 时 30 分至 5 时 30 分（公休日、节假日除外）。

（5）招标文件每套售价为 200 元人民币，售后不退，如需邮购，可以书面形式通知招标人，并另加邮费每套 40 元人民币。招标人在收到邮购款后 1 天内，以快递方式向投标申请人寄送上述资料。

（6）投标截止时间为 2008 年 9 月 20 日 9 时 30 分，投标截止日前递交的，投标文件须送达招标人（地址、联系人见后）；开标当日递交的，投标文件须送达××省××市××路××号市政府机关服务中心。逾期送达的或未送达到指定地点的授标文件将被拒绝。

（7）招标项目的开标会将于上述投标截止时间的同一时间在××省××市××路××号市政府机关服务中心公开进行，邀请投标人派代表参加开标会议。招标代理机构名称、地址、联系人、电话、传真等（略）。

评析招标公告中的不当之举。

分析如下：

该招标公告有以下不当之处：

（1）未载明招标人名称和地址。

（2）未载明招标项目概况。

（3）发售招标文件的时间不满足 5 个工作日。

（4）投标截止时间不符合法律规定，不得少于 20 天。

（5）投标文件递交的地址不完整，地址应载明单位的具体楼号、房间号。

3.3.4 建设工程招标投标资格审查

对潜在投标人的资格审查是招标人的一项权利，其目的是审查投标人是否具有承担招标项目的能力，以保证投标人中标后，能切实履行合同义务。招标人可以根据招标项目本身的要求，在招标公告或者投标邀请书中，要求潜在投标人提供有关资质证明文件和业绩情况，并对潜在投标人进行资格审查。

任何单位和个人不得以行政手段或者其他不合理方式限制投标人的数量。

3.3.4.1 资格审查的分类

资格审查分为资格预审和资格后审两种形式。资格预审一般是在投标人投标前，由招标人发布资格预审公告或邀请，要求潜在投标人提供有关资质证明，经预审合格的，被允许参加正式投标。资格后审是指在开标后，再对投标人或中标人人选是否具有合同履行能力进行审查，诸如投标人是否胜任、机构是否健全、有无良好信誉、有无类似工程经历、人员是否合格、机械设备是否适用、资金是否足够周转等方面作实质性的审核，以保证将来更好地履行合同。资格审查不合格的投标人的投标一般应予否决。《招标投标法》关于资格审查的规定，既适用于资格预审也适用于资格后审。进行资格预审的，一般不再进行资格后审，但招标文件另有规定的除外。

采用邀请招标方式时，对投标人的资格审查一般都采用资格后审，即招标人在发出招标邀请书后，再要求投标人按照投标邀请提交或出示有关文件和资料，并进行验证。招标人通过资格后审，以确认自己所掌握的有关投标人的情况是真实的和可靠的。一般通过资格审查的投标人名单，要报招标投标管理机构进行审核。邀请招标资格审查的主要内容一般与公开招标相同。

采取资格预审的，招标人应当发布资格预审公告。招标人应当在资格预审文件中载明资格预审的条件、标准和方法。采取资格后审的，招标人应当在招标文件载明对投标人资格要求的条件、标准和方法。招标人不得改变载明的资格条件或者以没有载明的资格条件对潜在投标人或者投标人进行资格审查。

经资格预审后，招标人应当向资格预审合格的潜在投标人发出资格预审合格通知书，告知获取招标文件的时间、地点和方法。并同时向资格预审不合格的潜在投标人告知资格预审结果，资格预审不合格的潜在投标人不得参加投标。经资格后审不合格的投标人的投标应予否决。

3.3.4.2　资格预审的内容

在获得招标信息后，有意参加投标的单位应根据资格预审通告或招标公告的要求携带有关证明材料到指定地点报名并接受资格预审。资格审查应主要审查潜在投标人是否符合下列条件：①具有独立订立合同的权利；②具有履行合同的能力，包括专业、技术资格和能力，资金、设备和其他物质设施状况管理能力，经验、信誉和相应的从业人员；③没有处于被责令停业，投标资格被取消，财产被接管、冻结，破产状态；④在最近三年内没有骗取中标和严重违约及重大工程质量问题；⑤法律、行政法规规定的其他资格条件。

资格预审申请人除必须提供营业执照、资质证书和安全生产许可证等证明企业投标资格的证明文件外，还应该提供以下资料：①资格预审申请函；②法定代表人身份证明；③授权委托书；④联合体协议书；⑤申请人基本情况表；⑥近年财务状况表，须是经过会计师事务所或者审计机构审计的财务会计报表，包括近年的资产负债表、近年损益表、近年利润表、近年现金流量表以及财务状况说明书；应特别说明企业净资产，招标人也会根据招标项目的具体情况要求说明是否拥有有效期内的银行 AAA 资信证明、本年度银行授信总额度、本年度可使用的银行授信余额等；⑦近年完成的类似项目情况表；⑧正在施工的和新承接的项目情况表；⑨近年发生的诉讼和仲裁情况；⑩其他材料，诸如：近年不良行为记录情况、在建工程以及近年已竣工工程合同履行情况、拟投入主要施工机械设备情况表、拟投入项目管理人员情况表。

3.3.4.3　资格审查的方法与程序

资格审查办法一般分为合格制和有限数量制两种。合格制即不限定资格审查合格者数量，通过各项资格审查设置的考核因素和标准者均可参加投标。有限数量制则预先限定通过资格预审的人数，依据资格审查标准和程序，将审查的各项指标量化，最后按得分由高到低的顺序确定通过资格预审的申请人。通过资格预审的申请人不得超过限定的数量。

资格审查的一般程序为：

1）初步审查。初步审查是一般符合性审查。

2）详细审查。通过第一阶段的初步审查后即可进入详细审查阶段。审查的重点在于投标人财务能力、技术能力和施工经验等内容。

3）资格预审申请文件的澄清。在审查过程中，审查委员会可以以书面形式，要求申请人对所提交的资格预审申请文件中不明确的内容进行必要的澄清或说明。申请人的澄清或说明应采用书面形式，并不得改变资格预审申请文件的实质性内容。申请人的澄清和说明内容属于资格预审申请文件的组成部分。招标人和审查委员会不接受申请人主动提出的澄清或说明。

4）提交审查报告。按照规定的程序对资格预审申请文件完成审查后，确定通过资格预审的申请人名单，并向招标人提交书面审查报告。通过资格预审申请人的数量不足 3 个的，招标人重新组织资格预审或不再组织资格预审而直接招标。

资格预审审查报告一般包括工程项目概述、资格预审工作简介、资格评审结果和资格评审表等附件内容。

需要说明的是，通过资格预审的申请人除应满足初步审查和详细审查的标准外，还不得存在下列任何一种情形：不按审查委员会要求澄清或说明的；在资格预审过程中弄虚作假、行贿或有其他违法违规行为的；招标人不具有独立法人资格的附属机构（单位）；本标段前期准备提供设计或咨询服务的，但设计施工总承包的除外；本标段的监理人；本标段的代建人；为本标段提供招标代理服务的；与本标段的监理人或代建人或招标代理机构同为一个法定代表人的；与本标段的监理人或代建人或招标代理机构相互控股或参股的；与本标段的监理人或代建人或招标代理机构相互任职或工作的；被责令停业的；被暂停或取消投标资格的；财产被接管或冻结的；在最近 3 年内有骗取中标或严重违约或重大工程质量问题的。

典型案例【D3－5】

某地政府投资工程采用委托招标方式组织施工招标。依据相关规定，资格预审文件采用《中华人民共和国标准资格预审文件》（2007 年版）编制。招标人共收到了 16 份资格预审申请文件，其中 2 份资格申请文件是在资格预审申请截止时间后 2 分钟收到的。招标人按照以下程序组织了资格审查：

（1）组建资格审查委员会，由审查委员会对资格预审申请文件进行评审和比较。审查委员会由 5 人组成，其中招标人代表 1 人，招标代理机构代表 1 人，政府相关部门组建的专家库中抽取的技术、经济专家 3 人。

（2）对资格预审申请文件外封装进行检查，发现 2 份申请文件的封装、1 份申请文件封套盖章不符合资格预审文件的要求，这 3 份资格预审申请文件为无效申请文件。审查委员会认为只要在资格审查会议开始前送达的申请文件均为有效，因此，2 份在资格预审申请截止时间后送达的申请文件，由于其外封装和标识符合资格预审文件要求，为有效资格预审申请文件。

（3）对资格预审申请文件进行初步审查。发现有 1 家申请人使用的施工资质为其子公司资质，还有 1 家申请人为联合体申请人，其中 1 个成员又单独提交了 1 份资格预审申请文件。审查委员会认为这 3 家申请人不符合相关规定，不能通过初步审查。

（4）对通过初步审查的资格预审申请文件进行详细审查。审查委员会依照资格预审文件中确定的初步审查事项，发现有一家申请人的营业执照副本（复印件）已经超出了有效期。于是要求这家申请人提交营业执照的原件进行核查。在规定的时间内，该申请人将其重新申办的营业执照原件交给了审查委员会核查，确认合格。

（5）审查委员会经过上述审查程序，确认了通过以上第（2）、（3）两步的 10 份资格预审申请文件通过了审查，并向招标人提交了资格预审书面审查报告，确定了通过资格审查的申请人名单。

请评析该资格审查流程中不正确的地方。

分析如下：

依据《工程建设项目施工招标投标办法》（七部委〔2003〕30 号令）对资格审查的规定和《中华人民共和国标准施工招标资格预审文件》（2007 年版）中的精神，对资格预审申请文件封装和标识的检查，是招标人决定是否受理该份申请的前提条件。审查委员会的职责是依据资格预审文件中的审查标准和方法，对招标人受理的资格预审申请文件进行审查。

（1）本案中，招标人组织资格审查的程序不正确。

依据《工程建设项目施工招标投标办法》（七部委〔2003〕30 号令），同时参照《中华人民共和国标准施工招标资格预审文件》（2007 年版），审查委员会的职责是依据资格预审文件中的审查标准和方法，对招标人受理的资格预审申请文件进行审查。本案中，资格审查委员会对资格预审申请文件封装和标识进行检查，并据此判定申请文件是否有效的做法属于审查委员会越权。

正确的资格审查程序为：

1）招标人组建资格审查委员会。

2）对资格预审申请文件进行初步审查。

3）对资格预审申请文件进行详细审查。

4）确定通过资格预审的申请人名单。

5）完成书面资格审查报告。

（2）在审查过程中，审查委员会第（1）步、第（2）步和第（4）步的做法不正确。

第（1）步中资格审查委员会的构成比例不符合招标人代表不能超过 1/3，政府相关部门组建的专家库专家不能少于 2/3 的规定，因为招标代理机构的代表参加评审，视同招标人代表。

第（2）步中把 2 份在资格预审申请截止时间后送达的申请文件评审为有效申请文件的结论不正确，不符合市场交易中的诚信原则，也不符合《中华人民共和国标准施工招标资格预审文件》（2007 年版）的精神。

第（4）步中核查原件的目的仅在于审查委员会进一步判定原申请文件中营业执照本（复印件）的有效与否，而不是判断营业执照副本的原件是否有效。

3.3.5　建设工程招标文件的编制

招标文件是指由招标人或招标代理机构编制并向潜在投标人发售的明确资格条件、合同条款、评标方法和投标文件相应格式的文件。招标文件是整个招标过程中极为重要的法律文件，它不仅规定了完整的招标程序，而且还提出了各项具体的技术标准和交易条件，规定了拟订立的合同的主要内容，是投标人准备投标文件和参加投标的依据，是评审委员会评标的依据，也是拟订合同的基础。

招标人应当根据招标项目的特点和需要编制招标文件。招标文件应当包括招标项目的技术要求、对投标人资格审查的标准、投标报价要求和评标标准等所有实质性要求和条件以及拟签订合同的主要条款。国家对招标项目的技术、标准有规定的，招标人应当按照其规定在招标文件中提出相应要求。招标项目需要划分标段、工期的，招标人应当合理划分标段、确定工期，并在招标文件中载明。

3.3.5.1 招标文件的编制原则

招标文件的编制必须遵守国家有关招标投标的法律法规和部门规章的规定，还应遵循下列原则和要求：

（1）招标文件必须遵循公开、公平、公正的原则，不得以不合理的条件限制或者排斥潜在投标人，不得对潜在投标人实行歧视待遇。

（2）招标文件必须遵循诚实信用的原则，招标人向投标人提供的工程情况，特别是工程项目的审批、资金来源和落实等情况都要确保真实和可靠。

（3）招标文件介绍的工程情况和提出的要求，必须与资格预审文件的内容相一致。

（4）招标文件的内容要能清楚地反映工程的规模、性质、商务和技术要求等，设计图纸应与技术规范或技术要求相一致，使招标文件系统、完整、准确。

（5）招标文件规定的各项技术标准应符合国家强制性标准。

（6）招标文件应当明确规定所有评标因素，并对评标因素进行量化或者据此进行评估。

（7）招标文件不得要求或者标明特定的专利、商标、名称、设计、原产地或建筑材料、构配件等生产供应者，以及含有倾向或者排斥投标申请人的其他内容。如果必须引用某一生产供应者的技术标准才能准确或清楚地说明拟招标项目的技术标准时，则应当在参照后面加上"或相当于"的字样。

（8）招标人应当在招标文件中规定实质性要求和条件，并用醒目的方式标明。

（9）国家对投标人的资格条件有规定的，招标文件中载明的投标人资格条件应当符合国家规定的条件。

（10）招标项目需要划分标段、确定工期的，招标人应当合理划分标段，确定工期，并在招标文件中载明。

3.3.5.2 招标文件的主要内容

招标文件的主要内容包括由投标须知、合同条款及有关附件组成的商务条款，由图纸、工程量清单、技术规范等组成的技术条款等。招标文件应当清晰、明确载明以下内容：①招标人名称、项目名称及其简介；②项目的数量规模和主要技术、质量要求；③项目的完成期限或者交货、提供服务的时间；④对投标人的资格和投标文件以及投标有效期限的要求；⑤提交投标文件的方式、地点和截止时间；⑥投标报价的要求；⑦评标依据标准，方法，定标原则和确定标的主要因素；⑧主要合同条款以及协议书内容；⑨图纸，格式附录等招标相关资料和技术文件的要求；⑩其他需要载明的事项。

依法必须进行招标的项目，招标文件或者资格预审文件出售时间不得少于5个工作日，其出售价格依据印刷成本确定，自招标文件开始发出之日起至提交投标文件截止之间最短不得少于20天。另外，招标文件不得要求或者标明特定的生产供应者以及含有倾向或者排斥潜在投标人的其他内容，具体要求为：

（1）招标文件不得要求或者标明特定的生产供应者。招标项目的技术规格除有国家强制性标准外，一般应当采用国际或国内公认的标准，各项技术规格均不得要求或标明某一特定的生产厂家、供货商、施工单位或注明某一特定的商标、名称、专利、设计及原产地。

（2）不得有针对某一潜在的投标人或排斥某一潜在投标人的规定。比如，实践中有的项目在国际招标中为使某一外国厂商中标提出不合理的技术要求，使其他潜在投标人因达不到这一技术要求而不能投标。有的投标人因在以前的招标项目中对招标人的某些行为提出过异议，在以后的招标中，招标人为排斥该投标人，在招标文件中故意提出不合理的要求，进行打击报复。这些行为都是不合法的，应予禁止。

3.3.5.3　建设工程招标文件的组成

建设工程招标文件是由一系列有关招标方面的说明性文件资料组成的，包括各种旨在阐释招标人意思的文字、图表、电报、传真、电传等材料。一般来说，招标文件在形式构成上，主要包括正式文本、对正式文本的解释和对正式文本的修改三个部分。招标人应根据建设工程特点和具体情况参照《中华人民共和国标准施工招标文件（2007 年版）》编写建设工程施工招标文件。

对招标文件正式文本的解释（澄清）其形式主要是书面答复、投标预备会记录等。投标人如果认为招标文件有问题需要澄清，应在收到招标文件后以文字、电传、传真或电报等书面形式向招标人提出，招标人将以文字、电传、传真或电报等书面形式或以投标预备会的方式给予解答。解答包括对询问的解释，但不说明询问的来源。解答意见经招标投标管理机构核准，由招标人送给所有获得招标文件的投标人。

典型案例【D3-6】

某市高速公路工程全部由政府投资。该项目为该市建设规划的重点项目之一，并且已经列入地方年度固定资产投资计划，项目概算已经主管部门批准，施工图及有关部门技术资料齐全，现决定对该项目进行施工招标。经过资格预审，为潜在投标人发放招标文件后，业主对投标单位就招标文件所提出的问题统一作出了书面答复，并以备忘录的形式分发给各投标单位具体格式见表 3.1。

表 3.1　　　　　　　　　　　　招 标 文 件 备 忘 录

序号	问题	提问单位	提问问题	答复
1				
2				
...				

在书面答复投标单位的提问后，业主组织各投标单位进行了施工现场踏勘。在提交投标文件截止时间前 10 日，业主书面通知各投标单位，由于某种原因，决定将该项工程的收费站工程从原招标范围内删除。请分析该招标流程中的问题。

分析如下：

根据相关法律法规，该项目招标存在以下三方面的问题。

（1）招标工作步骤安排存在问题，现场踏勘环节应安排在书面答复投标单位问题前，因为投标单位可能在现场踏勘环节对施工现场提出问题。

（2）业主对投标单位的提问只能针对具体问题进行答复，但不应提及具体提问单位（投标单位），而案例中的《招标文件备忘录》中的"提问单位"却透露了潜在投标人的信息。按《招标投标法》第二十二条规定，招标人不得向他人透露获取招标文件的潜在投标人的名称、数量以及可能影响公平竞争的有关招投标的其他情况。

（3）业主在提交投标文件截止时间前 10 日，业主书面通知各投标单位，由于某种原因，决定将该项工程的收费站工程从原招标范围内删除这种做法不符合《招标投标法》中第二十三条规定，招标人对已发出的招标文件进行必要澄清或者修改的，应当在招标文件要求提交投标截止时间至少十五日前，以书面形式通知所有招标文件收受人。若迟于这一时限发出变更招标文件的通知，则应当将原定的投标截止日期适当延长，以便投标单位有足够的时间充分考虑这种变更对投标书的影响，本案例在提交投标文件截止时间前 10 日对招标文件做了变更，但并未说明投标截止日期已经相应延长。

对招标文件正式文本的修改其形式主要是补充通知、修改书等。在投标截止日前，招标人可以自己主动对招标文件进行修改，或为解答投标人要求澄清的问题而对招标文件进行修改。修改意见经招标投标管理机构核准，由招标人以文字、电传、传真或电报等书面形式发给所有获得招标文件的投标人。对招标文件的修改，也是招标文件的组成部分，对投标人起约束作用。投标人收到修改意见后应立即以书面形式（回执）通知招标人，确认已收到修改意见。为了给投标人合理的时间，使他们在编制投标文件时将修改意见考虑进去，招标人可以酌情延长递交投标文件的截止日期。

3.3.6 标底

标底是我国工程招标中的一个特有概念，是依据国家统一的工程量计算规则、预算定额和计价办法计算出来的工程造价，是招标人对建设工程预算的期望值。在国外，标底一般被称为"估算成本"（如世界银行、亚洲开发银行等）、"合同估价"（如世贸组织《政府采购议》）。我国台湾则将其称为"底价"。

标底的编制一般应注意以下几点：

（1）根据设计图纸及有关资料、招标文件，参照国家规定的技术、经济标准定额及规范，确定工程量和设定标底。

（2）标底价格应由成本、利润和税金组成，一般应控制在批准的建设项目总概算及投资包干的限额内。

（3）标底价格作为招标人的期望价，应力求与市场的实际变化相吻合，要有利于竞争和保证工程质量。

（4）标底价格应考虑人工、材料、机械台班等价格变动因素，还应包括施工不可预见费、包干费和措施费等。工程要求优良的，还应增加相应费用。

（5）一个工程只能编制一个标底。

设立标底的做法是针对我国建筑市场发育状况和国情而采取的措施，是具有中国特色的招标投标制度的一个具体体现。标底在开标前是保密的，任何人不得泄露标底。

3.3.7 核定招标控制价

招标控制价是招标人根据国家或省级、行业建设主管部门颁发的有关计价依据和办法，按设计施工图纸计算的，对招标工程限定的最高工程造价。国有资金投资的建设工程招标，必须编制招标控制价。

3.3.7.1　招标控制价的编制原则

（1）国有资金投资的工程进行招标，根据《招标投标法》的规定，招标人可以设标底。当招标人不设标底时，为有利于客观、合理地评审投标报价和避免哄抬标价，造成国有资产流失，招标人应编制招标控制价。《招标投标法实施条例》第二十七条规定："招标人可以自行决定是否编制标底，一个招标项目只能有一个标底，标底必须保密。接受委托编制标底的中介机构不得参加受托编制标底项目的投标，也不得为该项目的投标人编制投标文件或者提供咨询。招标人设有最高投标限价的，应当在招标文件中明确最高投标限价或者最高投标限价的计算方法，招标人不得规定最低投标限价。"

（2）国有资金投资的工程，招标人编制并公布的招标控制价相当于招标人的采购预算，同时要求其不能超过批准的概算，因此，招标控制价是招标人在工程招标时能接受投标人报价的最高限价。国有资金中的财政性资金投资的工程在招标时还应符合《中华人民共和国政府采购法》相关条款的规定。如该法第 36 条规定："在招标采购中，出现下列情形之一的应废标：符合专业条件的供应商或者对招标文件作实质响应的供应商不足三家的；出现影响采购公正的违法、违规行业的；投标人的报价均超过了采购预算，采购人不能支付的；因重大变故，采购任务取消。废标后，采购人应当将废标理由通知所有投标人。"

3.3.7.2　招标控制价的编制依据

招标控制价的编制依据主要包括：《建设工程工程量清单计价规范》（GB 50500—2013）；国家或省级、行业建设主管部门颁发的计价定额和计价办法；建设工程设计文件及相关资料；招标文件中的工程量清单及有关要求；与建设项目相关的标准、规范、技术资料；工程造价管理机构发布的工程造价信息；工程造价信息中没有发布的参照市场价；其他相关资料，如施工现场情况、工程特点及常规施工方案等。

按上述依据进行招标控制价编制，应注意以下事项：

（1）使用的计价标准、计价政策应是国家或省级、行业建设主管部门颁布的计价定额和相关政策规定。

（2）采用的材料价格应是工程造价管理机构通过工程造价信息发布的材料单价；工程造价信息未发布材料单价的，其材料价格应通过市场调查确定。

（3）国家或省级、行业建设主管部门对工程造价计价中费用或费用标准有规定的，应按规定执行。

3.3.7.3　建设工程招标控制价的编制内容

（1）综合单价中应包括招标文件中划分的应由投标人承担的风险范围及其费用。招标文件中没有明确的，如是工程造价咨询人编制，应提请招标人明确；如是招标人编制，应予以明确。

（2）分部分项工程和措施项目中的单价项目，应根据拟定的招标文件和招标工程量清单项目中的特征描述及有关要求确定综合单价计算。

（3）措施项目中的总价项目金额应根据招标文件及投标时拟定的施工组织设计或施工方案，按工程量清单采用综合单价计价自主确定。措施项目中的安全文明施工费必须按国家或省级、行业建设主管部门的规定计算，不得作为竞争性费用。

（4）其他项目应按下列规定计价：

1）暂列金额。暂列金额应按招标工程量清单中列出的金额填写。

2）暂估价。暂估价包括材料暂估价、工程设备单价暂估价和专业工程暂估价。暂估价中的材料、工程设备单价应按招标工程量清单中列出的单价计入综合单价；暂估价中的专业工程金额应按招标工程量清单中列出的金额填写。

3）计日工。计日工应列出项目名称、计量单位和暂估数量。计日工应按招标工程量清单中列出的项目和数量，自主确定综合单价并计算计日工金额。

4）总承包服务费。总承包服务费应根据招标工程量清单列出的内容和要求估算。

（5）规费和税金。规费和税金必须按国家或省级、行业建设主管部门的规定计算，不得作为竞争性费用。

3.3.7.4　招标控制价的编制注意事项

（1）招标控制价的作用决定了招标控制价不同于标底，无须保密，为体现招标的公平公正，防止招标人有意抬高或压低工程造价，招标人应在招标文件中如实公布招标控制价，不得对所编制的招标控制价进行上浮或下调。招标人在招标文件中公布招标控制价时，应公布招标控制价各组成部分的详细内容，不得只公布招标控制价总价。同时，招标人应将招标控制价报工程所在地的工程造价管理机构备查。

（2）投标人经复核认为招标人公布的招标控制价未按照《建设工程工程量清单计价规范》（GB 50500—2013）的规定进行编制的，应在开标前5天向招投标监督机构或（和）工程造价管理机构投诉。招投标监督机构应会同工程造价管理机构对投诉进行处理，发现确有错误的责令招标人修改。

3.3.7.5　招标控制价的编制人资格

招标控制价应由具有编制能力的招标人编制，当招标人不具有编制招标控制价的能力时，可委托具有相应资质的工程造价咨询人编制。工程造价咨询人不得同时接受招标人和投标人对同一工程的招标控制价和投标报价进行编制。

所谓具有相应工程造价咨询资质的工程造价咨询人，是指根据《工程造价咨询企业管理办法》（建设部令第149号）的规定，依法取得工程造价咨询企业资质，并在其资质许可的范围内接受招标人的委托，编制招标控制价的工程造价咨询企业。取得甲级工程造价咨询资质的咨询人可承担各类建设项目的招标控制价编制，取得乙级（包括乙级暂定）工程造价咨询资质的咨询人只能承担5000万元以下的招标控制价的编制。另外，根据《招标代理服务收费管理暂行办法》（计价格C20021980号文）第三条的规定，取得资质的招标代理机构可以从事编制招标控制价（标底）的工作。

3.3.8　组织现场踏勘和标前会议

3.3.8.1　现场踏勘

现场踏勘是指招标人组织投标人对项目实施地的人文、地理、地质、气候等客观条件和环境进行的现场考察。招标人在发出招标公告或者投标邀请书后，可以根据招标项目的实际情况，组织潜在投标人到项目现场进行实地勘察，但是不得单独或者分别组织任何一个或者部分投标人进行现场踏勘。潜在投标人到现场调查，可以进一步了解招标人的意图和现场的实际情况，以获取相关信息并据此做出是否投标的决定。投标人如果在现场勘察中有疑问，应当在投标预备会前以书面形式向招标人提出，但应给招标人留出时间解答。

招标人应向投标人介绍有关现场的以下情况：施工现场是否达到招标文件规定的条件；施工现场的地理位置和地形、地貌；施工现场的地质、土质、地下水位、水文等情况；施工现场气候条件，如气温、湿度、风力、年雨雪量等；现场环境，如交通、饮水、污水排放、生活用电、通信等。

投标人在现场勘察中如有疑问或不清楚的问题，应在标前会议前以书面形式向招标人提出。

3.3.8.2　标前会议

对于较大的工程项目招标，通常在报送投标报价前由招标机构召开一次标前会议，以便向所有有资格的投标人澄清他们提出的各种问题。标前会议又称投标预备会或招标文件交底会，是招标人按投标须知规定的时间和地点召开的会议，也是招标投标前的一次非常重要的会议，一般由参加现场踏勘的人员参加。

一般来说，投标人应当在规定的标前会议日期之前将问题用书面形式寄给招标机构，然后招标机构将其汇集起来研究，提出统一的解答。公开招标的规则通常规定，招标机构不得向任何投标人单独回答其提出的问题，只能统一解答，而且要将所有问题的解答发给每一个购买了招标文件的投标人，以显示其公平对待。

标前会议通常在工程所在国境内召开，开会时间和地点在招标文件的"投标人须知"中写明；在标前会议期间，招标机构往往会组织投标人到拟建工程现场参观和考察，投标人也可以在该会议后到现场专门考察当地建设条件，以便做出正确投标报价。标前会议和现场考察的费用通常由投标人自行负担。如果投标人不能参加标前会议，可以委托其当地的代理人参加，也可以要求招标机构将标前会议的记录寄给投标人。

招标机构有责任将标前会议记录和对各种问题的统一答复或解释整理为书面文件，随后分别寄给所有的投标人。标前会议记录和答复问题记录应当被视为招标文件的补充。如果它们与原招标文件有矛盾，应当说明以会议记录和问题解答记录为准。在标前会议上，可能对开标日期做出最后确认或者修改，如开标日期有任何变动，不仅应当及时以电传或书信方式通知所有的投标人，还应当在重要的报纸上发布通告。

标前会议主要议程如下：①介绍参加会议的单位和主要人员；②介绍问题解答人；③解答投标单位提出的问题；④通知有关事项。

会议结束后，招标机构应将其口头解答的会议记录加以整理，用书面补充通知（又称"补遗"）的形式发给每一位投标人。补充文件作为招标文件的组成部分，具有同等的法律效力。补充文件应在投标截止日期前一段时间发出，以便让投标者有充足的时间做出反应。

投标人参加标前会议前，应消化吸收招标文件中得到的各类问题，整理成书面文件，及时寄往招标单位指定地点要求答复，或在标前会议上要求澄清。提出的质疑，要注意如下几点：①对工程范围不清的问题提出，应要求进行说明；②对招标文件中图纸和规范有矛盾之处，请求说明以何为准；针对以上两点，投标人不宜自行臆断和修改；③对含糊不清的合同条件，要求进行澄清、解释；④对自己有利的矛盾、含糊不清的条款不要在标前会议上提出；⑤注意不要让业主或竞争对手通过自己提出的问题推测和了解自己的施工方案或投标设想；⑥所有疑问一定要要求业主书面作答，并列入招标文件或书面证明，与招标文件具有同等效力。

3.4 建 设 工 程 投 标

3.4.1 资格审查的准备

在招标过程中，招标人会对投标人的经营资格、专业资质、财务状况、技术能力、管理能力、业绩、信誉等方面评估审查，以判定其是否具有参与项目投标和履行合同资格及能力，从而剔除不具备承担或履行合同的潜在投标人。一般情况下，招标人会发布资格预审公告，向不特定的潜在投标人发出邀请，投标人编报的资格预审文件，实际上就是从资质条件、业绩、信誉、技术、设备、人力、财务状况等方面响应招标人的要求。资格预审文件主要包括以下内容：

（1）资格预审申请表。

（2）独立法人资格的营业执照（必须附工商行政管理局登记年检页）。

（3）承接本工程所需的企业资质证书。

（4）安全生产许可证。

（5）建造师注册证书，项目负责人安全考核合格证，同类工程经验业绩。

（6）有效的 ISO 9001 质量管理、ISO 14001 环境管理、OHSMS 18001 职业健康安全管理体系认证，"重合同守信用"荣誉证书和银行信用等级证书。

（7）企业负责人、项目负责人、专职安全员均取得有效的安全生产合格证书。

（8）企业近三年的工程项目业绩情况。

（9）安全文明：近一年无发生重大安全事故和质量事故。

（10）没有因腐败或欺诈行为而被政府或业主宣布取消投标资格（且在处罚期内）。

（11）企业财务状况，企业财务审计报告。

（12）没有参与本项目设计、前期工作、招标文件的编制及监理工作的证明或承诺。

（13）没有财产被查封、冻结或者处于破产状态的情况。

（14）拟投入到本工程的组织机构、施工人员、设备等资料表。

招标人在发售的资格预审文件中将所有的表格、要求提交的有关证明文件和通过资格预审的条件做了详细的说明。这些表格的填报方法在资格预审文件中都逐表予以明确，投标企业取得资格预审文件后应组织经济、技术、文秘、翻译等有关人员严格按资格预审文件的要求填写。其资料要从本单位最近的统计、财务等有关报表中摘录，不得随意更改文件的格式和内容，对业绩表应结合本企业的实际实力和工程情况认真填写。一般来说，凡参加资格预审的投标企业，都希望取得投标资格，因此作为策略，在填报已完成的工程项目表时，投标企业应在实事求是的基础上尽量选择评价高、难度大、结构多、工期短、造价低等有利于本企业中标的项目。

3.4.2 投标前的准备工作

建设工程项目施工投标是一项系统工程，全面而充分的投标准备工作是中标的前提与保障。投标人的投标准备工作主要有建立投标工作机构、投标决策、办理投标有关事宜、研究招标有关文件等。

3.4.2.1　建立投标工作机构

对投标人而言，建设工程项目施工投标，关系到建筑安装企业的经营与发展，随着建筑领域科学技术的进步，"新材料、新工艺、新技术"的推广与应用，BIM 管理技术在招标投标及工程项目管理中的广泛应用，建筑工程越来越多的是技术密集型项目，这样势必给投标人带来两方面的挑战：一方面是技术上的挑战，要求投标人具有先进的科学技术，能够完成高、新、尖、难工程；另一方面是管理上的挑战，要求投标人具有现代先进的组织管理水平，能以较低价（必须合理）中标。实践证明投标人建立一个组织完善、业务水平高、强有力的投标工作机构是获取中标的根本保证。

（1）投标工作机构形式。建设工程项目施工投标工作机构有两种形式：一种是常设固定投标机构；另一种是临时投标工作机构。

1）常设固定投标机构。一般情况下，大型集团（企业）常设专门机构或职能部门从事较大工程项目投标或工程施工投标。中标后将其中标的项目根据集团公司的内部管理下发给各下属部门。该形式机构有如下特点：①能够充分发挥投标企业资质、人员、财力、技术装备、经验、业绩及社会信誉等方面的优势，参与国内外投标竞争；②机构人员相对固定，机构内部分工明确，职责清晰，分析、比较以往投标成败原因，总结投标经验，收集数据、持续改进成为常态化的管理工作；③公司管理成本因该常设机构而略有增加；④组织机构管理一般为三个层次，即负责人、职能小组负责人、职员。负责人一般由集团（企业）的技术负责人或主管生产经营副总经理担任，主要职责是负责投标全过程的决策；职能小组负责人按专业划分，负责审核技术方案、投标报价及金融等投标其他事务性管理工作；职员则需要包括工程技术类人员、经济管理类人员和综合事务性人员。工程技术类人员按专业划分，负责编制投标工程施工方案、拟定保证措施、编制施工进度计划；经济管理类人员按专业划分，负责编制各专业工程投标报价；综合事务性人员负责市场调查，收集项目投标相关的重要信息。

2）临时投标工作机构。通常情况下，企业的下属部门具有独立法人单位或企业分支机构，在获取招标信息并决定投标后，组建临时投标工作机构，并代表该企业进行投标。该机构的成员大部分为项目中标后施工项目部成员，这种投标机构具有如下特点：①机构灵活，可根据招标项目的内容聘请相关人员；②投标工作与机构中的每个人的利益密切相关，使投标工作机构人员工作态度积极、严谨，投标方案更加成熟合理；③投标成本相对低，但有时因人员缺乏或专业等其他原因，致使投标工作遇到困难，或影响投标文件质量。

（2）投标工作机构人员素质要求。

1）决策及经营管理类人才素质。是指专门从事工程承包经营管理，制订和贯彻经营方与规划、负责全面筹划和安排的决策人才，这类人应具备的素质为：①专业技术素质，知识渊博、较强的专业水平，对其他相关学科也应有相当的知识水平，能全面、系统地观察和分析问题；②法律与管理素质，具有一定的法律知识和实际工作经验，充分了解国内外有关法律及国际惯例，对开展投标业务所遵循的各项规章制度有充分的了解，有丰富的阅历和预测、决策能力；③社会活动能力，有较强的思辨能力和社会活动能力，视野广阔、有胆识、勇于开拓，具有综合、概括分析预测、判断和决策能力，在经营管理领域有造诣，具有较强的谈判交流能力。

2）专业技术类人才素质。所谓专业技术类人才，是指工程设计、施工中的各类技术人员，如建造师、结构工程师、造价师、土木工程师、电气工程师、机械工程师、暖通工程师等各专业技术人员。他们应具备深厚的理论又具备熟练的实际操作能力，在投标时能够根据项目招标范围、发包方式、招标人实质性要求，从本公司的实际技术优势及综合实力出发，编制科学合理的施工方案、技术措施、进度计划及合理的工程投标报价。

3）报价及商务金融类人才素质。所谓报价及商务金融类人才，是指从事投标报价、金融、贸易、税法、保险、预决算等专业知识方面人才，财务人员需具有会计师资格。

以上是对投标机构人员个体素质的基本要求，一个投标班子仅仅个体素质良好还不够，还需要各方的共同参与、协同作战，充分发挥集体力量。

3.4.2.2 投标决策

在市场经济条件下，承包商获得工程项目承包任务的主要途径是投标，但是作为承包商，并不是逢标必投，应根据诸多影响因素来确定投标与否。投标决策的正确与否，关系到能否中标和中标后的效益以及企业的发展前景。所谓决策包括三个方面的内容：针对招标投标项目，根据实力决定是否投标；倘若投标，是投什么性质的标；在投标中如何采用以长制短、优胜劣汰的策略和技巧。

投标决策分两阶段进行，即投标决策的前期阶段和投标决策的后期阶段。

（1）投标决策的前期阶段。投标决策的前期阶段是指在购买投标人资格预审资料前后完成的决策研究阶段，此阶段必须对投标与否做出论证。

决定是否投标的原则包括：①承包投标工程的可行性和可能性，如本企业是否有能力承揽招标工程，竞争对手是否有明显的优势等，对此要进行全面分析；②招标工程的可靠性，如建设工程的审批程序是否已经完成，资金是否已经落实等；③招标工程的承包条件，如承包条件苛刻，企业无力完成施工，则应放弃投标。

另外，不是所有感兴趣的法人或其他组织都可以参加投标，投标活动对参加人有一定的要求，投标人必须按照招标文件的要求，具有承包建设项目的资质条件、技术装备、经验、业绩，以及财务能力，必须满足项目招标人的要求。

最后还需要综合评定可能的风险因素。以建设工程项目施工投标决策为例，需要考虑的主观因素包括：①技术因素，诸如工程技术管理人员的专业水平是否与招标项目相适应，机械装备是否满足招标工作要求，是否具有与招标项目类似工程施工管理经验；②经济因素，诸如是否具有招标人要求的垫付资金的能力，是否具有新增或租赁机械设备的资金，是否具有支付或办理担保能力，是否具有承担不可抗力风险能力；③管理因素，诸如是否具备适应建设领域先进管理技术与方法，是否具备可操作的质量控制、安全管理、工期控制、成本控制的经验与方法，是否具备对技术、经济等突发事件的处理能力；④信誉因素，企业是否具有良好的商业信誉，是否获得关于履约的奖项。客观因素则主要包括：①发包人和监理人情况，诸如发包人的民事主体资格、支付能力、履约信誉、工作方式，监理工程师以往在工程中是否客观、公正、合理地处理问题；②项目情况，诸如招标工程项目的技术复杂程度及要求，对投标人类似工程经验的要求，中标承包后对本企业今后的影响；③竞争对手和竞争形势，诸如竞争对手的优势、历年的投标报价水平、在建工程项目以及自有技术等；④市场资源供给及价格情况。

（2）投标决策的后期阶段。如果决定投标，即进入投标决策的后期阶段，是指从申报资格预审至投标报价前完成的决策研究阶段。即依据招标文件的实质性要求确定本企业本次投标的目的，例如，保本、盈利、占领市场或扩大市场等，从工程技术人员配备，机械设备投入，是否使用新材料、新工艺、新技术以及自有技术的应用等方面进行决策，重点投标报价要合理、施工方案要科学合理，如何应用先进技术进行工程项目方案的展示以及项目施工的全过程的管理，以确保投标获得成功。

3.4.2.3　办理投标有关事宜

（1）投标报名。投标报名方式通常有两种，一种是现场报名，另一种是网上报名。现场报名需要拟投标人根据获取的资格预审公告（或招标公告），按其要求的时间地点携带其法人单位的营业执照、资质证书和相关介绍信等手续报名参加资格预审或投标。资质条件不符合招标人要求的法人单位或组织不能参与投标竞争。网上报名需要拟投标人根据获取的资格预审公告（或招标公告），按其要求的时间及指定的网址上传本单位的营业执照、资质证书以及公告要求提交的其他文件（包括各类证明文件），并保证其上传文件的真实性及有效性。

另外，异地投标报名是常见现象。《招标投标法》第六条规定："依法必须进行招标的项目，其招标投标活动不受地区或者部门的限制。任何单位或各人不得违法限制或者排斥本地区、本系统以外的法人或其他组织参加投标，不得以任何方式非法干涉招标投标活动。"

（2）购买资格预审文件或招标文件。拟投标人根据资格预审公告或招标公告要求，凭法人或其他组织相关证书、证明文件方可购买资格预审文件或招标文件。

（3）提交投标保证金。投标保证金是指在招标投标活动中，投标人随投标文件一同递交给招标人的一定形式和金额的投标责任担保。招标投标是一项严肃的法律活动，招标人的招标是一种要约行为，投标人作为要约人，向招标人（要约邀请方）递交投标文件之后，意味着响应招标人发出的要约邀请。在投标文件递交截止时间至招标人确定中标人的这段时间内，投标人不能要求退出竞争或修改投标文件。而一旦招标人发出中标通知书，做出承诺，则合同即告成立，中标的投标人必须接受，并受到约束。否则，投标人要承担合同订立过程中的缔约过失责任，就要承担投标保证金被招标人没收的法律后果。因此，投标保证金最基本的功能是对投标人的投标行为产生约束作用，为招标活动提供保障。

《〈中华人民共和国政府采购法实施条例〉释义》第33条规定：招标文件要求投标人提交投标保证金的，投标保证金不得超过采购项目预算金额的2％。投标保证金应当以支票、汇票、本票或者金融机构、担保机构出具的保函等非现金形式提交。投标人未按照招标文件要求提交保证金的，投标无效。

《工程建设项目施工招标投标办法》（七部委〔2013〕第30号令）第三十七条规定：招标人可以在招标文件中要求投标人提交投标保证金。投标保证金除现金外，可以是银行出具的银行保函、保兑支票、银行汇票或现金支票。投标保证金不得超过项目估算价的2％，但最高不得超过八十万元人民币。投标保证金有效期应当与投标有效期一致。投标

3.4 建 设 工 程 投 标

人应当按照投标文件要求的方式和金额，将投标保证金随投标文件提交给招标人或其委托的招标代理机构。依法必须进行施工招标的项目的境内投标单位，以现金或支票的形式提交的投标保证金应当从其基本账户转出。《招标投标法》规定，潜在投标人资格预审合格后，递交投标文件时提交投标保证金，或在招标文件规定的截止时间提交。

投标保证金可以采用如下几种形式：

1）现金。通常适用于投标保证金额度较小的招标活动。

2）银行汇票。由银行开出，交由汇款人转交给异地收款人，该形式适用于异地投标。

3）银行本票。本票是出票人签发，承诺自己在见票时无条件将确定的金额给收款人或出票人的票据。对于用作投标保证金的银行本票而言，则是由银行开出，交由投标人递交给招标人，招标人再凭银行本票至银行兑取现金。

4）支票。对于作为投标保证金的支票而言，支票是由投标人开出，并由投标人交给招标人，招标人再凭支票在自己的开户行存款。

5）投标保函。投标保函是投标人申请银行开立的保证函，保证投标人在中标人确定之前不得撤销投标，在中标后应按照招标文件和投标文件与招标人签订合同。如果投标人违反规定，开立保证函的银行将根据招标人的通知，支付银行保函规定数额的资金给招标人。

出现下列情形之一投标保证金将被没收：①投标人在投标函格式规定的投标有效期内撤回其投标；②中标人在规定的时间内未能与招标人签订合同；③根据招标文件规定，中标人未提交履约保证金；④投标人采用不正当手段骗取中标。

《工程建设项目施工招标投标管理办法》第63条规定：招标人最迟应当在与中标人签订合同后五日内，向中标人和未中标的投标人退还投标保证金及银行同期存款利息。

3.4.2.4 研究招标有关文件

投标人必须研究招标相关文件，即研究资格预审文件和招标文件。通常，拟投标人研究资格预审文件主要关注：资格预审申请人的基本要求；申请人须提交的有关证明；资格预审通过的强制性标准，如人员、设备、分包、诉讼以及履约等；对联合体的资格预审要求；对通过预审单位建议分包的要求。

研究招标文件主要研究投标须知、合同条款、评标标准和办法、技术要求及工程图纸、工程量清单等。

研究投标须知。重点了解投标须知中的招标范围、计划开竣工时间、合同工期、投标人资质条件、信誉、是否接受联合体投标、现场勘察形式及时间、预备会时间、投标截止日期和时间、投标有效期、分包、偏离、投标保证金金额和形式及提交时间、财务状况、投标文件的形式份数、开标时间及地点、招标控制价等。

研究合同条款。①要确定下列时间：合同计划开竣工时间、总工期和分阶段验收的工期、工程保修期等；②关于延误工期赔偿的金额和最高限定，以及提前工期奖等；③关于保函的有关规定；④关于付款的条件，有否预付款；关于工程款的支付以及拖期付款有否利息、扣留保修金的比例及退还时间等，关于材料供应，有否甲供材料或材料的二次招标；⑤关于合同价格调整条款；⑥关于工程保险和现场人员事故保险等；⑦关于不可抗力造成的损失的赔偿办法；⑧关于争议的解决。

研究招标项目技术要求及工程图纸。招标文件中对工程内容、技术要求、工艺特点、设备、材料和安装方法等均做了规定和要求。研究图纸要从各专业图纸进行研究，即研究土建（建筑、结构）、给水排水、暖通、电气等专业图纸，如果图纸中存在缺陷或错误，投标人在规定的时间向招标人提出并得到澄清。

核算工程量清单。目前大多数工程投标报价采用工程量清单计价方式，工程量清单随附于招标文件，工程量清单中的"项"与"量"的准确与否关系到投标报价的准确程度，并直接影响到中标以后的合同管理工作，投标人在投标文件编制之前必须对工程量清单的"项"与"量"进行核定。核算工程量清单具体工作包括：①依据图纸核定清单项目设置是否有错、重、漏现象，清单项目特征描述是否与图纸相符；②依据各专业图纸进行工程量的计算，核定工程量清单中的量的准确性，并核对计量单位的准确性；③工程量清单存在的问题汇总，待预备会或答疑时提出，并要获得招标人对此做出的回复。

3.4.2.5　调查投标环境

投标环境是招标工程项目施工的自然、经济和社会条件。这些条件都是工程施工的制约因素，必然影响工程成本及其他管理目标的实现。施工现场勘察是投标人必须经过的投标程序。按照国际惯例，投标人提出的报价单一般被认为是在现场勘察的基础上编制的。一旦报价单提出之后，投标人就无权因为现场勘察不周、情况了解不细或因素考虑不全面而提出修改投标书、调整报价或提出补偿等要求。

（1）国内投标环境调查要点有：

1）施工现场条件。包括：施工场地周边情况，布置临时设施、生活暂设的可能性，现场是否具备开工条件；进入现场的通道，给水排水（是否有饮用水）、供电和通信设施；地上、地下有无障碍物，有无地下管网工程；附近的现有建筑工程情况；环境对施工的限制。

2）自然地理条件。包括：气温、湿度、主导风向和风速、年降雨量以及雨季的起止期；场地的地理位置、用地范围；地质情况，地基土质及其承载力，地下水位；地震及其抗震设防烈度，洪水、台风及其他自然灾害情况。

3）材料和设备供应条件。包括：砂石等大宗材料的采购和运输条件；须在市场采购的钢材、水泥、木材、玻璃等材料的可能供应来源和价格；当地供应构配件的能力和价格；当地租赁建筑机械的可能性和价格等；当地外协加工生产能力等。

4）其他条件。包括：工地现场附近的治安情况；当地的民风民俗；专业分包的能力和分包条件；业主的履约情况；竞争对手的情况等。

（2）若为国际投标环境，调查要点则主要为：

1）政治情况。包括：工程所在国的社会制度和政治制度；政局是否稳定；与邻国关系如何，有无发生边境冲突和封锁边界的可能；与我国的双边关系如何。

2）经济条件。包括：工程项目所在国的经济发展情况和自然资源状况；外汇储备情况及国际支付能力；港口、铁路和公路运输以及航空交通与电信联络情况；当地的科学技术水平。

3）法律方面。包括：工程项目所在国的宪法，与承包活动有关的经济法、工商企业法、建筑法、劳动法、税法、外汇管理法、经济合同法及经济纠纷的仲裁程序等，民法和民事诉讼法，移民法和相关外事管理法等。

4）社会情况。包括：当地的风俗习惯；居民的宗教信仰；民族或部落间的关系；工会的活动情况；治安状况。

5）自然条件。包括：工程所在地的地理位置、地形、地貌；气象情况，例如气温、湿度、主导风向和风力，年平均和最大降雨量等；地质情况，如地基土质构造及特征，承载能力，地下水情况；地震、洪水、台风及其他自然灾害情况。

6）市场情况。主要有：建筑和装饰材料、施工机械设备、燃料、动力、水和生活用品的供应情况，价格水平，过去几年的物价指数以及今后的变化趋势预测；劳务市场状况，包括工人的技术水平、工资水平，有关劳动保险和福利待遇的规定，在当地雇用熟练工人、半熟练工人和普通工人的可能性，以及外籍工人是否被允许入境等；外汇汇率和银行信贷利率；工程所在国本国承包企业和注册的外国承包企业的经营情况。

3.4.2.6 汇编释疑文件

投标人在完成研究招标文件、熟悉图纸、核算工程量清单以及现场勘察工作后，针对招标文件存在疑问及现场的疑问，需以书面形式进行汇总形成释疑文件，并按招标文件要求的时间地点提交。

3.4.2.7 参加标前会

投标人应在参加标前会议之前把招标文件中存在的问题以及疑问整理成书面文件，按照招标文件规定的方式、时间和地点要求，送到招标人或招标代理机构处。一些共性问题一般在标前会议上得到解决，但关于图纸、清单等问题通常是以"答疑文件"形式在规定时间内下发给所有获得招标文件的投标人，无论其是否提出了疑问。《招标投标法》第二十三条规定："招标人对已发出的招标文件进行必要的澄清或修改的，应当在招标文件要求提交投标文件截止时间至少十五日以前，以书面形式通知所有招标文件收受人。该澄清或者修改的内容为招标文件的组成部分。"招标人对投标人提出的疑问的答复的书面文件通常称为"答疑文件"。答疑文件是招标文件的组成部分，是投标人编制投标文件的重要依据，是合同文件的组成部分，是合同履行过程中解决争议的重要依据。投标人在接到招标人的书面澄清文件后，依据招标文件以及澄清文件编制投标文件。

3.4.3 建设工程投标文件的编制

编制投标书是投标工作的主要内容。一般业主出售标书以后，会很快召开由投标单位参加的标前会议并组织现场踏勘，以解答投标单位对标书及施工现场的疑问。所以，投标单位在购买标书后要抓紧时间认真阅读、反复研究招标文件，列出需要业主解答的问题清单和需要在工地现场调查了解的项目清单。

3.4.3.1 建设工程投标文件的特点

（1）针对性。在评标过程中，有时会发现为了使标书比较"上规模"以体现投标人的水平。投标人把技术标做得很厚，而其中的内容往往都是对规范标准的成篇引用，或对其他项目标书的成篇抄袭，使标书毫无针对性。该有的内容没有，不必有的内容却充斥标书。这样的标书容易引起评标专家的反感，最终导致技术标严重失分。

（2）全面性。对技术标的评分标准一般都分为许多项目，这些项目都分别被赋予一定的评分分值。这就意味着这些项目不能发生缺项，一旦发生缺项，该项目就可能被评为零分，这样中标概率将会大大降低。

（3）先进性。技术标要获得高分，一般来说也不容易。没有技术亮点，没有特别吸引招标人的技术方案，是不大可能得高分的。因此，编制标书时，投标人应仔细分析招标人的热衷点，在这些点上采用先进的技术、设备、材料或工艺，使标书对招标人和评标专家产生更大的吸引力。

（4）可行性。技术标的内容最终都是要付诸实施的，因此，技术标应有较强的可行性。为了突出技术标的先进性，盲目提出不切实际的施工方案、设备计划，会给今后的具体实施带来困难，甚至导致建设单位或监理工程师提出违约指控。

（5）经济性。投标人参加投标承揽业务的最终目的都是获取最大的经济利益，而施工方案的经济性，直接关系到投标人的效益，因此必须十分慎重。

3.4.3.2　建设工程投标文件的编制步骤

投标人在领取招标文件以后，就要进行投标文件的编制工作。编制投标文件的一般步骤如下：

（1）熟悉招标文件、图纸、资料，对图纸、资料有不清楚、不理解的地方时，可以书面或口头方式向招标人询问、澄清。

（2）参加招标人施工现场情况介绍和答疑会。

（3）调查当地材料的供应和价格情况。

（4）了解交通运输条件和有关事项。

（5）编制施工组织设计，复查、计算图纸工程量。

（6）编制或套用投标单价。

（7）计算取费标准或确定采用取费标准。

（8）计算投标造价。

（9）核对调整投标造价。

（10）确定投标报价。

3.4.3.3　投标文件的内容

《招标投标法》第二十七条规定："投标文件应当对招标文件提出的实质性要求和条件作出响应。"实质性要求和条件是指招标项目的质量、价格、进度、技术规范、合同的主要条款等，投标文件必须对之做出响应，不得遗漏、回避，更不能对招标文件进行修改或提出任何附带条件。对于建设工程施工招标，投标文件还应包括拟派出的项目负责人与主要技术人员的简历、业绩和拟用于完成工程项目的机械设备等内容。因此，投标文件应当包括下列内容：①投标函及投标函附录；②法定代表人身份证明或附有法定代表人身份证明的授权委托；③联合体协议；④投标保证金；⑤已标价工程量清单；⑥施工组织设计；⑦项目管理机构；⑧拟分包项目情况表；⑨资格审查资料；⑩投标人须知前附表规定的其他资料。

但是投标人须知前附表规定不接受联合体投标的，或投标人没有组成联合体的，投标文件不包括联合体协议书。

3.4.3.4　建设工程投标文件的编制要求

（1）投标文件应按招标文件和《中华人民共和国标准施工招标文件（2007 年版）》

"投标文件格式"进行编写，如有必要，可以增加附页，作为投标文件的组成部分。其中，投标函附录在满足招标文件实质性要求的基础上，可以提出比招标文件要求更有利于招标人的承诺。

（2）投标文件应当对招标文件中有关工期、投标有效期、质量要求、技术标准和要求、招标范围等的实质性内容做出响应。

（3）投标文件应用不褪色的材料书写或打印，并由投标人的法定代表人或其委托代理人签字或盖单位章。委托代理人签字的，投标文件应附法定代表人签署的授权委托书。投标文件应尽量避免涂改、行间插字或删除。如果出现上述情况，改动之处应加盖单位章或由投标人的法定代表人或其授权的代理人签字确认。签字或盖章的具体要求见投标人须知前附表。

（4）投标文件正本一份，副本份数见投标人须知前附表。正本和副本的封面上应清楚地标记"正本"或"副本"的字样。当副本和正本不一致时，以正本为准。

（5）投标文件的正本与副本应分别装订成册，并编制目录，具体装订要求见投标人须知前附表。

（6）投标文件中编制预算要注意如下问题：采用的定额要正确，业主没指定的，一般采用同行业国家最新定额；各项预算单价要考虑施工期间价格浮动因素；工程量以业主给定的工程量清单为准，即使发现有明显的错误，未经业主书面批准不得自行调整；预算编制完成后要经他人复核审查，不可有误；预备费、监理费、暂定金额等其他项目费用要按照招标文件要求列计；注意工程预算与施工组织设计相统一，施工方案是预算编制的必要依据，预算反过来又指导调整施工方案，两者是相互联系的统一体，不可分开单独编制。

典型案例【D3－7】

某单位设备招标，招标文件报价范围明确指出总报价包括设备费、安装工程费。审核投标文件时，评委发现 A 公司的投标价在设备费中有漏项 3000 元，B 公司的投标报价在安装费中有漏项 7000 元。招标人认为：A 公司和 B 公司报价有漏项，应当以不响应招标文件和重大偏差为由，建议做无效标处理。专家则不同意招标人意见，因为报价有漏项在招标文件中未规定为无效投标，不属于符合性检查内容，提出以下三种处理意见：第一种，向 A 公司和 B 公司发出澄清要求，要求其做出书面澄清；第二种，按报价不利于 A 公司和 B 公司处理，投标价加上所有投标人在相同项目上的投标价格中的最高值，以此作为评标价；如 A 公司或 B 公司中标，合同价按修正后的评标价处理；第三种，按报价最不利于 A 公司和 B 公司处理，投标价加上所有投标人在相同项目上的投标价格中的最高值，以此作为评标价。如 A 公司或 B 公司中标，合同价按没有修正的投标价处理。最后，采购人和评标专家讨论后，采用了第三种处理意见。

分析如下：

采购人最初的处理意见不妥，因为招标文件中并没有明确规定有漏项就是无效标，因此漏项不属于符合性检查的内容且漏项数额较小，不能列为重大偏差。

专家的第一种处理意见违法，向 A 公司和 B 公司发出澄清要求，要求做出书面澄清，澄清补正后，实质性地改变了投标人的投标价格，这违反了 2017 年财政部颁布的《政府采购货物和服务招标投标管理办法》（财政部令第 18 号）中有关澄清的规定，所以漏报项不宜要求澄清。投标价属于实质性的内容，不能修改，澄清只能针对明显的算术错误进行修正。

第二种和第三种处理意见，按报价最不利于 A 公司和 B 公司处理，投标价加上所有投标人在相同项目上的投标价格中的最高值，以此作为评标价，这样处理对其他投标单位是比较公平的。但由于招标文件对清单和报价范围已明确要求，投标人漏项、未报价，应视为此漏项已经包含在其他项目的报价中，其风险应当全部由投标人 A 公司和 B 公司自己承担，不得再额外增补费用。如 A 公司和 B 公司中标，合同价按修正后的评标价处理，是不公平的，应当按照第三种处理意见，合同价按没有修正的投标价处理。

为了避免出现上述问题，建议在招标文件中加入以下限制条款以避免出现漏项问题时缺乏操作依据：

（1）在评标标准中明确规定，如有漏项的项目以其他投标人该项的最高价修正其投标报价，形成评标价，若其仍然获得中标资格，该项目的中标价为其原投标报价，其漏项部分风险自担，视作漏项部分包含在其他项目的报价中，根据原投标价签订合同。

（2）仅允许一定价格偏差范围内的漏项，超出范围的则按无效标处理，如可以规定漏项价格超过总价的 5％ 以上的属于无效投标。

（3）对按项目清单报价的项目，可以规定若投标人出现漏项，就是无效投标。或对于价值较大的项目或设备，直接规定漏项超过几项，即属于无效投标。

采取上述（2）、（3）的方法，可以防止失误或恶意报低价的行为。

3.4.3.5　对投标文件的补充、修改和撤回

《招标投标法》第二十九条规定："投标人在招标文件要求提交投标的截止时间前，可以补充、修改或者撤回已提交的投标文件，并书面通知招标人。补充、修改内容为投标文件的组成部分。"

补充是指对投标文件中遗漏和不足的部分进行增补。修改是指对投标文件中已有的内容进行修订。撤回是指收回全部投标文件，或者放弃投标，或者以新的投标文件重新投标。

投标人在投标截止时间前，可以修改和补充投标文件。在招标过程中，由于投标人对招标文件的理解和认识水平不一，有些投标人对招标文件常常发生误解，或者投标文件对一些重要的内容有遗漏，对此投标人需要补充、修改的，可以在提交投标文件截止日期前，进行补充或者修改。补充或修改的内容为投标文件的组成部分。这些修改和补充的文件也应当以密封的方式在规定时间以内送达，招标人要严格履行签收登记手续，并存放在安全保密的地方。但在提交投标文件截止时间后到招标文件规定的投标有效期终止之前，投标人不得补充、修改、替代或者撤回其投标文件。投标人补充、修改、替代投标文件的，招标人不予接受。

在投标的截止日期以前，投标人有权撤回已经递交的投标文件，这反映了契约自由的原则。招标一般被看作要约邀请，而投标则为一种要约，潜在投标人是否做出要约，完全取决于潜在投标人的意愿。所以在投标截止日期之前，允许投标人撤回投标文件，但撤回已经提交的投标文件必须以书面形式通知招标人，以备案待查。投标人既可以在法定时间内，重新编制投标文件，并在规定时间内送达指定地点；也可以放弃投标。如果在投标截止日期前放弃招标，招标人不得没收其投标保证金。如果在投标截止日期之后撤回的，投

标保证金可以被没收。

3.4.4 建设工程投标文件的递交

递送投标文件也称递标，是指投标商在规定的投标截止日期之前，将准备妥的所有投标文件密封递送到招标单位的行为。

所有的投标文件必须经反复校核，审查并签字盖章，特别是投标授权书要由具有法人地位的公司总经理或董事长签署、盖章；投标保函在保证银行行长签字盖章后，还要由投标人签字确认。然后，按投标须知要求，认真、细致地分装密封包装起来，由投标人亲自在截标之前送交招标的收标单位；或者通过邮寄递交。邮寄递交要考虑路途的时间，并且注意投标文件的完整性，一次递交，以防因迟交或文件不完整而作废。

有许多工程项目的截止收标时间和开标时间几乎同时进行，交标后立即组织当场开标。迟交的标书即宣布为无效。因此，无论采用什么方法送交标书，一定要保证准时送达。对于已送出的标书若发现有错误要修改，可致函、发紧急电报或电传通知招标单位，修改或撤销投标书的通知不得迟于招标文件规定的截标时间。总而言之，要避免因为细节的疏忽与技术上的缺陷使投标文件失效或无法中标。

至于招标者，在收到投标商的投标文件后，应签收或通知投标商已收到其投标文件，并记录收到日期和时间。同时，在收到投标文件到开标之前，所有投标文件均不得启封，并应采取措施确保投标文件的安全。

3.4.5 投标过程中需要注意的问题

投标活动中的禁止性规定包括以下几个方面。

（1）严厉禁止串通投标。串通投标包括两种情况：一是投标人之间串通投标；二是投标人与招标人之间相互串通投标。

《工程建设项目施工招标投标办法》第四十六条规定，下列行为均属于投标人串通投标：①投标人之间相互约定抬高或降低投标报价；②投标人之间相互约定，在招标项目中分别以高、中、低价位报价；③投标人之间先进行内部竞价，内定中标人，然后再参加投标；④投标人之间其他串通投标报价行为。

《工程建设项目施工招标投标办法》第四十七条规定，下列行为均属于招标人与投标人串通投标：①招标人在开标前开启投标文件，并将投标情况告知其他投标人，或者协助投标人撤换投标文件，更改报价；②招标人向投标人泄露标底；③招标人与投标人商定，投标时压低或抬高标价，中标后再给投标人或招标人额外补偿；④招标人预先内定中标人；⑤其他串通投标行为。

（2）严厉禁止投标人行贿。投标人不得以向招标人或者评标委员会成员行贿的手段来牟取中标。如果有行贿受贿行为的，中标无效。情节严重的还要依法追究刑事责任。

串通投标行为和行贿投标行为严重破坏了招标投标活动应当遵守的公平竞争的原则，损害了招标人和其他投标人的合法权益，损害了国家利益和社会公共利益，同时也助长了腐败现象的蔓延。因此，对上述行为将依法追究其法律责任。

（3）严厉禁止以低于成本的价格竞标。实行招标采购的目的，就是为了通过投标人之间的竞争，特别是在投标报价方面的竞争，择优选择中标者。由于每个投标人的管理水平、技术能力与条件不同，即使完成同样的招标项目，其个别成本也不可能完全相同。管理水平高、技术先进的投标人，生产、经营成本低，有条件以较低的报价参加竞争。这是其竞争实力强的表现。因此只要投标人的报价不低于自身的个别成本，即使是低于本行业平均成本，也是完全可以的。但是按照《招标投标法》第三十三条的规定，投标人不得以低于其自身完成投标项目所需的成本报价进行投标竞争。法律作出这一规定的主要目的有两个：一是为了避免出现投标人在以低于成本的报价中标后，再以粗制滥造、偷工减料等违法手段不正当地降低成本，挽回其低于中标价的损失，给工程质量造成危害；二是为了维护正常的投标竞争秩序，防止产生投标人以低于其成本的报价进行不正当竞争，损害其他以合理报价进行竞争的投标人的利益。

典型案例【D3 - 8】

由世界银行贷款资助的 B 发电厂采购全套锅炉设备招标。C 国以 D 工厂为首的联合体（以下简称 D 厂）投了标。开标时 D 厂的报价最低。在评标过程中因原定评标时间来不及，发电厂要求将投标有效期从 5 月 21 日延长至 6 月 30 日。但 D 厂未答复是否同意延长。尽管未得到 D 厂的答复，B 发电厂还是对 D 厂的投标文件进行评比。

评标中发现，D 厂的投标文件在技术上有以下重大偏离：

（1）招标文件《投标人须知》要求，投标人需提交文件，证明他在过去五年中曾承造过两台以上类似规格的燃油锅炉。但 D 厂未能提交令人满意的证明。

（2）D 厂拟提供的产品在管道空气加热器、烟道输送管材料、气体速度要求以及水处理设备方面与规格要求不相符合。

（3）所提供锅炉的后燃烧室壁管道排列、蒸汽分隔系统、排油装置、风扇能力及性能，虽经要求澄清，但均未得到答复。

（4）所拟提供的控制及仪表系统不符合要求。

（5）拟提供的水泵材料不完全符合规格要求。

5 月 24 日对投标文件澄清的过程中，D 厂代表根据业主评标委员会所提的该厂产品中一些部件不符合要求的意见，提出从另一国进口一些部件代替 C 国本国产品的替代性方案，为此要求加价 100 万美元。评标结果，D 厂的投标文件被拒绝。分析发电厂的做法是否妥当？

分析如下：

从案例情况看，B 发电厂的做法并无不妥。

首先，B 发电厂在评标过程中因原定评标时间来不及，要求将投标有效期从 5 月 21 日延长至 6 月 30 日。但 D 厂未答复是否同意延长。因而 D 厂的投标文件实际上已在 5 月 21 日失效。

其次，D 厂在开标后的澄清中提出，从其他国家进口某些重要部件代替原拟提供的本国产品，并较大地提高了报价。这种做法不符合开标后不得改变实质内容或价格的惯例。因此，尽管 D 厂投标文件报价最低，B 发电厂未将合同授予 D 厂是正确的。

在招标投标活动中，除上述提到的"相互串通投标报价""以向招标人或者评标委员会成员行贿的手段谋取中标""以低于成本的报价竞标"等弄虚作假骗取中标的方式外，还有"以他人名义投标""以其他方式弄虚作假，骗取中标""排挤其他投标人的公平竞争"等一系列的非法竞争手段，对国家利益和社会公共利益以及他人的合法权益造成危害，《招标投标法》对此都做出了相应的禁止规定。

3.5 建 设 工 程 决 标

决标是招标工作程序之一，是最终确定中标单位的法律行为。通常包括开标、评标和定标三个过程。

3.5.1 开标

开标是指在投标人提交投标文件后，招标人依据招标文件规定的时间和地点，开启投标人提交的投标文件，公开宣布投标人的名称、投标价格及其他主要内容的行为。

开标是招标投标的一项重要程序，要求提交投标文件截止之时，即为开标之时，无时间间隔，以防不法分子有可乘之机。开标以会议的形式进行，开标的主持人为招标人或招标代理机构，并负责开标全过程的工作。若变更开标日期和地点，应提前三天通知投标企业和有关单位。

公开招标和邀请招标均应举行开标会议，体现招标的公平、公开和公正原则。

3.5.1.1 开标程序

开标是招标人、投标人和招标代理机构等共同参加的一项重要活动，也是建设工程招标投标活动中的决定性时刻，其开标程序主要包括以下几个部分：

（1）组建开标工作会。开标工作组由招标机构组建，负责接收投标书、开标和评标组织、文秘后勤等方面的工作。

工作组应由具有良好的职业素质、原则性、保密性强的人员组成，开标、评标工作组应包括公证机构的人员、监督机构的人员。招标人和其委托的招标代理机构安排工作人员按规定的程序接收投标人递交的投标书。一般来说，接收标书需注意以下几点：

1）工作组应在接收标书前制作好登记表格，在接收时要求投标人填写登记表。投标书递交、签收登记表见表3.2。

2）一些投标人喜欢在开标的最后一刻对投标书中的报价或其他条件进行修改，也应要求投标人在登记表中注明有无修改函。

表 3.2 投标书递交、签收登记表

编号：

投标人			
投标项目			
投标书件数		有无修改函	
投票人代表签字		身份证（工作证）号码：	

接收人：　　　　　　　　　　　　　　　　　　　　　　　　接收时间：

注 表中内容由投标人代表填写，并核对无误。接收时间由接收人填写，接收人签字后生效。

3）为防止投标人冒充他人投标，接收标书的工作人员应检查递交标书人员的单位介绍信，并与发售招标文件登记表核对。如果发现递交标书人的身份有疑点或没有购买招标

文件，则不能接收其递交的投标书。

4）接收的标书应按接收的时间先后顺序进行编号，并妥当保存，避免丢失或损坏。

5）接收标书应在规定的投标截止时结束，对于超过投标截止时间递交的投标书应拒收。这时应有公证人员在场监督。

（2）确定开标参加人员。开标由招标人或招标代理机构主持，参加人员包括评标委员会成员、投标人法定代表人或其委托代理人、招标投标管理机构的监管人员、公证部门代表和有关单位代表等。招标人要事先以各种有效的方式通知投标人参加开标，不得以任何理由拒绝任何一个投标人代表参加开标。开标仪式，一般应邀请公证机关出席现场公证，以示公正性。

（3）接收投标文件。在前期准备工作之后，招标人按照招标文件中规定的时间、地点签收投标人递交的投标文件。对提前递交的投标文件应当办理签收手续，由招标人携带至开标现场。在开标当日且在开标地点递交的投标文件，应当填写投标文件报送签收一览表，招标人专人负责接收投标人递交的投标文件。

在招标文件规定的截标时间后递交的投标文件不得接收，由招标人原封退还给有关投标人。对未按规定日期寄到的投标书，原则上均应视为废标而予以原封退回。但如果迟到日期不长，且延误并非由于投标人的过失（如邮政、罢工等原因），招标单位也可以考虑接受迟到的投标书。

在截标时间前递交投标文件的投标人少于 3 个的，招标无效，开标会即告结束，招标人应当依法重新组织招标。

（4）投标人签到。在开标当日，投标文件截止时间前，招标人要留一定的时间给投标人递交投标文件。在递交投标文件的同时，招标人一般要求核查递交投标文件人的合法授权身份，并要求投标代表签到，签到记录是投标人是否出席开标会议的证明。投标人授权出席开标会的代表本人填写开标会签到表，招标人专人负责核对签到人身份，应与签到的内容一致。

（5）开标会议。根据招标文件规定，招标人在接受投标文件后，应按时组织开标会议，投标人应准时参加。开标会议由投标人的法定代表人或其授权代理人参加，参加时应携带法定代表人资格证明文件或授权委托书。

主持人一般为招标人代表，也可以是招标人指定的招标代理机构的代表。开标人一般为招标人或招标代理机构的工作人员；唱标人可以是投标人的代表或者招标人或招标代理机构的工作人员；记录人由招标人指派，有形建筑市场工作人员同时记录唱标内容；建设工程招标投标管理办公室监管人员或建设工程招标投标管理办公室授权的有形建筑市场工作人员进行监督。记录人按开标会记录的要求开始记录。

主要与会人员包括到会的招标人代表、招标代理机构代表、各投标人代表、公证机构公证人员、见证人员及监督人员等。

开标会议通常按下列程序进行开标：

1）主持人宣布开标会程序和开标会纪律。

2）宣读招标单位法定代表人资格证明书及授权委托书。

3）公布在投标文件截止时间前递交投标文件的投标单位和投标人名单，介绍参加开标会议的单位及工程项目的有关情况。宣布开标有关人员名单、招标文件规定的评标定标的办法。

4）检验各标书的密封情况。由投标人或其推选的代表检查各标书的密封情况，也可以由招标人委托的公证机构进行检查并公证。密封不符合招标文件要求的投标文件应当场废标，不得进入评标。

5）唱标人依唱标顺序依次开标并唱标。开标由指定的开标人在监督人员及与会代表的监督下当众拆封，拆封后应当检查投标文件的组成情况并记入开标会记录，开标人应将投标书和投标书附件及招标文件中可能规定需要唱标的其他文件交唱标人进行唱标。

唱标内容一船包括投标报价、工期和质量标准、质量奖项等方面的承诺、替代方案报价、投标保证金、主要人员等。在递交投标文件截止时间前收到的投标人对投标文件的补充、修改同时宣布；在递交投标文件截止时间前收到投标人撤回其投标的书面通知的投标文件不再唱标，但须在开标会上说明。

招标人在招标文件要求提交投标文件的截止时间前收到的所有投标文件，开标时都应当众予以拆封、宣读。

6）公布标底。招标人设有标底的，标底必须公布，由唱标人公布标底。

7）开标会记录。开标会记录应当如实记录开标过程中的重要事项，包括开标时间、开标地点、出席开标会的各单位人员、唱标记录、开标会程序、开标过程中出现的需要评标委员会评审的情况，有公证机构出席公证的还应记录公证结果。投标人的授权代表应当在开标会记录上签字确认，对记录内容有异议的可以注明，但必须对没有异议的部分进行签字确认。

8）宣布无效的投标文件。

9）宣读评标期间的有关事项。

10）开标结束。相关人员签字，主持人宣布开标会结束。会议结束后，将进入评标程序，评标结果即将予以公示。

3.5.1.2 无效投标文件的认定

招标人在招标文件要求提交投标文件的截止日期前收到的所有投标文件，开标时都应当众予以开启、宣读。开标时，投标文件出现下列情形之一的，应当作为废标，不得进入评标：

（1）未按招标文件的要求标识、密封的。工作人员在启封时应在公证人员的监督下检查密封是否完好，并应请投标人检查自己的投标文件的密封是否原样无损。

（2）无投标人公章和投标人的法定代表人或其委托代理人盖章或签字的。

（3）投标文件标明的投标人在名称和法律地位上与资格预审时不一致，且没有经过相关国家行政机构说明的。

（4）逾期送达或未送达指定地点的。对未按规定时间送达的投标书，应视为废标且原封退回。但如果迟到日期不长，且延误并非由于投标人的过失（如邮政、罢工等原因），招标单位也可以考虑接受迟到的投标书。

（5）未提交投标保证金或保函，或所提交的投标保函的数量或格式不符合招标文件的规定。

（6）投标人未参加开标会议的。

（7）提交合格的撤回通知的。

对于涉及投标文件实质性内容未响应招标文件的，应当留待评标时由评标组织评审，确认投标文件是否有效。

实践中，对在开标时就被确认无效的投标文件，也有不启封或不宣读的做法。如投标文件在启封前被确认为无效的，不予启封；在启封后唱标前被确认为无效的，不予宣读。在开标时确认投标文件是否无效的，一般应由参加开标会议的招标人或其代表进行，确认的结果投标文件当事人无异议的，经招标投标管理机构认可后宣布。如果投标当事人有异议的则应留待评标时由评标委员会评审确认。

开标结果由招标人纪录并要求由投标人法人代表或其授权委托人签字认可。

3.5.1.3　开标注意事项

建设工程开标是一项非常重要的活动，因此在开标时应注意以下问题：

（1）在投标截止后，按规定时间、地点，在投标单位法定代表人或授权代理人在场的情况下举行开标会议，开标会议由招标单位组织并主持。

（2）开标会议在招标管理机构监督下进行。开标会议可以邀请公证部门对开标全过程进行公证。

（3）开标会议宣布开始后，应首先请各投标单位代表确认其投标文件的密封完整性，并签字予以确认，也可以由投标人委托的公证机构检查并公证。当众宣读评标原则、评标办法。由招标单位依据招标文件的要求，核查投标单位提交的证件和资料，并审查投标文件的完整性、文件的签署、投标担保等。

（4）经确认密封及封面无误后，由开标主持人以招标文件递交的先后顺序当众拆封、宣读。标有"撤回"字样的信封，应首先开封并宣读；按规定提交合格的撤回通知的投标文件，不予开封，并退回给投标人；确定为无效的投标文件，不予送交评审。

（5）投标文件拆封以后，唱标人应当高声宣读投标人名称、投标价格和投标文件的其他主要内容。其他主要内容是指投标报价有无折扣或者价格修改等。如果要求或者允许报替代方案的话，还应包括替代方案投标的总金额。建设工程项目的其他主要内容还应包括工期、质量、投标保证金等。

（6）宣读的目的在于使全体投标人了解各个投标人的报价和自己在其中的顺序，了解其他投标的基本情况，以充分体现公开开标的透明度。

（7）唱标内容应做好记录，在宣读的同时，对所读的每一项内容要记录在案，以存档备查，并请投标单位法定代表人或授权代理人签字确认。凡是没有宣读的标价、折扣、选择报价，其标书不能进入下一步的评标。

开标的检查和记录表可参照以下几种格式，见表 3.3～表 3.5。

表 3.3　　　　　　　　　　　　　**投标文件密封检查表**

编号：

投标人	
密封情况	

投标人代表签名：　　　　　　　　　　　　　　　　　公证人签名：

日期：

表 3.4   投标书正本格式及内容检查表

检查项目		
标准函	有/无	
投标报价表	有/无	
授权号	有/无	
授标书保函出具银行： 金额（万元）：		中、工、建、农、交、其他，保证金

开标人：   监督人：   公证人：

日期：   日期：   日期：

表 3.5   开 标 记 录 表

招标编号：   时间：

项目名称：   地点：

投标序号	投标人名称	投标书密封情况	投标保证金（金额、方式）	投标报价/元	质量目标	工期	备注	投标人签名
4								
3								
2								
1								
招标人编制的标底								

唱标内容是否为"投标一览表"中的内容：

开标过程中是否有公证人员进行公证：

唱标人：   记录人：   监标人：   监督人：

3.5.2 评标

评标是指评标委员会和招标人依据招标文件规定的评标标准和方法，对投标文件进行审查、评审和比较，以确定最终中标人的全过程。评标是招标投标活动的重要环节，是招标能否成功的关键，是确定中标人的必要前提。

评标是否真正做到公开、公平、公正，决定着整个招标投标活动是否公平和公正。评标的质量决定着能否从众多投标竞争者中选出最能满足招标项目各项要求的中标者。评标必须在招标投标管理机构的监督下，由招标人依法组建的评标委员会进行。

3.5.2.1 评标原则

评标工作具有严肃性、科学性和合理性，评标活动应遵循公平、公正、科学、择优的原则，依法进行，任何单位和个人不得非法干预或者影响评标过程和结果。

（1）公平原则。评标委员会应当根据招标文件规定的评标标准和评标办法进行评标，对投标文件进行系统的评审和比较。没有在招标文件中规定的评标标准和办法，不得作为评标的依据。招标文件规定的评标标准和办法应当合理，不得含有倾向或者排斥潜在投标人的内容，不得妨碍或限制投标人之间的竞争。对所有投标人应一视同仁，保证投标人在平等的基础上公平竞争。

（2）公正原则。公正即评标成员具有公正之心，评价要客观、公正、全面，不倾向或排斥某一投标人。这就要求评标人不为私利，坚持实事求是，不唯上是从。做到评标客观、公正，必须做到以下几点：

1）培养良好的职业道德，不为私利而违心地处理问题。

2）要坚持实事求是原则，不唯上级或某些方面的意见是从。

3）要提高综合分析的能力，不断提高自己的专业技能，熟练运用招标文件和投标文件中有关条款，以便以招标文件和投标文件为依据，客观、公正地综合评价标书。

4）评标过程应当保密。有关标书的审查、澄清、评比和比较的有关资料、授予合同的信息等均不得向无关人员泄露。对于投标人的任何施加影响的行为，都应给予取消其投标资格的处罚。

（3）科学原则。这一原则中的科学是指评标工作要依据科学的方案，要运用科学的手段，要采取科学的方法。对于每一个项目的评价要有可靠的依据，一切用数据说话，做出科学、合理的综合评价。

（4）择优原则。即用科学的方法与手段，从众多投标文件中选择最优的方案。评标时，评标委员会应全面分析、审查、澄清、评价和比较投标文件，防止重价格轻技术、重技术轻价格的现象，对商务标和技术标不可偏一。

3.5.2.2　评标组织

评标组织由招标人的代表和有关经济、技术等方面的专家组成，其具体形式为评标委员会或评标小组。具体与项目工程的规模、结构、类型和招标方式等有关系。

（1）评标委员会成员组成。评标委员会由招标人负责组建，评标委员会成员名单一般应于开标前确定。

《评标委员会和评标方法暂行规定》：依法必须进行施工招标的工程，其评标委员会由招标人的代表和有关技术、经济等方面的专家组成，成员人数为 5 人以上单数，其中招标人、招标代理机构以外的技术、经济等方面专家不得少于成员总数的 2/3。

评标委员会可以设主任一名，必要时可增设副主任一名，负责评标活动的组织协调工作。评标委员会主任在评标前由评标委员会成员通过民主方式推选产生，或由招标人或其代理机构指定（招标人代表不得作为主任人选）。评标委员会主任与评标委员会其他成员享有同等的表决权。若采用电子评标系统，则须选定评标委员会主任，由其操作"开始投票"和"拆封"。

有的招标文件要求对所有投标文件设主审评委、复审评委各一名，主审、复审人选可由招标人或其代理机构在评标前确定，或由评标委员会主任进行分工。

评标委员会成员名单在中标结果确定前应当保密。

（2）评标专家的确定。评标专家是指在招标投标和政府采购活动中，依法对投标人（供应商）提交的资格预审文件和投标文件进行审查或评审的具有一定水平的专业人员。

国家发展计划委员会制定的自 2003 年 4 月 1 日起实施的《评标专家和评标专家库管理暂行办法》做出了组建评标专家库的规定，指出：评标专家库由省级（含省级）以上人民政府有关部门或者依法成立的招标代理机构依照《招标投标法》的规定自主组建。评标专家库的组建活动应当公开，接受公众监督。政府投资项目的评标专家，必须从政府有关部门组建的评标专家库中抽取。省级以上人民政府有关部门组建评标专家库，应当有利于打破地区封锁，实现评标专家资源共享。

入选评标专家库的专家，必须具备如下条件：

1）从事相关专业领域工作满八年并具有高级职称或同等专业水平。

2）熟悉有关招标投标的法律法规。

3）能够认真、公正、诚实、廉洁地履行职责。

4）身体健康，能够承担评标工作。

《评标委员会和评标方法暂行规定》中规定评标委员应了解和熟悉以下内容：招标的目标；招标项目的范围和性质；招标文件中规定的主要技术要求、标准和商务条款；招标文件规定的评标标准、评标方法和在评标过程中考虑的相关因素。

依法必须进行招标的项目，其评标委员会的专家成员应当从评标专家库内相关专业的专家名单中以随机抽取的方式确定。任何单位和个人不得以明示、暗示等任何方式指定或者变相指定参加评标委员会的专家成员。对于技术复杂、专业性强或者国家有特殊要求，采取随机抽取方式确定的专家难以保证胜任评标工作的特殊项目，上报相应主管部门后，可以由招标人直接确定评标专家。

（3）评标委员会成员的回避制度。《招标投标法》规定，与投标人有利害关系的专家不得进入相关工程的评标委员会，已经进入的应当更换。《评标委员会和评标方法暂行规定》进一步规定，有下列情形之一的，不得担任评标委员会成员：

1）投标人或投标人主要负责人的近亲属。

2）项目主管部门或者行政监督部门的人员。

3）与投标人有经济利益关系，可能影响对投标公正评审的。

4）曾因在招标、评标以及其他与招标投标有关活动中有违法行为而受过行政处罚或刑事处罚的。

评标过程中，评标委员会成员有回避事由、擅离职守或者因健康等原因不能继续评标的，应当按照确定评标委员会专家成员的办法予以更换。

典型案例【D3-9】

某依法必须进行招标的工程项目，开标后，招标人组建了总人数为5人的评标委员会，其中招标人代表1人，招标代理机构代表1人，从政府组建的综合性评标专家库抽取3人。评标委员会采用了以下评标程序对投标文件进行了评审和比较：

（1）评标委员会成员签到。

（2）选举评标委员会的负责人。

（3）学习招标文件，讨论并通过招标代理机构提出的评标细则，该评标细则对招标文件中评标标准和方法中的一些指标进行了具体量化。

（4）对投标文件的封装进行检查，确认封装合格后进行拆封。

（5）按评标细则，对投标文件进行评审打分。

（6）按评标细则，对施工组织设计进行打分。

（7）评分细则。

（8）推荐中标候选人，完成并签署评标报告。

（9）评标结束。

请分析以上流程中的问题。

分析如下：

其一，评标委员会的组成存在以下问题。本案中由于投标人和招标代理机构各派了 1 个人参加评标，所占比例超过了总人数的 1/3，评标委员会的组成违反了《招标投标法》第三十七条，即评标委员会由招标人代表和有关技术、经济方面的专家组成，人员为 5 人以上单数，其中招标人代表不能超过 1/3，技术、经济方面的专家不能少于 2/3 的规定。

其二，在评标程序中，（3）、（4）、（5）、（6）步骤均不合理。

第（3）步中讨论并通过招标代理机构提出的评标细则的做法属于评标委员会越权，违反了《招标投标法》规定的评标原则，即按照招标文件中的评标标准和方法，对投标文件进行系统的评审和比较，投标文件中没有规定的标准和方法，评标时不能采用此规定，因为此时通过的评标细则不属于招标文件，依法不能作为评标的依据。

第（4）步对投标文件外封装检查的职责属于招标人，不属于评标委员会。

第（5）、（6）步中，评标委员会依据其讨论通过的评标细则进行打分的做法，不符合《招标投标法》规定。如上所述，该评标细则不属于招标文件的组成部分，不能作为依法评审投标文件的依据。

3.5.2.3　评标的依据和标准

（1）评标的依据。评标委员会成员评标的依据主要有：招标文件、开标前会议纪要、评标定标办法及细则、标底、投标文件及其他有关资料。

（2）评标的标准。评标的标准，一般包括价格标准和"非价格标准"。价格标准比较直观、具体，都是以货币额表示的报价。非价格标准内容多而复杂。通常来说，在货物评标时，非价格标准主要有运费和保险费、付款计划、交货期、运营成本、货物的有效性和配套、零配件和服务的供给能力、相关的培训、安全性和环境效益等。在服务评标时，非价格标准主要有投标人及参与提供服务的人员的资格、经验、信誉、可靠性、专业和管理能力等。在工程评标时，非价格标准主要有工期、质量、企业资质、信誉、施工人员和管理人员的素质、以往的经验等。在评标时应可能地、客观地使非价格标准定量化，并规定相对的权重，使定性化的标准尽量定量化，这样才能使评标具有可比性。

3.5.2.4　评标方法

评标方法包括经评审的最低投标价法、综合评估法或者法律、行政法规允许的其他评标方法。

衡量投标文件是否最大限度地满足招标文件中规定的各项评价标准，可以采取折算为货币的方法、打分的方法或者其他方法。需量化的因素及其权重应当在招标文件中明确规定。以下分别介绍施工项目常采用的评标方法。

（1）经评审的最低投标价法。经评审的最低投标价法是以评审价格作为衡量标准，选取最低评标价者作为推荐中标人的评标方法。即在全部满足招标文件实质性要求的前提下，经评审的投标价格最低（低于成本的除外）的投标人应推荐为中标候选人或者中标人的评标方法。所谓的最低投标价，既不是投标人中的最低投标报价，也不是中标价。它是将报价以外的商务因素折算为价格，与报价一起计算，形成评标价，然后以此价格评定标书的次序，评标价最低的投标人且能够满足招标文件的实质性要求的，确定其为中标候选人。

该方法一般适用于具有通用技术、性能标准或者招标人对技术、性能没有特殊要求，工程施工技术管理方案的选择性较小，且工程质量、工期、技术、成本受施工技术管理方案影响较小，工程管理要求简单的工程招标项目。

（2）综合评估法。不宜采用经评审的最低投标价法的招标项目，一般应当采取综合评估法进行评审。根据综合评估法，最大限度地满足招标文件中规定的各项综合评价标准的投标，应当推荐为中标候选人。综合评估法，是对价格、施工组织设计（或施工方案）、项目经理的资历和业绩、质量、工期、信誉和业绩等因素进行综合评价，从而确定最大限度地满足招标文件中规定的各项综合评价标准的投标为中标人的评标定标方法。它是应用最广泛的评标定标方法。

1）综合评估法的评估内容。综合评价法需要综合考虑投标书的各项内容是否同招标文件所要求的各项文件、资料和技术要求相一致。不仅要对价格因素进行评议，还要考虑其他因素，对其他因素进行评议。

综合评价法不是将价格因素作为评审的唯一因素（或指标），由此产生评审因素（或评审指标）如何设置的问题。从各地的实践来看，综合评价法的评审因素主要包括以下几个方面。

a. 标价（即投标报价）。评审投标报价预算数据计算的准确性和报价的合理性等。

b. 施工方案或施工组织设计。评审方案或施工组织设计是否齐全、完整、科学合理，包括施工方法是否先进、合理；施工进度计划及措施是否科学、合理、可靠，能否满足招标人关于工期或竣工计划的要求；质量保证措施是否切实可行；安全保证措施是否可靠；现场平面布置及文明施工措施是否合理可靠；主要施工机具及劳动力配备是否合理；提供的材料设备，能否满足招标文件及设计的要求；项目主要管理人员及工程技术人员的数量和资历。

c. 投入的技术及管理力量。包括拟投入项目主要管理人员及工程技术人员的数量和资历及业绩等。

d. 质量。评审工程质量是否达到国家施工验收规范合格标准或优良标准。质量必须符合招标文件要求。质量措施是否全面和可行。

e. 工期。工期指工程施工期，由工程正式开工之日到施工单位提交竣工报告之日止的期间。评审工期是否满足招标文件的要求。

f. 信誉和业绩。包括经济、技术实力；投标单位及项目经理部施工经历、近期施工承包合同履约情况（履约率）；是否承担过类似工程；近期获得的优良工程及优质以上的工程情况，优良品率；服务态度、经营作风和施工管理情况；近期的经济诉讼情况；是否获得过部省级、地市级的表彰和奖励；企业社会整体形象等。

2）综合评估法的分类。综合评估法按其具体分析方式的不同，又可分为定性综合评估法和定量综合评估法。

a. 定性综合评估法。定性综合评估法又称评议法，通常的做法一般是由评标组织对工程报价、工期、质量、施工组织设计、主要材料消耗、安全保障措施、业绩、信誉等评审指标，分项进行定性比较分析，综合考虑，经过评议后，选择其中被大多数评标组织成员认为各项条件都比较优良的投标人为中标人，也可用记名或无记名投票表决的方式确定投标人。

定性综合评估法的特点是不量化各项评审指标。它是一种定性的优选法。采用定性综合评估法，一般要按从优到劣的顺序。对各投标人排列名次，排序第一名的即为中标人。

这种方法虽然能深入地听取各方面的意见，但由于没有进行量化评定和比较，评标的科学性较差。其优点是评标过程简单、较短时间内即可完成。一般适用于小型工程或规模较小的改扩建项目。

b. 定量综合评估法。定量综合评估法又称打分法、百分制计分评议法。通常的做法是事先在招标文件或评标定标办法中将评标的内容进行分类，形成若干评价因素，并确定各项评价因素在百分比的比例，开标后由评标组织中的每位成员按评标规则，采用无记名方式打分，最后统计投标人的得分，得分最高者（排序第一名）或次高者（排序第二名）为中标人。

使用打分法，原则上实行得分最高的投标人为中标人。但当招标工程在一定限额（如1000 万元等）以上，最高得分者和次高得分者的总得分差距不大（如差距仅在 2 分之内），且次高得分者的报价比最高得分者的报价低到一定数额（如低 2% 以上）的，可以选择次高得分者为中标人。对此，在制订评标定标办法时，应做出详尽说明。

这种方法的主要特点是量化各评审因素，对工程报价、工期、质量、施工组织设计、主要材料消耗、安全保障措施、业绩、信誉等评审指标确定科学的评分及权重分配，充分体现整体素质和综合实力，符合公平、公正的竞争法则，使质量好、信誉高、价格合理、技术强、方案优的企业能中标。

采用打分法时，确定各个单项评标因素分值分配的做法多种多样，对各评审因素的量化，也就是评分因素的分值分配和具体打分标准的确定，是一个比较复杂的问题。一般需要考虑的原则是：

（a）各评标因素在整个评标因素中的地位和重要程度。

（b）各评标因素对竞争性的体现程度。对竞争性体现程度高的评标因素，即不只是某一投标人的强项，而一般来讲对所有的投标人都具有较强的竞争性的因素，如价格因素等，所占分值应高些，而对竞争性体现程度不高的评标因素，即对所有投标人而言共同的竞争性不太明显的因素，如质量因素等，所占分值应低些。

（c）各评标因素对招标意图的体现程度。单项分值的分配，在坚持公平、公正的前提下，可以根据招标意向的不同侧重点而进行设置。能明显体现出招标意图的评标因素所占的分值可以适当高些，不能体现招标意图的评标因素所占的分值可适当低些。譬如为了突出对工程质量的要求高，可以将施工方案、质量等因素所占的分值适当提高些，为了突出工期紧迫，可以将工期等因素所占的分值适当提高些，为了突出对履约信誉的重视，可以将信誉、业绩等因素所占的分值适当提高些。

（d）各评标因素与资格审查内容的关系。在确定各个单项因素的分值分配时，也应考虑采用资格预审和资格后审的差异性，处理好评标因素与资格审查内容的关系。对某些评标因素，如在资格预审时已作为审查内容审查过了，其所占分值可适当低些；如资格预审未列入审查内容或是采用资格后审的，其所占分值就可适当高些。

打分法中所有评标因素的总分值，一般都是 100 分。其中各个单项评标因素的分值分配，各地的情况千差万别，很不统一。通常的做法是：

a) 价格（投标报价）30~70 分。

b) 施工方案 5~20 分。

c) 质量 5~25 分。

d) 主要材料 0~10 分。

e) 信誉 5~10 分。

f) 业绩 5~10 分。

g) 工期 0~10 分。

h) 项目经理 5~10 分。

典型案例【D3-10】

某工程施工项目采用邀请招标方式，经研究考察确定邀请五家具备资质等级的施工企业参加投标，各授标人按照技术、经济分为两个标书，分别装订报送，经招标领导小组研究确定评标原则为：

（1）技术标占总分 30%。

（2）经济标占总分 70%，其中报价占 30%、工期占 20%、企业信誉占 10%、施工经验占 10%。

（3）各单项评分满分均为 100 分，计算中小数点后取一位。

（4）报价评分原则为：以标底的正负 3% 为合理报价，超过认为是不合理报价，计分以合理报价的下限为 100 分，标价上升 1% 扣 10 分。

（5）工期评分原则为：以定额工期为准提前 15% 为 100 分，每延后 5% 扣 10 分，超过定额工期者被淘汰。

（6）企业信誉评分原则为：企业近三年工程优良率为准，100% 为满分，如有国家级获奖工程，每项加 20%，如有省市优良工程奖每项加 10%。

（7）施工经验的评分原则为：企业近 3 年承建的类似工程与承建总工程百分比计算，100% 为 100 分。

下面是五家投标单位投标报表及技术标的评标情况。

技术方案标：经专家对各投标单位所报方案比较，针对总平面布置、施工组织网络、施工方法及工期、质量、安全、文明施工措施、机具设备配置、新技术、新工艺、新材料推广应用等项综合评定打分为：A 单位为 95 分、B 单位为 87 分、C 单位为 93 分、D 单位为 85 分、E 单位为 80 分。经济标汇总表见表 3.6。

要求按照评标原则进行评标，以获得最高分的单位为中标单位。

分析如下：

评标的得分情况如下。

（1）各投标单位报价及得分，见表 3.7。

表 3.6 　　　　　　　　　　　　各投标单位经济标汇总表

投标单位	报价/万元	工期/月	企业信誉评分	施工经验评分
A	5970	36	50%，获省优工程一项	30%
B	5880	37	40%	30%
C	5850	34	55%，获鲁班奖工程一项	40%
D	6150	38	40%	50%
E	6090	35	50%	20%
标底	6000	40		

表 3.7 　　　　　　　　　　　　各投标单位报价及得分

投标单位	A	B	C	D	E
标底/万元	6000	6000	6000	6000	6000
报价/万元	5970	5880	5850	6150	6090
相对报价/%	99.5	98	97.5	102.5	101.5
得分/分	75	90	95	45	55

（2）各投标单位工期提前率及得分，见表 3.8。

表 3.8 　　　　　　　　　　　　各投标单位工期提前率及得分

投标单位	A	B	C	D	E
定额工期/月	40	40	40	40	40
投标工期/月	36	37	34	38	35
工期提前率/%	10	7.5	15	5	12.5
得分/分	90	85	100	80	95

（3）各投标单位企业信誉及得分，见表 3.9。

表 3.9 　　　　　　　　　　　　各投标单位信誉及得分

投标单位	A	B	C	D	E
单位信誉评分	50%+10%	40%	55%+20%	40%	50%
得分/分	60	40	75	40	50

（4）各投标单位综合得分及总分，见表 3.10。

表 3.10 　　　　　　　　　　　　各投标单位综合得分及总分

投标单位		A	B	C	D	E
综合得分	技术标	28.5	26.1	27.9	25.5	24
	报价	22.5	27	28.5	13.5	16.5
	工期	18	17	20	16	19
	企业信誉	6	4	7.5	4	5
	施工经验	3	3	4	5	2
总得分		78	77.1	87.9	64	66.5

评标结果：C 单位中标。

（3）两阶段低价评标法。两阶段评标法是指先对投标的技术方案等非价格因素进行评议确定若干中标候选人（第一阶段），然后再仅从价格因素对已入选的中标候选人进行评议，从中确定最后的中标人（第二阶段）。从一定意义上讲，两阶段评标法是最低评标价法、综合评价法的混合变通应用。

两阶段评标法适用于技术方案不确定、技术复杂、可选用的技术指标对投标价格影响大等的工程项目的招标。两阶段评标法的具体应用范围如下：

1）招标工程的技术方案尚处于发展过程中，需要通过第一阶段招标，选出最新、最优的方案，然后在第二阶段中邀请被选中方案的投标者进行详细的报价。例如，建设项目的初步设计阶段，只存在一些对项目的性质、级别、总体规模、投资总额、生产工艺基本流程、建设工期等初步设想，由投标人提出可能的具体实施方案。

2）在某些新的大型项目建设中，招标人对项目的技术要求和经营要求缺乏足够的经验，则可以在第一阶段招标中向投标人提出技术方案和项目目标的要求。每个投标人就其最熟悉的技术和经营方式进行投标。经过评价，确定最佳的技术参数和经营要求。然后，由投标人针对相对明确的技术方案和项目目标，再进行第二阶段的详细报价。例如，以交钥匙/设计建造/EPC 等合同方式招标大型复杂工厂建设、招标特殊土建工程建设，因为招标时技术规格、具体工作量等指标无法明确，可以采用两阶段招标和评标方法。

（4）性价比法。性价比法是指按照要求对投标文件进行评审后，计算出每个有效投标人除价格因素以外的其他各项评分因素（包括技术、财务状况、信誉、业绩、服务、对招标文件的响应程度等）的汇总得分，并除以该投标人的投标报价，以商数（评标总得分）最高的投标人为中标候选供应商或者中标供应商的评标方法。

$$评标总得分 = B/N$$

其中
$$B = F_1 A_1 + F_2 A_2 + \cdots + F_n A_n$$

式中：B 为投标人的综合得分；F_1，F_2，$\cdots$，F_n 为除价格因素以外的其他各项评分因素的汇总得分；A_1，A_2，$\cdots$，A_n 为除价格因素以外的其他各项评分因素所占的权重，$A_1 + A_2 + \cdots + A_n = 1$；$N$ 为投标人的投标报价。

性价比法和综合评估法的适用范围类似，比较适用于具有特殊技术、对售后服务有较高要求和特殊要求的项目，以及对采购标的价格很难确定的项目。在有些情况下，用两种评标方法中的不同公式计算，还会得出相同的总分。但其自身独特的优点是充分考虑使用价值，更能体现"物有所值"的原则，追求性能和价格的最佳结合点，而综合评估法考察的是投标人的综合实力。

3.5.2.5 评标程序和内容

开标之后即进入评标阶段，评标阶段多采用"两段三审评标法"的形式进行，即评标要经过初评和终评（详细评审）两个先后阶段，三审是指符合性评审、技术性评审和商务性评审。在工作实践中，不同的评审阶段评审的内容有着不同的侧重。

评标的过程由招标文件中的评标办法决定，通常要经过投标文件的初步评审、详细评审、投标文件澄清、综合评价与比较、编制评标报告、提交评标报告等步骤。

（1）评标准备。工作人员向评委发放招标文件和评标有关表格。招标人向评标委员会提供评标所需的重要信息和数据，但不得带有明示或者暗示倾向或者排斥特定投标人的信息。评标委员会认真研究招标文件，熟悉招标文件中的以下内容：

1）招标的目的。

2）招标项目的范围和性质。

3）招标文件中规定的主要技术要求、标准和商务条款。

4）招标文件规定的评标标准、评标方法和评标过程中考虑的相关因素。

5）招标人设有标底的，标底在开标前应当保密，并在评标时作为参考。

（2）评标会开始。开标会结束后，由工作组将开标资料转移至评标会地点并分发到评标专家组工作室，安排评标委员会成员报到。

由工作组对开标资料进行整理，也可以由工作组对投标文件进行事先的处理，按评审项目及评标表格整理投标人的对比资料，分发到专家组，由专家进行确认。

评标专家报到后，由评标组织负责人召开第一次全体会议，宣布评标会开始。

首次会议一般由招标人或其代理人主持，由评标会监督人员开启并宣布评标委员会名单和宣布评标纪律，评标委员会主任委员宣布专家分组情况、评标原则和评标办法、日程安排和注意事项，由招标人代表介绍项目的基本情况，由招标机构或代理机构介绍项目招标情况、开标情况。如设有入围条件，则应在首次会议上按评标办法的规定当众确定入围投标人名单；如设有标底，则需要介绍标底设置情况，也可由工作组在评标会监督人员的监督下当众计算评标标底。

（3）初步评审。初步评审是评标委员会根据招标文件确定的评标标准和办法，对投标文件进行系统的评审和比较。招标文件中没有规定的标准和方法不得作为评标地依据。招标文件中规定的评标标准和评标方法应当合理，不得含有倾向或者排斥潜在投标人的内容，不得妨碍或者限制投标人之间的竞争。

在此阶段，评标组织成员主要检查确认投标文件是否实质上响应招标文件的要求，是否有重大漏项、缺项等。如果投标文件实质上不响应招标文件的要求，招标单位将予以拒绝，并且不允许通过修正或撤销其不符合要求的差异，使之成为具有响应性的投标。

初步评审分为形式评审、资格评审和响应性评审。形式评审、资格评审和响应性评审分别是对投标文件的外在形式、投标资格、投标文件是否响应招标文件实质性要求进行评审。采用经评审的最低投标价法时，还应对施工组织设计和项目管理机构的合格响应性进行初步评审。

1）形式评审主要的评审内容包括以下几项。

a. 投标文件格式、内容组成（如投标函、法定代表人身份证明、授权委托书等）是否按招标文件规定的格式和内容填写，字迹是否清晰可辨。

b. 投标文件提交的各种证件或证明材料是否齐全、有效和一致，包括营业执照、资质证书、相关许可证、相关人员证书、各种业绩证明材料等。

c. 投标人名称、经营范围与投标文件中的营业执照、资质证书、相关许可证是否一致有效。

d. 投标文件法定代表人身份证明或法定代表人的代理人是否有效，投标文件的签字、盖章是否符合招标文件规定。如有授权委托书，则授权委托书的内容和形式是否符合招标文件的规定。

e. 如有联合体投标，应审查联合体投标文件的内容是否符合招标文件的规定，包括联合体协议书、牵头人、联合体成员数量等。

f. 投标报价是否唯一。一份投标文件只能有一个投标报价，在招标文件没有规定的情况下，不得提交选择性报价。如果提交了调价函，则应审查调价函是否符合招标文件的规定。

2) 资格评审适用于未进行资格预审程序的评标，其主要的评审内容包括以下几个方面。

a. 营业执照，具有有效的营业执照，已参加年审。

b. 安全生产许可证，具备有效的安全生产许可证。

c. 资质等级，符合招标文件规定的要求。

d. 财务状况，符合招标文件规定的要求。

e. 类似项目业绩，符合招标文件规定的要求。

f. 信誉，符合招标文件规定的要求。

g. 项目经理，符合招标文件规定的资格要求。

h. 其他要求，设计负责人、施工负责人、施工机械设备、项目管理机构及人员符合招标文件规定的要求。

i. 联合体投标人，符合招标文件规定的对联合体的要求。

j. 关联关系，提交联合体投标协议书。

3) 响应性评审主要的评审内容如下：

a. 投标报价，审查全部报价数据计算的正确性，分析报价构成的合理性，并与招标控制价进行对比分析。

b. 投标内容范围，投标文件是否符合招标范围和内容，有无实质性偏差。

c. 项目完成期限，投标文件载明的招标项目完成期限是否符合招标文件规定的时限。

d. 项目质量要求，工程质量目标是否满足招标文件要求。

e. 投标有效期，是否符合招标文件规定的要求。

f. 投标保证金，是否符合招标文件规定的要求。

g. 合同权利和义务，是否符合招标文件"合同条款及格式"规定。

h. 已标价工程量清单，是否符合"招标工程量清单"给出的范围及数量。

i. 技术标准和要求，投标文件的技术标准是否响应招标文件的要求。

施工组织设计和项目管理机构评审。当工程评标采用经评审的最低投标价法时，不再对技术标进行详细评审，只对施工组织设计和项目管理机构进行初步评审。主要包括施工方案与技术措施、质量管理体系与措施、安全管理体系与措施、环境保护管理体系与措施、工程进度计划与措施、资源配备计划、施工设备、试验、检测仪器设备技术负责人、机构人员组成、人员资格、人员经验和业绩等是否符合有关规定标准。

上述初步评审的各项评审因素属于定性评审，投标文件的任何一项因素不符合评审标准，均构成废标，不能进入详细评审阶段。评标委员会应当审查每份投标文件，有以下情形之一的，经评标委员会评审认定后，其投标作废标处理：①评标委员会发现投标人以他人的名义投标、串通投标、以行贿手段牟取中标或者以其他弄虚作假方式投标的；②未按招标文件规定的格式填写，内容不全或关键字迹模糊、无法辨认的；③评标委员会发现投标人的报价明显低于其他投标报价或者在设有标底时明显低于标底，使得其投标报价可能低于其个别成本的，应当要求该投标人作出书面说明并提供相关证明材料。投标人不能合理说明或者不能提供相关证明材料的，由评标委员会认定该投标人以低于成本报价竞标，应当否决其投标；④投标人递交两份或多份内容不同的投标文件，或在一份投标文件中对同一招标项目报有两个或多个报价，且未声明哪一个有效，按招标文件规定提交备选投标方案的除外；⑤投标人资格条件不符合国家有关规定和招标文件要求的，或者拒不按照要求对投标文件进行澄清、说明或者补正的，评标委员会可以否决其投标；⑥组成联合体投标，但投标文件未附联合体各方共同投标协议的；⑦评标委员会应当审查每一投标文件是否对招标文件提出的所有实质性要求和条件做出响应；未能在实质上响应的投标，应当予以否决；⑧评标委员会应当根据招标文件，审查并逐项列出投标文件的全部投标偏差；其中，投标偏差分为重大偏差和细微偏差。

典型案例【D3-11】

某综合开发公司就某湖泊综合整治工程项目取土工程公开招标，工程估价 7000 万元。招标主要范围：土方的挖运、堆放、便道、便桥、土源管理等。本工程项目采用固定单价报价方式，设置最高投标限价为 5130 万元。经评标，综合开发公司向市政公司发出中标通知书，中标价为 51296536.29 元，双方以该价签订《建筑工程施工合同》，合同约定：本合同价款采用固定单价方式确定。

因涉案工程新增供土计划，双方协商一致在原中标合同基础上增加 60 万 m² 土方工程量，费用总价为 11333598.54 元，单价同投标文件一致。双方另新增便道及排水费用、淤泥便道铺设、淤质土变更三项，合计变更造价为 5213890.81 万元。之后，双方多次就工程增减内容协商达成补充协议。双方一致确认综合开发公司已付款总额为 407217.90 元。2013 年 2 月 27 日，审计报告载明：该工程标底价为 83154456.80 元，中标价为 51296536.29 万元，中标让利幅度为 38.31%。

综合开发公司委托咨询公司为"湖泊综合整治工程项目取土工程"编制标底，结论是标底造价为 83154456.80 元，工程概况：建设规模约 7000 万元；工程特征：取土约 277 万 m²。

市政公司认为，综合开发公司擅自设立计价标准，压低规费，故意隐瞒压低招标标底并设置投标最高限价，合同约定的工程价格大大低于成本价，致使市政公司遭受巨大损失，遂诉至法院请求判令：确认双方签订的《建筑工程施工合同》无效；综合开发公司支付工程款 72673909.61 元及逾期付款利息。请分析：

(1)《建筑工程施工合同》是否有效？

(2) 应该如何结算本案工程款？

分析如下：

(1) 投标人的投标报价低于成本或者高于最高投标限价，都应当否决其投标。《招标投标法实施条例》第五十一条规定，有下列情形之一的，评标委员会应当否决其投标……(五) 投标报价低于成本或者高于招标文件设定的最高投标限价。最高投标限价应明确价格或者计算方法（比如按照所有投标报价的平均价上浮 10％作为最高投标限价），作为实质性条款在招标文件中已经做出明确规定，在评标时仅需进行价格比对，如果发现某一投标报价超过投标文件规定的最高投标限价，视为未实质性响应，直接否决其投标。但是对于"投标报价低于成本"的认定则较为困难。投标报价是企业参与投标竞争的重要竞争因素，对于某些项目甚至是决定性因素。投标人以低于社会平均成本、低于其他竞争对手的合理的价格投标，有利于发挥竞争机制作用，发现合理的市场价格，客观上也促成投标人挖掘内部潜力，提高管理水平。但是同时也要防止企业为了谋取中标，以低于自身成本的价格作为投标报价参与市场竞争，以排挤其他竞争对手，扰乱市场秩序的不正当竞争行为。《招标投标法》第三十三条规定，投标人不得以低于成本的报价投标。此处的成本价对不同承包企业而言是不同的，主要取决于其成本管理控制能力，"低于成本价"倾向于理解为低于企业个别生产成本，故招标过程中咨询公司编制的工程造价咨询标底造价，严格来讲，并非成本价认定之根据，对于成本问题，应由作为施工单位的投标者加以关注并结合自身能力预先估测。本案中，市政公司投标报价低于最高限价并中标后，又以工程价款低于成本价为由主张《建筑工程施工合同》无效，缺乏事实和法律依据，且有违诚实信用原则，法院未支持其主张。在审理中，市政公司继续施工直至工程竣工验收，故其主张不执行合同约定价款，改由综合开发公司按实结算工程款，碍难支持。据此，认定双方签订的《建筑工程施工合同》合法有效。

（2）涉案工程的工程款结算分两部分，即合同内和合同外。一是合同内的工程价款（中标合同及新增的土方工程量）确定：按照合同约定，土方的数量须四方（施工方、接收方、接收方监理及业主）确认，现经双方、监理单位及测绘单位联合测量，测绘单位出具总结报告，确认实际取土方量为 $2843294.2m^2$，法院对此予以认定；根据审计报告，合同内造价为 46952481.74 元，按照《建筑工程施工合同》约定的合同价款，结合中标通知书中约定的最高限价，确定涉案工程合同内的工程价款为 51296536.29 元。二是合同外的工程价款确定，根据审计报告，新增便道及排水等 8 项工程款合计 6976818.01 元。因此，市政公司已完工程量总造价为 51296536.29 元＋6976818.01 元＝58273354.3 元。综合开发公司已付工程款为 40721790 元，还应支付工程款 17551564.3 元。

综上，法院判决：综合开发公司支付市政公司工程款 17551564.3 元。

投标文件有上述情形之一的，为未能对招标文件做出实质性响应，作否决投标处理。招标文件对重大偏差另有规定的，从其规定。

投标文件中的重大偏差包括：①没有按照招标文件要求提供投标担保或者所提供的投标担保有瑕疵；②投标文件没有投标人授权代表签字和加盖公章；③投标文件载明的招标项目完成期限超过招标文件规定的期限；④明显不符合技术规格、技术标准的要求；⑤投标文件载明的货物包装方式、检验标准和方法等不符合招标文件的要求；⑥投标文件附有招标人不能接受的条件；⑦不符合招标文件中规定的其他实质性要求。

细微偏差则是指投标文件在实质上响应招标文件要求，但在个别地方存在漏项或者提供了不完整的技术信息和数据等情况，并且补正这些遗漏或者不完整不会对其他投标人造成不公平的结果。细微偏差不影响投标文件的有效性。

评标委员会应当书面要求存在细微偏差的投标人在评标结束前予以补正。拒不补正的，在详细评审时可以对细微偏差作不利于该投标人的量化，量化标准应当在招标文件中规定。

完成初步评审后，评标委员会根据相关规定否决不合格投标后，因有效投标不足 3 个使得投标明显缺乏竞争的，评标委员会可以否决全部投标。

投标人少于 3 个或者所有投标被否决的，招标人在分析招标失败的原因并采取相应措施后，应当依法重新招标。

经过初步审查，只有合格的标书才有资格进入下一轮的详评，对合格的标书再按报价由低到高重新排列名次。因为排除了一些废标和对报价错误进行了某些修正，这个名次可能和开标时的名次排列不一致。一般情况下，评标委员会将把新名单中的前几名作为初步备选的潜在中标人，并在详细评审阶段将他们作为重点评价的对象。

（4）详细评审。详细评审是评标委员会根据招标文件确定的评标方法、因素和标准，对通过初步评审的投标文件其技术部分和商务部分做进一步的评审、比较。是评定其合理性，以及合同授予该投标人在履行过程中可能带来的风险的过程。

详细评审包括技术性评审和商务性评审。

技术性评审的目的是确认和比较投标人完成本工程的技术能力，以及其施工方案的可靠性。技术评估的主要内容包括以下几个方面：

1）施工方案的可行性，特别是对该项目关键工作的可行性论证。对各类分部分项工程的施工方法，施工人员和施工机械设备的配备、施工现场的布置和临时设施的安排、施工顺序及其相互衔接等方面的评审，特别是对该项目的关键工序的施工方法进行可行性论证，应审查其技术的最难点或先进性和可靠性。

2）施工进度计划的可靠性。审查各项计划是否满足招标人的要求，并且是否科学合理、切实可行。同时，还要审查保证实现施工进度计划的措施，例如施工机具、劳务的安排是否合理和可能等。

3）施工质量的保证。审查投标文件中提出的质量控制和管理措施，包括管理人员的配备、素质和质量检验仪器的配置以及质量管理制度等。

4）机械设备齐全，配置合理，符合设计技术要求。工程材料和机器设备的技术性能符合设计技术要求审查投标文件中关于主要材料和设备的样本、型号、规格和制造厂家名称、地址等，判断其技术性能是否达到设计标准。

5）分包商的技术能力和施工经验。如果投标人拟在中标后将中标项目的部分工作分包给他人完成，应当在投标文件中载明。应审查确定拟分包的工作必须是非主体，非关键性工作；审查分包人应当具备的资格条件，完成相应工作的能力和经验。

6）技术建议和替代方案。对于投标文件中按照招标文件规定提交的建议方案作出技术评审。如果招标文件中规定可以提交建议方案，则应对投标文件中的建议方案的技术可靠性与优缺点进行评估，并与原招标方案进行对比分析。在分析建议或替代方案的可行性和技术经济价值后，考虑是否可以全部采纳或部分采纳。

商务性评审的目的是从工程成本、财务和经验分析等方面评审投标报价的准确性、合理性、经济效益和风险等，比较授标给不同的投标人产生的不同后果，从而确定最合格的中标人选并避免评标的风险。商务评估在整个评标工作中通常占有重要地位。主要内容包

括以下几个方面:

1）审查全部报价数据计算的正确性。通过对投标报价数据全面审核，看其是否有计算上或累计上的错误，如果有，则按"投标者须知"中的规定改正和处理。

2）分析报价构成的合理性。通过分析报价中的费用组成和费用标准来判断报价是否合理。注意审查工程量清单中的单价有无脱离实际的"不平衡报价"，计日工劳务和机械台班（时）报价是否合理等。

3）分析前期工程价格提高的幅度。

4）投标单位的财务实力和资信程度。

5）合同条款中涉及商务评估的其他内容。

6）对建议方案的商务评审。

（5）投标文件的澄清。为有助于投标文件的审查、评价和比较，在评标过程中，如果发现投标人在投标文件中存在没有阐述清楚的地方，评标委员会有权要求投标单位澄清其投标文件。

投标文件的澄清一般召开澄清会，在澄清会上分别对投标单位进行质询，先以口头询问并解答，随后在规定的时间内投标单位以书面形式予以确认做出正式答复。所澄清和确认的问题，应当采取书面形式，经招标方和投标方法定代表人或授权代理人双方签字后，作为投标文件的组成部分，列入评标依据范围。澄清问题的书面文件不允许对原投标书做出实质上的修改，也不允许变更。

对于投标报价有算术错误的，评标委员会按以下原则对投标报价进行修正，修正的价格经投标人书面确认后具有约束力。投标人不接受修正价格的，其投标作废标处理，而且按投标人违约对待。修改报价统计错误的原则如下：

1）若投标文件中的大写金额和小写金额不一致，以大写金额为准。

2）若单价和数量的乘积与总价不一致，要以单价为准。若属于明显的小数点错误，则以标书的总价为准，并修改单价。

3）副本与正本不一致，以正本为准。

4）如果投标商不接受根据上述修改方法而调整的投标价，可拒绝其投标并没收其投标保证金。

5）对不同文字文本投标文件的解释发生异议的，以中文文本为准。

评标委员会不得暗示或者诱导投标人做出澄清、说明，不得接受投标人主动提出的澄清、说明。

评标委员会在评标过程中，应纠正在审查投标书期间发现的纯属计算上的错误，并应就任何此类纠正迅速通知提交该投标书的供应商或者承包商。如果发现投标文件的含义不明确、前后不一致、书写打印错误或者纯属计算上的失误、差错等情况，以要求投标人就以上问题做出不超出原投标文件含义的澄清或说明，以确认其正确的内容，也使评标委员会能依据准确的投标文件做出正确的判断。即使投标书有些小偏离但并没有在实质上改变招标文件载明的特点、条款、条件和其他规定，评标委员会仍可其看作是符合要求的投标。任何此种偏离应尽可能使之数量化，并在评审和比较投标书时适当加以考虑。开标后，任何投标人均不得改动标书，招标人可要求任何投标人解释其标书，但不应要求任何投标人更改标书内容。

需要注意的是，投标人的澄清或者说明只限于前述几种情况，既不能超出投标文件的范围，也不得改变投标文件的实质性内容。以下几种情况都是不允许的：①投标文件没有规定的内容，澄清的时候加以补充；②投标文件规定的是某一特定条件作为某一承诺的前提，但解释为另一条件；③澄清或说明时改变了投标文件中的报价、主要技术指标、主要合同条款等实质性内容等。

以上这些澄清和说明或超出了原有投标文件的范围，或改变了投标文件的实质性内容。如果允许这种情况存在，势必使原来不符合要求的投标成为合格的投标，使竞争力差的投标成为竞争力强的投标，导致投标人处于不公平的状态，严重影响评标的公正性。

评标委员会应当书面要求存在细微偏差的投标人在评标结束前予以补正。拒不补正的，在详细评审时可以对细微偏差做不利于该投标人的量化，量化标准应当在招标文件中规定。

书面答复须经投标人法定代表人或其代理人的签署或加盖印章，签署或加盖印章的书面答复将视为投标文件的组成部分。开标后，投标人对价格、工期、质量等级等实质性内容提出的任何修正声明或者附加优惠条件，一律不得作为评标、定标的依据。

（6）综合评价与比较。评标应当按照招标文件确定的评标标准和方法，按照平等竞争、公正合理的原则，对投标人的报价、工期、质量、主要材料用量、施工方案或组织设计、以往业绩和履行合同的情况、社会信誉、优惠条件等方面进行综合评价和比较，并与标底进行对比分析，通过进一步澄清、答辩和评审，公正合理地择优选定中标候选人。

综合评价与比较是在以上工作的基础上，根据事先拟定好的评标原则、评价指标和评标办法，对筛选出来的若干个具有实质性响应的投标文件进行综合评价与比较，最后选定中标人。中标人的投标应当符合下列条件之一：①能最大限度地满足招标文件中规定的各项综合评价标准；②能满足招标文件各项要求，并且经评审的投标价格最低，但投标价格低于成本的除外。

（7）资格后审（如有）。资格后审是指投标人在提交投标书的同时报送资格审查的资料，以便评标委员会在开标后或评标前对投标人资格进行审查。资格后审的审查内容基本上同资格预审的审查内容。经评标委员会审查资格合格者，才能列入进一步评标的工作程序。资格后审适用于某些开工时间紧迫，工程较为简单的情况。资格后审制与资格预审制相比有四个方面的明显变化，即投标人身份不确定性、投标人之间不接触性、投标人数广泛性、投标人信息湮没性。这些有益的变化有力地遏制了串标、围标现象的发生，有利于规范市场秩序、降低工程造价、节约财政资金。

进行资格预审的招标项目，评标委员会应就投标人资格预审所报的有关内容是否改变进行审查。如有改变，审查是否按照招标文件的规定将所改变的内容随投标文件递交；内容发生变化后是否仍符合招标文件要求的资质条件。资质条件符合招标文件要求的，方可被确定为中标候选人或中标人；否则，其投标将被拒绝。

对于采用资格后审的项目，可以在此阶段进行资格审查，淘汰不符合资格条件的投标人。未进行资格后审的招标项目，在确定中标候选人前，评标委员会须对投标人的资格进行审查；投标人只有符合招标文件要求的资质条件时，方可被确定为中标候选人或中标人。

典型案例【D3-12】

某省中央财政投资的大型基础设施建设项目，总投资超过10亿元，该项目法人委托一家符合资质条件的工程招标代理公司进行招标代理全程办理。在评标过程中发生以下现象。

事件一：发现投标人D的投标文件中没有投标人授权代表签字；投标人H的单价与总价不一致，单价与工程量乘积大于投标文件（注：投标函）的总价，招标文件中没有约定此类情况为重大偏差。

事件二：评标委员会发现其中G投标人的投标报价低于原标底的30%，询标时，G投标人发来书面更改函，承认原报价存在遗漏，将报价整体上调至接近于标底的99%。

事件三：投标人A发来书面更改函，对施工组织设计中存在的笔误进行了勘误，同时对其投标文件中，超过招标文件计划工期的投标工期限调整为在招标文件约定计划工期基础上提前10天竣工。

事件四：经评审，各投标人综合得分的排序依次是H、E、G、A、F、C、B、D。评标委员会李某对此结果有异议，拒绝在评标报告上签字，但又不提出书面意见。

事件五：确定中标人H后，中标人H认为工程施工合同过分袒护招标人，需要对招标文件中的合同条件进行调整，特别是当事人双方的权利与义务；招标人同时提出，在中标价的基础上降低10%的要求，否则招标人不签订施工合同。

事件一～事件五应该如何处理？评标委员会应推荐哪三个投标人为中标候选人？

分析如下：

事件一：投标人D的投标文件中没有投标人授权代表签字，此类情况属于投标人对招标文件规定要求发生了重大偏差，属于废标情况。投标人H的单价与总价不一致，招标文件约定此类情形属于细微偏差，故应以投标函中的投标报价为其中标价。在评标过程中，应对报价文件中的偏差，按照大写金额与小写金额不一致时，以大写金额为准；总价与单价金额不一致时，以单价金额为准修改总价的原则确定投标人H的评标价，进行评标。

事件二：该投标人G的投标报价明显低于合理报价或标底，使得其投标报价可能低于个别成本，评标人在询标时应要求该单位作出书面说明并提供相关证明材料。投标人如果不能合理说明或不能提供相关证明材料，评标委员会可认定该投标人的投标报价低于成本报价竞标，其投标应作废标处理。但G单位在应标时，不但没有提供相应的证明材料和合理说明，反而对其报价做了修改，这种做法是不可以的（注：相当两次报价）。根据评标规定，投标人可以对投标文件中含义不明确，对同类问题表述不一致或者文字和计算错误的内容作必要的澄清、说明或补正，但不能超出投标文件的范围或者改变投标文件的实质性内容。G单位的做法实际上是二次报价，明显地改变了原投标文件的实质内容，该行为无效，G单位投标文件为废标。

事件三：在评标过程中，投标人A发来书面更改函，对施工组织设计中存在的笔误进行了勘误，同时对超过招标规定的施工期限调整至低于规定的期限。询标时，投标人A对施工设计中存在的笔误进行勘误是可行的，但提出投标工期的修改，属于对实质性的内容进行修改，该行为无效。由于该投标人投标文件载明的招标项目完成期限超过了招标文件规定的期限，属于重大偏差，投标人 A 投标文件为废标。

事件四：评标报告应由评标委员会全体成员签字，对评标结果持有异议的评标委员会成员可以书面方式阐述其不同意见和理由，评标委员会成员拒绝在评标报告上签字，且不陈述其不同意见和理由，视为同意评标结论。评标委员会应当对此做出书面说明并记录在案。

事件五：中标人在接到中标通知书后，应在规定的时间内按照招标文件和其投标文件与招标人签订施工承包合同，在这一过程中，招标人和中标人只能就招标投标过程中的一些细微偏差进行谈判，对招标文件中合同条款进行细化，但不得有实质性修改。中标人认为合同条件过分袒护招标人，提出需要修改招标文件主要合同条款违反法律规定。如果中标人 H 坚持修改合同主要条款，否则不与招标人签订合同，招标人可以视其行为为放弃中标合同，没收其投标保证金，并申请解除与 H 的合同关系，并重新确定中标人。

在合同谈判过程中，招标人提出在中标价的基础上再次降价10％的做法是不正确的，违反了法律规定。如果招标人坚持降低中标价10％的话，中标人可以拒绝签订合同，并要求招标人承担由此造成的损失及其他违约责任，退还投标保证金。

评标委员会应推荐 H、E、F 分别为第一中标、第二中标、第三中标候选人。评标委员会根据招标文件中的评标办法，经过对投标申请文件进行全面、认真、系统的评审、比较后，确定能够最大限度满足招标文件的实质性要求，确定不超过 3 名的有排序的合格的中标候选人，供招标人最终确定中标人。

（8）编制评标报告。根据《招标投标法》第四十条规定，评标委员会完成评标后，应当向招标人提出书面评标报告。招标人根据评标委员会提出的书面评标报告和推荐的中标候选人确定中标人。招标人也可以授权评标委员会直接确定中标人，评标报告应报有关行政监督部门审查。

评标报告应当如实记载报告主要内容包括：①基本情况和数据表；②评标委员会成员名单；③开标记录；④符合要求的投标一览表；⑤废标情况说明；⑥评标标准、评标方法或者评标因素一览表；⑦经评审的价格或者评分比较一览表；⑧经评审的投标人排序；⑨推荐的中标候选人名单与签订合同前要处理的事宜；⑩澄清、说明、补正事项纪要。

另外，评标报告还应包括专家对各投标人的技术方案评价，技术、经济分析、比较和详细的比较意见以及中标候选人的方案优势和推荐意见。

在评标过程中，如发现有下列情形之一不能产生定标结果的，宣布招标失败：①所有投标报价高于或低于招标文件所规定的幅度的；②所有投标人的投标文件均在实质上不符合招标文件的要求，被评标组织否决的。

如果发生招标失败，招标人应认真审查招标文件及标底，做出合理修改，重新招标。在重新招标时，原采用公开招标方式的，仍可继续采用公开招标方式，也可改用邀请招标方式；原采用邀请招标方式的，仍可继续采用邀请招标方式，也可改用议标方式；原采用议标方式的，应继续采用议标方式。

（9）提交评标报告。评标报告由评标委员会全体成员签字。评标委员会应当对下列情况做出书面说明并记录在案。对评标结论持有异议的，评标委员会成员可以书面方式阐述其不同意见和理由。评标委员会成员拒绝在评标报告上签字且不陈述其不同意见和理由的，视为同意评标结论。评标委员会应当对此做出书面说明并记录在案。向招标人提交书面评标报告后，评标委员会即告解散。评标过程中使用的文件、表格以及其他资料应当及时归还招标人。

依法必须进行施工招标的项目，招标人应当自发出中标通知书之日起 15 日内，向有关行政监督部门提交招标投标情况的书面报告。

3.5.3 定标

定标即通过评标确定最佳中标人，并授予其合同的过程，是招标人决定中标人的行为。定标环节的主要工作流程如下所述。

3.5.3.1 确定中标人

在确定中标人之前，招标人不得与投标人就投标价格、投标方案等实质性内容进行谈判。

依法必须进行招标的项目，招标人应当自收到评标报告之日起 3 日内公示中标候选人，公示期不得少于 3 日。

确定中标人的方法如下：评标委员会推荐的中标候选人为 1～3 人，须有排列顺序。国有资金占控股或者主导地位的依法必须进行招标的项目，招标人应确定排名第一的中标候选人为中标人。若第一中标候选人放弃中标，因不可抗力提出不能履行合同，或者招标文件规定应提交履约保证金而未在规定期限内提交的，或者被查实存在影响中标结果的违法行为等情形，不符合中标条件的，招标人可以确定第二中标候选人为中标人。第二中标候选人因前述同样原因不能签订合同的，招标人可以确定第三中标候选人为中标人。

评标委员会经评审，认为所有投标都不符合招标文件要求的，可以否决所有投标。依法须进行招标的项目的所有投标被否决的，招标人应当重新招标。

3.5.3.2 发出中标通知书

经评审确定中标人，并公示确认后，招标人应当向中标人发出中标通知书，并同时将中标结果通知所有未中标的投标人，退还未中标的投标人的投标保证金。

中标通知书对招标人和中标人具有法律效力。中标通知书发出后，若招标人改变中标结果，拒绝和中标人签订合同，应当依法赔偿中标人的损失；如果中标人拒绝在规定的时间内提交履约保证金和签订合同，招标人可报请有关行政监督部门批准后，取消其中标资格，并按规定没收其投标保证金，并考虑与备选的排序第二的投标人签订合同。

对于依法必须招标的项目，招标人不得在评标委员会依法推荐的中标候选人之外确定中标人，也不得在所有投标被评标委员会否决后自行确定中标人，否则中标无效，招标人还应受到相应处罚。

中标通知书是招标投标活动中的一份极其重要的文书，在中标通知书中，应写明招标人对工程承包人按合同施工、完工和维修工程的支付总额，即中标合同价格。中标通知书和中标结果通知书的编写格式参见图 3.2 和图 3.3。

中标通知书

致 _____（中标人）：

你方于 _____年 ____月 ____日所递交的 _____（项目名称）_____施工投

标文件已被我方接受，被确定为中标人。

　　中标价：_____元

　　工期：_____日历天

　　工程质量：_____标准

　　项目经理：_____（姓名）

　　技术负责人：_____（姓名）

　　请你方在接到本通知书后的 _____日内到 _____（指定地点）与

我方签订施工承包合同，在此之前按照招标文件"投标人须知"规定向我方提交履约担保。

　　特此通知。

招标人：　　　　（盖章单位）

法定代表人：　　　　（签字）

年　　　月　　　日

图 3.2 中标通知书格式（范本）

中标结果通知书

（未中标人名称）：

　　我方已接受 _____（中标人名称）于 _____（投标日期）所递交

的 ____（项目名称）____施工投标文件，确定 _____（中标人名称）为

中标人。

　　感谢您单位对我们工作的大力支持！

招标人：　　　　（盖章单位）

法定代表人：　　　　（签字）

年　　　月　　　日

图 3.3 中标结果通知书格式（范本）

　　评标和定标应当在投标有效期结束日 30 个工作日前完成。不能在投标有效期结束日
30 个工作日前完成评标和定标的，招标人应当通知所有投标人延长投标有效期。拒绝延
长投标有效期的投标人有权收回投标保证金。同意延长投标有效期的投标人应当相应延长
其投标担保的有效期，但不得修改投标文件的实质性内容。因延长投标有效期造成投标人
损失的，招标人应当给予补偿，但因不可抗力需延长投标有效期的除外。

典型案例【D3－13】

A公司是由B公司与C公司联合投资兴办的企业法人单位，B公司占70%的股份。2013年10月，B公司获悉巨源公司的钢结构厂房工程正在公开招标，便递交了资格证明文件。经巨源公司审核，认为B公司具备参与钢结构厂房投标资格，便于2013年11月10日向B公司发出招标邀请书，并提交了工程施工招标文件。B公司受邀后，在投标截止时间前递交了投标文件。投标总价为1640万元。其中，5栋厂房钢结构部分报价为1335万元（每栋267万元），5栋厂房土建部分报价为305万元（每栋61万元），工期90天。B公司委托A公司的员工徐明光、余清平为代理人参加投标活动，代理人在投标、评标、合同谈判过程中所签署的一切文件和处理与之有关的一切事务，B公司均予以承认，但代理人无转委托权。

B公司还委托A公司代其向巨源公司支付了投标保证金20万元。2013年11月15日上午9点30分巨源公司召开开标会，共有5家单位投标，公开开标后，没有单位中标，但B公司与其他两家投标单位与巨源公司进行了协商，即议标。在议标过程中，除了徐明光、余清平作为B公司的代理人参加商议外，A公司总经理黄继红也在后阶段参加了商议，并于2013年11月19日以黄继红本人的名义出具书面承诺，同意以每幢232万元的造价承包两幢厂房的钢结构工程，并对付款方式作了计划。2013年12月5日巨源公司据此向B公司发出中标通知书，

2013年12月15日B公司发函给巨源公司，以钢材价格上涨和支付工程款的方式欠佳为由，决定放弃该项工程，并要求巨源公司退回投标保证金。2013年12月24日B公司再次发函给巨源公司，决定以每栋240万元的价格承揽厂房工程，巨源公司未同意。为此双方产生争议，B公司诉至法院要求巨源公司退回20万元保证金。该纠纷应如何处理？

分析如下：

原、被告按照正常程序进行招、投标活动，开标后，投标单位无一中标。在所有投标被否决的情况下，此次投标活动应视为结束，投标单位所交的投标保证金应退回。巨源公司与B公司的委托代理人及其A公司总经理黄继红之间的商议行为，以及随后的函件往来等，均属于议标行为。虽然与前面的招投标行为有一定关联，但它不是招投标行为本身，巨源公司所收取的投标保证金理当返还，继续占有则构成不当得利。至于黄继红的承诺行为，虽然黄继红本人未受委托，但黄继红所在公司的员工是委托代理人，而黄继红又是该委托代理人的直接上级领导，且B公司与A公司之间形成了控股关系。因此，巨源公司有理由相信黄继红有相应的代理权，而且B公司事后也在黄继红所作承诺的基础上与巨源公司进行过协商，只是以"材料涨价"等理由而未达成最终协议。据此B公司在与巨源公司议标过程中，如因承诺等行为使巨源公司的工程进度、工程安排产生不利影响，造成损失，巨源公司可另行起诉或双方协商解决。巨源公司返还20万元投标保证金给B公司。

3.5.3.3 签订合同

中标人收到中标通知书后，招标人、中标人双方应具体协商谈判签订合同事宜，形成合同草案。在实践中，合同草案一般需要先报招标投标管理机构审查备案。经审查后，招标人与中标人应当自中标通知书发出之日起30日内，按照招标文件和中标人的投标文件

正式签订书面合同。

招标人和中标人不得再订立背离合同实质性内容的其他协议。同时，双方要按照招标文件的约定相互提交履约保证金或者履约保函，招标人还要退还中标人的投标保证金。招标人如拒绝与中标人签订合同，除双倍返还投标保证金外，还需赔偿有关损失。

履约保证金或履约保函是为约束招标人和中标人履行各自的合同义务而设立的一种合同担保形式，其有效期通常为 2 年，一般直至履行了义务（如提供了服务、交付了货物或工程已通过了验收等）为止。招标人和中标人订立合同相互提交履约保证金或者履约保函时，应注意指明履约保证金或履约保函到期的失效时间。

如果合同规定的项目在履约保证金或履约保函到期日未能完成的，则可以延长履约保证金或履约保函的有效期。履约保证金或履约保函的金额，通常为合同标额的 5% ～ 10%，也有的规定不超过合同金额的 5%。

合同订立后，应将合同副本分送各有关部门备案，以便接受保护和监督。至此，招标工作全部结束。招标工作结束后，应将有关文件资料整理归档，以备查考。中标人应当按照合同约定履行义务，完成中标项目施工，不得将中标项目施工转让（转包）给他人。

典型案例【D3－14】

某年 11 月 22 日安徽省 A 房产公司就一住宅建设项目进行公开招标，安徽省 B 建筑公司与其他三家建筑公司共同参加了投标。结果由 B 建筑公司中标。某年 12 月 14 日，A房产公司就该项工程建设向 B 建筑公司发出中标通知书。该通知书载明：工程建筑面积为 74781m²，中标造价人民币 8000 万元，要求 12 月 25 日签订工程承包合同，12 月 28 日开工。中标通知书发出后，B 建筑公司按 A 房产公司的要求提出，为抓紧工期，应该先做好施工准备，后签工程合同。A 房产公司也就同意了这个意见，之后，开进了施工队伍，平整了施工场地，将打桩桩架运入现场，并配合 A 房产公司在 12 月 28 日打了两根桩，完成了项目的开工仪式。但是，工程开工后，还没有等到正式签订承包合同，双方就因为对合同内容的意见不一而发生了争议。A 房产公司要求 B 建筑公司将工程中的一个专项工程分包给自己信赖的 C 公司，而 B 建筑公司以招标文件没有要求必须分包而拒绝。次年 3 月 1 日，A 房产公司明确函告 B 建筑公司"将另行落实施工队伍"。

无可奈何的 B 建筑公司只得诉至安徽省甲市中级人民法院，在法庭上 B 建筑公司指出，A 房产公司既已发出中标通知书，就表明招投标过程中的要约已经承诺，按招投标文件和《施工合同示范文本》的有关规定，签订工程承包合同是 A 房产公司的法定义务。因此，B 建筑公司要求 A 房产公司继续履行合同，并赔偿损失 560 万元。但 A 房产公司辩称：虽然已发了中标通知书，但这个文件并无合同效力，且双方的合同尚未签订，因此双方还不存在合同上的权利义务关系，A 房产公司有权另行确定合同相对人。

请评析该次招投标的责任性质。

分析如下：

（1）法律责任归属分析。

分析这一案例首先需要解决的问题是谁应当对此承担法律责任？《招标投标法》第四十五条规定，中标通知书对招标人和中标人具有法律效力。中标通知书发出后，招标人改变中标结果的，或者中标人放弃中标项目的，应当依法承担法律责任。第四十六条规定，招标人和中标人应当自中标通知书发出之日起 30 日内，按照招标文件和中标人的投标文件订立书面合同。因此，如果双方最终没有签订合同，则应当有一方对此承担法律责任。在正常的情况下，合同的内容都应当在招标文件和投标文件中体现出来。但是，在这一过程中，招标人处于主动地位，投标人只是按照招标文件的要求编制投标文件。如果投标文件不符合招标文件的要求，则应当是废标。因此，一旦出现招标文件和投标文件都没有约定合同内容的情况，应当属于招标文件的缺陷。此时的处理原则可以适用《民法典》第五百一十条和第五百一十一条的规定，第一，双方协议补充；第二，按照合同有关条款或者交易习惯确定。就本案而言，一般情况下，承包人（B建筑公司）应当自己完成发包的全部工作内容，承包的内容进行分包则为特殊情况；况且，我国立法并不鼓励发包人（A房产公司）指定分包。因此，不进行分包是一般的理解。从另一角度看，一般情况下不进行分包是交易习惯。因此，如果A房产公司拒绝签订合同则应当承担法律责任。

（2）投标行为的责任性质。

《民法典》第四百七十三条对招标公告的性质做出了明确的规定，是一种要约邀请。在上述案例中，投标人中标后不能放弃中标项目，不能拒绝与招标人订立合同，否则也应当承担法律责任。投标人对自己的投标行为应承担何种责任呢？要约生效以后，即对要约人产生约束，自开标之日起至确定中标人之前，投标人不得补充、修改或撤回投标文件，否则将会承担法律责任，此处责任的性质，应属于缔约过失责任。

缔约过失责任一直是立法及学术上讨论的一个重要问题。缔约过失责任是指缔约一方当事人故意或者过失地违反依诚实信用原则所应承担的先合同义务，而造成对方信赖利益的损失时依法承担的民事赔偿责任。而所谓先合同义务是自缔约双方为签订合同而互相接触磋商开始逐渐产生，包括互相协助、互相照顾、互相保护、互相通知、诚实信用等义务。先合同义务一般存在于要约生效后，合同成立之前。因此，缔约过失也只能在此阶段产生。根据《民法典》第四百八十三条规定，承诺生效时合同成立。在此之前，行为尚处于要约邀请阶段，不需承担法律责任；在此之后，合同已经成立，当事人行为性质变为违约行为，应承担违约责任。在招标投标过程中，投标即为要约，中标通知书即为承诺，而开标之后至确定中标人之前的期间即为要约生效后，合同成立之前的期间。所以，招标人与投标人对在此期间内因为故意或过失而导致对方当事人损失的行为，如假借订立合同，恶意进行磋商，故意隐瞒与订立合同有关的重要事实或者提供虚假情况，投标人相互串通投标或与招标人串通投标，投标人弄虚作假，骗取中标等，应该承担缔约过失责任。

缔约过失责任一般以损害事实的存在为成立条件，只有缔约一方违反先合同义务造成相对方损失时，才能产生缔约过失责任。一般认为，缔约过失责任中的损失主要是信赖利益的损失，即当事人因信赖合同的成立和有效，但合同却不成立或无效而遭受的损失。其赔偿范围也主要是与订约有关的费用支出。因此，招标人和投标人在开标至定标期间所应承担责任的范围也应以此为限。例如制作招标、投标文件等进行招标或投标行为所发生的费用。在招标投标实践中，招标人一般都要求投标人在投标时提交投标保证金或者投标保函，这时的保证金数额可以看成双方对预期损失的约定。

总之，B 建筑公司中标后，不能主动放弃这一项目，否则应当承担相应的法律责任。

（3）发出中标通知书后的责任性质。

在我国目前的招标投标领域中，定标行为的责任性质并不明确，许多招标项目在发出中标通知书以后，招标人拒绝与中标人签订合同或者改变中标结果，还有一些中标人放弃中标项目，但却均未受到任何制裁，而受损失一方当事人也找不到相应的法律依据来维护自己的合法权益，因此，应对发出中标通知书的行为进一步剖析，以明确其责任性质。

由于投标人投标的过程为要约，那么招标人在对各投标人的投标文件进行严格评审，确定某一投标人为中标人之后，向其发出的中标通知书即为对投标人要约的承诺。因为中标通知书的发出意味着招标人接受了投标人的投标文件，而投标文件又意味着对招标文件的接受，两者的内容构成了明确具体的合同内容。

关于承诺生效时间的规则，理论上有两种不同的观点：一种是发信主义，认为承诺一经发出即生效；另一种是到达主义，认为承诺的通知应于到达要约人时生效。根据《民法典》第四百八十六条、第四百八十七条规定，我国采用到达主义的规则，按此规则中标人收到中标通知书的时间即为承诺生效的时间。但《招标投标法》第四十五条规定，中标通知书对招标人和中标人具有法律效力。中标通知书发出后，招标人改变中标结果的，或者中标人放弃中标项目的，应当依法承担法律责任。根据此规定，承诺生效的时间似乎又变成了发出中标通知书的时间。因此，就产生了法律之间的冲突。对于这一点，有人认为，在定标过程中，如果采用到达主义的规则，则很可能出现并非由于招标人的过错而导致中标人未能在投标有效期内收到中标通知书的情况，而此时招标人便丧失了对中标人的约束权。因此，为了避免出现这种情况，《招标投标法》采取的是发信主义，即发出中标通知书的时间为承诺生效的时间。《民法典》为普通法，《招标投标法》为特别法，根据特别法优于普通法的原则，这种规定也是行之有据的。

中标通知书发出后，招标人或者中标人承担的法律责任是违约责任还是缔约过失责任，也是一个非常值得探讨的问题。违约责任与缔约过失责任的责任方式有所不同，缔约过失责任的方式只限于赔偿责任，不包括其他责任形式，而违约责任除赔偿责任外，还包括支付违约金、继续履行以及其他补救措施等责任方式，而且违约责任的赔偿范围也远大于缔约过失责任的赔偿范围，缔约过失责任的赔偿范围为信赖利益的损失，而违约责任的赔偿范围通常为实际损失和可得利益的损失。这也是区分招标投标过程中不同阶段责任性质的实践意义之所在。

持违约责任观点的依据是：中标通知书发出以后承诺生效，即发生合同成立的法律效力，此后招标人与中标人因故意或过失造成对方损害的行为则应视为不履行合同义务或履行合同义务不符合约定，即为违约行为，其所承担的责任也应为违约责任而非缔约过失责任。此时，招标人改变中标结果成为变更中标人，实质上是一种单方面撕毁合同的行为；投标人放弃中标项目的，则是一种不履行合同的行为。这两种都属于违约行为，所以应当承担违约责任。

持缔约过失责任的依据是：一般情况下，合同于承诺生效时成立，但根据《民法典》第四百九十条规定，当事人采用合同书形式订立合同的，自当事人均签名、盖章或者按指印时合同成立。采用招标投标方式订立的合同，往往是法律要求采用书面形式的。例如，《民法典》第七百八十九条规定，建设工程合同应当采用书面形式。由此可知，在招标投标过程中，中标通知书的发出即承诺的生效并不意味着合同的成立，只有在招标人与中标人签订书面合同后，合同方成立。因此，在双方当事人签订合同之前，合同尚未成立。既然合同尚未成立，那么也就谈不上违约责任，根据缔约过失责任的发生条件，在发出中标通知书后签订合同之前的期间内，招标人与投标人所承担的责任应该为缔约过失责任而非违约责任。

《民法典》第四百九十条规定，法律、行政法规规定或者当事人约定采用书面形式订立合同，当事人未采用书面形式但一方已经履行主要义务，对方接受的，该合同成立。因此，即使法律规定应当采取书面形式的合同，在没有订书面合同前，有其他证据证明合同成立的，合同也已经成立。而在招标投标中，中标通书是合同成立的有效证明。因此，在中标通知书发出以后，如果招标人拒绝与中标人签合同或者改变中标结果，除应承担违约责任，应当赔偿中标人的所有损失，包括中标人得利益的损失。如果中标人放弃中标项目，招标人则有权没收其投标保证金，如果保证不足以弥补招标人损失的，招标人有权继续要求赔偿损失。

综上所述，人民法院对 A 房产公司违约的认定，判决由 A 房产公司补偿 B 建筑公司经济损失。

3.5.4 《招标投标法》中关于决标的其他规定

《招标投标法》是为了规范招标投标活动，保护国家利益、社会公共利益和招标投标活动当事人的合法权益，提高经济效益，保证项目质量制定的法律。

3.5.4.1 决标相关法规

《招标投标法》中关于开标、评标、定标的其他相关规定如下：

（1）招标人应当采取必要的措施，保证评标在严格保密的情况下进行。任何单位和个人不得非法干预、影响评标的过程和结果。

（2）评标委员会可以要求投标人对投标文件中含义不明确的内容作必要的澄清或者说明，但是澄清或者说明不得超出投标文件的范围或者改变投标文件的实质性内容。

（3）评标委员会应当按照招标文件确定的评标标准和方法，对投标文件进行评审和比较；设有标底的，应当参考标底。评标委员会完成评标后，应当向招标人提出书面评标报告，并推荐合格的中标候选人。

（4）招标人根据评标委员会提出的书面评标报告和推荐的中标候选人确定中标人。招标人也可以授权评标委员会直接确定中标人。国务院对特定招标项目的评标有特别规定的，从其规定。

（5）评标委员会成员应当客观、公正地履行职务，遵守职业道德，对所提出的评审意见承担个人责任。

评标委员会成员不得私下接触投标人，不得收受投标人的财物或者其他好处。评标委员会成员和参与评标的有关工作人员不得透露对投标文件的评审和比较、中标候选人的推荐情况以及与评标有关的其他情况。

（6）中标人应当按照合同约定履行义务，完成中标项目。中标人不得向他人转让中标项目，也不得将中标项目肢解后分别向他人转让。

中标人按照合同约定或者经招标人同意，可以将中标项目的部分非主体、非关键性工作分包给他人完成。接受分包的人应当具备相应的资格条件，并不得再次分包。中标人应当就分包项目向招标人负责，接受分包的人就分包项目承担连带责任。

3.5.4.2 相关法律责任

（1）投标人相互串通投标或者与招标人串通投标的，投标人以向招标人或者评标委员会成员行贿的手段谋取中标的，中标无效，处中标项目金额 5‰ 以上 10‰ 以下的罚款，对单位直接负责的主管人员和其他直接责任人员处单位罚款数额 5％ 以上 10％ 以下的罚款；有违法所得的，并处没收违法所得；情节严重的，取消其 1～2 年内参加依法必须进行招标的项目的投标资格并予以公告，直至由工商行政管理机关吊销营业执照；构成犯罪的，依法追究刑事责任。给他人造成损失的，依法承担赔偿责任。

（2）投标人以他人名义投标或者以其他方式弄虚作假，骗取中标的，中标无效，给招标人造成损失的，依法承担赔偿责任；构成犯罪的，依法追究刑事责任。

（3）依法必须进行招标的项目的投标人有前款所列行为尚未构成犯罪的，处中标项目金额 5‰ 以上 10‰ 以下的罚款，对单位直接负责的主管人员和其他直接责任人员处单位罚款数额 5％ 以上 10％ 以下的罚款；有违法所得的，并处没收违法所得；情节严重的，取消其 1～3 年内参加依法必须进行招标的项目的投标资格并予以公告，直至由工商行政管理机关吊销营业执照。

（4）依法必须进行招标的项目，招标人违反本法规定，与投标人就投标价格、投标方案等实质性内容进行谈判的，给予警告，对单位直接负责的主管人员和其他直接责任人员依法给予处分。前款所列行为影响中标结果的，中标无效。

（5）评标委员会成员收受投标人的财物或者其他好处的，评标委员会成员或者参加评标的有关工作人员向他人透露对投标文件的评审和比较、中标候选人的推荐以及与评标有关的其他情况的，给予警告，没收收受的财物，可以并处 3000 元以上 50000 元以下的罚款，对有所列违法行为的评标委员会成员取消担任评标委员会成员的资格，不得再参加任何依法必须进行招标的项目的评标；构成犯罪的，依法追究刑事责任。

（6）招标人在评标委员会依法推荐的中标候选人以外确定中标人的，依法必须进行招标的项目在所有投标被评标委员会否决后自行确定中标人的，中标无效。责令改正，可以处中标项目金额 5‰ 以上 10‰ 以下的罚款；对单位直接负责的主管人员和其他直接责任人员依法给予处分。

（7）中标人将中标项目转让给他人的，将中标项目肢解后分别转让给他人的，违反本法规定将中标项目的部分主体、关键性工作分包给他人的，或者分包人再次分包的，转让、分包无效，处转让、分包项目金额 5‰ 以上 10‰ 以下的罚款；有违法所得的，并处没收违法所得；可以责令停业整顿；情节严重的，由工商行政管理机关吊销营业执照。

（8）招标人与中标人不按照招标文件和中标人的投标文件订立合同的，或者招标人、中标人订立背离合同实质性内容的协议的，责令改正；可以处中标项目金额 5‰ 以上 10‰ 以下的罚款。

（9）中标人不履行与招标人订立的合同的，履约保证金不予退还，给招标人造成的损失超过履约保证金数额的，还应当对超过部分予以赔偿；没有提交履约保证金的，应当对招标人的损失承担赔偿责任。

中标人不按照与招标人订立的合同履行义务，情节严重的，取消其二年至五年内参加依法必须进行招标的项目的投标资格并予以公告，直至由工商行政管理机关吊销营业执照。

因不可抗力不能履行合同的，不适用前两款规定。

（10）依法必须进行招标的项目违反本法规定，中标无效的，应当依照本法规定的中标条件从其余投标人中重新确定中标人或者依照本法重新进行招标。

（11）投标人和其他利害关系人认为招标投标活动不符合本法有关规定的，有权向招标人提出异议或者依法向有关行政监督部门投诉。

其中，串通投标和弄虚作假的情形包括：

1）投标人相互串通投标。有下列情形之一的，属于投标人相互串通投标：①投标人之间协商投标报价等投标文件的实质性内容；②投标人之间约定中标人；③投标人之间约定部分投标人放弃投标或者中标；④属于同一集团、协会、商会等组织成员的投标人按照该组织要求协同投标；⑤投标人之间为谋取中标或者排斥特定投标人而采取的其他联合行动；⑥不同投标人的投标文件由同一单位或者个人编制；⑦不同投标人委托同一单位或者个人办理投标事宜；⑧不同投标人的投标文件载明的项目管理成员为同一人；⑨不同投标人的投标文件异常一致或者投标报价呈规律性差异；⑩不同投标人的投标文件相互混装；⑪不同投标人的投标保证金从同一单位或者个人的账户转出。

2）招标人与投标人串通投标。有下列情形之一的，属于招标人与投标人串通投标：①招标人在开标前开启投标文件并将有关信息泄露给其他投标人；②招标人直接或者间接向投标人泄露标底、评标委员会成员等信息；③招标人明示或者暗示投标人压低或者抬高投标报价；④招标人授意投标人撤换、修改投标文件；⑤招标人明示或者暗示投标人为特定投标人中标提供方便；⑥招标人与投标人为谋求特定投标人中标而采取的其他串通行为。

3）弄虚作假。投标人不得以他人名义投标，如使用通过受让或者租借等方式获取的资格、资质证书投标。投标人也不得以其他方式弄虚作假，骗取中标，包括：①使用伪造、变造的许可证件；②提供虚假的财务状况或者业绩；③提供虚假的项目负责人或者主要技术人员简历、劳动关系证明；④提供虚假的信用状况；⑤其他弄虚作假的行为。

典型案例【D3-15】

鲁布革水电站位于云南罗平和贵州兴义交界的黄泥河下游，整个工程由首部枢纽拦河大坝、引水系统和厂房枢纽三部分组成。

首部枢纽拦河大坝最大坝高为103.5m，引水系统由电站进水口、引水隧洞、调压井、高压钢管四部分组成，引水隧洞总长为9.38km，开挖直径8.8m，调压井内径13m，井深63m，两条高压钢管长469m、内径4.6m、倾角48°；厂房枢纽包括地下厂房及其配套的40个地下洞室群。厂房总长为125m，宽为18m，最大高度为39.4m，安装15万

kW 的水轮发电机四台，总容量 60 万 kW，年发电量 28.2 亿 kW·h。鲁布革水电站的引水工程是我国水利工程中第一个对外开放、利用世界银行贷款的项目。在此次招标中我国有三家施工企业通过资格预审，购买了招标文件，他们分别是中国闽昆公司与挪威 FHS 联营公司、中国贵华公司与联邦德国霍兹曼联营公司以及中国江南公司。这次国际竞争性招标，我国公司享受 7.5% 的优惠，但遗憾的是，最终国内公司均未中标。

事后分析，不够尽善尽美的可能原因如下：

（1）没有选好联营伙伴。在资格预审的第二阶段，通过了第一阶段资格审查的外商积极主动寻找国内公司联营，特别是希望与中国闽昆公司联营。他们认为谁能和中国闽昆公司联营，谁就能中标。

中国闽昆公司在众多的对象中挑选了日本大成公司、意大利英波吉洛和挪威 FHS 三家，最后选中挪威 FHS。但这一家资金实力差，在国际投标中经验不多。中国闽昆公司的侧重点是挪威 FHS 地下工程经验丰富，技术先进，此外挪威政府用于地下厂房的赠款也是一个吸引因素，打算用它将引水系统的部分负担（如施工设备费、外籍人员工资、人员培训费）等转嫁到厂房，以进一步降低报价。但挪威 FHS 的目的则是从引水工程得到利润。因此，在共同编标工程中，中国闽昆公司提出的压低报价措施，多遭对方拒绝。日本大成公司和联邦德国霍兹曼在联营谈判中明确表示，这次来投标是为了进入我国市场，并不以盈利为第一目标。日本大成公司在开标之后甚至说过他们的标价只是尽量做到不赔。

（2）投标策略上有失误。中方三家公司的投标策略，开始是千方百计促中国闽昆公司与挪威 FHS 联营公司中标，用另两家来保标。世界银行坚持中国公司必须与外商联营才能投标，故中国江南公司编了 1.3 亿元的标也没有投成。中国闽昆公司因受挪威 FHS 的牵制，标价压不下来。同时中国闽昆公司的上级要求中国闽昆公司"不赔不赚"，也束缚了自己的手脚。

（3）外商标价中费用项目比我国概算要少得多。我国一个公司就负担着一个小社会，费用名目繁多，再加上人员设备工效低，临时设施数量大，这些因素都使报价增高，另外工期较长，也削弱了竞争能力。

（4）在当时，我国国内公司的施工技术和管理水平在当时与外国大公司比，差距不小。市场信息更是不灵。差距之一表现在分项工程单价上。表 3.11 是各投标人的报价，表 3.12 是几项主要指标的对比。从中可见我国公司与低标价投标人存在很大差距。

表 3.11　　　　　　　　　**鲁布革水电站引水系统投标报价一览表**

投标人	折算报价/元	投标人	折算报价/元
日本大成公司	84630590.97	南斯拉夫能源工程公司	132234146.30
日本前田公司	87964864.29	法国 SBTP 公司	179393719.20
意美合资英波吉洛联营公司	92820660.50	中国闽昆公司与挪威 FHS 联营公司	121327425.30
中国贵华公司与联邦德国霍兹曼联营公司	119947489.60	联邦德国霍克蒂夫公司	内容系技术转让，不符合投标要求，废标

表 3.12 部分投标公司主要指标对比表

项 目	单位	大成公司	前田公司	意美联营公司	闽挪联营公司	标底
隧洞开挖	元/m^2	37	35	26	56	79
隧洞衬砌	元/m^2	200	218	269	291	444
混凝土衬砌水泥单方用量	元/m^2	270	308		360	320~350
水泥总用量	t	52500	65500	64000	92400	77890
劳动量总计	工日/月	22490	19250	19520	28970	
隧洞超挖	cm	12~15（圆形）	12~15（圆形）	10（圆形）	20（马蹄形）	20（马蹄形）
隧洞开挖月进尺	m/月	190	220	140	180	

　　差距还表现在工效上。当时国内隧洞开挖进尺每月最高为112m，仅达到国外公司平均工效的50%左右。隧洞衬砌速度，我国当时最高月进尺173.1m，只是意大利公司平均月进尺450m的38%。

　　差距还表现在施工工艺落后。日本大成公司每立方米混凝土的水泥用量比国内公司少用70kg。中国闽昆公司与挪威FHS联营公司所用水泥比大成公司多了4万t，按当时进口水泥运达工地价计算，差额约为1000万元。

　　此外，国内设备利用率低，而国外高于我们。据统计，国内工地施工设备利用率为45%，国外的一般水平是84%，而同一台设备，国内企业的台班产量只及国外的50%。也就是我们的4台施工设备才可以顶国外工地同样设备1台。

　　由于上述因素，我国公司报价的主要指标一般高于此次投低标的外国公司而处于不利地位。

典型案例【D3－16】

　　小浪底水利枢纽位于河南省洛阳市孟津县与济源市之间，三门峡水利枢纽下游130km、河南省洛阳市以北40km的黄河干流上，控制流域面积为69.4万km^2，占黄河流域面积的92.3%。坝址位于黄河中游最后一段峡谷的出口，是黄河干流三门峡以下唯一能取得较大库容的控制性工程。小浪底水利枢纽工程是黄河干流上的一座集减淤、防洪、防凌、供水灌溉、发电等为一体的大型综合性水利工程，是治理开发黄河的关键性工程。

　　小浪底水利枢纽部分资金利用世界银行贷款。从1988年起，世界银行先后15次对小浪底水利枢纽建设项目进行考察和评估，1993年5月，小浪底水利枢纽工程项目顺利通过世界银行的正式评估。1994年6月，世界银行董事会正式决定为小浪底工程提供10亿美元的贷款，其中一期贷款5.7亿美元，二期贷款4.3亿美元。

　　小浪底水利枢纽工程按照世界银行采购导则的要求面向世界银行所有成员国进行竞争性国际招标。小浪底主体工程的土建国际合同分为三个标：一标是大坝工程标（Ⅰ标），二标是泄洪排沙系统标（Ⅱ标），三标是引水发电系统标（Ⅲ标）。小浪底水利枢纽主体工程三个国际土建标严格按照世界银行的要求和国际咨询工程师联合会（FIDIC）推荐的招标程序进行招标。

分析如下：

1. 资格预审

1992 年 2 月，业主（黄河水利水电开发总公司）通过世界银行刊物《发展论坛》（Development Business）刊登了发售小浪底水利枢纽主体工程三个土建国际标资格预审文件的消息。资格预审邀请函于 1992 年 7 月 22 日同时刊登在《人民日报》和《中国日报》上。业主发出资格预审邀请函后，总共有 13 个国家的 45 个土建承包商（公司）购买了资格预审文件。在截止递交资格预审申请书日期 35 天前，承包商如对资格预审文件中的内容有疑问，可以向业主提出书面询问，业主在截止日 21 天前作出答复，并通知所有承包商。到截止日期 10 月 31 日时，共有 9 个国家的 37 家公司递交了资格预审申请书，其中单独报送资格预审文件的有 2 家承包商，其他的 35 家公司组成了 9 个联营体，这些承包商或联营体分别申请投独立标或投联合标的资格预审。

具体标准和评分规则为：

(1) 工程经验。承包商必须达到以下硬性指标，才能通过资格预审。

a. 对于大坝工程标：

(a) 联营体责任方建设过造价超过 3 亿美元的堆石坝。

(b) 完成过至少一个填筑量大于 2500 万 m^3 的工程，或两个大于 1900 万 m^3 的工程。

(c) 直接或通过其分包商完成水泥灌浆（三座大坝）、旋喷灌浆（至少 30m 深）、岩石钻孔（一个工程 7800m）。

b. 对于泄洪排沙系统标：

(a) 完成 9m 内径混凝土砌隧洞 2000m 或 6m 内径隧洞超过 6000m。

(b) 至少完成一个混凝土方量超过 60 万 m^3 的水工建筑物（混凝土坝、进水塔、消力塘和溢洪道）。

(c) 安装过类似小浪底工程闸门尺寸的弧形门和平板门。

c. 对于引水发电系统标：

(a) 完成过一个跨度大于 17m 的地下厂房。

(b) 完成过 9m 内径混凝土衬砌隧洞 1000m 或内径 5m 的隧洞 5000m。

(c) 安装过类似小浪底工程尺寸的压力钢管和闸门。

d. 具体评分标准为：

(a) 最近 20 年的公司总营业额：

$$分数 = 总营业额（以万美元计） \times 0.001$$

(b) 最近 20 年的水电工程营业额：

$$分数 = 水电工程营业额（以万美元计） \times 0.001$$

(c) 完成水电项目数目 n_i：

$$分数 = \sum n_i W_i$$

加权系数见表 3.13。

(d) 混凝土衬砌隧洞累计总长 L_i（Ⅱ标、Ⅲ标）：

$$分数 = \sum L_i W_i \times 0.0005$$

加权系数见表 3.14。

表 3.13　已完成项目造价的加权系数表

工程造价/亿美元	加权系数 W_i
<1	1
<2	2
<3	4
<4	6
>4	10

表 3.14　完成隧洞衬砌工程的加权系数表

隧洞内径/m	加权系数 W_i
<4	1
<6	2
<8	4
<10	6
>10	10

（e）坝高及大坝数目 n_i（Ⅰ标）：

$$分数 = \sum n_i W_i$$

加权系数见表 3.15。

（f）堆石坝填筑方量及大坝数目 n_i（Ⅰ标）：

$$分数 = \sum n_i W_i$$

加权系数见表 3.16。

表 3.15　完成大坝工程坝高的加权系数表

坝高/m	加权系数 W_i
<60	2
<80	4
<100	6
>100	10

表 3.16　完成堆石坝填筑放量的加权系数表

填筑方量/万 m^3	加权系数 W_i
<1500	2
<1900	4
<2500	6
>2500	10

（g）填筑月进度及大坝数目 n_i（Ⅰ标）：

$$分数 = \sum n_i W_i$$

加权系数见表 3.17。

表 3.17　　　　　　　　　　填筑月进度的加权系数表

填筑月进度/万 m^3	加权系数 W_i	填筑月进度/万 m^3	加权系数 W_i
<40	2	<100	6
<60	4	>100	10

（h）混凝土防渗墙（Ⅰ标）：

$$分数 = A/1000 + D/2$$

式中：A 为防渗墙面积，m^2；D 为防渗墙最大深度，m。

（i）混凝土水工建筑物方量数 n_i（Ⅱ标）：

$$分数 = \sum n_i W_i$$

加权系数见表 3.18。

（j）地下厂房开挖方量 n_i（Ⅲ标）：

$$分数 = \sum n_i W_i \times 5$$

加权系数见表 3.19。

表 3.18　　　　　　　　　**完成水工建筑物混凝土方量的加权系数表**

混凝土方量/万 m³	加权系数 W_i	混凝土方量/万 m³	加权系数 W_i
<30	1	<100	8
<50	2	>100	10
<75	6		

表 3.19　　　　　　　　　**完成地下厂房工程开挖方量的加权系数表**

填筑方量/万 m³	加权系数 W_i	填筑方量/万 m³	加权系数 W_i
<10	1	<40	6
<20	2	<50	8
<30	4	>50	10

（2）技术人员（Ⅰ标、Ⅱ标、Ⅲ标）。对技术人员的能力从以下几个方面进行评价。

人员 P_i：文化程度 15%；工作年限 50%；在现单位工作年限 10%；国外工作经历 20%；在中国工作经历 5%。

加权系数 W_i：项目经理 0.5；高级施工工程师 0.25；高级技师 0.25。

$$分数 = \sum P_i W_i$$

（3）施工设备。在资格评审阶段，由于施工设备还是一个不稳定变量，没有采用上述标准。只是根据承包商申请人提交设备清单及陈述，大致评定承包商设备"够"或"不够"，待评标再作详细分析。

（4）财力评估。

1）"及格或不及格"标准（Ⅰ标、Ⅱ标、Ⅲ标均相同）：①投标资格是否符合世行采购导则；②是否满足工程周转资金规定金额，即Ⅰ标大于 4000 万美元；Ⅱ标大于 6000 万美元；Ⅲ标大于 1500 万美元。

2）评分标准：①年营业额稳定/不稳定；②担保能力够/不够；③诉讼往史可接受/不可接受；④利润赢/亏。

根据评审结果，9 个联营体和 1 个单独投标的承包商资格预审合格。1993 年 1 月 5 日业主向世行提交了预审评审报告。世行于 1993 年 1 月 28 日、29 日在华盛顿总部召开会议，批准了评审报告。

2. 招标和投标

（1）招标文件。小浪底水利枢纽工程招标文件由黄河水利委员会勘测规划设计研究院和加拿大国际工程管理公司（CIPM）从 1991 年 6 月开始编制。

Ⅰ标、Ⅱ标、Ⅲ标招标文件的基本结构和组成是一样的，主要包括四卷共十章：第一卷，包括投标邀请书、投标须知和合同条款；第二卷，技术规范；第三卷，投标书格式和合同格式，包括投标书格式、投标担保书格式及授权书格式、工程量清单、补充资料细目表、合同协议书格式、履约担保书格式与预付款银行保函格式；第四卷：图纸和资料。

招标文件是严格按照世行招标采购指南的要求和格式编制的。其中对有关世行要求的编制内容，如投标的有效期和投标保证金、合同条款、招标文件的确切性、标准、商标的使用、支付的限制、货币规定（包括投标所用的货币、评标中货币的换算、支付所用的货币等)、支付条件和方法、价格调整条款、预付款、履约保证金、运输和保险、损失赔偿和奖励条款、不可抗力以及争端的解决等,都有详细和明确的规定。

招标文件经水利部审查后于 1993 年 1 月提交世行,并于 1993 年 2 月 4 日获世行批准。

1993 年 3 月 8 日,业主向预审合格的各承包商发出招标邀请函并开始发售标书,所有通过资格预审的承包商均购买了招标文件。投标截止日定于 1993 年 7 月 13 日。

(2)现场考察与标前会。现场考察是土建工程项目招标和投标过程中的一个重要环节。通过考察,投标人可以在报价前认真、全面、仔细地调查、了解项目所在地及其周围的政治、经济、地理、水文、地质和法律等方面的情况。这些不可能全部包括在招标文件之内,条款规定,投标人提出的投标报价一般被认为是在审核招标文件后并在对现场全面而深入了解的基础上编制的,一旦投标,投标人就无权因现场情况不了解而提出修改标价或补偿等要求。

标前会议是在开标日期以前就投标人对招标文件所提出问题或业主关于招标文件中的某些不当地方作修改而举行的会议。

小浪底土建工程国际标的各家投标商代表于 1993 年 5 月 7—12 日参加了黄河水利水电开发公司组织的现场考察、标前会和答疑。根据惯例,由业主准备了标前会和答疑的会议纪要,并分发各投标商。

(3)招标文件的修改。在小浪底土建国际招标过程中,业主对各投标商提出的疑问作了必要澄清,并将三次澄清通信分送给各投标商。

此外,黄河水利水电开发总公司还通过四份补遗发出了补充合同条款及其他修改内容,这些都构成合同的一部分。根据多数投标商要求,有一份补遗通知将投标截止日期推迟到 1993 年 8 月 31 日。

(4)投标和开标。根据世行招标采购指南,准备投标和送交标书之间需留出适当的时间间隔,以便使预期的投标人有足够的时间进行调查研究和准备标书。这个时间一般从邀请投标之日或发出招标文件之日算起,根据项目的具体情况及合同的规模和复杂性进行确定,对大型项目一般不应少于 90 天。鉴于小浪底工程的规模和复杂性,从 1993 年 3 月 8 日开始发售标书,至原来预定的在 7 月 31 日开标,投标准备历时 149 天。后来由于投标商普遍要求推后,所以业主决定将开标日期推迟至 1993 年 8 月 31 日。

所有通过资格预审的投标人都投了标。按照国际竞争性招标程序的要求,开标以公开的方式进行。业主于 1993 年 8 月 31 日下午 2 点(北京时间)在中国技术进出口总公司的北京总部举行开标仪式,开标时各投标商代表均在场。

在投标截止日期后收到的标书,一概不予考虑。同时,一般情况下不应要求或允许任何投标人在第一个投标书开启后再进行任何变更,除非出于评标的需要,业主可以要求任何投标人对其标书进行澄清,但在开标后,不能要求或允许任何投标人修改其标书的实质性内容或价格。

3. 评标

根据世界银行的招标采购指南,评标的目的是能在标书评标价的基础上对各投标标书进行比较,以确定业主对每份投标所需的费用。选择的原则是将合同授予评标价最低的标书,但不一定是报价最低的标书。

小浪底土建工程国际招标的评标工作从 1993 年 9 月开始，至 1994 年 1 月上旬结束，历时 4 个多月，主要分为初评和终评两个阶段。初评即全面审阅各投标商的标书，并提出重点评审对象，缩小名单范围；终评包括问题澄清、详细评审，在对中标商的初步建议和意见的基础之上完成评标报告并报送世界银行审批。

（1）初步评审。

1）初步评审的主要内容。初步评审的主要内容包括：①投标书的符合性检验；②投标书标价的算术性校验和核对，即对那些能符合招标文件全部条款和技术规范的规定、无重大修改和保留土建的投标书（所谓有重大修改和保留土建的投标书，是指投标人对招标文件所描述和要求的工程在价格、范围、质量和完整性以及工期和管理施工方式等方面有了重大改变；或是业主和投标人在责任和义务等方面有了重大改变和受到了重大限制），评标工作组将对其标价进行细致的算术性校核。当数字金额与大写金额有差异时，以大写金额为准，除非评标组认为单价的小数点明显错位，在这种情况下则应以标价的总额为准。按以上程序进行调整和修改并经投标人确认的投标价格，才对投标具有约束力。如果投标人不接受经正确修改的投标价格，其投标书将将不予接受并没收其投标保证金。

在以上两项工作的基础上，将符合要求的投标书按标价由低到高进行排队，从而挑选出在标底以下或接近标底的、排在最前面的数家有竞争性的投标人进入终评。

2）评标标准。对小浪底土建三个标的评标标准已按世行采购导则确定并在招标文件中作出了规定，因此在对各投标书评审时，均按以下原则进行考虑：①标书均按人民币进行评价，报价外币按投标截止日前 28 天中央银行公布外汇售价的汇率折合成人民币；②与招标要求不符的任何标书均不予受理；③工程量清单或招标书格式中的计算错误按招标文件中规定的程序予以更正；④评标时对关税不予考虑，因为投标商所报关税仅供参考，评标时仅保留工程量表总价和计日工费；⑤评标时对任何拟用财务或技术替代方案均不予考虑，只有当投标商中标后，黄河水利水电开发总公司才在签订合同前考虑其拟用替代方案（若有的话），但黄河水利水电开发总公司并没有义务采纳此替代方案；⑥个别偏差如改变预付款的支付条件等，适当时可以考虑，但评标时应采用一个合适的改正计算值。

另外，业主还邀请各标预审合格的投标商报出联合中标后的降价，以便降价后的联合报价与相应的最低单个标的标价总和相比较。但是，业主并没有义务一定要授联合标。

3）初步评审结果。开标后，首先对各投标书按照要求逐条进行符合性检查。经过检查，所有投标书基本上符合要求。

随后在对投标书进行算术性校验和核对时，发现不少投标书都存在一些错误，主要是小的计算错误，包括工程量清单中的乘法与加法错误。还有些投标商未按招标文件规定将关税打进开标价。对计算错误按投标商须知中的有关规定进行了更正。

关于附加条件及保留条件，在商务方面有几家投标商提出了商务附加或保留条件，主要涉及：预付款支付方法；进、出场费支付方法；滞留金之有关规定；调价条款的实施；保险风险；出口信贷先决条件；关税；合同终止；地质条件变化；黄河水利水电开发总公司提供的营地设施等。这些附加或保留条件的要求虽尚未构成断然否决任一投标书的理由，但投标商应予撤销。

另外，还发现有些标书有下列情况，比如，在补充资料细目表中有些内容没有或者不全；有些地方，中国关税没有适当指明；调价公式（外币部分）有些系数没有提供或者不完整；在总报价中有些分项与工程量汇总表中所列分项不符等，这些情况均要求投标商作了澄清。

评标工作组校对计算结果并作出商务、技术分析后，在初步评审的基础上汇总了有关材料，并于1993年10月18日向评标委员会报告。初步评审报告主要概括了对标书的分析结果，并列出在商务和投标书附加和保留条件方面需要投标商澄清的问题。

经评标委员会评议后，确定了各标的投标商短名单。

（2）最终评审。

1）澄清会。对投标书中与招标文件不符或不明确的地方，以及投标商的附加和保留条件，业主将其列了出来，于1993年11月15日向列入短名单前三名的投标商发出书面澄清函，随后各投标商均作了书面答复，由业主于1993年11月23—30日在郑州举行了澄清会。

在澄清会上，投标商对所有要求澄清的问题作了澄清。大多投标商主动放弃了附加和保留条件。

会议形成的纪要随后也成为合同的一部分。

2）技术和进度评审。对投标书的施工组织方案、采取的主要措施、派往现场的主要管理和工作人员、提供的主要施工机械设备等进行了详细的审阅。同时，对施工方案、主要技术措施以及进度的可靠性、合理性、科学性和先进性进行深入具体的分析，主要包括：①分析设备数量、能力、适应性和可靠性是否满足工程实际需要；②对投标人现场机构及人员的经验、资历和数量进行审核；③投标人对劳务、材料及临时设施是否作出了详细计算和安排；④确定施工进度、完工日期是否满足招标文件的要求；⑤审查主要的施工方案和方法，并确定是否有切实可行的措施保证，分析投标商的施工布置是否符合招标文件的要求；⑥审查分包商的资格和能力；⑦检查投标人的质量保证体系和措施。

除了按以上内容评审投标书以外，对一些投标书在技术方面提出的小的技术偏离和或保留条件，大多涉及个别工程项目的拟用施工方法、拟选择的料场等，也均要求承包商对这些偏离和保留予以澄清。

为了更好地评标，业主还要求投标商提供某些补充资料，尤其是以下几方面的情况：①某些施工任务的施工方法报告（如防护工程、坝料运输与填筑、防渗墙、材料加工、基础处理、地下工程等）；②个别施工任务之计划施工进度；③计划生产强度；④更详细的施工设备之更详细的情况；⑤拟用的混凝土温控措施；⑥拟用现场设施等。

3）确定评估价。按照世行的授标原则，合同将授予那些评估标价最低的投标人，而不是投标标价最低的投标人。根据世行采购导则，其评估标价一般由以下因素构成：①基本标价，即经评审小组进行算术校核后并已被投标人所认可的标价；②汇率引起的差价；③现金流动不同而引起的利差；④预付款的利息；⑤投标书所规定的国内优惠；⑥扣除暂定费用和应急费，但须计入计日工费用。

如上所述，在投标书审查过程中发现，多数投标书提出了某些与投标文件规定不符的附加和保留条件。但经过澄清后，除了有两个联营体对Ⅱ标和Ⅲ标仍坚持某些附加和保留条件需完全撤销外，其余各标的投标商均撤销了各自所提出的附加和保留条件。个别偏离条件按世行导则和招标文件规定，可考虑予以适当的接受，但在计算评标价时应按招标书规定，计入合适的定量修正值。所以，在确定小浪底土建三个标的评标价时，对承包商提出的预付款支付与扣还以及滞留金扣除等两项偏离招标书要求的条件，以贴现方式进行了定量计算并计入了评标价。

4）评审报告。在最终评审的基础上，评标委员会准备了评审报告，经招标领导小组审定和国家有关部门批准，确定了中标意向，并报世界银行审核确认。

4. 合同谈判和授标

根据评审报告，业主于 1994 年 2 月发出了中标意向性通知，1994 年 2 月 12 日至 1994 年 6 月 28 日进行了合同谈判。

小浪底土建国际标的合同谈判分两步进行：第一步是预谈判，即就终评阶段的澄清会议所未能解决的一些遗留问题，再次以较为正式的方式与拟定的中标商进行澄清和协商，为正式合同谈判扫清障碍；第二步即正式合同谈判和签订合同协议书。在小浪底的合同谈判中，除了形成合同协议书外，还签署了合同协议备忘录及一系列附件，这个备忘录及其附件也是合同的一个重要组成部分。备忘录的主要目的是明确某些合同条款的具体执行和操作办法和对合同条款作必要的补充，其主要内容是澄清会议所澄清的主要问题，附件主要是一些补充协议。

业主分别于 1994 年 4 月 30 日和 1994 年 6 月 8 日与Ⅰ标、Ⅱ标及Ⅲ标正式签订了合同。各标段中标结果见表 3.20。

表 3.20　　　　　　　　　　　　各标段中标结果表

项目	Ⅰ标：大坝工程标	Ⅱ标：泄洪排沙系统标	Ⅲ标：引水发电系统标
联营体	黄河承包商 YRC	中德意联营体 CGIC	小浪底联营体 XJV
责任公司及所占股份	英波吉洛（意大利）IM-PREGILOS. P. A（36.5%）	旭普林（德国）Z-BLIN（26%）	杜美兹（法国）DU-MEZ（44%）
成员公司及所占股份	Hochtief A. G（德国）（36.5） Italsfrade S. P. A（意大利）（14%） 中国水利水电第十四工程局（13%）	Strabag（德国）（18%） Wagss&Freytag A. G（德国）（15%） Del Favero S. P. A（意大利）（15%） Salini S. P. A（意大利）（14%） 中国水利水电第七工程局（6%） 中国水利水电第十一工程局（6%）	Hdzmann（德国）（44%） 中国水利水电第六工程局（12%）
中标时间	1994 年 4 月 30 日	1994 年 6 月 8 日	1994 年 4 月 30 日
草签协议时间	1994 年 5 月 28 日	1994 年 6 月 28 日	1994 年 5 月 28 日
正式签约时间	1994 年 7 月 16 日	1994 年 7 月 16 日	1994 年 7 月 16 日
中标金额	5.6 亿人民币	10.9 亿人民币	3.16 亿人民币
合同工期	91 个月	84 个月	74 个月
完工日期	2001 年 12 月 31 日	2001 年 6 月 30 日	2000 年 7 月 31 日
进场时间	1994 年 6 月	1994 年 7 月	1994 年 6 月

注　1995 年经业主批准，Ⅱ标成员公司之一意大利 Del Favero S. P. A 公司退出联营体，由法国 Spie 公司代替进入联营体。

3.6 建设工程招标的管理机构及职责

《招标投标法》第七条规定，招标投标活动及其当事人应当接受依法实施的监督。有关行政监督部门依法对招标投标活动实施监督，依法查处招标投标活动中的违法行为。对招标投标活动的行政监督及有关部门的具体职权划分，由国务院规定。

招标投标活动正常是有多个部门监管的，像政府事业单位的这种建设项目一般有国家发展改革委、住房城乡建设部和执法部门检察院、纪检委等多个部门进行监管监督。依据《国务院办公厅印发国务院有关部门实施招标投标活动行政监督的职责分工意见的通知》，国家发展改革委指导和协调整个招投标工作，会同有关行政主管部门制定相关法规、政策，核准招标方案等；其他工业（含内贸）、水利、交通、铁道、民航、信息产业等项目分别由经贸、水利、交通、铁道、民航、信息产业等行政主管负责，各类房屋建筑及附属设施的建造和与其配套的线路、管道、设备的安装项目和市政工程项目由建设主管部门负责，进口机电设备由商务主管部门负责。

但目前实际操作过程中，房建和市政项目由建设行政主管部门主要监管，高速公路项目由省交通厅主要监管，进口机电设备由商务厅监管，部门由财政投资项目（工程除外）的货物和设备采购由采购办进行监管，其他项目和公路项目、大型工业项目等除由相应行业部门监管外，视情况国家发展改革委也进行监管，在开标过程时，纪检、监察部门也可能到场监督。

3.6.1 行政主管部门

其管理机构有：住房城乡建设部，各省（自治区、直辖市）建设行政主管部门，各级施工招标投标办事机构，国务院有关部门。

3.6.1.1 住房城乡建设部

住房城乡建设部是负责全国工程建设、施工招标、投标的最高管理机构。其主要职责如下：

（1）贯彻执行国家有关工程建设招标投标的法律、法规、方针和政策，制定施工招标投标的规定和办法。

（2）指导、检查各地区、各部门招标投标工作。

（3）总结交流招标工作的经验，提供相关服务。

（4）维护国家利益，监督重大工程的招标投标活动。

（5）审批跨省的施工招标投标代理机构。

3.6.1.2 地区部门职责

省（自治区、直辖市）政府建设行政主管部门负责管理行政区域内的施工招标投标工作。其主要职责如下：

（1）贯彻执行国家有关工程建设招标投标法的法规和方针、政策，制定施工招标投标实施办法。

（2）监督、检查有关施工招标投标活动，总结交流工作经验。

（3）审批咨询、监理等单位代理施工招标投标业务的资格。

（4）调解施工招标投标纠纷。

（5）否决违反招标投标规定的定标结果。

3.6.1.3　各级机构职责

省（自治区、直辖市）建设行政主管部门可以根据需要，报请同级人民政府批准，确定各级施工招标投标办事机构的设置及其经费来源。

根据同级人民政府建设行政主管部门的授权，各级施工招标投标办事机构具体负责本行政区域内施工招标投标的管理工作。主要职责是：

（1）审查招标单位的资质。

（2）审查招标申请书和招标文件。

（3）审定标底。

（4）监督开标、评标、定标和议标。

（5）调解招标投标活动中的纠纷。

（6）否决违反招标投标规定的定标结果。

（7）处罚违反招标投标规定的行为。

（8）监督承发包合同的签订、履行。

3.6.1.4　协同机构

国务院工业、交通等部门要会同地方建设行政主管部门，做好本部门直接投资和相关投资公司投资的重大建设项目施工招标管理工作。其主要职责是：

（1）贯彻国家有关工程建设招标投标的法规和方针、政策。

（2）指导、组织本部门直接投资和相关投资公司投资的重大工程建设项目的施工招标工作和本部门直属施工企业的投标工作。

（3）监督、检查本部门有关单位从事施工招标投标活动。

（4）商讨项目所在的省（自治区、直辖市）建设行政主管部门办理招标等有关事宜。

3.6.2　招投标过程中监督的内容及方式

监督的内容包括：招标人是否存在规避招标、肢解发包、排斥潜在投标人等违法违规行为；招标代理中介机构是否存在与招标人、投标人串通损害国家利益、社会公共利益或者他人合法权益等违法违规行为；投标人是否存在相互串通或者以向招标人或评标委员会成员行贿的手段谋取中标等违法违规行为；评标委员会成员是否科学、公正、客观地评价投标人的标书、答辩内容等。

监督的方式主要是备案管理和开标过程监督。备案管理即通过对招标过程中节点资料的备案，来发现和纠正其中的违法违规内容；开标过程监督主要通过工作人员现场监督和多媒体数字监控系统监控的方式，来制止、纠正开标过程中的违法违规行为。另外，还通过受理招投标投诉的方式，与市城建监察大队联合共同查处招投标过程中的违法违规行为。

3.6.2.1　行政监督部门实施招标投标行政监督的环节和内容

（1）审批、核准招标项目的招标内容、招标方式和招标组织形式。《招标投标法》第九条规定，招标项目按照国家有关规定需要履行项目审批手续的，应当先履行审批手续，取得批准。《招标投标法实施条例》第七条规定，项目审批、核准部门审批或核准依法必须进行招标项目的招标内容、招标方式和招标组织形式。

（2）对部分招标项目采取邀请招标方式进行批准或认定。《招标投标法》第十一条规定，国务院发展计划部门确定的国家重点项目和省、自治区、直辖市人民政府确定的地方重点项目不适宜公开招标的，经国务院发展计划部门或者省、自治区、直辖市人民政府批准，可以进行邀请招标。《招标投标法实施条例》第八条第二款规定，国有资金占控股或者主导地位的依法必须进行招标的项目采用公开招标方式的费用占项目合同金额的比例过大，拟采用邀请招标的，属于本条例第七条规定的项目，由项目审批、核准部门在审批、核准项目时作出认定；其他项目由招标人申请有关行政监督部门作出认定。

（3）接受依法必须进行招标项目自行招标备案。《招标投标法》第十二条规定，依法必须进行招标的项目，招标人自行办理招标事宜的，应当向有关行政监督部门备案。

（4）对评标进行监督。《招标投标法实施条例》第四十六条规定，有关行政监督部门应当按照规定的职责分工，对评标委员会成员的确定方式、评标专家的抽取和评标活动进行监督。

（5）接受依法必须进行招标项目招标投标情况书面报告。《招标投标法》第四十七条规定，依法必须进行招标的项目，招标人应当自确定中标人之日起十五日内，向有关行政监督部门提交招标投标情况的书面报告。

（6）受理和处理投诉。《招标投标法》第六十五条规定，投标人和其他利害关系人认为招标投标活动不符合本法有关规定的，有权向招标人提出异议或者依法向有关行政监督部门投诉。《招标投标法实施条例》第六十一条规定：行政监督部门应当自收到投诉之日起 3 个工作日内决定是否受理投诉，并自受理投诉之日起 30 个工作日内做出书面处理决定。

（7）对招标投标违法行为的查处。《招标投标法》第七条规定，有关行政监督部门依法对招标投标活动实施监督，依法查处招标投标活动中的违法行为。《招标投标法》第五章、《招标投标法实施条例》第六章均规定行政监督部门对各种招标投标违法行为进行处理的权限。

（8）招标代理机构资格认定。

（9）招标从业人员职业资格认定。

3.6.2.2　监察机关对招标投标活动有关监察对象的监察权

监察机关履行招标投标活动有关的行政监察职责，应当遵守《行政监察法》和《行政监察法实施条例》《招标投标法实施条例》等有关法律法规关于监察对象、监察权限、监察程序等方面的规定，对与招标投标活动有关的监察对象实施监督。但其不能履行应当由招标投标行政监督部门履行的职责，如单独或联合出台招标投标规范性文件、参与招标投标活动的监督执法、处理投诉和举报等。

3.6.2.3　财政部门对实行招标投标的政府采购工程建设项目的监督权利

《招标投标法实施条例》第四条规定，财政部门依法对实行招标投标的政府采购工程建设项目的预算执行情况和政府采购政策执行情况实施监督。财政部门应当根据《预算法》第四十三条和《预算法实施条例》第三十三条规定履行预算并执行监督职责。

综合上述规定，国家工作人员的对招标投标的各项监督和管理行为，应当牢固树立行使公权力必须恪守"法无授权不可为"的原则和《行政许可法》的相关规定，严格按照《招标投标法》和《招标投标法实施条例》的规定进行。《招标投标法》和《招标投标法实施条例》及相关法律法规没有规定的管理事项，国家工作人员一律不得做出影响公民、法人和其他组织的权利义务的决定，不得出台相关违反上位法的规范性文件。《招标投标法》和《招标投标法实施条例》没有规定的管理事项，国家工作人员不得做出影响公民、法人和其他组织的权利义务的决定。

思考题

(1) 什么是建设工程发包与承包？

(2) 建设工程发包与承包有哪些方式？

(3) 在建设工程项目中，强制招标的范围有哪些？

(4) 总承包与分包必须遵守《建筑法》的哪些规定？

(5) 什么是建设工程招标投标？建设工程招标投标应遵循哪些基本原则？

(6) 建设工程招标的方式有哪几种？它们之间的区别主要有哪些？

(7) 具备哪些条件才能自行招标？招标代理机构的资格如何认定？

(8) 招标公告的发布方式和主要内容有哪些？

(9) 招标文件和标底一般应载明哪些内容？

(10) 什么是投标？如何编制投标文件？

(11) 初评的内容有哪些？详评的评审方法有哪些？

(12) 中标的条件是什么？招标人与中标人应何时签订书面合同？

(13) 结合鲁布革水利工程的招标，说说招标的含义和程序。

(14) 鲁布革水电站引水工程在我国工程招标史上有何作用？

(15) 结合鲁布革水利工程的招标，分析招投标制度的主要作用。

第4章 建 设 工 程 监 理

【章节指引】 本章讲述建设工程监理的产生背景和基本概念、监理企业和监理工程师制度、建设工程监理各方的关系、建设工程的组织与协调、建设工程监理工作及目标控制、建设工程监理信息管理等相关内容，并在此基础上列举了建设工程监理的相关典型案例。

【章节重点】 建设工程监理的概念、建设工程监理的各方关系、建设工程监理规划及监理实施细则、建设工程监理的主要工作及目标控制。

【章节难点】 建设工程监理的各方关系，建设工程投资控制、建设工程进度控制、建设工程质量控制、合同管理相关工作和法律条款，并能够用于进行案例分析。

4.1 概　　述

4.1.1 建设工程监理法规概述

4.1.1.1 建设工程监理的概念

2013年5月13日，由中华人民共和国住房和城乡建设部、国家质量监督检验检疫总局第35号联合发布《建设工程监理规范》（GB/T 50319—2013），对监理的定义如下：工程监理单位受建设单位委托，根据法律法规和工程建设标准、勘察设计文件及合同，在施工阶段对建设工程质量、进度、造价进行控制，对合同、信息进行管理，对工程建设相关方的关系进行协调，并履行建设工程安全生产管理法定职责的服务活动。工程监理单位是指依法成立并取得国务院建设主管部门颁发的工程监理企业资质证书，从事建设工程监理活动的服务机构。建设单位（业主、项目法人）是建设工程监理任务的委托方，工程监理单位是监理任务的受托方。工程监理单位在建设单位的委托授权范围内从事专业化服务活动。与国际上一般的工程项目管理咨询服务不同，建设工程监理不仅定位于工程施工阶段，而且法律法规将工程质量、安全生产管理方面的责任赋予工程监理单位。

4.1.1.2 我国建设工程监理产生的背景

从中华人民共和国成立直到20世纪80年代，我国的基本建设活动一直按照"由国家统一安排项目计划，统一财政拨款"的模式进行。当时项目管理通常采用两种形式：对于一般建设工程，由建设单位自己组成筹建机构，自行管理；对于重大建设工程，则从与该工程相关的单位抽调人员组成工程建设指挥部，由指挥部进行管理。由于这两种形式都是针对一个特定的建设工程临时组建的管理机构，相当一部分人员不具有建设工程管理的知识和经验，因此，他们只能在工作实践中摸索；而一旦工程建设投入使用，原有的工程管理机构和人员解散，当有新的建设工程时再重新组建。这样，建设工程管理的经验不能承袭升华，用来指导今后的工程建设，而教训却不断重复发生，使我国建设工程管理水平长期在低水平徘徊，当时建设工程领域中概算超估算、预算超概算、结算超预算、工期延长的现象较为普遍。

20 世纪 80 年代以后，国家在基本建设和建筑领域采取了一些重大的改革措施，如投资有偿使用（即"拨改贷"）、投资包干责任制、投资主体多元化、工程招标投标制等。在这种情况下，传统的建设工程管理形式难以适应我国经济发展和改革新形势的要求。

政府有关部门对我国几十年来的建设工程管理实践进行了反思和总结，并对国外工程管理制度与管理方法进行了考察，认识到建设单位的工程项目管理是一项专门的学问，需要一大批专门的机构和人才，建设单位的工程项目管理应当走专业化、社会化的道路。为此，建设部于 1988 年发布了"关于开展建设监理工作的通知"，明确提出要建立建设监理制度。建设监理制作为工程建设领域的一项改革举措，旨在改变陈旧的工程管理模式，建立专业化、社会化的建设监理机构，协助建设单位做好项目管理工作，以提高建设水平和投资效益。

4.1.1.3 我国建设工程监理相关法规的发展

我国建设工程监理的发展大体分为以下几个阶段。

（1）前期阶段（1982—1988 年）。我国的建设工程监理是通过世界银行贷款项目的实施引入的。最早实行这一制度的是 1984 年开工的云南鲁布革水电站引水隧道工程。按照世界银行贷款的要求，该工程在"鲁布革工程管理局"内划出了一个专司建设监理职能的工程师机构。该工程师机构由工程师代表、驻地工程师和若干检查员组成，按国际惯例代表工程项目业主对该合同工程进行现场综合监督管理。此后，我国许多利用外资、外贷建设的工程项目都按照这一国际惯例组织建设，当时多数由外国监理单位承担监理，少数由我国工程咨询等专门机构承担监理，取得了良好效果。

（2）试点阶段（1988—1993 年）。建设部 1988 年 7 月颁布了《关于开展建设监理工作的通知》，1988 年 11 月颁布《关于开展建设监理试点工作的若干意见》，确定了北京、上海、天津等八市和能源部、交通部两部的水电和公路系统作为全国开展建设监理工作试点单位。1989 年 7 月建设部又颁布了《建设监理试行规定》，随后又颁布了一系列建设监理行政文件，推进了我国工程项目建设领域改革试点工作的进程。

（3）稳步发展阶段（1993—1995 年）。建设部于 1993 年 5 月在天津召开了第五次全国建设监理工作会议，会议分析了全国建设监理工作的形势，总结了试点工作特别是"八市二部"试点工作的经验，对各地区、各部门建设监理工作给予了充分肯定。建设部决定在全国结束建设监理试点工作，从当年转入稳步发展阶段。

（4）全面推行阶段（1996 年至今）。为了完善和规范建设工程监理制度，1995 年 12 月，建设部在北京召开了第六次全国建设监理工作会议。会议总结了 7 年来建设监理工作的成绩和经验，对下一步的监理工作进行了全面部署，同时颁布了《工程建设监理规定》（自 1996 年 1 月 1 日起实施）和《工程建设监理合同示范文本》。这次会议的召开，标志着我国建设监理工作进入全面推行阶段。

为了进一步完善我国的建设监理制，1997 年 12 月全国人民代表大会通过了《中华人民共和国建筑法》。2000 年 1 月 10 日国务院第 25 次常务会议通过了《建设工程监理质量管理条例》，明确了建设工程监理的法律地位。2001年1月17日建设部制定了《建设工程监理范围和规模标准规定》，要求在规定的范围内必须强制实行建设监理。此后国家相继出台了一系列规范建设工程监理的法规、规章等文件。随着建设工程监理向法治化、规范化的方向发展，建设工程监理在我国得到全面推行，并有了飞快的发展。

4.1.1.4　相关法规中对工程建设监理的部分规定

（1）建设工程监理的行为主体。《中华人民共和国建筑法》（以下简称《建筑法》）明确规定，实行监理的工程建设，由建设单位委托具有相应资质条件的工程建设监理企业实施监理。建设工程监理中，监理的对象不是工程本身，而是建设活动中有关单位的行为及其权利、义务的履行。工程建设监理只能由具有相应资质的工程建设监理企业来开展，没有依法取得相应监理资格的单位是无权实施监理的，至于具体由哪一个监理企业来实施监理，则由业主（甲方）根据自己的意愿和有关规定来进行选择，并与之签订建设工程监理合同进行委托授权。

建设工程监理的行为主体是工程建设监理企业，这是我国工程建设监理制度的一项重要规定。所以，建设工程监理是直接为建设项目提供管理服务的行业，不同于建设行政主管部门的监督管理，总承包单位对分包的管理也不是建设工程监理，私下委托有能力个人进行的监理服务及挂靠监理业务都是违法的，都是主体不合格的行为。

（2）建设工程监理实施的前提。《建筑法》明确规定，实行监理的建筑工程，由建设单位委托具有相应资质条件的工程监理单位监理。建设单位与其委托的工程监理企业应当订立书面建设工程委托监理合同。这种委托与授权的关系决定了建设单位与监理企业是合同关系，是一种委托与服务的关系，要遵守《民法典》有关合同的相关法规及《公司法》的规定，监理企业要按照监理合同约定完成监理的内容，行使监理的权利承担监理的义务与责任。也就是说，建设工程监理的实施需要建设单位的委托和授权。工程监理企业应根据委托监理合同和有关建设工程合同的规定实施监理。

建设工程监理只有在建设单位委托的情况下才能进行。只有与建设单位订立书面委托监理合同，明确了监理的范围、内容、权利、义务、责任等，工程监理企业才能在规定的范围内行使管理权，合法地开展建设工程监理。其所拥有的管理权，是建设单位授权的结果。

承建单位根据法律、法规的规定和其与建设单位签订的有关建设工程合同的规定接受工程监理企业对其建设行为进行监督管理，接受并配合监理是其履行合同的一种行为。工程监理企业对哪些单位的哪些建设行为实施监理要根据有关建设工程合同的规定。

（3）建设工程监理的依据。建设工程监理的依据包括建设工程文件；有关的法律、法规、规章和标准、规范；建设工程委托监理合同和有关的建设工程合同。

1）建设工程文件。建设工程文件包括批准的可行性研究报告、建设项目选址意见书、建设用地规划许可证、工程建设规划许可证、批准的施工图设计文件、施工许可证等。

2）有关的法律、法规、规章和标准、规范。有关的法律、法规、规章和标准、规范包括《中华人民共和国建筑法》《中华人民共和国民法典》《中华人民共和国招标投标法》《建设工程质量管理条例》（国务院令〔2000〕279号）等法律法规，《工程建设监理规范》等部门规章以及地方性法规等，也包括《工程建设标准强制性条文》以及有关的工程技术标准、规范、规程等。

3）建设工程委托监理合同和有关的工程建设合同。建设工程监理企业应当根据两类合同，即建设工程监理企业与建设单位签订的工程建设委托监理合同和建设单位与承建单位签订的有关工程建设合同对承建单位进行监理。

工程建设监理企业依据哪些有关的工程建设合同进行监理，视委托监理合同的范围来决定。全过程监理合同的范围应当包括咨询合同、勘察合同、设计合同、施工合同以及设备采购合同等；决策阶段监理主要依据的是咨询合同；设计阶段监理主要依据的是设计合同；施工阶段监理主要依据的是施工合同。总之，监理工程师要以法律法规为准绳，用法律规范经营行为，进行全过程监理。

（4）建设工程监理的实施范围。目前，建设工程监理定位于工程施工阶段，工程监理单位受建设单位委托，按照建设工程监理合同约定，在工程勘察、设计、保修等阶段提供的服务活动均为相关服务。工程监理单位可以拓展自身的经营范围，为建设单位提供包括建设工程项目策划决策和建设实施全过程的项目管理任务。同时，由于监理范围顺应监理业的发展需要，《建设工程监理规范》（GB/T 50319—2013）增加了相关服务的概念，并明确相关服务为勘查、设计、维修监理任务。

勘查阶段的监理应根据勘察设计合同，协调勘查与施工单位的关系。设计监理单位审查设计概算、施工图预算后报建设单位。协助建设单位组织专家对设计成果进行评审。协助建设单位向有关部门报审设计文件，并按评审意见监督设计单位整改完善。

（5）建设工程监理的性质。建设工程监理具有服务性、科学性、公正性、独立性。

1）服务性。建设工程监理是一种高智能、有偿的技术服务活动。它是监理人员利用自己的工程建设知识、技能和经验为建设单位提供的管理服务。它既不同于承建商的直接生产活动，也不同于建设单位的直接投资活动，它不向建设单位提供承包工程造价，不参与承包单位的利益分成，它获得的是技术服务性的报酬。

建设工程监理的服务客体是建设单位的工程项目，服务对象是建设单位。这种服务性的活动是严格按照监理合同和其他有关工程建设的合同来实施的，是受法律约束和保护的。

2）科学性。建设工程监理应当具有科学性。工程建设监理的科学性体现为其工作的内涵是为工程管理与工程技术提供知识的服务。工程建设监理的任务决定了它应当采用科学的思想、理论、方法和手段；监理的社会化、专业化特点要求监理企业按照高智能原则组建；工程建设监理的服务性质决定了它应当提供科技含量高的管理服务；工程建设监理维护社会公众利益和国家利益的使命决定了它必须提供科学性服务。

建设工程监理的科学性主要表现在：工程建设监理企业应当由组织管理能力强、工程建设经验丰富的人员担任领导；应当有一支由有足够数量的、有丰富管理经验和应变能力的监理工程师组成的骨干队伍；要有一套健全的管理制度；要有现代化的管理方法；要掌握先进的管理理论；要积累足够的技术、经济资料和数据；要有科学的工作态度和严谨的工作作风；要实事求是、创造性地开展工作。

3）公正性。《工程建设监理规定》第十八条规定，建设监理单位应公平地维护项目法人和被监理单位的合法权益。《建设工程委托监理合同范本》标准条件第五条规定，监理人在履行本合同的义务期间，应公正维护各方面的合法权益。

监理企业不仅是为建设单位提供技术服务的一方，还应当成为建设单位与承建单位之间的公正的第三方。在任何时候，监理方都应依据国家法律、法规、技术标准、规范、规程和合同文件，站在公正的立场上进行判断、证明，行使自己的处理权，要维护建设单位且不损害被监理企业的合法权益。

4) 独立性。从事建设工程监理活动的监理企业是直接参与工程项目建设的"第三方当事人"之一，它与项目建设单位、承建单位之间的关系是一种平等主体关系。《建筑法》明确指出，工程建设监理企业应当根据建设单位的委托，客观、公正地执行监理任务。《工程建设监理规定》和《建设工程监理规范》（GB/T 50319—2013）要求工程建设监理企业按照"公正、独立、自主"的原则开展监理工作。

按照独立性要求，工程监理企业应当严格地按照有关法律、法规、规章、工程建设文件、工程建设技术标准、工程建设委托监理合同和有关的工程建设合同的规定实施监理；在委托监理的工程中，与承建单位不得有隶属关系和其他利益关系；在开展工程建设监理的过程中，必须建立自己的组织，按照自己的工作计划、程序、流程、方法、手段，根据自己的判断，独立地开展工作。

（6）建设工程监理的作用。40多年的工程实践证明，节省工程投资对提高我国工程项目建设管理水平，确保工程质量，加快工程实施建设，起到了举足轻重的作用，监理业已显示出蓬勃的生命力，为政府和社会所认同。

1）监理在建设工程投资前期决策中的作用。

a. 有利于提高建设工程投资决策科学化。在建设单位委托工程监理企业实施全方位全过程监理的条件下，在建设单位有了初步的项目投资意向之后，工程监理企业可协助建设单位选择适当的工程咨询机构，管理工程咨询合同的实施，并对咨询结果进行评估提出有价值的修改意见和建议；或者直接从事工程咨询工作，为建设单位提供建设方案。这样不仅可使项目投资符合国家经济发展规划、产业政策、投资方向，而且可使项目投资更加符合市场需求。工程监理企业参与或者承担项目决策阶段的监理工作，有利于提高项目投资决策的科学水平，避免项目投资决策的失误，也为实现建设工程投资综合效益最大化打下了良好的基础。

b. 有利于实现建设工程投资效益最大化。工程建设投资效益最大化有以下三种不同表现：在满足建设功能和质量标准的前提下，建设投资额最少；在满足建设工程预定功能和质量标准的前提下，建设工程寿命周期费用最少；建设工程本身的投资效益与环境、社会效益的综合效益最大化。

建设工程监理在这样的关系中寻求一个平衡点来控制各项指标使得综合效益最大化。利用国内外的市场、有关企事业单位和行业主管部门等，建设监理协助建设单位去搜集项目建设、生产运营等各方面所必需的信息资料和数据。对项目产品未来市场供应和需求信息进行定性与定量的分析。同时也在调查资料的基础上针对项目的建设规模、产品规格、场址、工艺、工艺设备、总图、运输、原材料、环境保护、公用工程和辅助工程等提出备选方案，进行比较论证优化来推出具体方案。这种从环境、财务、国民经济、社会以及风险评价分析就可以得出环境的可行性、经济的可行性、社会可行性和抗风险能力。根据一系列的调查、研究、评估以及可行性研究报告要求的深度汇编成项目可行性研究报告。这些工作的确立就明确地显现出建设工程监理的必要性和重要性。一旦确立建设项目就全面进入了工程建设时期，这时，建设工程监理也就进入了重要的角色，重点参与了合同管理、工程设计、具体施工和验收工作。这些工作范畴也正是我国建设工程监理所重点体现的作用范围，这也正是工程管理中的重中之重。工作好坏关系到国计民生，关系到建设工程的质量和长期效益，同时也规范着建筑市场的良性发展。

2）监理在施工质量控制中的作用。

a. 有利于规范工程建设参与各方的建设行为。工程建设参与各方的建设行为都应当符合法律、法规、规章和市场准则。要做到这一点，仅仅依靠自律机制是远远不够的，还需要建立有效地约束机制。

在工程建设实施过程中，工程建设监理企业可依据委托监理合同和有关的工程建设合同对承建单位的建设行为进行监督管理。由于这种约束机制贯穿于工程建设的全过程，采用事前控制、事中控制和事后控制相结合的方式，可以有效地规范各承建单位的建设行为，最大限度地避免不当建设行为的发生。这是约束机制的根本目的。另外，由于建设单位不了解工程建设有关的法律、法规、规章、管理程序和市场行为准则，有可能发生不当的建设行为。因此，工程监理企业可以向建设单位提出适当的建议，从而避免建设单位发生不当的建设行为，这对规范建设单位的建设行为也可起到一定的约束作用。

当然，要发挥上述约束作用，工程建设监理企业首先必须规范自身的行为，并接受政府的监督管理。

b. 有利于保证工程建设的质量和使用安全。工程建设监理企业对承建单位建设行为的监督管理，实际上是从产品需求者的角度对工程建设生产过程的管理，这与产品生产者自身的管理有很大不同。而工程建设监理企业又不同于工程建设的实际需求者，其监理人员都是既懂工程技术又懂经济管理的专业人士，他们有能力及时发现工程建设实施过程中出现的问题，发现工程材料、设备以及阶段产品存在的问题，从而避免留下工程质量隐患。因此，实行工程建设监理制度之后，在加强承建单位自身对工程质量管理的基础上，由工程建设监理企业介入工程建设生产过程管理，对保证工程建设质量和使用安全有着重要作用。

4.1.2 必须实施监理的建设工程项目

4.1.2.1 建设工程监理的范围

建设工程监理的范围可以分为监理的工程范围和监理的建设阶段范围。

（1）工程范围。《建筑法》第三十条规定："国家推行建筑工程监理制度。国务院可以规定实行强制监理的建筑工程的范围。"《建设工程质量管理条例》第十二条规定："五类工程必须实行监理，即国家重点建设工程；大中型公用事业工程；成片开发建设的住宅小区工程；利用外国政府或者国际组织贷款、援助资金的工程；国家规定必须实行监理的其他工程。"

为了有效发挥建设工程监理的作用，加大推行监理的力度，根据《建筑法》《建设工程质量管理条例》对实行强制性监理的工程范围作了原则性的规定，住房城乡建设部又进一步在《建设工程监理范围和规模标准规定》中对实行强制性监理的工程范围作了具体规定。下列建设工程必须实行监理：

1）国家重点建设工程。具体是指依据《国家重点建设项目管理办法》所确定的对国民经济和社会发展有重大影响的骨干项目。

2）大、中型公用事业工程。具体包括项目总投资额在3000万元以上的工程项目：供水、供电、供气、供热等市政工程项目；科技、教育、文化等项目；体育、旅游、商业等项目；卫生、社会福利等项目；其他公用事业项目。

3）成片开发建设的住宅小区工程。建筑面积在5万 m^2 以上的住宅建设工程必须实行监理；5万 m^2 以下的住宅建设工程，可以实行监理，具体范围和规模标准由省（自治区、直辖市）人民政府建设行政主管部门规定。

为了保证住宅质量，对高层住宅及地基、结构复杂的多层住宅应当实行监理。

4）利用外国政府或者国际组织贷款、援助资金的工程。包括使用世界银行、亚洲开发银行等国际组织贷款资金的项目；使用国外政府及其机构贷款资金的项目；使用国际组织或者国外政府援助资金的项目。

5）国家规定必须实行监理的其他工程。具体是指项目总投资额在3000万元以上关系社会公共利益、公众安全的基础设施项目：煤炭、石油、化工、天然气、电力、新能源等项目，铁路、公路、水运、民航以及其他交通运输业等项目，邮政、电信枢纽、通信、信息网络等项目，防洪、灌溉、排涝、发电、引（供）水、滩涂治理、水资源保护、水土保持等水利建设项目，道路、桥梁、地铁和轻轨交通、污水排放及处理、垃圾处理、地下管道、公共停车场等城市基础设施项目，生态环境保护项目，其他基础设施项目。至于学校、影剧院、体育场馆项目，不管总投资额多少，都必须实行监理。

（2）建设阶段范围。建设工程监理可以适用于建设工程投资决策阶段和实施阶段，但目前主要是建设工程施工阶段。

在建设工程施工阶段，建设单位、勘察单位、设计单位、施工单位和工程建设监理企业均应承担各自的责任和义务。在施工阶段委托监理的目的是更有效地发挥监理的规划、控制、协调作用，为在计划目标内建成工程提供最好的管理。

4.1.2.2　外资、中外合资和国外贷款、赠款、捐款建设工程监理

国外公司或社团组织在中国境内独立投资的工程项目建设，如果需要委托国外监理单位承担建设监理业务时，应当聘请中国监理单位参加，进行合作监理。中国监理单位能够监理的中外合资的建设工程项目，应当委托中国监理单位监理。若有必要，可以委托与该工程项目建设有关的国外监理机构监理或者聘请监理顾问。国外贷款的工程项目建设，原则上应由中国监理单位负责建设监理。如果贷款方要求国外监理单位参加的，应当与中国监理单位进行合作监理。国外赠款、捐款建设的工程项目，一般由中国监理单位承担建设监理业务。外资、中外合资和国外贷款建设的工程项目的监理费用计取标准及付款方式，参照国际惯例由双方协商确定。

4.1.3　建设工程监理的原则

监理企业受业主委托对工程项目实施监理时，应遵循依法监理、科学公正、参照国际惯例、强制监理及权责一致、严格监理、热情服务、综合效益、预防为主和实事求是的原则。

（1）依法监理的原则。我国的监理是建设工程管理体制改革的一项新制度，是依靠行政手段和法律手段在全国范围内推行的，为维护正常的经济秩序和监理制度的健康发展，我国颁发了相应的建设工程法规，就监理单位的设立及管理、建设工程监理的范围、建设工程监理合同、建设工程监理的取费等作了明确规定，所有建设工程的监理活动都必须遵守，不得违反。

（2）科学、公正的原则。建设工程监理应以健全的组织机构，完善而科学的技术、经济方法和严格规范的工作程序，丰富的专业技能和实践经验履行其监理职责。科学性是由建设工程监理要达到的基本目的决定的。公正性是社会公认的监理单位的职业道德准则，是监理行业能够长期生存和发展的基本职业道德准则。在工程建设监理中，监理工程师必须尊重科学，尊重事实，组织各方协同配合，维护有关各方的合法权益，为使这一职能顺利实施，必须坚持公正、独立、自主的原则。业主与承包商虽然都是独立运行的经济主体，但他们追求的经济目标有差异，各自的行为也有差别，监理工程师应在合同约定的权、责、利关系基础上，协调双方的一致性，即只有按合同的约定建成项目，业主才能实现投资的目的，承包商也才能实现自己生产的产品的价值，取得工程款和实现营利。

（3）参照国际惯例的原则。在发达国家，建设工程监理已有很长的发展历史，已趋于成熟和完善，具有严密的法规，完善的组织机构以及规范化的方法、手段和实施程序，形成了相对稳定的体系。国际咨询工程师联合会（FIDIC）制定的土木工程合同条款（FIDIC 条款），被国际建筑界普遍认可和采用。这些条款总结了世界土木建设工程百余年的经验，把工程技术、管理经济、法律有机地、科学地结合在一起，突出监理工程师的负责制，为建设监理的规范化和国际化起到了重要作用。

（4）强制监理的原则。监理是基于业主的委托才可实施的建设活动，所以，建设工程实施监理就是建立在业主自愿的基础上的。但在国家投资工程中，国家有权以业主的身份要求建设工程项目法人实施监理，对于个人资金投资建设工程及一些与社会公共利益关系重大的工程，为确保工程质量和社会公众的生命财产安全，国家也可要求其业主必须实施工程监理，即对这些建设工程活动强制实行监理。

（5）权责一致的原则。监理工程师为履行其职责而从事的监理活动，是根据建设监理法规并受业主的委托与授权而进行的。监理工程师承担的职责应与业主授予的权限相一致。也就是说，业主向监理工程师的授权，应以能保证其正常履行监理的职责为原则。

监理活动的客体是承包商的活动，但监理工程师与承包商之间并无经济合同关系。监理工程师之所以能行使监理职权，是依赖业主的授权。这种授权除了体现在业主与监理企业之间签订的工程建设监理委托合同中，还应作为业主与承包商之间工程承包合同的条件。因此，监理工程师在明确业主提出的监理目标和监理工作内容要求后，应与业主协商并明确相应的授权，达成共识后，反映在监理委托合同及承包合同中。据此，监理工程师才能开展监理活动。

总监理工程师代表监理企业全面履行工程建设监理委托合同，承担合同中确定的监理方向业主方所承担的义务和责任。因此，在监理合同实施的过程中，监理企业应给予总监理工程师充分的授权，体现权责一致的原则。

（6）严格监理、热情服务的原则。监理工程师在处理与承包商的关系以及业主与承包商之间的利益关系时：一方面应坚持严格按合同办事，严格监理的要求；另一方面应立场公正，为业主提供热情的服务。

（7）综合效益的原则。社会建设监理活动既要考虑业主的经济效益，又必须考虑与社会效益和环境效益的有机统一，符合"公众"的利益。工程建设监理虽经业主的委托和授权才得以进行，但监理工程师应严格遵守国家的建设管理法律、法规、标准等，以高度负责的态度和责任感，既对业主负责，谋求最大的经济效益，又要对国家和社会负责，取得最佳的综合效益。只有在符合宏观经济效益、社会效益和环境效益的条件下，业主投资项目的微观经济效益才能得以实现。

（8）预防为主的原则。工程建设监理活动的产生与发展的前提条件，是拥有一批具有工程技术与管理知识和实践经验，精通法律和经济的专门高素质人才，形成专门化、社会化的高职能工程建设监理企业，为业主提供服务。由于工程项目具有"一次性""单件性"等特点，工程项目建设过程存在很多风险，因此，监理工程师必须具有预见性，并把重点放在"预控"上，防患于未然。在制订监理规划、编制监理细则和实施监理控制过程中，对工程项目投资控制、进度控制和质量控制中可能发生的失控问题要有预见性和超前的考虑，制定相应的对策和预控措施予以防范。此外，还应考虑多个不同的措施与方案，做到"事前有预测，情况变了有对策"，避免被动。

（9）实事求是的原则。在监理工作中，监理工程师应尊重事实，以理服人。监理工程师的任何指令、判断都应有事实依据，有证明、检验、试验资料。监理工程师不应以权压人，而应晓之以理。所谓"理"，即具有说服力的事实依据，做到以"理"服人。

4.2 工程监理企业和监理工程师

工程监理企业是指依法成立并取得国务院建设主管部门颁发的工程监理企业资质证书，从事建设工程监理活动的服务机构。注册监理工程师是指经国务院人事主管部门和建设主管部门统一组织的监理工程师执业资格统一考试成绩合格，并取得国务院建设主管部门颁发的《中华人民共和国注册监理工程师注册执业证书》和执业印章，从事工程建设监理与相关服务等活动的专业技术人员。工程监理企业是建筑市场的主体之一，按照"公正、独立、自主"的原则，开展工程建设监理工作，公平的维护项目法人和被监理单位的合法权益，对工程项目建设的投资、工期和质量进行监督管理，力求帮助建设单位实现建设项目的投资意图。

4.2.1 工程监理企业的资质等级

4.2.1.1 工程监理企业

（1）工程监理企业的概念。工程监理企业又称工程建设监理单位，简称监理单位。一般是指取得监理资质证书、具有法人资格的监理公司、监理事务所和兼承监理业务的工程设计、科学研究及工程建设咨询的单位，也包括具有法人资格的单位下设的专门从事工程建设监理的二级机构，这里所说的"二级机构"是指企业法人中专门从事工程建设监理工作的内设机构，像设计单位、科学研究单位中的"监理部""监理中心"等。

监理单位是建筑市场的主体之一，建设监理是一种高智能的有偿技术服务，对工程项目建设的投资、工期和质量进行监督管理，力求帮助建设单位实现建设项目的投资意图。监理单位与项目法人之间是委托与被委托的合同关系，与被监理单位是监理与被监理的关系。大量的监理实践证明，实行监理的建设项目投资效益明显，工期得到控制，工程质量得到提高。

（2）工程监理企业的组织形式。按照我国现行法律法规的规定，我国的工程监理企业可以存在的企业组织形式包括公司制监理企业、合伙监理企业、个人独资监理企业、中外合资经营监理企业和中外合作经营监理企业。

1）公司制监理企业。公司制监理企业又称监理公司，是以营利为目的，依照法定程序设立的企业法人。我国公司制监理企业有以下特征：

必须是依照《中华人民共和国公司法》的规定设立的社会经济组织；必须是以盈利为目的的独立企业法人；自负盈亏，独立承担民事责任；是完整纳税的经济实体；采用规范的成本会计和财务会计制度。

我国监理公司的种类有两种，即监理有限责任公司和监理股份有限公司。

监理有限责任公司，是指由 2 个以上、50 个以下的股东共同出资，股东以其所认缴的出资额对公司行为承担有限责任，公司以其全部资产对其债务承担责任的企业法人。

监理股份有限公司，是指全部资本由等额股份构成，并通过发行股票筹集资本，股东以其所认购股份对公司承担责任，公司以其全部资产对公司债务承担责任的企业法人。

设立监理股份有限公司可以采取发起设立或者募集设立方式。发起设立，是指由发起人认购公司应发行的全部股份而设立公司。募集设立，是指由发起人认购公司应发行股份的一部分，其余部分向社会公开募集而设立公司。

2）合伙监理企业。合伙监理企业是依照《中华人民共和国合伙企业法》在中国境内设立的，由各合伙人订立合伙协议，共同出资、合伙经营、共享收益、共担风险，并对合伙企业债务承担无限连带责任的营利性组织。

3）个人独资监理企业。个人独资监理企业是依照《中华人民共和国个人独资企业法》在中国境内设立，由一个自然人投资，财产为投资人个人所有，投资人以其个人财产对企业债务承担无限责任的经营实体。

4）中外合资经营监理企业。中外合资经营监理企业简称合营监理企业，是指以中国的企业或其他经济组织为一方，以外国的公司、企业、其他经济组织或个人为另一方，在平等互利的基础上，根据《中华人民共和国中外合资经营企业法》，签订合同、制定章程，经中国政府批准，在中国境内共同投资、共同经营、共同管理、共同分享利润、共同承担风险，主要从事工程建设监理业务的监理企业。其组织形式为有限责任公司。在合营监理企业的注册资本中，外国合营者的投资比例一般不得低于 25%。

中外合资经营监理企业具有下列特点：

中外合资经营的组织形式为有限责任公司，具有法人资格；中外合资经营监理企业是合营双方共同经营管理，实行单一的董事会领导下的总经理负责制；中外合资经营监理企业一般以货币形式计算各方的投资比例；中外合资经营监理企业按各方注册资本比例分配利润和分担风险；中外合资经营监理企业各方在合营期内不得减少其注册资本。

5）中外合作经营监理企业。中外合作经营监理企业简称合作监理企业，是指中国的企业或其他经济组织同外国的企业、其他经济组织或者个人，按照平等互利的原则和我国的法律规定，用合同约定双方的权利义务，在中国境内共同举办的、主要从事工程建设监理业务的经济实体。

中外合作经营监理企业具有下列特点：

a. 中外合作经营监理企业可以是法人型企业，也可以是不具有法人资格的合伙企业，法人型企业独立对外承担责任，合伙企业由合作各方对外承担连带责任。

b. 中外合作经营监理企业可以采取董事会负责制，也可以采取联合管理制，既可由双方组织联合管理机构管理，也可以由一方管理，还可以委托第三方管理。

c. 中外合作经营监理企业是以合同规定投资或者提供合作条件，以非现金投资作为合作条件，可不以货币形式作价，不计算投资比例。

d. 中外合作经营监理企业按合同约定分配收益或产品和分担风险。

e. 中外合作经营监理企业允许外国合作者在合作期限内先行收回投资，合作期满时，企业的全部固定资产归中国合作者所有。

（3）有关工程监理单位企业资质的相关规定。监理单位实行资质审批制度。设立监理单位，须报建设工程监理主管机关进行资质审查合格后，向工商行政管理机关申请企业法人登记。监理单位应当按照核准的经营范围承接建设工程监理业务。

监理单位是建筑市场的主体之一，建设工程监理是一种高智能的有偿技术服务。监理单位应按照"公正、独立、自主"的原则，开展建设工程监理工作，公平地维护项目法人和被监理单位的合法权益。

监理单位不得转让监理业务。监理单位不得承包工程，不得经营建筑材料、构配件和建筑机械、设备。监理单位在监理过程中因过错造成重大经济损失的，应承担一定的经济责任和法律责任。监理工程师不得在政府机关或施工、设备制造、材料供应单位兼职，不得是施工、设备制造和材料、构配件供应单位的合伙经营者。

4.2.1.2 工程监理企业资质

工程监理企业资质是指从事工程建设监理业务的工程监理企业应当具备的注册资本、高素质的专业技术人员、管理水平及工程监理业绩等，是企业技术能力、管理水平、业务经验、经营规模、社会信誉等综合性实力指标。工程监理企业应按照所拥有的注册资本、专业技术人员数量和工程监理业绩等资质条件申请资质，经审查合格，取得相应等级的资质证书后，才能在其资质等级许可的范围内从事工程监理活动。对工程监理企业进行资质管理的制度是我国政府实行市场准入控制的有效手段。

工程监理企业资质分为综合资质、专业资质和事务所资质。综合资质、事务所资质不分级别。专业资质分为甲级、乙级，房屋建筑、水利水电、公路和市政公用专业资质可设立丙级。

甲级、乙级和丙级，按照工程性质和技术特点分为 14 个专业工程类别，每个专业工程类别按照工程规模或技术复杂程度又分为三个等级。工程监理企业的资质等级标准如下所述。

（1）综合资质标准。

1）具有独立法人资格且注册资本不少于 600 万元。

2）企业技术负责人应为注册监理工程师，并具有 15 年以上从事工程建设工作的经历或者具有工程类高级职称。

3）具有 5 个以上工程类别的专业甲级工程监理资质。

4）注册监理工程师不少于 60 人，注册造价工程师不少于 5 人，一级注册建造师、一级注册建筑师、一级注册结构工程师或者其他勘察设计注册工程师合计不少于 15 人次。

5）企业具有完善的组织结构和质量管理体系，有健全的技术、档案等管理制度。

6）企业具有必要的工程试验检测设备。

7）申请工程监理资质之日前一年内没有资质审批中规定禁止的行为。

8）申请工程监理资质之日前一年内没有因本企业监理责任造成重大质量事故。

9）申请工程监理资质之日前一年内没有因本企业监理责任发生三级以上工程建设重大安全事故或者发生两起以上四级工程建设安全事故。

（2）专业资质标准。

1）甲级。

a. 具有独立法人资格且注册资本不少于 300 万元。

b. 企业技术负责人应为注册监理工程师，并具有 15 年以上从事工程建设工作的经历或者具有工程类高级职称。

c. 注册监理工程师、注册造价工程师、一级注册建造师、一级注册建筑师、一级注册结构工程师或者其他勘察设计注册工程师合计不少于 25 人；其中，相应专业注册监理工程师不少于《建设工程监理规范》（GB/T 50319—2013）中"专业资质注册监理工程师人数配备表"（表 4.1）中要求配备的人数，注册造价工程师不少于 2 人。

表 4.1　　　　　　　　　专业资质注册监理工程师人数配备表

序号	工程类别	监理工程师人数/人		
		甲　级	乙　级	丙　级
1	房屋建筑工程	15	10	5
2	冶炼工程	15	10	
3	矿山工程	20	12	
4	化工石油工程	15	10	
5	水利水电工程	20	12	5
6	电力工程	15	10	
7	农林工程	15	10	
8	铁路工程	23	14	
9	公路工程	20	12	
10	港口与航道工程	20	12	
11	航天航空工程	20	12	
12	通信工程	20	12	
13	市政公用工程	15	10	5
14	机电安装工程	15	10	

注　表中各专业资质注册监理工程师人数配备是指企业取得本专业工程类别注册的注册监理工程师人数。

　　d. 企业近 2 年内独立监理过 3 个以上相应专业的二级工程项目，但是，具有甲级设计资质或一级及以上施工总承包资质的企业申请本专业工程类别甲级资质的除外。

　　e. 企业具有完善的组织结构和质量管理体系，有健全的技术、档案等管理制度。

　　f. 企业具有必要的工程试验检测设备。

　　g. 申请工程监理资质之日前一年内没有《工程监理企业资质管理规定》中规定禁止的行为。

　　h. 申请工程监理资质之日前一年内没有因本企业监理责任造成重大质量事故。

　　i. 申请工程监理资质之日前一年内没有因本企业监理责任发生三级以上工程建设重大安全事故或者发生两起以上四级工程建设安全事故。

　　2）乙级。

　　a. 具有独立法人资格且注册资本不少于 100 万元。

　　b. 企业技术负责人应为注册监理工程师，并具有 10 年以上从事工程建设工作的经历。

　　c. 注册监理工程师、注册造价工程师、一级注册建造师、一级注册建筑师、一级注册结构工程师或者其他勘察设计注册工程师合计不少于 15 人次。其中，相应专业注册监理工程师不少于《建设工程监理规范》（GB/T 50319—2013）中"专业资质注册监理工程师人数配备表"中要求配备的人数，注册造价工程师不少于 1 人。

　　d. 有较完善的组织结构和质量管理体系，有技术、档案等管理制度；有必要的工程试验检测设备；申请工程监理资质之日前一年内没有资质审批中规定禁止的行为；申请工程监理资质之日前一年内没有因本企业监理责任造成重大质量事故。

　　e. 申请工程监理资质之日前一年内没有因本企业监理责任发生三级以上工程建设重大安全事故或者发生两起以上四级工程建设安全事故。

　　3）丙级。

　　a. 具有独立法人资格且注册资本不少于 50 万元；企业技术负责人应为注册监理工程师，并具有 8 年以上从事工程。

　　b. 相应专业的注册监理工程师不少于《建设工程监理规范》（GB/T 50319—2013）中"专业资质注册监理工程师人数配备表"中要求配备的人数。

　　c. 有必要的质量管理体系和规章制度；有必要的工程试验检测设备。

　　（3）事务所资质标准。

　　1）取得合伙企业营业执照，具有书面合作协议书。

　　2）合伙人中有 3 名以上注册监理工程师，合伙人均有 5 年以上从事建设工程监理的工作经历。

　　3）有固定的工作场所；有必要的质量管理体系和规章制度；有必要的工程试验检测设备。

4.2.2　工程监理企业资质申请和审批

4.2.2.1　资质申请

　　按照《工程建设监理企业资质管理规定》，新设立的工程监理企业和具有工程监理企业资质的企业申请主要有以下工作程序：

工程监理企业应当向企业注册所在地的县级以上地方人民政府建设行政主管部门申请资质。中央管理的企业直接向国务院建设行政主管部门申请资质，其所属的工程监理企业申请甲级资质的，由中央管理的企业向国务院建设行政主管部门申请，同时向企业注册所在地省（自治区、直辖市）建设行政主管部门报告。新设立的工程监理企业，到工商行政管理部门登记注册并取得企业法人营业执照后，方可到建设行政主管部门办理资质申请手续。

（1）工程监理企业的主项资质和增项资质。工程监理企业资质分为 14 个工程类别，具体见表 4.1。工程监理企业可以申请一项或者多项工程类别资质。申请多项资质的工程监理企业，应当选择一项为主项资质，其余为增项资质。工程监理企业的增项资质级别不得高于主项资质级别。

工程监理企业申请多项工程类别资质的，其注册资金应达到主项资质标准，从事过其增项专业工程监理业务的注册监理工程师人数应当符合国务院有关专业部门的要求。

工程监理企业的增项资质可以与其主项资质同时申请，也可以在每年资质审批期间独立申请。

工程监理企业资质经批准后，资质审批部门应当在其资质证书副本的相应栏目中注明经批准的工程类别范围和资质等级。工程监理企业应当按照经批准的工程类别范围和资质等级承接监理业务。

（2）资质申请应提供的材料。新设立的工程监理企业申请资质，应当向建设行政主管部门提供下列资料：

1）工程监理企业资质申请表（一式三份）及相应电子文档；企业法人、合伙企业营业执照；企业章程或合伙人协议。

2）企业法定代表人、企业负责人和技术负责人的身份证明、工作简历及任命（聘用）文件。

3）工程监理企业资质申请表中所列注册监理工程师及其他注册执业人员的注册执业证书。

4）有关企业质量管理体系、技术和档案等管理制度的证明材料；有关工程试验检测设备的证明材料。

工程监理企业申请资质升级，除向建设行政主管部门提供本规定上述所列资料外，还应当提供下列资料：企业原资质证书正、副本；企业的财务决算年报表；《监理业务手册》及已完成代表工程的监理合同、监理规划及监理工作总结。

（3）续期申请。资质有效期届满，工程监理企业需要继续从事工程监理活动的，应当在资质证书有效期届满 60 日前，向原资质许可机关申请办理延续手续。

（4）变更申请。工程监理企业在资质证书有效期内名称、地址、注册资本、法定代表人等发生变更的，应当在工商行政管理部门办理变更手续后 30 日内办理资质证书变更手续。申请资质证书变更，应当提交以下材料：资质证书变更的申请报告；企业法人营业执照副本原件；工程监理企业资质证书正、副本原件。

如工程监理企业改制的，除上述规定材料外，还应当提交企业职工代表大会或股东大会关于企业改制或股权变更的决议、企业上级主管部门关于企业申请改制的批复文件。

（5）企业增补资质证书的申请。企业需增补工程监理企业资质证书的（含增加、更换、遗失补办），应当持资质证书增补申请及电子文档等材料向原资质许可机关申请办理。遗失资质证书的，在申请补办前应当在公众媒体刊登遗失声明。

4.2.2.2 资质审批

依据我国相关规定对工程监理企业提出的资质进行审批，审批通过后给企业发放由国务院建设主管部门统一印制的工程监理企业资质证书。"工程监理企业资质证书"分为正本和副本，每套资质证书包括一本正本，四本副本。正本、副本具有同等法律效力。"工程监理企业资质证书"的有效期为 5 年。

（1）资质审批。

1）综合资质、专业甲级资质，应当由企业所在地省（自治区、直辖市）人民政府建设主管部门自受理申请之日起 20 日内初审完毕，并将初审意见和申请材料报国务院建设主管部门。国务院建设主管部门应当自省（自治区、直辖市）人民政府建设主管部门受理申请材料之日起 60 日内完成审查，公示审查意见，公示时间为 10 日。其中，涉及铁路、交通、水利、通信、民航等专业工程监理资质的，由国务院建设主管部门根据初审意见审批并送国务院有关部门审核，国务院有关部门应当在 20 日内初审完毕，并将审核意见报国务院建设主管部门，国务院建设主管部门根据初审意见审批。

审核部门应当对工程监理企业的资质条件和申请资质提供的资料审查核实。申请甲级工程监理企业资质的，国务院建设行政主管部门每年定期集中审批一次。国务院建设行政主管部门应当在工程监理企业申请材料齐全后 3 个月内完成审批。由有关部门负责初审的，初审部门应当从收齐工程监理企业的申请材料之日起 1 个月内完成初审。国务院建设行政主管部门应当将审批结果通知初审部门。

国务院建设行政主管部门应当将经专家评审合格和国务院有关部门初审合格的甲级资质的工程监理企业名单及基本情况，在中国建设工程和建筑业信息网上公示。经公示后，对于工程监理企业符合资质标准的，予以审批，并将审批结果在中国建设工程和建筑业信息网上公告。

2）专业乙级、丙级资质和事务所资质由企业所在地省（自治区、直辖市）人民政府建设主管部门审批。省（自治区、直辖市）人民政府建设主管部门应当自作出决定之日起 10 日内，将准予资质许可的决定报国务院建设主管部门备案。

（2）资质续期审批。"工程监理企业资质证书"的有效期为 5 年。资质有效期届满，工程监理企业需要继续从事工程监理活动的，应当在资质证书有效期届满 60 日前，向企业所在地省级资质许可机关申请办理延续手续。对在资质有效期内遵守有关法律、法规、规章、技术标准，信用档案中无不良记录，且专业技术人员满足资质标准要求的企业，经原资质许可机关同意，有效期延续 5 年。其中专业乙级、丙级资质和事务所资质延续的实施程序由省（自治区、直辖市）人民政府建设主管部门依法确定，自作出决定之日起 10 日内，将准予资质许可的决定报国务院建设主管部门备案。

（3）资质变更审批。"工程监理企业在资质证书"有效期内名称、地址、注册资本、法定代表人等发生变更的，应当在工商行政管理部门办理变更手续后 30 日内办理资质证书变更手续。

涉及综合资质、专业甲级资质证书中企业名称变更的，由国务院建设主管部门负责办理，并自受理申请之日起3日内办理变更手续。

其他资质证书变更手续，由省（自治区、直辖市）人民政府建设主管部门负责办理。省（自治区、直辖市）人民政府建设主管部门应当自受理申请之日起3日内办理变更手续，并在办理资质证书变更手续后15日内将变更结果报国务院建设主管部门备案。

申请资质证书变更，应当提交以下材料：资质证书变更的申请报告；"企业法人营业执照"副本原件；"工程监理企业资质证书"正本、副本原件。

工程监理企业改制的，除提交上述规定的材料外，还应当提交企业职工代表大会或股东大会关于企业改制或股权变更的决议、企业上级主管部门关于企业申请改制的批复文件。

（4）企业合并或分立后资质等级的核定和资质增补的审批。工程监理企业合并的，合并后存续或者新设立的工程监理企业可以承继合并前各方中较高的资质等级，但应当符合相应的资质等级条件。

工程监理企业分立的，分立后企业的资质等级，根据实际达到的资质条件，按照《工程监理企业资质管理规定》的审批程序核定。

企业需增补"工程监理企业资质证书"的（含增加、更换、遗失补办），应当持资质证书增补申请及电子文档等材料向资质许可机关申请办理。遗失资质证书的，在申请补办前应当在公众媒体刊登遗失声明。资质许可机关应当自受理申请之日起3日内予以办理。

工程监理企业申请晋升资质等级，在申请之日前1年内有下列行为之一的，建设行政主管部门不予批准：

1）与建设单位或者工程监理企业之间相互串通投标，或者以行贿等不正当手段谋取中标的。

2）与建设单位或者施工单位串通，弄虚作假、降低工程质量的；将不合格的建设工程、建筑材料、建筑构配件和设备按照合格签字的。

3）超越本单位资质等级承揽监理业务的；允许其他单位或个人以本单位的名义承揽工程的。

4）转让工程监理业务的；因监理责任而发生过三级以上建设工程重大质量事故或者发生过两起以上四级建设工程质量事故的。

5）在监理过程中实施商业贿赂；涂改、伪造、出借、转让工程监理企业资质证书。

6）其他违反法律法规的行为。

工程监理企业资质条件符合资质等级标准，建设行政主管部门颁发相应资质等级的"工程监理企业资质证书"。"工程监理企业资质证书"分为正本和副本，具有同等法律效力。

4.2.2.3　资质证书的管理

"工程监理企业资质证书"分为正本和副本，每套资质证书包括一本正本，四本副本。正本、副本具有同等法律效力。"工程监理企业资质证书"的有效期为5年。工程监理企业资质证书由国务院建设主管部门统一印制并发放。任何单位和个人不得涂改、伪造、出借、转让"工程监理企业资质证书"；不得非法扣压、没收"工程监理企业资质证书"。工程监理企业在领取新的"工程监理企业资质证书"的同时，应当将原资质证书交回原发证机关予以注销。工程监理企业破产、倒闭、撤销、歇业的，应当将资质证书交回原发证机关予以注销。

4.2.3　工程监理企业监督管理

县级以上人民政府建设行政主管部门和其他有关部门应当依照有关法律、法规和《工程监理企业资质管理规定》，加强对工程监理企业资质的监督管理。禁止任何部门采取法律、行政法规规定以外的其他资信、许可等建筑市场准入限制。

4.2.3.1　监督检查措施和职责

建设主管部门履行监督检查职责时，有权采取下列措施：

（1）要求被检查单位提供"工程监理企业资质证书""注册监理工程师注册执业证书"，有关工程监理业务的文档，有关质量管理、安全生产管理、档案管理等企业内部管理制度的文件。

（2）进入被检查单位进行检查，查阅相关资料。

（3）纠正违反有关法律、法规及有关规范和标准的行为。

建设主管部门进行监督检查时，应当有两名以上监督检查人员参加，并出示执法证件，不得妨碍被检查单位的正常经营活动，不得索取或者收受财物、谋取其他利益。有关单位和个人对依法进行的监督检查应当协助与配合，不得拒绝或者阻挠。监督检察机关应当将监督检查的处理结果向社会公布。

4.2.3.2　撤销工程监理企业资质的情形

工程监理企业有下列情形之一的，资质许可机关或者其上级机关，根据利害关系人的请求或者依据职权，可以撤销工程监理企业资质：

（1）资质许可机关工作人员滥用职权、玩忽职守作出准予工程监理企业资质许可的。

（2）超越法定职权作出准予工程监理企业资质许可的；违反资质审批程序作出准予工程监理企业资质许可的。

（3）对不符合许可条件的申请人作出准予工程监理企业资质许可的；依法可以撤销资质证书的其他情形。

（4）以欺骗、贿赂等不正当手段取得工程监理企业资质证书的，应当予以撤销。

4.2.3.3　注销工程监理企业资质的情形

有下列情形之一的，工程监理企业应当及时向资质许可机关提出注销资质的申请，交回资质证书，国务院建设主管部门应当办理注销手续，公告其资质证书作废：资质证书有效期届满，未依法申请延续的；工程监理企业依法终止的；工程监理企业资质依法被撤销、撤回或吊销的；法律、法规规定的应当注销资质的其他情形。

4.2.3.4　信用管理

工程监理企业应当按照有关规定，向资质许可机关提供真实、准确、完整的工程监理企业的信用档案信息。工程监理企业的信用档案应当包括基本情况、业绩、工程质量和安全、合同违约等情况。被投诉举报和处理、行政处罚等情况应当作为不良行为记入其信用档案。

工程监理企业的信用档案信息应按照有关规定向社会公示，公众有权查阅。

4.2.3.5 建设行政主管部门对工程监理企业资质实行年检制度

甲级工程监理企业资质，由国务院建设行政主管部门负责年检；其中铁道、交通、水利、信息产业、民航等方面的工程监理企业资质，由国务院建设行政主管部门会同国务院有关部门联合年检。

乙级、丙级工程监理企业资质，由企业注册所在地省（自治区、直辖市）人民政府建设行政主管部门负责年检；其中交通、水利、通信等方面的工程监理企业资质，由建设行政主管部门会同同级有关部门联合年检。

4.2.3.6 工程监理企业资质年检程序

（1）工程监理企业在规定时间内向建设行政主管部门提交"工程监理企业资质年检表"、"工程监理企业资质证书"、监理业务手册以及工程监理人员变化情况及其他有关资料，并交验"企业法人营业执照"。

（2）建设行政主管部门会同有关部门在收到工程监理企业年检资料后 40 日内，对工程监理企业资质年检作出结论，并记录在"工程监理企业资质证书"副本的年检记录栏内。

工程监理企业资质年检的内容，是检查工程监理企业资质条件是否符合资质等级标准，是否存在质量、市场行为等方面的违法违规行为。工程监理企业年检结论分为合格、基本合格、不合格三种。

有下列情形之一的，工程监理企业的资质年检结论为不合格：

1）资质条件中监理工程师注册人员数量、经营规模的任何一项未达到资质等级标准的 80%，或者其他任何一项未达到资质等级标准。

2）工程监理企业申请晋升资质等级时发生违规行为的（8 项行为），年检结论为不合格。

3）已经按照法律、法规的规定予以降低资质等级处罚的行为，年检中不再重复追究。

4）工程监理企业资质年检不合格或者连续两年基本合格的，建设行政主管部门应当重新核定其资质等级。新核定的资质等级应当低于原资质等级，达不到最低资质等级标准的，取消资质。工程监理企业连续两年年检合格，方可申请晋升上一个资质等级。

5）降级的工程监理企业，经过一年以上时间的整改，经建设行政主管部门核查确认，达到规定的资质标准，且在此期间内未发生《工程监理企业资质管理规定》第十六条所列行为的，可以按照本规定重新申请原资质等级。

6）在规定时间内没有参加资质年检的工程监理企业，其资质证书自行失效，且一年内不得重新申请资质。

7）工程监理企业遗失"工程监理企业资质证书"的，应当在公众媒体上声明作废。其中甲级监理企业应当在中国建设工程和建筑业信息网上声明作废。

8）工程监理企业变更名称、地址、法定代表人、技术负责人等，应当在变更后一个月内，到原资质审批部门办理变更手续。

4.2.4 注册监理工程师

4.2.4.1 注册监理工程师的概念

注册监理工程师是指经国务院人事主管部门和建设主管部门统一组织的监理工程师执

业资格统一考试成绩合格，并取得国务院建设主管部门颁发的"中华人民共和国注册监理工程师注册执业证书"和执业印章，从事工程建设监理与相关服务等活动的专业技术人员。世界上大多数国家并未设立单独的注册监理工程师制度，其工程监理资格是与其他执业资格联系在一起的，如日本《建筑师法》中就规定，取得建筑师资格的可同时执行工程师监理的业务。美国建筑师的业务中也包括工程监理。我国根据国情的需要，于1992年开始建立注册监理工程师制度，规定监理工程师为岗位职务，并按专业设置相应岗位。

监理工程师必须具备三个基本条件：

(1) 参加全国监理工程师统一考试成绩合格，取得"监理工程师资格证书"。

(2) 根据注册规定，经监理工程师注册机关注册取得"监理工程师岗位证书"。

(3) 从事建设工程监理工作。

4.2.4.2 监理工程师的素质

工程建设监理是一个高层次、高水平，智力密集型、技术密集型的服务性行业，它涉及科技、经济、法律、管理等多门学科和多种专业。监理工程师在项目建设中处于核心地位，需要的是智能型、复合型、高素质的人才，不仅要有一定的工程技术或工程经济方面的专业知识、较强的专业技术能力，能够对工程建设进行监督管理，提出指导性的意见，而且要有一定的组织协调能力，能够组织、协调工程建设有关各方共同完成工程建设任务。结合我国的实际情况，监理工程师应该具备以下基本素质。

(1) 良好的品德。热爱本职工作；具有科学的工作态度；具有廉洁奉公、为人正直、办事公道的高尚情操；能听取不同方面的意见，冷静分析问题。

(2) 良好的业务素质。

1) 具有较高的学历和多学科复合型的知识结构。工程建设涉及的学科很多，作为监理工程师，至少应学习、掌握一种专业理论知识。一名监理工程师，至少应具有工程类大专以上学历，并了解或掌握一定的工程建设经济、法律和组织管理等方面的理论知识。同时，应不断学习和了解新技术、新设备、新材料、新工艺，熟悉工程建设相关的现行法律法规、政策规定等方面的新知识，达到一专多能的复合型人才，持续保持较高的知识水准。

2) 要有丰富的工程建设实践经验。工程建设实践经验就是理论知识在工程建设中的成功应用。监理工程师的业务主要表现为工程技术理论与工程管理理论在工程建设中的具体应用，因此，实践经验是监理工程师的重要素质之一。有关资料统计分析表明，工程建设中出现的失误，大多与经验不足有关，少数是责任心不强。所以，世界各国都很重视工程建设实践经验。在考核某个单位或某一个人的能力时，都把经验作为重要的衡量尺度。

3) 要有较好的工作方法和组织协调能力。较好的工作方法和善于组织协调是体现监理工程师工作能力高低的重要因素。监理工程师要能够准确地综合运用专业知识和科学手段，做到事前有计划、事中有记录、事后有总结；建立较为完善的工作程序、工作制度；既要有原则，又要有灵活性；同时，要做好参与工程建设各方的组织协调，发挥系统的整体功能，实现投资、进度、质量目标的协调统一。

(3) 良好的身心素质。尽管工程建设监理是以脑力劳动为主，但是也必须具有健康的身体和充沛的精力，这样才能胜任繁忙、严谨的监理工作。工程建设施工阶段，由于露天作业，工作条件艰苦，往往工作紧迫、业务繁忙，更需要有健康的身体，否则难以胜任工作。我国对年满 65 周岁的监理工程师就不再进行注册。

4. 2. 4. 3　监理工程师的道德要求

（1）我国监理工程师的职业道德。工程建设监理是一项高尚的工作，为了确保建设监理事业的健康发展，我国对监理工程师的执业道德和工作纪律都有严格的要求，在有关法规中也作了具体的规定。

1）维护国家的荣誉和利益，按照"守法、诚信、公正、科学"的准则执业。

2）执行有关工程建设的法律、法规、标准、规范、规程和制度，履行监理合同规定的义务和职责。

3）努力学习专业技术和建设监理知识，不断提高业务能力和监理水平；不以个人名义承揽监理业务。

4）不同时在两个或两个以上监理单位注册和从事监理活动，不在政府部门和施工、材料设备的生产供应等单位兼职。

5）不为所监理项目指定承包商、建筑构配件、设备、材料生产厂家和施工方法。

6）不收受被监理单位的任何礼金；不泄露所监理工程各方认为需要保密的事项。

7）坚持独立自主地开展工作。

（2）FIDIC 道德准则。FIDIC 是国际咨询工程师联合会的法文缩写。FIDIC 于 1991 年在慕尼黑召开的全体成员大会上，讨论批准了 FIDIC 通用道德准则。该准则分别从对社会和职业的责任、能力、正直性、公正性、对他人的公正 5 大类别 14 个方面规定了工程师的道德行为准则。目前，国际咨询工程师联合会的会员国都在认真执行这一准则。下述准则是其成员行为的基本准则：

1）接受对社会的职业责任；寻求与确认发展原则相适应的解决办法。

2）在任何时候，维护职业的尊严、名誉和荣誉，不得故意或无意地做出损害他人名誉或事务的事情。

3）保持其知识和技能与技术、法规、管理的发展相一致的水平，对于委托人要求的服务采用相应的技能，并尽心尽力。

4）仅在有能力从事服务时才进行，不得直接或间接取代某一特定工作中已经任命的其他咨询工程师的位置。

5）在任何时候均为委托人的合法权益行使其职责，并且正直和忠诚地进行职业服务。

6）在提供职业咨询、评审或决策时不偏不倚；通知委托人在行使其委托权时，可能引起的任何潜在的利益冲突。

7）加强"按照能力进行选择"的观念，不接受可能导致判断不公的报酬。

8）通知该咨询工程师并且接到委托人终止其先前任命的建议前，不得取代该咨询工程师的工作。

4. 2. 4. 4　注册监理工程师执业资格管理机构

注册监理工程师的资格考试，由国务院和全国各省（自治区、直辖市）确定考试与合格有关部门的监理工程师资格考试委员会负责制定考试大纲、标准，监督和指导各地、各部门资格考试委员会负责考试报名和参考资格审查、组织考试及评卷等工作。各级资格考试委员会为非常设机构，于每次考试前六个月组成并开始工作。

监理工程师的注册管理工作由国务院建设行政主管部门统一进行。各省（自治区、直辖市）及国务院有关部门具体管理并承办本行政区域或本部门内监理工程师的注册工作。

4.2.4.5 注册监理工程师执业资格考试

（1）报名条件。报名参加注册监理工程师执业资格考试的人员必须具有工程技术或工程经济专业大专或大专以上学历，并具有高级专业技术职务或取得中级专业技术职务后从事工程设计、施工管理或工程监理等工程实践满 3 年，还要获得所在单位的推荐。

（2）考试科目。《建设工程监理概论》《建设工程合同管理》《建设工程信息管理》《建设工程投资控制》《建设工程进度控制》《建设工程质量控制》《建设工程监理相关法规》《建设工程监理案例分析》。

（3）考试方式。采取全国统一大纲、统一命题、统一组织的办法。每年举行一次。考场一般设在省会城市。

4.2.4.6 注册监理工程师的注册

通过监理工程师资格考试者可取得"监理工程师资格证书"。在执业注册前，不得以监理工程师的名义从事建设工程监理业务，领证之日起，五年内未进行执业注册，其证书失效。申请注册时，应由其聘用的监理单位统一向本地区或本部门注册管理机构提出，具备下述条件者可获准注册：

（1）热爱中华人民共和国，拥护社会主义制度，遵守监理工程师职业道德。

（2）身体健康，能胜任建设工程的现场监理工作；已取得"监理工程师资格证书"。

4.3 建设工程监理各方的关系

业主、监理单位及承包商是建设工程监理活动中最主要的当事人。它们的权利、义务关系是通过业主与监理单位、业主与承包商之间所签订的合同来约定的。承包商与监理单位之间无直接关系，监理单位对承包商的施工过程进行监控。监理单位与设计单位无合同关系，但监理工程师本着对业主负责的态度，将于设计单位保持紧密的联系。

工程监理企业、承包商、业主和设计单位四个建设活动实体之间的关系如图 4.1 所示。

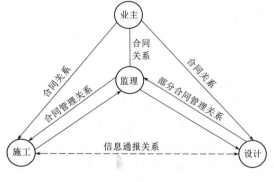

图 4.1 工程建设监理与各方的关系

4.3.1 业主与承包商的关系

在 FIDIC 合同条件下，业主和承包商之间是互相合作、互相监督的合同法规关系。业主与承包商之间是工程承包合同，合同是一种民事法律行为，其基本特征之一便是行为主体的法律地位完全平等。在合同中，合同双方的责任和利益是互为前提条件的，业主的义务是提供施工的外部条件及支付工程款，这是承包商享有的权利，承包商的义务是按合同规定的工期及质量要求对工程项目进行施工、竣工及修复其缺陷，这是业主享有的权利。国内习惯将业主与承包商的关系称为承发包的合同关系。

业主作为工程和服务的买方，是上帝，而承包商是卖方和服务者，按照合同管理的目标，只有业主满意的工程对于承包商来说才是成功的，业主和承包商应相互保持联系，以使工程顺利和不受阻碍地进行。

但作为合作者，业主和承包商在各自利益方面又是对立的两方。业主希望少花钱多办事，而承包商既要完成项目，又要争取最大效益。承包商的行为会对业主构成风险，业主的处事也会威胁承包商的利益，双方利益冲突的结果就导致索赔和反索赔行为的产生。如果业主违约，承包商可以降低施工速度或中止工程，提出索赔，乃至撤销合同。如果承包商违约，业主可授权其他人去完成工作，如果承包商未能履约，业主可以终止合同。

在施工过程中，业主一般不直接与承包商接触，而是通过监理工程师来下达指令、行使权力、管理工程。但是，作为施工合同的主体，必然由业主和承包商行使最终权力。当双方发生争端时，监理工程师可以调解，调解不成而履行仲裁和诉讼程序时，监理工程师的意见只具有一般参考价值。但实践证明：业主对承包商干预得越多，工程干得越差，合同执行得也越糟；而业主干预得越少，完全由监理工程师来组织、协调、控制，则工程干得越好。

4.3.2　业主与监理单位的关系

按照 FIDIC 合同条件实施一项工程，业主和监理单位之间是建立咨询合同法规关系，确切地说是一种委托与被委托关系。业主聘用监理工程师代其进行工程管理。监理单位受雇于业主，代表业主的利益，监理工程师的任务和职权是由业主与承包商之间签订的施工合同及业主与监理工程师签订的监理服务合同两种文件确定的。

在业主与承包商签订的合同文件中，详细地规定了被委托的监理工程师的权利和职责，其中包括监理工程师对业主的约束权力和监理工程师独立公正地执行合同条件的权利。这就奠定了监理工程师与业主的工作关系的基础。

业主与监理单位签订的监理合同，主要对监理人员数量、素质、服务范围、服务时间、服务费用以及其他有关监理人员生活方面的安排进行了详细的规定。同时，合同中对监理工程师的权力也需予以明确。在监理合同中明确监理工程师的权力时应注意到协议中明确的权力要与施工合同中所赋予监理工程师的权力保持一致。

监理工程师在行使监理权力时，是业主的代理人，应维护业主的利益。监理工程师的良好服务，能为业主带来巨大利益。如监理工程师对承包商完成的工程量进行严格的计量和审核、控制变更工程和额外工程费用、处理索赔事宜等工作，能直接降低工程成本；监理工程师促使承包商按时或提前完工，能使工程项目早日产生效益；监理工程师严格控制质量，能使工程的未来维护费用、运行费用降低；监理工程师提出的改进建议，能节省投资等。

但作为独立的一方管理合同，当监理工程师行使自主处理权时，又必须行为公正，不偏向任何一方。FIDIC 合同条款 2.6 款明确要求"监理工程师要行为公正"，由于监理工程师不是合同一方，则该款的责任必然施加于业主，这就使得业主对证书的正确性承担额外责任。可以认为，如果业主极力向工程师施加影响以便使自己的利益凌驾于承包商之上时，业主即违反了自己的合同义务。施工合同是业主和承包商之间的合同，业主必须为监理工程师的行为承担责任。如果监理工程师在管理中发生失误，造成工期拖延和承包商的费用损失，承包商无法让没有合同关系的监理工程师赔偿损失，业主必须承担赔偿责任。

在项目管理中，监理工程师只承担管理责任及与之相关的责任而不是一切责任，这些管理责任与相关责任在业主和监理工程师的协议中规定。当监理工程师的错误使业主蒙受损失时，将进行赔偿，业主与监理工程师的协议书中可以规定监理工程师赔偿的比例和限额。这时，如果监理工程师的自身能力不足或缺乏职业道德，就会损害业主的利益。

典型案例【D4-1】

李某是某工程监理公司派出的监理人员，由于监理工作的需要，李某需要长年住在施工现场。长时间的接触使得李某与施工单位的人员建立起了很好的私人关系。

一天，施工单位的主要负责人找到了李某，向李某述说了目前的困难。原来，施工单位正在施工沥青混凝土面层，但是由于所在地区不生产碱性石料，导致进度迟缓，希望李某能够允许施工单位以一部分酸性石料代替碱性石料使用。李某很清楚拌制沥青混凝土不可以使用酸性石料，但是碍于双方的密切关系，李某同意了这个要求。后来，使用酸性石料拌制的沥青混凝土出现了沥青与石料的剥离现象，不得不进行大面积返工，给建设单位造成了巨大损失。

问题：建设单位要求工程监理公司予以赔偿，这个要求是否合理？

分析如下：

要求是合理的。工程监理单位接受建设单位的委托，代表建设单位进行项目管理。工程监理单位就是建设单位的代理人。李某是工程监理公司派出的监理人员，工程监理单位应为其行为负责。李某与施工单位串通，为施工单位谋取非法利益，工程监理单位和施工单位要为此承担连带责任。因此，建设单位要求工程监理单位予以赔偿是合理的要求。

4.3.3　监理工程师与承包商的关系

监理单位与施工总承包商是监理与被监理的关系，承包商在施工时须接受监理单位的督促和检查，并为监理单位开展工作提供方便，包括提供监理工作所需的原始记录，施工组织设计进度计划等技术资料。凡分包商需进行阶段验收或隐蔽工程验收的项目，总承包商应先验收通过后再交监理单位验收。监理单位要为施工的顺利创造条件，按时按计划做好验收工作。

监理企业与承包商之间没有合同关系，监理企业对工程项目实施中的行为进行监理的依据如下：一是业主的授权；二是在业主与承包商为甲、乙方的工程施工合同中已经事先予以承认；三是国家建设监理法规赋予监理单位具有实施有关法规、技术标准的职责。

监理企业是存在于签署工程施工合同的甲乙双方之外的独立一方，是在工程项目实施的过程中监督合同的执行，体现其公正性、独立性和合法性，监理企业不直接承担工程建设中进度，造价和工程质量的经济责任和风险。监理人员也不得在受监理工程的承建单位任职、合伙经营或与其发生经营性隶属关系，不得参与承建单位的盈利分配。

在工程中，不经承包商同意，业主不得更换监理工程师。因为在 FIDIC 合同中，监理工程师有很大的权力，具有特殊的作用，所以监理工程师的信誉、工作能力、公正性等，已是承包商投标报价必须考虑的重要因素之一。业主和承包商之间的合同文件规定，凡根据合同在监理工程师有自己酌情处理权的地方，监理工程师在业主和承包商之间应行为公正，以没有偏见的方式使用合同。当然，承包商应掂量，是否相信业主的监理工程师具有独立作出决定的能力。如果监理工程师不能公正决定，承包商可以通过仲裁和诉讼得到合理解决，这时监理工程师就会被动。

如果承包商素质不高或者缺乏商业道德，则会给监理工程师的工作带来困难，甚至导致监理工程师蒙受风险。监理企业在实施监理前，业主必须将监理的内容、总监理工程师的姓名、所授予的权限等，书面通知承包商。

典型案例【D4－2】

某单位新建一座住宅楼，地上 20 层地下 2 层，钢筋混凝土剪力墙结构，业主与施工单位、监理单位分别签订了施工合同、监理合同。施工单位（总包单位）将土方开挖、外墙涂料与防水工程分别分包给专业性公司，并签订了分包合同。施工合同中说明：建筑面积 21586m^2，建设工期 450 天，2009 年 9 月 1 日开工，2010 年 12 月 26 日竣工。工程造价 3165 万元。合同约定结算方法：合同价款调整范围为业主认定的工程量增减、设计变更和洽商；外墙涂料、防水工程的材料费。调整依据为本地区工程造价管理部门公布的价格调整文件。合同履行过程中发生下述几种情况，请按要求回答问题。

问题：

（1）总包单位于 8 月 25 日进场，进行开工前的准备工作。原定 9 月 1 日开工，因业主办理伐树手续而延误至 6 日才开工，总包单位要求工期顺延 5 天。此项要求是否成立？根据是什么？

（2）土方公司在基础开挖中遇有地下文物，采取了必要的保护措施。为此，总包单位请他们向业主要求索赔，对否？为什么？

（3）在基础回填过程中，总包单位已按规定取土样，试验合格。监理工程师对填土质量表示异议，责成总包单位再次取样复验，结果合格。总包单位要求监理单位支付试验费。对否？为什么？

（4）总包单位对混凝土搅拌设备的加水计量器进行改进研究，在本公司试验室内进行试验，改进成功用于本工程，总包单位要求此项试验费由业主支付。监理工程师是否批准？为什么？

（5）结构施工期间，总包单位经总监理工程师同意更换了原项目经理，组织管理一度失调，导致封顶时间延误 8 天。总包单位以总监理工程师同意为由，要求给予适当工期补偿。总监理工程师是否批准？为什么？

（6）监理工程师检查厕浴间防水工程，发现有漏水房间，逐一记录并要求防水公司整改。防水公司整改后向监理工程师进行了口头汇报，监理工程师即签证认可。事后发现仍有部分房间漏水。需进行返工。返修的经济损失由谁承担？监理工程师有什么错误？

（7）在做屋面防水时，经中间检查发现施工不符合设计要求，防水公司也自认为难以达到合同规定的质量要求，就向监理工程师提出终止合同的书面申请，监理工程师应如何协调处理？

（8）在进行结算时，总包单位根据投标书，要求外墙涂料费用按发票价计取，业主认为应按合同条件中的约定计取，为此发生争议。监理工程师应支持哪种意见？为什么？

分析如下：

（1）成立。因为属于业主责任（或业主未及时提供施工场地）。

（2）不对。因为土方公司为分包，与业主无合同关系。

（3）不对。因为按规定，此项费用应由业主支付。

（4）不批。因为此项支出已包含在工程合同价中（或此项支出应由总包单位负责）。

（5）不批。虽然总监同意更换，不等同于免除总包单位应负的责任。

（6）经济损失由防水公司承担。监理工程师的错误：①不能凭口头汇报签证认可，应在现场复验；②不能直接要求防水公司整改，应要求总包整改；③不能根据分包单位的要求进行签订，应根据总包单位的申请进行复验签证。

（7）监理工程师应协调处理以下事项。

1）监理工程师拒绝接受分包单位的终止合同申请。

2）应要求总包单位与分包单位双方协商，达成一致后解除合同。

3）要求总包单位对不合格处返工处理。

（8）应支持业主意见，因为按规定合同条件与投标书条件有矛盾时，解释顺序为合同条件在投标书之先。

4.3.4 分包商与其他各方的关系

4.3.4.1 分包商与承包商的关系

分包商与承包商是分包合同主体法规关系。承包商作为分包合同的发包者，将主合同范围内一项或若干项工程施工分包出去，与主合同相似，其对分包商具有主合同所定义的业主的责任和权利，从市场角度看，这时承包商既是卖方又是买方。在分包合同执行中，承包商拥有类似于主合同中所定义的监理工程师的指令权，分包商具有主合同所定义的承包者的责任和权利。所以在主合同和分包合同中，承包商的角色刚好相反。

通过分包，承包商获得分包效益或管理费。相应地，从承担责任的角度讲，分包商被视为承包商组织机构的一部分，承包商并不能因为工程分包而减少其对该部分工程在承包合同中所应承担的责任和义务，承包商对分包部分承担全部工程责任。在与业主关系上，承包商仍承担主合同所定义的全部合同责任。如果分包商履约能力不足，将给承包商带来风险。

主合同所定义的与分包合同工程范围相应的权利和责任关系则通过分包传递给了分包商。其中，指定分包商对于承包商的责任，不能小于承包商对业主的责任。相应地，分包商也拥有要求补偿和索赔的权利。但是，无论变更还是索赔都要通过承包商之手递交上去，承包商对这项工作不一定有积极性，这是分包商的风险之一。分包商的支付常常受到业主对承包商支付的影响，而业主未及时支付的原因可能是承包商原因或其他分包商原因造成的，这是分包商的风险。

4.3.4.2 分包商与业主的关系

由于分包合同只是承包商与分包商之间的协议，分包商与业主之间没有合同法规关系，双方没有权利、义务关系。对业主来说，分包商作为承包商的一部分，业主和分包商之间不能再有任何私下约定。

但特别规定，业主拥有权益转让的权利。即在承包商缺陷责任期结束，还有一些分包商对承包商的担保或其他义务没有满期，承包商必须把该权益转让给业主，承包商必须保证分包商同意这种转让。

业主对分包商的选定有较严格的要求，要对分包商作出资格审查。在承包商的投标书中，必须附上拟订的分包商的名单，供业主审查。如果在工程施工中重新委托分包商，必须经过业主和工程师的批准。

4.3.4.3 分包商与监理工程师的关系

监理工程师与分包商之间也没有合同关系，在项目实施中，监理工程师通过承包商管理分包商的工程。在征得承包商同意后，工程师可以就一些技术问题直接与分包商打交道，在此情况下，有必要把各个阶段的情况都告知承包商，尤其涉及付款和施工计划的问题。这样，承包商就可以及时了解监理工程师和分包商之间的商讨情况和信函往来的情况，以便在其认为合适的时间发表意见和采取措施。

4.4 建设工程监理组织与协调

4.4.1 建设工程监理合同和监理程序

4.4.1.1 建设工程监理合同

建设工程监理合同是指委托人（建设单位）与监理人（工程监理单位）就委托的建设工程监理与相关服务内容签订的明确双方义务和责任的协议。工程建设监理合同是我国实行建设监理制后出现的一种新型的技术性委托服务合同形式。合同当事人双方是委托方项目法人和被委托方监理单位。通过监理委托合同，项目法人委托监理单位对工程建设合同进行管理。对与项目法人签订工程建设合同的当事人履行合同进行监督、协调和评价，并应用科学的技能为项目的发包、合同的签订与实施等提供规定的技术服务。

监理合同是委托人任务履行过程中当事人双方的行为指南，因此内容应全面，用词严谨。合同条款的组成结构包括以下几个方面：合同内所涉及的词语定义和遵循的法规；监理人的义务；委托人的义务；监理人的权利；委托人的权利；监理人的责任；委托人的责任；合同生效、变更与终止；监理报酬；其他方面的规定；争议的解决。

（1）监理合同的作用。建设工程监理制是我国建筑业在市场经济条件下保证工程质量、规范市场主体行为、提高管理水平的一项重要措施。工程监理与发包人和承包商一起共同构成了建筑市场的主体，为了使建筑市场的管理规范化、法治化，大型工程建设项目不仅要实行建设监理制，而且要求发包人必须以合同形式委托监理任务。监理工作的委托与被委托实质上是一种商业行为，所以必须以书面合同形式来明确工程服务的内容，以便为发包人和监理单位的共同利益服务。监理合同不仅明确了双方的责任和合同履行期间应遵守的各项约定，成为当事人的行为准则，而且可以作为保护任何一方合法权益的依据。

作为合同当事人一方的建设工程监理公司应具备相应的资格，不仅要求其是依法成立并已注册的法人组织，而且要求它所承担的监理任务应与其资质等级和营业执照中批准的业务范围相一致，既不允许低资质的监理公司承接高等级工程的监理业务，也不允许承接虽与资质级别相适应，但工作内容超越其监理能力范围的工作，以保证所监理工程的目标顺利圆满实现。

（2）监理合同的特点。监理合同是委托合同的一种，除具有委托合同的特点外，还具有以下特点：

1）监理合同的当事人双方应当是具有民事权利能力和民事行为能力、取得法人资格的企事业单位、其他社会组织，个人在法律允许的范围内也可以成为合同当事人。委托人必须是具有国家批准的建设项目，落实投资计划的企事业单位、其他社会组织及个人，作为受托人必须是依法成立具有法人资格的监理企业，并且所承担的工程监理业务应与企业资质等级和业务范围相符合。

2）监理合同委托的工作内容必须符合工程项目建设程序，遵守有关法律、行政法规。监理合同以对建设工程项目实施控制和管理为主要内容，因此，监理合同必须符合建设工程项目的程序，符合国家和建设行政主管部门颁发的有关建设工程的法律、行政法规、部门规章和各种标准、规范要求。

3）委托监理合同的标的是服务，建设工程实施阶段所签订的其他合同，如勘察设计合同、施工承包合同、物资采购合同、加工承揽合同的标的物是产生新的物质成果或信息成果，而监理合同的标的是服务，即监理工程师凭借自己的知识、经验、技能受发包人委托为其所签订其他合同的履行实施监督和管理。

（3）监理合同的形式。为了明确监理合同当事人双方的权利和义务关系，应当以书面形式签订监理合同，而不能采用口头形式。由于发包人委托监理任务有繁有简，具体工程监理工作的特点各异，因此监理合同的内容和形式也不尽相同。经常采用的合同形式有以下几种：

1）双方协商签订的合同。这种监理合同以法律和法规的要求为基础，双方根据委托监理工作的内容和特点，通过友好协商订立有关条款，达成一致后签字盖章生效。合同的格式和内容不受任何限制，双方就权利和义务所关注的问题以条款形式具体约定即可。

2）信件式合同。通常由监理单位编制有关内容，由发包人签署批准意见，并留一份备案后退给监理单位执行。这种合同形式适用于监理任务较小或简单的小型工程。也可能是在正规合同的履行过程中，依据实际工作进展情况，监理单位认为需要增加某些监理工作任务时，以信件的形式请示发包人，经发包人批准后作为正规合同的补充合同文件。

3）委托通知单。正规合同履行过程中，发包人以通知单形式把监理单位在订立委托合同时建议增加而当时未接受的工作内容进一步委托给监理方。这种委托只是在原定工作范围之外增加少量工作任务，一般情况下原定合同中的权利和义务不变。如果监理单位不表示异议，委托通知单就成为监理单位所接受的协议。

4）标准化合同。为了使委托监理行为规范化，减少合同履行过程中的争议或纠纷，政府部门或行业组织制订出标准化的合同示范文本。标准化合同通用性强，采用规范的合同格式，条款内容覆盖面广，双方只要就达成一致的内容写入相应的具体条款中即可。标准合同由于将履行过程中涉及的法律、技术、经济等各方面问题都做出了相应的规定，合理地分担双方当事人的风险并约定了各种情况下的执行程序，有利于双方在签约时讨论、交流和统一认识。

4.4.1.2 建设工程项目监理实施程序

建设监理单位接受业主委托，选派拟任总监理工程师提前介入工程项目，一旦签订监理合同，就意味着进入工程项目建设监理实施阶段。工程项目建设监理一般按图 4.2 所示程序实施。

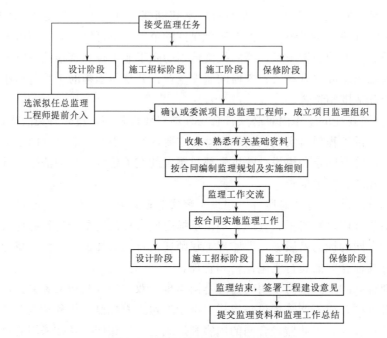

图 4.2 建设工程监理工作总程序

（1）确定项目总监理工程师，成立项目监理机构。监理单位应根据建设工程的规模、性质、业主对监理的要求，委派称职的人员担任项目总监理工程师，代表监理单位全面负责该工程的监理工作。

一般情况下，监理单位在承接工程监理任务时，在参与工程监理的投标、拟定监理方案（大纲）以及与业主商签委托监理合同时，即应选派称职的人员主持该项工作。在监理任务确定并签订委托监理合同后，该主持人即可作为项目总监理工程师。这样，项目的总监理工程师在承接任务阶段即早已介入，从而更能了解业主的建设意图和对监理工作的要求，并与后续工作能更好地衔接。总监理工程师是一个建设工程监理工作的总负责人，他对内向监理单位负责，对外向业主负责。

监理机构的人员构成是监理投标书中的重要内容，是业主在评标过程中认可的。总监理工程师在组建项目监理机构时，应根据监理大纲内容和签订的委托监理合同内容组建，并在监理规划和具体实施计划执行中进行及时的调整。

（2）编制工程项目的监理规划和制定监理实施细则。工程项目的监理规划，是指导项目监理组织全面开展监理活动的纲领性文件，是监理人员有效地进行监理工作的依据和指导性文件。在监理规划的指导下，为具体指导工程项目投资控制、质量控制、进度控制，需要结合工程项目的实际情况，制定相应的实施细则。

（3）监理工作交底。在监理工作实施前，一般就在监理工程项目管理工作的重点、难点以及监理工作应注意的问题，事先进行说明，增强监理工作针对性、预见性。

（4）规范化的开展监理工作。监理工作的规范化体现在以下几点：

1）工作的时序性。监理的各项工作都应按一定的逻辑顺序先后展开，从而使监理工作能有效地达到目标而不致造成工作状态的无序和混乱。

2）职责分工的严密性。建设工程监理工作是由不同专业、不同层次的专家群体共同来完成的，他们之间严密的职责分工是协调进行监理工作的前提和实现监理目标的重要保证。

3）工作目标的确定性。在职责分工的基础上，每一项监理工作的具体目标都应是确定的，完成的时间也应有时限规定，从而能通过报表资料对监理工作及其效果进行检查和考核。

（5）参与验收，签署建设工程监理意见。建设工程施工完成以后，监理单位应在正式验交前组织竣工预验收。在预验收中发现的问题，应及时与施工单位沟通，提出整改要求。监理单位应参加业主组织的工程竣工验收，签署监理单位意见。

（6）提交建设工程监理资料和监理工作总结。项目建设监理业务完成后，监理单位要向业主提交监理档案资料，主要有监理设计变更、工程变更资料，监理指令性文件，各类签证资料和其他约定提交的档案资料。监理工作总结主要有以下内容：

1）向业主提交的监理工作总结，包括监理委托合同履行情况概述；监理任务或目标完成情况的评价；业主提供的监理活动使用的办公用房、交通设备、实验设施等的清单；表明监理工作终结的说明。

2）向社会监理单位提交的工作总结，包括监理工作的经验；可采用的某种技术方法或经济组织措施的经验以及签订合同、协调关系的经验；监理工作中存在的问题及改进的建议等。

典型案例【D4-3】

某单位工程 26 层，属于二等房屋建筑工程，监理单位 A 以监理单位 B 的名义承担了该工程施工阶段的监理、A、B 监单位的资质等级分别为丙级和乙级。工程建设过程中发生了如下一些事件。

事件 1：签订的监理合同中明确指出业主与监理单位实行合作监理，业主代表可以向承包商下达任何指令。

事件 2：由于工程地下水位较高，在土方开挖前，必须进行降水，施工单位刘工对现场监理说："对于降水方案我们经验不足，再说我们编制的方案还要报给你们审核，你们给编下就行了，我们可付一点费用给你们。"

事件 3：在工地例会上，业主代表说：监理单位是我们委托的，监理费由我们支付，因此监理单位只能维护业主的利益。监理单位仅进行质量控制，并且质量控制必须做到事前控制，不要到事后再去控制，而进度与投资控制由业主负责；承包商应根据监理合同接受监理。

事件 4：工程在施工过程中，施工单位发现有一悬臂梁的设计有误。施工单位要求监理下一个通知改变一下，而监理单位黄工说："你们直接找设计院，他们下个设计变更就行了。"

事件 5：一次监理巡视过程中，总监代表对施工单位的材料质量表示怀疑，随即下子停工令。同时监理机构内部的人员有矛盾，总监代表对小王意见很大，把小王与另外一个工程的监理人员小张进行了调换。

事件 6：在装饰过程中，根据施工合同，塑钢窗由施工单位包工包料，业主现场代表介绍了他的朋友分包了该塑钢窗工程（未签分包合同）。材料进场并部分安装后，监理发现第二批进场的 50 樘窗的衬钢厚度达不到要求，并且发现已安装的部分窗有密封胶开裂、脱胶、渗漏等现象，随即给施工单位下发了通知，施工单位认为这是业主介绍来的，与他们无关。

事件 7：工程竣工验收时，参加单位有质量监督站、设计院、施工单位、建设单位、监理单位等，在验收前质量监督站新来的质量监督员小汤检查了参加验收人员的资格和部分工程资料，他发现"综合验收结论"一栏为空白，就说："林总监，这一栏你怎么还没有填写？下面的总监你也未签名。"

问题：

（1）监理单位 A 和 B 的行为有何不妥，如何处罚？

（2）监理合同内容有何不妥？

（3）第一次工地例会和工地例会由谁主持召开？会议纪要由谁负责起草？

（4）事件 2～事件 5 中有何不妥？

（5）事件 6 业主现场代表的做法是否正确？为什么？监理应按什么程序协调有关方的关系？

（6）事件 7 的正确做法如何？

（7）单位工程质量验收合格应具备的条件？

分析如下：

（1）监理单位 A 超越本企业资质等级承揽监理业务，责令停止违法行为，处合同约定的监理酬金 1 倍以上 2 倍以下的罚款，可以责令停业整顿，降低资质等级；情节严重的吊销资质证书；有违法所得的，予以没收。

监理单位 B 允许其他单位以本企业名义承揽监理业务，责令改正，没收违法所得，处合同的定的监理酬金 1 倍以上 2 倍以下的罚款；可以责令停业整顿，降低资质等；情节严重的吊销资质证书。

（2）业主与监理单位实行合作监理不妥，业主代表向承包商的指令必须通过监理进行。

（3）第一次工地例会由建设单位主持召开。工地例会由总监理工程师主持召开。会议纪要均由项目监理机构负责起草，并经与会各方代表会签。

（4）事件 2：专项施工方案应由施工单位负责编制，监理审核，监理单位可在施工单位编制时进行指导和提出建议，给监理单位支付费用违法。

事件 3：业主代表的说法有以下不妥。

1）监理单位只能维护业主的利益不妥，监理单位应公正、独立、自主地开展监理工作，维护建设单位和承包单位的合法权益。

2）监理单位仅进行质量控制不妥。任何建设工程部有投资、进度、质量三大目标，这三大目标之间存在既对立又统一的关系。

3）质量控制必须做到事前控制，不要到事后再去控制不妥，事前控制、事中控制和事后控制都是质量控制的措施。尽量做到事前控制，但有时事中控制和事后控制达到的效果更好。

4）承包商应根据监理合同接受监理不妥。承包商应根据施工承包合同的约定接受监理。

事件4：建立下发通知改变结构设计，施工单位直接找设计院变更设计均不妥，施工单位应填写《工程变更单》报监理单位，监理单位审核后报建设单位。由建设单位请设计单位费更设计。

事件5：下停工令和对监理人员的调换是总监的职责，不是总监代表的职责。

（5）业主现场代表的做法不正确，原因如下：业主现场代表自行肢解工程进行分包，承包合同违约；业主现场代表自行选择分包单位，监理合同违约。

监理方应按下列程序进行协调：

1）总监理工程师签发监理通知，召开有关方协调会；终止甲方违约行为；由监理单位对分包单位进行审核和确认，并报甲方。

2）对审核不符合要求的分包单位严禁施工。

3）由总包单位与分包单位签订分包合同。

4）第二次进场约50樘窗的衬钢厚度达不到设计要求，由设计单位重新验算，若不符合要求，清退出场。

5）已安装的部分窗密封胶开裂、脱胶、渗漏等现象，要拆除重新施工。

（6）"综合验收结论"是验收组各方成员共同协商，对工程质量是否符合设计和规范要求以及总体质量水平作出的综合评价，建设单位、监理单位、施工单位、设计单位都同意验收后，各单位的项目负责人签字，并加盖法人单位公章、注明签字验收的时间。

（7）单位工程质量验收合格应具备的条件：

1）单位工程所含分部（子分部）工程的质量均应验收合格。

2）质量控制资料应完整。

3）单位工程所含分部工程有关安全和功能的检测资料应完整。

4）主要功能项目的抽查结果应符合相关专业质量验收规范的规定。

5）观感质量验收应符合要求。

4.4.2　建设工程监理组织

建设工程监理组织是指规划建设工程监理机构行为的组织机构和规章制度，以及项目监理机构行使对工程建设项目监理职能和职权的总称。

工程项目监理机构组织形式要根据工程项目的特点、发承包模式、业主委托的任务，依据建设监理行业特点和监理单位自身状况，科学、合理地进行确定。现行的建设监理组织形式主要有直线制监理组织、职能制监理组织、直线职能制监理组织和矩阵制监理组织等形式。

4.4.2.1　直线制监理组织形式

　　直线制监理组织形式又可分为按子项目分解的直线制监理组织形式（图 4.3）和按建设阶段分解的直线制监理组织形式（图 4.4）。对于小型工程建设，也可以采用按专业内容分解的直线制监理组织形式（图 4.5）。

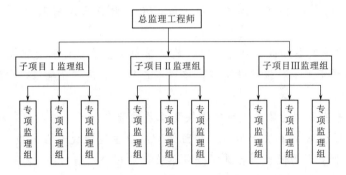

图 4.3　按子项目分解的直线制监理组织形式

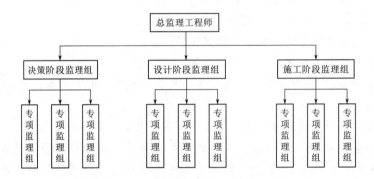

图 4.4　按建设阶段分解的直线制监理组织形式

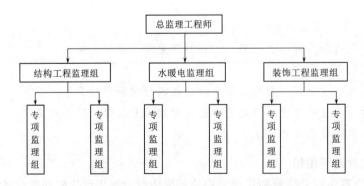

图 4.5　按专业内容分解的直线制监理组织形式

　　直线制监理组织形式简单，其中各种职位按垂直系统直线排列。直线制监理组织机构简单、权力集中、命令统一、职责分明、决策迅速、专属关系明确。总监理工程师负责整个项目的规划、组织、指导与协调，子项目监理组分别负责各子项目的目标控制，具体领导现场专业或专项组的工作，所以要求总监理工程师在业务和技能上是全能式人物，适用于监理项目可划分为若干个相对独立子项目的大、中型建设项目。

4.4.2.2　职能制监理组织形式

职能制监理组织是在总监理工程师下设置一些职能机构，分别从职能的角度对高层监理组进行业务管理。职能机构通过总监理工程师的授权，在授权范围内对主管的业务下达指令，其组织形式如图 4.6 所示。

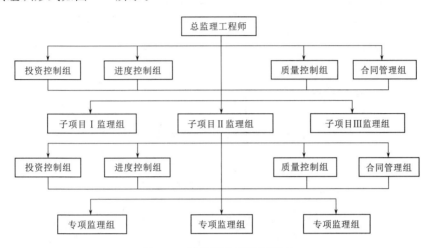

图 4.6　职能制监理组织形式

职能制监理组织的目标控制的分工明确，各职能机构通过发挥专业管理能力提高管理效率。总监理工程师负担减少，但容易出现多头领导，职能机构之间协调困难，主要适用于工程项目地理位置相对集中的建设项目。

4.4.2.3　直线职能制监理组织形式

直线职能制监理组织形式是吸收了直线制监理组织形式和职能制监理组织形式的优点而形成的一种组织形式。指挥部门拥有对下级实行指挥和发布命令的权力，并对该部门的工作全面负责；职能部门是直线指挥人员的参谋，他们只能对指挥部门进行业务指导，而不能对指挥部门直接进行指挥和发布命令。其组织形式如图 4.7 所示。

直线职能制组织集中领导、职责分明、管理效率高、适用范围较广泛，但职能部门与指挥部门易产生矛盾，不利于信息情报传递。

4.4.2.4　矩阵制监理组织形式

矩阵制监理组织由纵向的职能系统与横向的子项目系统组成矩阵组织结构，各专业监理组同时受职能机构和子项目组直接领导，如图 4.8 所示。

矩阵制监理组织形式加强了各职能部门的横向领导，具有较好的机动性和适应性，上下左右集权与分权达到最优结合，有利于复杂与疑难问题的解决，且有利于培养监理人员业务能力。但由于纵横向协调工作量较大，容易产生矛盾。矩阵制监理组织形式适用于监理项目能划分为若干个相对独立子项的大、中型建设项目，有利于总监理工程师对整个项目实施规划、组织、协调和指导，有利于统一监理工作的要求和规范化，同时又能发挥子项工作班子的积极性，强化责任制。但采用矩阵制监理组织形式时需注意，在具体工作中要确保指令的唯一性，明确规定当指令发生矛盾时，应执行哪一个指令。

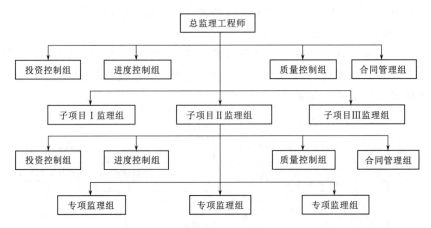

图 4.7　直线职能制监理组织形式

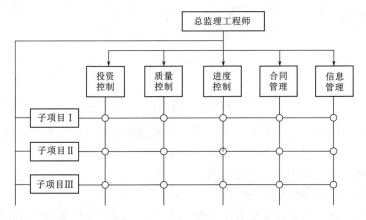

图 4.8　矩阵制监理组织形式

4.4.3　建设工程监理机构及其设施

　　建设工程监理机构是监理单位履行施工阶段的委托监理合同时，在施工现场建立的监理机构。监理机构在完成委托监理合同约定的监理工作后可撤离施工现场。监理单位应于委托监理合同签订后 10 天内将监理机构的组织形式、人员构成及对总监理工程师的任命书面通知建设单位。当总监理工程师需要调整时，监理单位应征得建设单位同意并书面通知建设单位；当专业监理工程师需要调整时，总监理工程师应书面通知建设单位和承包单位。监理人员应包括总监理工程师、专业监理工程师和监理员，必要时可配备总监理工程师代表。

4.4.3.1　项目监理机构的组建

　　（1）项目监理机构的组建步骤。项目监理机构一般按图 4.9 所示的步骤组建。

　　1）项目监理机构目标确定。工程建设监理目标是项目监理机构建立的前提，项目监理机构的建立应根据委托监理合同中确定的监理目标，制定总目标并明确划分监理机构的分解目标。

　　2）监理工作内容与范围确定。根据监理目标和委托监理合同中规定的监理任务，明确列出监理工作内容，并进行分类归并及组合。监理工作的归并及组合应便于监理目标控制，并综合考虑监理工程的组织管理模式、工程结构特点、合同工期要求、工程复杂程度、工程管理及技术特点，还应考虑监理单位自身组织管理水平、监理人员数量、技术业务特点等。如果工程建设实施阶段全过程监理，监理工作划分可按设计阶段和施工阶段分别归并和组合，如图 4.10 所示。

3）组织结构设计：

a. 确定组织结构形式。监理组织结构形式必须根据工程项目规模、性质、建设阶段等监理工作的需要，从有利于项目合同管理、目标控制、决策指挥、信息沟通等方面综合考虑。

b. 确定合理的管理层次。监理组织结构一般由决策层、中间控制层、作业层三个层次组

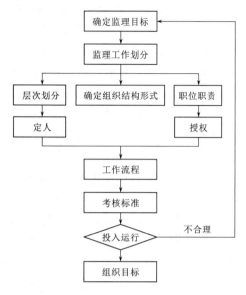

图 4.9 项目监理机构组建步骤

成。决策层由总监理工程师及其助理组成，负责项目监理活动的决策；中间控制层即协调层与执行层，由专业监理工程师和子项目监理工程师组成，具体负责监理规划落实、目标控制和合同管理；作业层即操作层，由监理员、检查员组成，负责现场监理工作的具体操作。

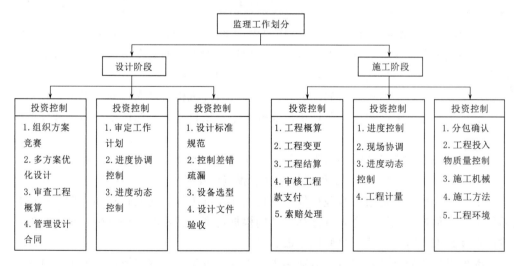

图 4.10 监理工作划分

c. 划分项目监理机构部门。项目监理机构中合理划分各职能部门，应依据监理机构目标、监理机构可利用的人力和物力资源以及合同结构情况，将投资控制、进度控制、质量控制、合同管理、组织协调等监理工作内容按不同的职能活动或按子项分解形成相应的管理部门。

d. 制定岗位职责和考核标准。根据责、权、利对等原则,设置各组织岗位并制定岗位职责。岗位因事而设,进行适当授权,承担相应职责,获得相应利益,避免因人设岗。

(2) 项目监理机构人员配置。项目监理机构中配备监理人员的数量和专业应根据监理的任务范围、内容、期限以及工程的类别、规模、技术复杂程度、工程环境等因素综合考虑,并应符合委托监理合同中对监理深度和密度的要求,能体现项目监理机构的整体素质,满足监理目标控制的要求。

项目监理机构应具有合理的人员结构,主要包括以下几方面的内容:

1) 合理的专业结构。项目监理人员结构应根据监理项目的性质及业主的要求进行配套。不同性质的项目和业主对项目监理要求需要有针对性地配备专业监理人员,做到专业结构合理,适应项目监理工作的需要。

2) 合理的技术职称结构。监理组织的结构要求高、中、初级职称与监理工作要求相称,比例合理,而且要根据不同阶段的监理进行适当调整。施工阶段项目监理机构监理人员要求的技术职称结构见表 4.2。

表 4.2　　　　　　　施工阶段项目监理机构监理人员要求的技术职称结构

层 次	人 员	职 能	职 称 要 求	
决策层	总监理工程师、总监理工程师代表、专业监理工程师	项目监理的策划、规划、组织、协调、监控、评价等	高级职称	—
执行层/协调层	专业监理工程师	项目监理实施的具体组织、指挥、控制、协调	中级职称	—
作业层/操作层	监理员	具体业务的执行	—	初级职称

3) 合理的年龄结构。监理组织的结构要做到老、中、青年龄结构合理,老年人经验丰富,中年人综合素质好,青年人精力充沛。根据监理工作的需要形成合理的人员年龄结构,充分发挥不同年龄层次的优势,有利于提高监理工作的效率与质量。

(3) 项目监理机构监理人数的确定。影响项目监理机构监理人数的因素主要包括工程建设强度、工程建设复杂程度、监理单位业务水平及项目监理机构的组织结构和任务职能分工。

工程建设强度是指单位时间内投入的工程建设资金的数量,用下式表示:

$$工程建设强度 = 投资 \div 工期$$

其中,投资和工期是指由监理单位所承担的那部分工程的建设投资和工期。一般投资费用可按工程估算、概算或合同价计算,工期根据进度总目标及其分目标计算。显然,工程建设强度越大,需投入的项目监理人数越多。

工程建设复杂程度是根据设计活动多少、工程地点位置、气候条件、地形条件、工程性质、施工方法、工期要求、材料供应及工程分散程度等因素把各种情况的工程从简单到复杂划分为不同级别,简单的工程需配置的人员较少,复杂的工程需配置的人员较多。

监理单位业务水平也是影响项目监理机构监理人数的重要因素。监理单位由于人员素质、专业能力、管理水平、工程经验、设备手段等方面的差异导致业务水平的不同。同样的工程项目,水平低的监理单位往往比水平高的监理单位投入的人力多。

项目监理机构的组织结构和任务职能分工关系到具体的监理人员配备，务必使项目监理机构任务职能分工的要求得到满足。必要时，还需要根据项目监理机构的职能分工对监理人员的配备作进一步的调整。

4.4.3.2 项目监理组织各类人员的基本职责

监理人员应包括总监理工程师、专业监理工程师和监理员，必要时，项目监理机构可配备总监理工程师代表。总监理工程师、专业监理工程师应是取得注册的监理工程师，监理员应具备监理员上岗证书。根据《建设工程监理规范》（GB/T 50319—2013），总监理工程师应由具有3年以上同类工程监理工作经验的人员担任，总监理工程师代表应由具有3年以上同类工程监理工作经验的人员担任，专业监理工程师应由具有2年以上同类工程监理工作经验的人员担任。

项目监理组织各类人员的基本职责见表4.3。

表 4.3 项目监理组织各类人员的基本职责

序号	人员	基 本 职 责
1	总监理工程师及总监理工程师代表	一名总监理工程师只宜担任一项委托监理合同的项目总监理工程师工作。当需要同时担任多项委托监理合同的项目总监理工程师工作时，需经建设单位同意，且最多不得超过三项。 1）总监理工程师应履行的职责： a. 确定项目监理机构人员及其岗位职责。 b. 组织编制监理规划，审批监理实施细则。 c. 根据工程进展及监理工作情况调配监理人员，检查监理人员工作。 d. 组织召开监理例会。 e. 组织审核分包单位资格。 f. 组织审查施工组织设计（专项）施工方案。 g. 审查开复工报审表，签发工程开工令、暂停令和复工令。 h. 组织检查施工单位现场质量、安全生产管理体系的建立及运行情况。 i. 组织审核施工单位的付款申请，签发工程款支付证书，组织审核竣工结算。 j. 组织审查和处理工程变更。 k. 调解建设单位与施工单位的合同争议，处理工程索赔。 l. 组织验收分部工程，组织审查单位工程质量检验资料。 m. 审查施工单位的竣工申请，组织工程竣工预验收，组织编写工程质量评估报告，参与工程竣工验收。 n. 参与或配合工程安全事故的调查和处理。 o. 组织编写监理月报、监理工作总结，组织处理监理文件资料。 2）总监理工程师代表应履行的职责。按总监理工程师的授权，负责总监理工程师指定或交办的监理工作，行使总监理工程师的部分职责和权力。但其中涉及工程质量、安全生产管理及工程索赔等重要职责不得委托给总监理工程师代表。具体而言，总监理工程师不得将下列工作委托给总监理工程师代表： a. 组织编制监理规划，审批监理实施细则。 b. 根据工程进展及监理工作情况调配监理人员。 c. 组织审查施工组织设计（专项）施工方案。 d. 签发工程开工令、暂停令和复工令。 e. 签发工程款支付证书，组织审核竣工结算。 f. 调解建设单位与施工单位的合同争议，处理工程索赔。 g. 审查施工单位的竣工申请，组织工程竣工预验收，组织编写工程质量评估报告，参与工程竣工验收。 h. 参与或配合工程质量安全事故的调查和处理

续表

序号	人员	基 本 职 责
2	专业监理工程师	1）参与编制监理规划，负责编制监理实施细则。 2）审查施工单位提交的涉及本专业的报审文件，并向总监理工程师报告。 3）参与审核分包单位资格。 4）指导、检查监理员工作，定期向总监理工程师报告本专业监理工作实施情况。 5）检查进场的工程材料、构配件、设备的质量。 6）验收检验批、隐蔽工程、分项工程，参与验收分部工程。 7）处置发现的质量问题和安全事故隐患。 8）进行工程计量。 9）参与工程变更的审查和处理。 10）组织编写监理日志，参与编写监理月报。 11）收集、汇总、参与整理监理文件资料。 12）参与工程竣工预验收和竣工验收
3	监理员	1）检查施工单位投入工程的人力、主要设备的使用及运行状况。 2）进行见证取样。 3）复核工程计量有关数据。 4）检查工序施工结果。 5）发现施工作业中的问题，及时指出并向专业监理工程师报告

4.4.3.3 监理设施

建设单位应提供委托监理合同约定的满足监理工作需要的办公、交通、通信、生活设施。监理机构应妥善保管和使用建设单位提供的设施，并应在完成监理工作后移交建设单位。

监理机构应根据工程项目类别、规模、技术复杂程度、工程项目所在地的环境条件，按委托监理合同的约定，配备满足监理工作需要的常规检测设备和工具。在大中型项目的监理工作中，监理机构应实施监理工作的计算机辅助管理。

建设单位应按照工程监理合同约定，提供监理工作需要的办公、交通、通信、生活设施。项目监理机构根据建设单位提供的设施开展监理工作，并应按建设工程监理合同的约定妥善使用监理设施，最终归还建设单位。

项目监理机构应按委托监理合同的约定，配备满足监理工作需要的检测设备和工具。驻地监理人员要有效地实施工程项目的监理，需要借助于各种试验、检验技术设备和手段，以及必要的办公、生活设施。驻地监理工程师所需的监理设施，可分以下六个方面：

（1）办公室。如果监理办公设施由建设单位提供，应在招标文件中注明下述各项：空间大小、办公室在现场的位置、办公室所使用的建筑材料、办公室设施（如公用设施、暖/冷气设备、门窗、照明设备、家具、办公设备、照相机、安全设备、急救箱、茶几、厨房设备、通道、停车棚等）、维修与保安措施以及付款办法。

（2）实验室。注明下列各项：一般试验设备、材料试验设备、土壤和集料试验设备、实验室在工地所处的位置、面积、地面和装饰要求、实验室的冷/暖系统、通风条件、供水、供电和电话等。承包商也可以按合同建立自己的实验设施，其测试、试验由驻地监理工程师派员监控。在城市地区的工程项目，许多试验可以在工地以外的专业实验室进行。

（3）勘测设备。勘测设备主要包括计量、放线、检查等所需要的设备，如经纬仪、测距器、自动水准仪、直角转光器等。如果勘测设备由建设单位提供，应注明设备的类别、数量、维护措施、付款办法等事项（勘测设备较适合于租用）。

（4）运输工具。如果运输工具由建设单位提供，通常要说明：运输工具的类别与数量、燃料与备件的供应、保险、司机的提供、维护、付款办法等。

（5）通信器材。通信器材是监理人员不可缺少的工具，主要有电话、对讲机、流动无线电话等。通信器材的供应，取决于工地所需的技术复杂程度与后勤服务。如果由建设单位提供通信器材，应注明其类别、数量、性能和付款方式等事项。

（6）宿舍和生活设施。监理人员的宿舍是兴建还是租用，应视工程的具体情况和地理位置而定。同时，还应考虑烹调设施、洗衣设施、社交设施、水电供应、营地保安措施、访客的住宿设施等。监理人员的宿舍和生活设施必须在工程动工之前准备就绪。

典型案例【D4-4】

某工程项目在设计文件完成后，业主委托了一家监理单位协助业主进行施工招标和施工阶段监理。监理合同签订后，总监理工程师分析了工程项目规模和特点，拟按照组织结构设计确定管理层次、监理工作内容、监理目标和制定监理工作流程等步骤，来建立本项目的监理组织机构。施工招标前，监理单位编制了招标文件，主要内容包括：①工程综合说明；②设计图纸和技术资料；③工程量清单；④施工方案；⑤主要材料与设备供应方式；⑥保证工程质量、进度、安全的主要技术组织措施；⑦特殊工程的施工要求；⑧施工项目管理机构；⑨合同条件等。

为了使监理工作能够规范化进行，总监理工程师拟以工程项目建设条件、监理合同、施工合同、施工组织设计和各专业监理工程师编制的监理实施细则为依据，编制施工阶段监理规划。监理规划中规定各监理人员的主要职责如下。

总监理工程师职责：①审核并确认分包单位资质；②审核签署对外报告；③负责工程计量、签署原始凭证和支付证书；④及时检查、了解和发现总承包单位的组织、技术、经济和合同方面的问题；⑤签发开工令。

专业监理工程师职责：①主持建立监理信息系统，全面负责信息沟通工作；②对所负责控制的目标进行规划，建立实施控制的分系统；③检查确认工序质，进行检验；④签发停工令、复工令；⑤实施跟踪检查，及时发现问题，及时报告。

监理员职责：①负责检查和检测材料、设备、成品和半成品的质量；②检查施工单位人力、材料、设备、施工机械投入和运行情况，并做好记录；③记好监理日志。

问题：

（1）监理组织机构设置步骤有何不妥，应如何改正？

（2）常见的监理组织结构形式有哪几种？若想建立机构简单、权力集中、命令统一、职责分明、隶属关系明确的监理组织机构，应选择哪一种组织结构形式？

（3）施工招标文件内容中有哪几条不正确，为什么？

（4）监理规划编制依据有何不恰当，为什么？

（5）以上各监理人员主要职责的划分有哪几条不妥，如何调整？

分析如下：

（1）监理组织机构设置步骤中不应包括确定管理层次，其步骤顺序也不对。正确的步骤应是：确定监理目标、确定监理工作内容、组织结构设计和制定监理工作流程。

（2）常见的组织结构形式有直线制、职能制、直线职能制和矩阵制。应选择直线制组织结构形式。

（3）招标文件内容中的施工方案、保证工程质量、进度、安全的主要技术组织措施、施工项目管理机构不正确。因为这些内容是投标文件（或投标单位编制）的内容。

（4）监理规则编制依据中不恰当之处是：监理规划编制依据中不应包括施工组织设计和监理实施细则。因为施工组织设计是由施工单位（或承包单位）编制的指导施工的文件；监理实施细则是根据监理规划编制的。

（5）各监理人员职责划分中的不妥之处有：

1）总监理工程师职责中的③、④条不妥。③条中的工程计量、签署原始凭证，应是监理员职责；④条应为专业监理工程师职责。

2）专业监理工程师职责中的①、③、④、⑤条不妥。③、⑤条应是监理员的职责；①、④条应是总监理工程师的职责。

典型案例【D4-5】

某建设工程，建设单位将某工程的监理任务委托给一家监理单位。该监理单位在履行其监理合同时，在施工现场建立了项目监理机构，并根据工程监理合同规定的服务内容、服务期限、工程类别、规模、技术复杂程度、工程环境等因素确定了项目监理机构的组织形式和规模。

问题：

（1）项目监理机构的监理人员包括哪些？应当由具备什么条件的人员担任？

（2）总监理工程师不能委托总监理工程师代表完成的工作有哪些？

（3）监理员的职责有哪些？

分析如下：

（1）监理人员应包括总监理工程师、专业监理工程师和监理员，必要时可配备总监理工程师代表。

总监理工程师应由注册监理工程师担任。

总监理工程师代表应由具有工程类注册执业资格或具有中级及以上专业技术职称、3年及以上工程实践经验并经监理业务培训的人员担任。

专业监理工程师应由具有工程类注册执业资格或具有中级及以上专业技术职称、2年及以上工程实践经验并经监理业务培训的人员担任。

（2）总监理工程师不得将下列工作委托给总监理工程师代表：

1）组织编制监理规划，审批监理实施细则。

2）根据工程进展及监理工作情况调配监理人员。

3）组织审查施工组织设计、（专项）施工方案。

4）签发工程开工令、暂停令和复工令。

5）签发工程款支付证书，组织审核竣工结算。

6）调解建设单位与施工单位的合同争议，处理工程索赔。

7）审查施工单位的竣工申请，组织工程竣工预验收，组织编写工程质量评估报告，参与工程竣工验收。

8）参与或配合工程质量安全事故的调查和处理。

（3）监理员应履行以下职责：

1）检查施工单位投入工程的人力、主要设备的使用及运行状况。

2）进行见证取样。

3）复核工程量计量有关数据。

4）检查工序施工结果。

5）发现施工作业中的问题，及时指出并向专业监理工程师报告。

4.4.4 建设工程监理规划及监理实施细则

监理规划是项目监理机构全面开展建设工程监理工作的指导性文件，监理实施细则是在监理规划的基础上，针对工程项目中某一专业或某一方面监理工作编制的操作性文件。监理规划和监理实施细则的内容全面具体，而且需要按程序报批后才能实施。

4.4.4.1 监理规划

（1）监理规划编写的程序与依据。

1）监理规划应在签订委托监理合同及收到设计文件后开始编制，完成后必须经监理单位技术负责人审核批准，并应在召开第一次工地会议前报送建设单位。

2）监理规划应由总监理工程师主持，专业监理工程师参加编制。

3）编制监理规划应依据：建设工程的相关法律、法规及项目审批文件；与建设工程项目有关的标准、设计文件、技术资料；监理大纲、委托监理合同文件以及与建设工程项目相关的合同文件。

（2）监理规划编写要求。

1）监理规划的基本构成内容应当力求统一。监理规划在总体内容组成上应力求做到统一，这是监理工作规范化、制度化、科学化的要求。

监理规划的基本构成内容主要取决于工程监理制度对于工程监理单位的基本要求。根据建设工程监理的基本内涵，工程监理单位受建设单位委托，需要控制建设工程质量、造价、进度三大目标，需要进行合同管理和信息管理，协调有关单位间的关系，还需要履行安全生产管理的法定职责。就某一特定建设工程而言，监理规划应根据建设工程监理合同所确定的监理范围和深度编制，但其主要内容应力求体现上述内容。

2）监理规划的内容应具有针对性、指导性和可操作性。监理规划作为指导项目监理机构全面开展监理工作的纲领性文件，其内容应具有很强的针对性、指导性和可操作性。每个项目的监理规划既要考虑项目自身特点，也要根据项目监理机构的实际状况，在监理规划中，应明确规定项目监理机构在工程实施过程中各个阶段的工作内容、工作人员、工作时间和地点、工作的具体方式方法等。监理规划只要能够对有效实施建设工程监理做好指导工作，使项目监理机构能圆满完成所承担的建设工程监理任务，就是一个合格的监理规划。

3）监理规划应由总监理工程师组织编写。《建设工程监理规范》（GB/T 50319—2013）规定，总监理工程师应组织编制监理规划。当然，真正要编制一份合格的监理规划，还要充分调动整个项目监理机构中专业监理工程师的积极性，广泛征求各专业监理工程师和其他监理人员的意见，并吸收水平较高的专业监理工程师共同参与编写。监理规划的编写还应听取建设单位的意见，以便能最大限度满足其合理要求，使监理工作得到有关各方的理解和支持，为进一步做好监理服务奠定基础。

4）监理规划应把握工程项目运行脉搏。监理规划是针对具体工程项目编写的，而工程项目的动态性决定了监理规划的具体可变性。监理规划要把握工程项目运行脉搏，其可能随着工程进展进行不断的补充、修改和完善。在工程项目运行过程中，内外因素和条件不可避免地要发生变化，造成工程实际情况偏离规划，往往需要调整规划乃至目标，这就可能造成监理规划在内容上也要进行相应调整。

5）监理规划应有利于建设工程监理合同的履行。监理规划是针对特定的一个工程的监理范围和内容来编写的，而建设工程监理范围和内容是由工程监理合同来明确的。项目监理机构应充分了解工程监理合同中建设单位、工程监理单位的义务和责任，对工程监理合同目标控制任务的主要影响因素进行分析，制订具体的措施和方法，确保工程监理合同的履行。

6）监理规划的表达方式应当标准化、格式化。监理规划的内容需要选择最有效的方式和方法来表示，图、表和简单的文字说明应当是采用的基本方法。规范化、标准化是科学管理的标志之一。所以，编写监理规划应当采用什么表格、图示以及哪些内容需要采用简单的文字说明应当作出统一规定。

7）监理规划的编制应充分考虑时效性。应当对监理规划的编写时间事先作出明确规定，以免编写时间过长，从而耽误监理规划对监理工作的指导，使监理工作陷于被动和无序。

8）监理规划经审核批准后方可实施。监理规划在编写完成后需进行审核并经批准。监理单位的技术管理部门是内部审核单位，技术负责人应当签认，同时，还应当按工程监理合同约定提交给建设单位，由建设单位确认。

（3）监理规划主要内容。《建设工程监理规范》（GB/T 50319—2013）明确规定，监理规划的内容包括工程概况，监理工作的范围、内容、目标，监理工作依据，监理机构的组织形式、人员配备及进退场计划、监理机构的人员岗位职责，监理工作制度，工程质量控制，工程造价控制，工程进度控制，安全生产管理的监理工作，合同与信息管理，组织协调，监理工作设施共 12 项。

（4）监理规划报审程序。监理规划报审程序的时间节点安排、各节点工作内容及负责人见表 4.4。

表 4.4　　　　规划报审程序的时间节点安排、各节点工作内容及负责人

序号	时间节点安排	工作内容	负 责 人
1	签订监理合同及收到工程设计文件后	编制监理规划	总监理工程师组织专业监理工程师参与
2	编制完成、总监签字后	监理规划审批	监理单位技术负责人审批
3	第一次工地会议前	报送建设单位	总监理工程师报送
4	设计文件、施工组织计划和施工方案等发生重大变化时	调整监理规划	总监理工程师组织专业监理工程师参与技术负责人审批监理单位
		重新审批监理规划	监理单位技术负责人重新审批

（5）监理规划的审核内容。监理规划审核的内容主要包括以下几个方面：

1）监理范围、工作内容及监理目标的审核。依据监理招标文件和建设工程监理合同，审核是否理解建设单位的工程建设意图，监理范围、监理工作内容是否已包括全部委托的工作任务，监理目标是否与建设工程监理合同要求和建设意图相一致。

2）项目监理机构的审核。组织机构方面审核包括组织形式、管理模式等是否合理，是否已结合工程实施特点，是否能够与建设单位的组织关系和施工单位的组织关系相协调等。人员配备方面主要审查人员配备方案，包括以下几个方面：

a. 派驻监理人员的专业满足程度。应根据工程特点和建设工程监理任务的工作范围，不仅考虑专业监理工程师，如土建监理工程师、安装监理工程师等能够满足开展监理工作的需要，而且还要看其专业监理人员是否覆盖了工程实施过程中的各种专业要求，以及高、中级职称和年龄结构的组成。

b. 人员数量的满足程度。主要审核从事监理工作人员在数量和结构上的合理性。按照我国已完成监理工作的工程资料统计测算，在施工阶段，大中型建设工程每年完成200万元的工程量所需监理人员为1~2人，专业监理工程师、一般监理人员和行政文秘人员的结构比例为0.2：0.6：0.2。专业类别较多的工程的监理人员数量应适当增加。

c. 专业人员不足时采取的措施是否恰当。大中型建设工程由于技术复杂、涉及的专业面宽，当工程监理单位的技术人员不足以满足全部监理工作要求时，对拟临时聘用的监理人员的综合素质应认真审核。

d. 派驻现场人员计划表。对于大中型建设工程，不同阶段对所需要的监理人员在人数和专业等方面的要求不同，应对各阶段所派驻现场监理人员的专业、数量计划是否与建设工程进度计划相适应进行审核。还应平衡正在其他工程上执行监理业务的人员，是否能按照预定计划进入本工程参加监理工作。

3）工作计划的审核。在工程进展中各个阶段的工作实施计划是否合理、可行，审查其在每个阶段中如何控制建设工程目标以及组织协调方法。

4）工程质量、造价、进度控制方法的审核。对三大目标控制方法和措施应重点审查，看其如何应用组织、技术、经济、合同措施保证目标的实现，方法是否科学、合理、有效。

5）对安全生产管理监理工作内容的审核。主要是审核安全生产管理的监理工作内容是否明确；是否制定了相应的安全生产管理实施细则；是否建立了对施工组织设计、专项施工方案的审查制度；是否建立了对现场安全隐患的巡视检查制度；是否建立了安全生产管理状况的监理报告制度；是否制定了安全生产事故的应急预案等。

6）监理工作制度的审核。主要审查项目监理机构内、外工作制度是否健全、有效。

4.4.4.2　监理实施细则

对中型及以上或专业性较强的工程项目，监理机构应编制监理实施细则。监理实施细则应符合监理规划的要求，并应结合工程项目的专业特点，做到详细具体、具有可操作性。

监理实施细则的编制程序与依据应符合下列规定：①监理实施细则应在相应工程施工开始前编制完成，并必须经总监理工程师批准；②监理实施细则应由专业监理工程师编制；③编制监理实施细则的依据：已批准的建设工程监理规划；与专业工程相关的标准、设计文件和技术资料；施工组织设计（专项）施工方案；结合工程监理单位的规章制度华人经认证发布的质量体系，完善监理内容。

（1）监理实施细则编写要求。监理实施细则应符合监理规划的要求，并应结合工程专业特点，做到详细具体，具有可操作性。监理实施细则可随工程进展编制，但应在相应工程开始前由专业监理工程师编制完成，并经总监理工程师审批后实施。可根据建设工程实际情况及项目监理机构工作需要增加其他内容。当工程发生变化导致监理实施细则所确定的工作流程、方法和措施需要调整时，专业监理工程师应对监理实施细则进行补充、修改。

从监理实施细则目的角度，监理实施细则应满足以下三个方面的要求：

1）内容全面。监理工作包括"三控两管一协调"与安全生产管理的监理工作，监理实施细则作为指导监理工作的操作性文件应涵盖这些内容。在编制监理实施细则前，专业监理工程师应依据建设工程监理合同和监理规划确定的监理范围和内容，结合需要编制监理实施细则的专业工程特点，对工程质量、造价、进度主要影响因素，以及安全生产管理的监理工作的要求，制定内容细致、翔实的监理实施细则，确保监理目标的实现。

2）针对性强。独特性是工程项目的本质特征之一，没有两个完全一样的项目。因此，监理实施细则应在相关依据的基础上，结合工程项目实际建设条件、环境、技术、设计、功能等进行编制，确保监理实施细则的针对性。为此，在编制监理实施细则前，各专业监理工程师应组织本专业监理人员熟悉本专业的设计文件、施工图纸和施工方案，应结合工程特点，分析本专业监理工作的难点、重点及其主要影响因素，制定有针对性的组织、技术、经济和合同措施。同时，在监理工作实施过程中，监理实施细则要根据实际情况进行补充、修改和完善。

3）可操作性强。监理实施细则应有可行的操作方法、措施，详细、明确的控制目标值和全面的监理工作计划。

（2）监理实施细则主要内容。《建设工程监理规范》（GB/T 50319—2013）明确规定了监理实施细则应包含的内容，即专业工程特点、监理工作流程、监理工作控制要点，以及监理工作方法与措施。

1）专业工程特点。专业工程特点是指需要编制监理实施细则的工程专业特点，而不是简单的工程概述。专业工程特点应从专业工程施工的重点和难点、施工范围和施工顺序、施工工艺、施工工序等内容进行有针对性的阐述，体现为工程施工的特殊性、技术的复杂性，与其他专业的交叉和衔接以及各种环境约束条件。除专业工程外，新材料、新工艺、新技术以及对工程质量、造价、进度应加以重点控制等特殊要求也需要在监理实施细则中体现。

2）监理工作流程。监理工作流程是结合工程相应专业制定的具有可操作性和可实施性的流程图。不仅涉及最终产品的检查验收，更多地涉及施工中各个环节及中间产品的监督检查与验收。

监理工作涉及的流程包括开工审核工作流程、施工质量控制流程、进度控制流程、造价（工程量计量）控制流程、安全生产和文明施工监理流程、测量监理流程、施工组织设计审核工作流程、分包单位资格审核流程、建筑材料审核流程、技术审核流程、工程质量问题处理审核流程、旁站检查工作流程、隐蔽工程验收流程、工程变更处理流程、信息资料管理流程等。

3）监理工作控制要点。监理工作控制要点及目标值是对监理工作流程中工作内容的增加和补充，应将流程图设置的相关监理控制点和判断点进行详细而全面的描述。将监理工作目标与检查点的控制指标、数据和频率等阐明清楚。

4）监理工作方法与措施。监理规划中的方法是针对工程总体概括要求的方法和措施，监理实施细则中的监理工作方法和措施是针对专业工程而言，应更具体、更具有可操作性和可实施性。

a. 监理工作方法。监理工程师通过旁站、巡视、见证取样、平行检测等监理方法，对专业工程作全面监控，对每一个专业工程的监理实施细则而言，其工作方法必须加以详尽阐明。

除上述四种常规方法外，监理工程师还可以采用指令文件、监理通知、支付控制手段等方法实施监理。

b. 监理工作措施。各专业工程的控制目标要有相应的监理措施以保证控制目标的实现。制定监理工作措施通常有以下两种方式：根据措施实施内容不同，可将监理工作措施分为技术措施、经济措施、组织措施和合同措施；根据措施实施时间不同，可将监理工作措施分为事前控制措施、事中控制措施及事后控制措施。

（3）监理实施细则报审内容。

1）监理实施细则报审程序见表 4.5。

表 4.5　　　　　　　　　　　　　细 则 报 审 程 序

序号	时间节点	工作内容	负 责 人
1	相应工程施工前	编制监理实施细则	专业监理工程师
2	相应工程施工前	监理实施细则审批、批准	专业监理工程师（送审），总监理工程师（批准）
3	工程施工过程中	若发生变化，监理实施细则中工作流程与方法措施（调整）	专业监理工程师（调整），总监理工程师（批准）

2）监理实施细则的审核内容。监理实施细则审核的内容主要包括以下几个方面：

a. 编制依据、内容的审核。监理实施细则的编制是否符合监理规划的要求，是否符合专业工程相关的标准，是否符合设计文件的内容，与提供的技术资料是否相符合，是否与施工组织设计使用的规范、标准、技术要求相一致。监理的目标、范围、内容是否与监理合同和监理规划相一致，编制的内容是否涵盖专业工程的特点、重点和难点，内容是否全面、翔实、可行，是否能确保监理工作质量等。

b. 项目监理人员的审核。组织方面主要审核组织方式、管理模式是否合理，是否结合了专业工程的具体特点，是否便于监理工作的实施，制度、流程上是否能保证监理工作，是否与建设单位和施工单位相协调等。人员配备方面主要审核人员配备的专业满足程度、数量等是否满足监理工作的需要等。

3）监理工作流程、监理工作要点的审核。监理工作流程是否完整、翔实，节点检查验收的内容和要求是否明确，监理工作流程是否与施工流程相衔接，监理工作要点是否明确、清晰，目标值控制点设置是否合理、可控等。

4）监理工作方法和措施的审核。监理工作方法是否科学、合理、有效，监理工作措施是否具有针对性、可操作性、安全可靠，是否能确保监理目标的实现等。

5）监理工作制度的审核。针对专业建设工程监理，其内、外监理工作制度是否能有效保证监理工作的实施，监理记录、检查表格是否完备等。

典型案例【D4-6】

某业主将一栋22层的综合办公大楼、2万 m² 广场和2km 长的场区道路委托给监理公司 A 进行施工阶段的监理，这三项工程同时开工。经过招标业主选择了建筑公司 B、C、D 分别承包该三项工程，建筑公司 B 经过批准将综合办公楼的水电，暖通工程分包给安装公司 E。

问题：

（1）分析该工程的承发包模式和监理模式。

（2）根据工程的特点。总监理工程师组建了直线制监理组织结构，并任命了总监理工程师代表，给出监理组织结构示意图。说明直线制监理组织结构在信息管理中的优缺点。

（3）在讨论制定监理规划的会议上，主要编制原则和依据包括：

1）必须符合监理大解的要求。

2）必须符合监理合同的要求。

3）必须结合项目的具体实际情况。

4）监理规划的作用应为监理单住的经营目标服务。

5）依据包括政府的批文，国家和地方的法律、法规、规范、标准等。

6）建设工程监理规划应对影响目标实现的多种风险进行分析，并考虑采取相应的措施。

以上编制原则和依据哪些是正确的？哪些是错误的？

（4）在项目实施过程中，部分材料由业主提供。项目合同关系如图 4.11 所示，该合同关系是否正确？若不正确，正确的合同关系如何？

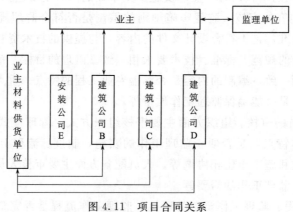

图 4.11　项目合同关系

分析如下：

（1）该工程为平行承发包模式，其承发包模式和监理模式如图4.12和图4.13所示。

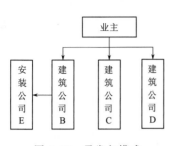

图4.12　承发包模式

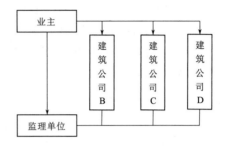

图4.13　监理模式

（2）监理组织结构示意图如图4.14所示。

直线制监理组织结构在信息管理中的优点：机构简单、权力集中、命令统一、职责分明、隶属关系明确。

直线制监理组织结构在信息管理中的缺点：对总监理工程师要求高。

（3）4）是错误的，其余均正确。

（4）该合同关系不正确，正确的合同关系如图4.15所示。

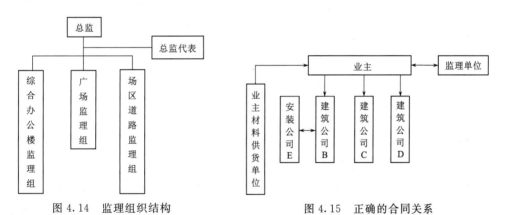

图4.14　监理组织结构　　　　　　　图4.15　正确的合同关系

4.5　建设工程监理工作及目标控制

工程建设监理的主要内容概括为"三控两管一协调"，即控制工程建设的投资、建设进度和工程质量；进行工程建设合同管理和信息管理；协调有关单位之间的关系。

投资、进度、质量控制。控制是管理的重要职能之一，三大目标控制的基础和前提是目标计划。由于建设工程在不同空间开展，控制就要针对不同的空间来实施；工程在不同的阶段进行，控制就要在不同阶段开展；工程建设项目受到外部及内部因素的干扰，控制就要采取不同的对策；计划目标伴随着工程的变化而调整，控制就要不断地调整计划。因此，投资、进度、质量控制是动态的，且贯穿于工程项目的整个监理过程。所谓动态控制，就是在完成工程项目的过程中，对过程、目标和活动的跟踪，全面、及时、准确地掌握工程建设信息，将实际目标和工程建设状况与计划目标和状况进行对比，如果偏离了计划和标准的要求，就应采取措施加以纠正，以保证计划总目标的实现。

工程建设合同管理。监理企业在工程建设监理过程中的合同管理主要是根据监理合同的要求，对工程承包合同的签订、履行、变更和解除进行监督、检查，对合同双方的争议进行调解和处理，以保证合同的依法签订和全面履行。

监理工作总程序如图 4.16 所示。

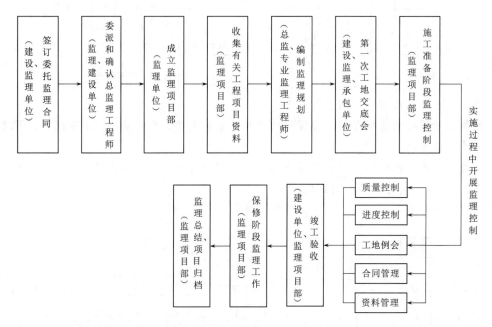

图 4.16 监理工作总程序

4.5.1 建设工程投资控制

4.5.1.1 建设工程投资的概念

建设项目投资是指投资主体为获取预期收益，在选定的建设项目上所需投入的全部资金。建设项目按用途可分为生产性建设项目和非生产性建设项目。生产性建设项目总投资包括固定资产投资和流动资产投资两部分；非生产性建设项目总投资只包括固定资产投资，不含流动资产投资。建设项目总造价是指项目总投资中的固定资产投资总额。

固定资产投资是投资主体为达到预期收益的资金垫付行为。我国的固定资产投资包括基本建设投资、更新改造投资、房地产开发投资和其他固定资产投资四种。其中，基本建设投资是指利用国家预算内拨款、自筹资金、国内外基本建设贷款以及其他专项资金进行的，以扩大生产能力（或新增工程效益）为主要目的的新建、扩建工程及有关的工作量。更新改造投资是通过以先进科学技术改造原有技术、以实现内涵扩大再生产为主的资金投入行为。房地产开发投资是房地产企业开发厂房、宾馆、写字楼、仓库和住宅等房屋设施和开发土地的资金投入行为。其他固定资产投资是指按规定不纳入投资计划和利用专项资金进行基本建设和更新改造的资金投入行为。

建设项目的固定资产投资也就是建设项目的工程造价，二者在量上是等同的。其中，建筑安装工程投资也就是建筑安装工程造价，二者在量上也是等同的。从这里也可以看出工程造价两种含义的同一性。

静态投资是以某一基准年、月的建设要素的价格为依据所计算出的建设项目投资的瞬时值。静态投资包括建筑安装工程费、设备和工器具购置费、工程建设其他费用、基本预备费，以及因工程量误差而引起的工程造价的增减等。

动态投资是指为完成一个工程项目的建设，预计投资需要量的总和。动态投资除包括静态投资外，还包括建设期贷款利息、有关税费、涨价预备费等。动态投资概念较为符合市场价格运行机制，使投资的估算、计划、控制更加符合实际。

静态投资和动态投资密切相关。动态投资包含静态投资，静态投资是动态投资最主要的组成部分，也是动态投资的计算基础。

4.5.1.2 工程投资控制的目标

工程项目建设过程是一个周期长、投入大的生产过程，建设者在一定时间内占有的经验知识是有限的，不但常常受着科学条件和技术条件的限制，而且也受着客观过程的发展及其表现程度的限制，因而不可能在工程建设伊始，就设置一个科学的、一成不变的投资控制目标，而只能设置一个大致的投资控制目标，这就是投资估算。随着工程建设实践、认识、再实践、再认识，投资控制目标一步步清晰、准确，这就是设计概算、施工图预算、承包合同价等。也就是说，投资控制目标的设置应是随着工程建设实践的不断深入而分阶段设置，具体来讲，投资估算应是建设工程设计方案选择和进行初步设计的投资控制目标；设计概算应是进行技术设计和施工图设计的投资控制目标；施工图预算或建安工程承包合同价则应是施工阶段投资控制的目标。有机联系的各个阶段目标相互制约，相互补充，前者控制后者，后者补充前者，共同组成建设工程投资控制的目标系统。

4.5.1.3 工程建设项目设计阶段投资控制的任务

项目设计阶段（包括初步设计、技术设计和施工图设计）的投资控制是项目投资的关键。监理工程师应注意对设计方案进行审核和费用估算，以便根据费用的估算情况与控制投资额进行比较，并提出对设计方案是否进行修改的建议。

（1）工程建设设计阶段投资控制的任务。工程建设投资控制是我国工程建设监理的一项主要任务，投资控制贯穿于工程建设的各个阶段，也贯穿于监理工作的各个环节，起着对项目投资进行系统管理控制的作用。

监理工程师在工程建设设计阶段投资控制的主要任务如下：

1）在建设前期阶段进行工程项目的机会研究、初步可行性研究，编制项目建议书，进行可行性研究，对拟建项目进行市场调查和预测，编制投资估算，进行环境影响评价、财务评价、国民经济评价和社会评价。

2）协助业主提出设计要求，组织设计方案竞赛或设计招标，用技术经济方法组织评选设计方案。

3）协助设计单位开展限额设计工作，编制本阶段资金使用计划，并进行付款控制。

4）进行设计挖潜，用价值工程等方法对设计进行技术经济分析、比较、论证，在保证功能的前提下，进一步寻找节约投资的可能性。

5）审查设计概预算，尽量使概算不超估算、预算不超概算。

（2）工程建设设计阶段投资控制的方法。工程建设设计阶段控制投资的主要方法包括推行工程设计招标或方案竞赛，落实勘察设计合同中双方的权利、义务，认真履行合同，积极推行限额设计、标准设计的应用。

1）推行设计招标或方案竞赛。推行设计招标或方案竞赛的目的是通过竞争的方式优选设计方案，确保项目设计满足业主所需的功能和使用价值。同时，又将投资控制在合理的额度内。

设计招标不仅可以在较高的投资方案中优选适用、经济、美观、可靠、与环境相协调的设计方案。同时，在设计周期缩短、设计收费在国家标准上下浮动等方面，也都具有优选的可能。

2）认真履行勘察设计合同。勘察设计合同是指业主与勘测设计单位为完成一定的勘测设计任务而商签的合同，双方应认真履行，否则，必然带来工期、质量及经济上的损失，因此，监理单位应监督双方认真履行合同。违反合同规定的，应承担相应的违约责任。

3）推行限额设计。限额设计是指按照批准的工程可行性研究报告及投资估算控制初步设计，按照批准的初步设计总概算控制技术设计和施工图设计。同时，各专业在保证达到使用功能的前提下，按分配的投资限额控制设计，严格控制不合理变更，保证总投资额不被突破。而限额设计目标（指标）是在初步设计开始前，根据批准的工程可行性研究报告及其投资估算（原值）确定的。

限额设计是实现投资目标值的强有力工具，是控制项目投资的有力措施，监理工程师应在设计监理中充分运用这一措施控制投资。限额设计的内容包括：

a. 配合业主合理确定投资目标值。为使投资效益通过投资控制达到事半功倍的效果，监理工程师应发挥专业优势，在前期工作中提供科学的咨询服务，配合业主合理确定项目投资目标值。

在业主的主持和监理工程师的积极配合下，需经过多方全面而细致的反复研究、论证、分解、测算、确定等，最终可以形成比较科学、合理的项目投资目标值。

b. 依据投资目标值进行限额设计。为了实现项目投资目标值，监理工程师应配合业主，依据投资目标值为业主提供限额设计的科学分解方式等有关服务。

在限额设计中，要将上一设计阶段审定的投资总指标和工程总量指标，预先合理地分解到本阶段各专业设计、各单位工程和分部分项工程，根据各单位工程和分部分项工程的投资细分指标，进行限额设计。

可行性研究阶段编制的投资估算，经批准是初步设计的投资最高限额；初步设计阶段编制的设计概算，是施工图设计的投资最高限额；施工图设计则按照概算投资细分指标进行限额设计，形成施工图预算。估算、概算、预算等不同阶段的投资指标有前后制约、相互补充的作用。只有预防与监控、预先措施与事后综合平衡相结合，才不会突破投资目标值，这就是限额设计的目标管理。只要这个目标管理到位，限额设计工作就会成功，项目的投资目标值就能实现。

c. 限额设计的分级控制。即按照批准的设计任务书及投资估算额控制初步设计；按照批准的初步设计总概算控制施工图设计；各专业设计按照分配的限额进行设计。

d. 投资限额的分配。设计开始前要对各工程项目、单位工程、分部工程进行合理的投资分配，以控制设计，体现控制投资的主动性。

e. 明确设计单位内部各专业投资分配及考核制度。限额设计的推行要明确设计单位内部各专业科室对限额设计应负的责任，明确设计部门内各专业投资分配考核制度。

f. 设计单位的职责。设计单位造成投资增加应承担责任的情况，包括设计单位未经建设项目审批单位擅自同意提高建设标准、设备标准、范围以外的工程项目等造成投资增加；由于设计深度不够或设计标准选用不当，导致设计或下一步设计仍有较大变动导致投资增加。设计单位造成的投资增加不承担责任的情况，包括国家政策变动导致设计调整；工资、物价浮动后的价差；土地征用费标准、水库淹没损失补偿标准的改变；由原审批部门同意，重大设计变动和项目增加引起投资增加；其他单位强行干预改变设计或不合理标准等造成投资增加等。

g. 对设计单位导致的投资超支的处罚。原国家计划委员会规定，自 1991 年起，因设计错误、漏项或扩大规模和提高标准而导致工程静态投资超支，要扣减设计费。

4) 标准设计的应用。标准设计也称定型设计、通用设计等，是工程设计标准化的组成部分，各类工程设计中的构件、配件、零部件及通用的建筑物、构筑物、公用设施等，有条件时都应编制标准设计，推广使用。

标准设计一般较为成熟，经过实践考验。推广标准设计有助于降低工程造价，节约设计费用，加快设计速度。

(3) 设计概算的编制与审查。设计概算是初步设计概算的简称，是指在初步设计或扩大初步设计阶段，由设计单位根据初步设计图纸、定额、指标、其他工程费用定额等，对工程投资进行的概略计算。这是初步设计文件的重要组成部分，是确定工程设计阶段投资的依据，经过批准的设计概算是控制工程建设投资的最高限额。

设计概算分为三级概算，其内容如图 4.17 所示。

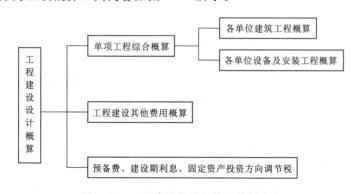

图 4.17　工程建设设计概算的编制内容

1) 设计概算的编制主要依据以下内容：

a. 经批准的建设项目计划任务书。计划任务书由国家或地方基建主管部门批准，其内容随建设项目的性质而异。一般包括建设目的、建设规模、建设理由、建设布局、建设内容、建设进度、建设投资、产品方案和原材料来源等。

b. 初步设计或扩大初步设计的图纸和说明书。有了初步设计图纸和说明书，才能了解其设计内容和要求并计算主要工程量，这些是编制设计概算的基础资料。

c. 概算指标、概算定额或综合预算定额。这三项指标是由国家或地方基建主管部门颁发的，是计算价格的依据，不足部分可参照预算定额或其他有关资料。

d. 设备价格资料。各种定型设备如各种用途的泵、空压机、蒸汽锅炉等，均按国家有关部门规定的现行产品出厂价格计算；非标准设备按非标准设备制造厂的报价计算。此外，还应增加供销部门的手续费、包装费、运输费等费用。

e. 地区工资标准和材料预算价格。

f. 有关取费标准和费用定额。

2) 设计概算的审查。设计概算审查是一项复杂而细致的技术经济工作，审查人员既应懂得有关专业技术知识，又应具有熟练编制概算的能力。

对设计概算进行审查前应做好充分的准备工作，包括了解设计概算的内容组成、编制依据和方法；了解建设规模、设计能力和工艺流程；熟悉设计图纸和说明书；掌握概算费用的构成和有关技术经济指标；明确概算各种表格的内涵；收集概算定额、概算指标、取费标准等有关规定的文件资料等。准备工作做好后，应根据审查的主要内容，分别对设计概算的编制依据、单位工程设计概算、综合概算、总概算进行逐级审查。

(4) 施工图预算的编制与审查。施工图预算是在设计的施工图完成以后，以施工图为依据，根据预算定额、费用标准以及工程所在地区的人工、材料、施工机械设备台班的预算价格编制的，是确定建筑工程、安装工程预算造价的文件。

1) 施工图预算的编制。施工图预算的编制依据，主要包括各专业设计施工图和文字说明、工程地质勘察资料；当地和主管部门颁布的现行建筑工程和专业安装工程预算定额（基础定额）、单位估价表、地区资料、构配件预算价格（或市场价格）、间接费用定额和有关费用规定等文件；现行的有关设备原价（出厂价或市场价）及运杂费率；现行的有关其他费用定额、指标和价格；建设场地中的自然条件和施工条件，并据此确定的施工方案或施工组织设计。

2) 施工图预算的审查。施工图预算审查前应做好充分的准备工作，包括以下几个方面的内容：

a. 熟悉施工图纸。施工图纸是编制预算分项工程数量的重要依据，必须全面熟悉了解。具体做法：一是核对所有的图纸，清点无误后，依次识读；二是参加技术交底，解决图纸中的疑难问题，直至完全掌握图纸。

b. 了解施工图预算包括的范围。根据预算的编制说明，了解预算包括的工程内容。如配套设施、室外管线、道路以及会审图纸后的设计变更等。

c. 弄清编制施工图预算采用的单位工程估价表。任何单位估价表或预算定额都有一定的适用范围。根据工程性质，搜集并熟悉相应的单价、定额资料，特别是市场材料单价和取费标准等。

施工图预算审查应选择合适的审查方法，按相应内容审查。由于工程规模、繁简程度不同，施工企业情况不同，所编制工程预算的繁简程度和质量也不同，因此，需针对具体情况选择相应的审查方法进行审核。施工图预算审查的方法主要有：逐项审查法、标准预算审查法、分组计算审查法、对比审查法、筛选审查法、重点审查法等。

施工图预算审查后，应综合整理审查资料，编制调整预算。经过审查，如发现有差错，需要进行增加或核减的，经与编制单位逐项核实，统一意见后，修正原施工图预算，汇总核减量。

4.5.1.4 工程建设项目招投标阶段投资控制的任务

工程建设项目招标投标阶段的投资控制是工程建设全过程投资控制不可缺少的重要一环。这一阶段，监理工程师的主要工作包括协助业主制订招标计划；协助编写或审查招标文件；协助业主对潜在的投标人进行审查；参与评标及协助业主洽谈和签订合同等。

（1）工程建设项目招标标底的编制与审定。工程建设项目招标标底文件，是对一系列反映招标人对招标工程交易预期控制要求的文字说明、数据、指标、图表的统称，是有关标底的定性要求和定量要求的各种书面表达形式。其核心内容是一系列数据指标。由于工程交易最终主要是用价格或酬金来体现的，所以在实践中，工程项目招标标底文件主要是指有关标底价格的文件。有关标底的编制和审定可参考第 3 章的相关内容。

（2）工程投标报价。投标报价是指承包商计算、确定和报送招标工程投标总价格的活动。报价是业主选择中标者的主要标准，同时也是业主和承包商就工程标价进行承包合同谈判的基础，直接关系到承包商投标的成败。报价是进行工程投标的核心。报价过高会失去承包机会，而报价过低则会给工程带来亏本的风险。因此，报价过高或过低都不可取，如何作出合适的投标报价，是投标者能否中标的最关键的问题。

4.5.1.5 工程建设项目施工阶段投资控制的任务

（1）施工阶段投资控制的工作流程。建设工程施工阶段涉及的面很广，涉及的人员很多，与投资控制有关的工作也很多，我们不能逐一加以说明，只能对实际情况适当加以简化。

（2）施工阶段投资控制工作内容。

1）资金使用计划的编制。施工阶段编制资金使用计划的目的是控制施工阶段投资，合理地确定工程项目投资控制目标值，也就是根据工程概算或预算确定计划投资的总目标值、分目标值、细目标值。

a. 按项目分解编制资金使用计划。根据建设项目的组成，首先将总投资分解到各单项工程，再分解到单位工程，最后分解到分部分项工程。分部分项工程的支出预算既包括材料费、人工费、机械费，也包括承包企业的间接费、利润等，是分部分项工程的综合单价与工程量的乘积。按单价合同签订的招标项目，可根据签订合同时提供的工程量清单所定的单价确定。其他形式的承包合同，可利用招标编制招标控制价时所计算的材料费、人工费、机械费及考虑分摊的间接费、利润等确定综合单价，同时核实工程量。

编制资金使用计划时，既要在项目总的方面考虑总预备费，也要在主要的工程分项中安排适当的不可预见费。所核实的工程量与招标时的工程量估算值有较大出入时，应予以调整并做"预计超出子项"注明。

b. 按时间进度编制资金使用计划。建设项目的投资总是分阶段、分期支出的，资金应用是否合理与资金的时间安排有密切关系。为了合理地制定资金筹措计划，尽可能减少资金占用和利息支付，编制按时间进度分解的资金使用计划是很有必要的。

通过对施工对象的分析和对施工现场的考察，结合当代施工技术特点，制订科学、合理的施工进度计划，在此基础上编制按时间进度划分的投资支出预算。其步骤为：编制施工进度计划；根据单位时间内完成的工程量计算出这一时间内的预算支出，在时标网络图上按时间编制投资支出计划；计算工期内各时点的预算支出累计额，绘制时间-投资累计曲线（S形曲线）。

绘制时间-投资累计曲线时，根据施工进度计划的最早可能开始时间和最迟必须开始时间来绘制，则可得两条时间-投资累计曲线。一般而言，按最迟必须开始时间安排施工，对建设资金贷款利息节约有利，但同时也降低了项目按期竣工的保证率，故监理工程师必须合理地确定投资支出预算，达到既节约投资支出又能控制项目工期的目的。

2）工程计量。采用单价合同的承包工程，工程量清单中的工程量，只是在图纸和规范基础上的估算值，不能作为工程款结算的依据。监理工程师必须对已完工的工程进行计量，只有经过监理工程师计量确定的工程量才是向承包商支付工程费用的有效工程量。监理工程师一般只对如下三方面的工程项目进行计量：工程量清单中的全部项目、合同文件中规定的项目、工程变更项目。

工程计量工作程序如图 4.18 所示。

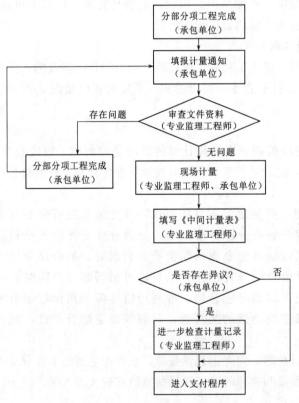

图 4.18　工程计量工作程序

3）工程变更控制。工程变更是在工程项目实施过程中，按照合同约定的程序对部分或全部工程在材料、工艺、功能、构造、尺寸、技术指标、工程数量及施工方法等方面作出的改变。工程建设施工合同签订以后，对合同文件中任何一部分的变更都属于工程变更的范畴。建设单位、设计单位、施工单位和监理单位等都可以提出工程变更的要求。在工程建设的过程中，如果对工程变更处理不当，会对工程的投资、进度计划、工程质量造成影响，甚至引发合同的有关方面的纠纷。因此，对工程变更应予以重视，严加控制，并依照法定程序予以解决。

4）工程结算：

a. 工程价款的主要结算方式。我国现行工程价款结算根据不同情况，可采取多种方式。

按月结算。实行旬末或月中预支，月终结算，竣工后清算的方法。跨年度竣工的工程，在年终进行工程盘点，办理年度结算。我国现行建筑安装工程价款结算中，相当一部分工程是实行这种按月结算的方法。

竣工后一次结算。建设项目或单项工程全部建筑安装工程建设期在 12 个月以内，或者工程承包合同价值在 100 万元以下的，可以实行工程价款每月月中预支，竣工后一次结算。

分段结算。当年开工，但当年不能竣工的单项工程或单位工程按照工程形象进度，划分不同阶段进行结算。分段结算可以按月预支工程款。

目标结款方式。即在工程合同中，将承包工程的内容分解成不同的控制界面，以业主验收控制界面作为支付工程价款的前提条件。也就是说，将合同中的工程内容分解成不同的验收单元，当承包商完成单元工程内容并经业主（或其委托人）验收后，业主支付构成单元工程内容的工程价款。

结算双方约定的其他结算方式。施工企业在采用按月结算工程价款的方式时，要先取得各月实际完成的工程数量，并按照工程预算定额中的工程直接费预算单价、间接费用定额和合同中采用的利税率，计算出已完工程造价。实际完成的工程数量，由施工单位根据有关资料计算，并编制"已完工程月报表"，然后按照发包单位编制"已完工程月报表"，将各个发包单位的本月已完工程造价汇总反映。再根据"已完工程月报表"编制"工程价款结算账单"，与"已完工程月报表"一起，分送发包单位和经办银行，据以办理结算。

b. 工程竣工结算的审查。竣工结算要有严格的审查，一般可从以下几个方面入手：

核对合同条款。首先，应核对竣工工程内容是否符合合同条件要求，工程是否竣工验收合格，只有按合同要求完成全部工程并验收合格才能竣工结算；其次，应按合同规定的结算方法、计价定额、取费标准、主材价格和优惠条款等，对工程竣工结算进行审核，若发现合同开口或有漏洞，应请建设单位与施工单位认真研究，明确结算要求。

检查隐蔽验收记录。所有隐蔽工程均需进行验收，两人以上签证；实行工程监理的项目应经监理工程师签证确认。审核竣工结算时应核对隐蔽工程施工记录和验收签证，手续完整，工程量与竣工图一致方可列入结算。

落实设计变更签认。设计修改、变更应有原设计单位出具设计变更通知单和修改的设计图纸、校审人员签字并加盖公章，经建设单位和监理工程师审查同意、签认；重大设计变更应经原审批部门审批，否则不应列入结算。

按图核实工程量。竣工结算的工程量应依据竣工图、设计变更单和现场签认等进行核算，并按国家统一规定的计算规则计算工程量。

执行定额单价。结算单价应按合同约定或招标规定的计价定额与计价原则执行。

防止各种计算误差。工程竣工结算子目多、篇幅大，往往有计算误差，应认真核算，防止因计算误差多计或少算。

5）竣工决算。竣工决算是工程项目经济效益的全面反映，是项目法人核定各类新增资产价值、办理其交付使用的依据。通过竣工决算，一方面能够正确反映工程项目的实际造价和投资结果；另一方面可以通过竣工决算与概算、预算的对比分析，考核投资控制的工作成效，总结经验教训，积累技术经济方面的基础资料，提高未来工程建设的投资效益。

竣工决算是工程建设从筹建到竣工投产全过程中发生的所有实际支出，包括设备工器具购置费、建筑安装工程费和其他费用等。竣工决算由竣工财务决算报表、竣工财务决算说明书、竣工工程平面示意图、工程造价比较分析四部分组成。其中，竣工财务决算报表和竣工财务决算说明书属于竣工财务决算的内容。竣工财务决算是竣工决算的组成部分，是正确核定新增资产价值、反映竣工项目建设成果的文件，是办理固定资产交付使用手续的依据。

4.5.1.6　工程建设项目竣工后投资控制的任务

工程项目竣工后的投资控制主要是竣工决算。竣工决算是由建设单位编制的反映建设项目实际造价和投资效果的文件，是竣工验收报告的重要组成部分。所有竣工验收的项目应在办理手续之前，对所有建设项目的财产和物资进行认真清理，及时而正确地编报竣工决算，它对于总结分析建设过程的经验教训，提高工程投资控制管理水平和积累技术经济资料，为有关部门制订类似工程的建设计划与修订概预算定额指标提供资料和经验，都具有重要的意义。

（1）竣工决算的内容。建设项目竣工决算应包括从筹划到竣工投产全过程的全部实际费用，即工程建设费用、安装工程费用、设备及工器具购置费用和工程建设其他费用以及预备费和投资方向调节税支出费用等。按照国家有关规定，竣工决算的内容包括竣工财务决算说明书、竣工财务决算报表、工程建设竣工图和工程造价对比分析四个部分。

1）竣工财务决算说明书。竣工财务决算说明书主要包括建设项目概况；会计财务的处理、财产物资情况及债权债务的清偿情况；资金节余、基建结余资金等的上交、分配情况；主要技术经济指标的分析、计算情况；基本建设项目管理及决算中存在的问题、建议；需说明的其他事项。

2）竣工财务决算报表。建设项目竣工财务决算报表按大、中型建设项目和小型建设项目分别制定，应包含详细的计算细则和支撑材料。

3）工程建设竣工图。工程建设竣工图是真实地记录各种地上、地下建筑物、构筑物等情况的技术文件，是工程进行交工验收、维护改建和扩建的依据，是国家的重要技术档案。按照规定，各项新建、扩建、改建的基本工程建设，特别是基础、地下建筑、管线、结构、井巷、洞室、桥梁、隧道、港口、水坝以及设备安装等隐蔽部位，都要编制竣工图。为确保竣工图质量，必须在施工过程中（不能在竣工后）及时做好隐蔽工程检查记录，整理好设计变更文件。

4）工程造价对比分析。经批准的概算、预算是考核实际工程建设造价的依据，在分析时，可将决算报表中所提供的实际数据和相关资料与批准的概算、预算指标进行对比，以反映出竣工项目总造价和单方造价是节约还是超支，在比较的基础上，总结经验教训，找出原因，以利改进。

要考核概算、预算执行情况，正确核实工程建设造价，首先，应积累概算、预算动态变化资料；其次，考查竣工工程实际造价节约或超支的数额。为了便于进行比较分析，可先对比整个项目的总概算，然后对比单项工程的综合概算和其他工程费用概算，最后对比分析单位工程概算，并分别将建筑安装工程费用、设备及工器具购置费用和其他工程费用逐一与竣工决算的实际工程造价对比分析，找出节约和超支的具体内容和原因。

（2）竣工决算的编制。竣工决算是由建设单位在整个建设项目竣工后，以建设单位自身开支和自营工程决算及承包工程单位在每项单位工程完工后向建设单位办理工程结算的资料为依据进行编制的。通过编制竣工决算，可以全面清理基本建设财务，做到工完账清，便于及时总结基本建设经验，积累各项技术经济资料，提高基建管理水平和投资效果。竣工决算的资料来源有两个方面：一是建设单位自身开支和自营工程决算；二是发包工程单位（即建筑装饰施工单位）在每项单位工程完工后向建设单位办理的工程结算。

1) 竣工决算的编制依据。竣工决算的编制依据包括以下内容：经批准的可行性研究报告及其投资估算书；经批准的初步设计或扩大初步设计及其概算或修正概算书；经批准的施工图设计及其施工图预算书；设计交底或图纸会审会议纪要；招标投标的标底、承包合同、工程结算资料；施工记录或施工签证单及其他施工发生的费用记录，如索赔报告与记录、停（复）工报告等；竣工图及各种竣工验收资料；历年基建资料、历年财务决算及批复文件；设备、材料调价文件和调价记录。有关财务核算制度、办法和其他有关资料、文件等。

2) 竣工决算的编制步骤。竣工决算的编制步骤包括如下内容：收集、整理、分析原始资料；工程对照、核实工程变动情况，重新核实各单位工程、单项工程造价；经审定的待摊投资、其他投资、待核销基建支出和非经营项目的转出投资，按照国家的有关规定，严格划分核定后，分别计入相应的基建支出（占用）栏目内；编制竣工财务决算说明书；认真填报竣工财务决算报表；认真做好工程造价对比分析；清理、装订好竣工图；按国家规定上报审批、存档。

（3）保修和保修费用的处理。

1) 保修和保修期。

a. 保修。保修是指施工单位按照国家或行业现行的有关技术标准、设计文件以及合同中对质量的要求，对已竣工验收的工程建设在规定的保修期限内，进行维修、返工等工作。

为了使建设项目达到最佳状态，确保工程质量，降低生产或使用费用，发挥最大的投资效益，监理工程师应督促设计单位、施工单位、设备材料供应单位认真做好保修工作，并加强保修期间的投资控制。

b. 保修期。《建设工程质量管理条例》规定工程建设实行质量保修制度。工程建设承包单位在向建设单位提交工程竣工验收报告时，应当向建设单位出具质量保修书。质量保修书应当明确工程建设的保修范围、保修期限和责任等。

2) 保修费用的处理。保修费用是指对工程建设在保修期限和保修范围内所发生的维修、返工等各项费用支出。保修费用应按合同和有关规定合理确定和控制。保修费用一般可参照建筑安装工程造价的确定程序和方法计算，也可以按照建筑安装工程造价或承包合同价的一定比例计算，一般为5%。

保修费用的处理应按照国家有关规定和合同要求与有关单位共同商定进行：

a. 勘察、设计原因造成的保修费用处理。勘察、设计方面的原因造成的质量缺陷，由勘察、设计单位负责并承担经济责任，由施工单位负责维修或处理。按照法律规定，勘察、设计单位应当继续完成勘察、设计，减收或免收勘察、设计费并赔偿损失。

　　b. 施工原因造成的保修费用处理。施工单位未按国家有关规范、标准和设计要求施工，造成质量缺陷的，由施工单位负责无偿返修并承担经济责任。

　　c. 设备、材料、构配件不合格造成的保修费用处理。因设备、建筑材料、构配件质量不合格引起的质量缺陷，属于施工单位采购的或经其验收同意的，由施工单位承担经济责任；属于建设单位采购的，由建设单位承担经济责任。施工单位、建设单位与设备、材料、构配件供应单位或部门之间的经济责任，应按其设备、材料、构配件的采购供应合同处理。

　　d. 用户使用原因造成的保修费用处理。因用户使用不当造成的质量缺陷，由用户自行负责。

　　e. 不可抗力原因造成的保修费用处理。因地震、洪水、台风等不可抗力造成的质量问题，施工单位和设计单位都不承担经济责任，由建设单位负责处理。

4.5.2　建设工程进度控制

4.5.2.1　建设工程进度控制的概念

　　建设工程进度控制是指对工程项目建设各阶段的工作内容、工作程序、持续时间和衔接关系根据进度总目标及资源优化配置的原则编制计划并付诸实施，然后在进度计划的实施过程中经常检查实际进度是否按计划要求进行，对出现的偏差情况进行分析，采取补救措施或调整、修改原计划后再付诸实施，如此循环，直到建设工程竣工验收交付使用。建设工程进度控制的最终目的是确保建设项目按预定的时间动用或提前交付使用，建设工程进度控制的总目标是建设工期。

　　在建设工程实施过程中会有各种干扰因素和风险因素使其发生变化，使人们难以执行原定的进度计划。为此，进度控制人员必须掌握动态控制原理，在计划执行过程中不断检查建设工程实际进展情况，并将实际状况与计划安排进行对比，从中得出偏离计划的信息。

　　进度控制工作总程序如图 4.19 所示，进度计划审批程序如图 4.20 所示，进度计划检查与控制程序如图 4.21 所示。

4.5.2.2　影响进度的因素

　　由于建设工程具有规模庞大、工程结构与工艺技术复杂、建设周期长及相关单位多等特点，决定了建设工程进度将受到许多因素的影响。要想有效地控制建设工程进度，就必须对影响进度的有利因素和不利因素进行全面、细致的分析和预测。这样，一方面可以促进对有利因素的充分利用和对不利因素的妥善预防；另一方面也便于事先制定预防措施，事中采取有效对策，事后进行妥善补救，以缩小实际进度与计划进度的偏差，实现对建设工程进度的主动控制和动态控制。

　　影响建设工程进度的不利因素有很多，如人为因素，技术因素，设备、材料及构配件因素，机具因素，资金因素，水文、地质与气象因素，以及其他自然与社会环境等方面的因素。其中，人为因素是最大的干扰因素。从产生的根源看，有的来源于建设单位及其上级主管部门；有的来源于勘察设计、施工及材料、设备供应单位；有的来源于政府、建设主管部门、有关协作单位和社会；有的来源于各种自然条件；也有的来源于建设监理单位本身。在工程建设过程中，常见的影响因素如下：

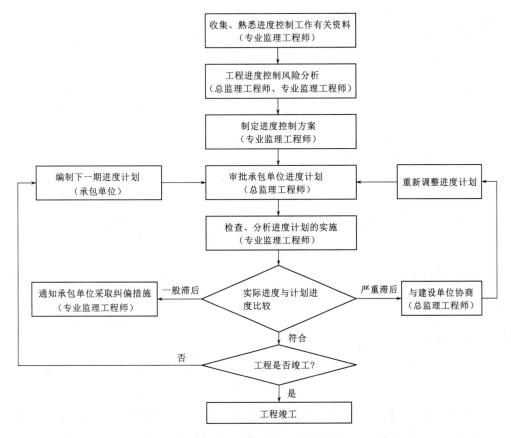

图 4.19 进度控制工作总程序

(1) 业主因素。如业主使用要求改变而进行设计变更；应提供的施工场地条件不能及时提供或所提供的场地不能满足工程正常需要；不能及时向施工承包单位或材料供应商付款等。

(2) 勘察设计因素。如勘察资料不准确，特别是地质资料错误或遗漏；设计内容不完善，规范应用不恰当，设计有缺陷或错误；设计对施工的可能性未考虑或考虑不周；施工图纸供应不及时、不配套，或出现重大差错等。

(3) 施工技术因素。如施工工艺错误；不合理的施工方案；施工安全措施不当；不可靠技术的应用等。

(4) 自然环境因素。如复杂的工程地质条件；不明的水文气象条件；地下埋藏文物的保护、处理；洪水、地震、台风等不可抗力等。

(5) 社会环境因素。如外单位临近工程施工干扰；节假日交通、市容整顿的限制；临时停水、停电、断路；以及在国外常见的法律及制度变化，经济制裁，战争、骚乱、罢工、企业倒闭等。

(6) 组织管理因素。如向有关部门提出各种申请审批手续的延误；合同签订时遗漏条款、表达失当；计划安排不周密，组织协调不力，导致停工待料、相关作业脱节；领导不力，指挥失当，使参加工程建设的各个单位、各个专业、各个施工过程之间交接、配合上

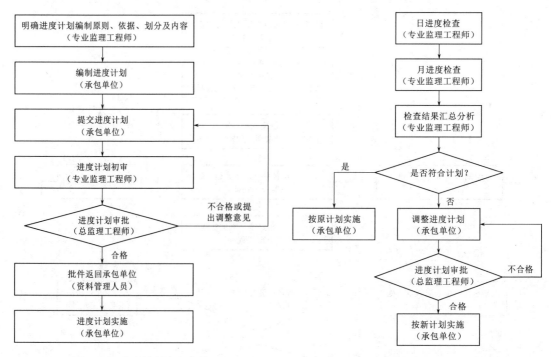

图 4.20　进度计划审批程序　　　　图 4.21　进度计划检查与控制程序

发生矛盾等。

（7）材料、设备因素。如材料、构配件、机具、设备供应环节的差错，品种、规格、质量、数量、时间不能满足工程的需要；特殊材料及新材料的不合理使用；施工设备不配套，选型失当，安装失误，有故障等。

（8）资金因素。如有关方拖欠资金，资金不到位，资金短缺；汇率浮动和通货膨胀等。

4.5.2.3　工程进度控制的概念

工程项目的进度控制是指对工程项目各建设阶段的工作内容、工作程序、持续时间和逻辑关系编制计划。并在该计划付诸实施的过程中，经常检查实际进度是否按计划要求进行。对出现的偏差要分析原因，要采取补救措施，或者调整、修改原计划，直至工程竣工，交付使用。

进度计划是进度控制的依据，是实现工程项目工期目标的保证。因此进度控制首先要编制一个完备的进度计划。但进度计划实施过程中由于各种条件的不断变化，需要对进度计划进行不断的监控和调整，以确保最终实现工期目标。工程建设监理所进行的进度控制，是指为使项目按计划要求的时间而开展的有关监督管理活动。

监理工程师实施进度控制应明确目标，采取综合性措施对进度实施全面的控制。

4.5.2.4　工程进度控制的原则

（1）工程进度控制的依据是建设单位与承包单位签订的施工合同中所约定的工期目标。

（2）在确保工程质量和安全并符合控制工程造价的原则下，控制进度。

（3）应采取动态的控制方法，对工程进度进行主动控制。

4.5.2.5　工程进度控制的目的

建设工程进度控制的最终目的是确保建设项目按预定的时间动用或提前交付使用，建设工程进度控制的总目标是建设工期。进度控制必须遵循动态控制原理，在计划执行过程中不断检查，并将实际状况与计划安排进行对比，从中得出偏离计划的信息。然后在分析偏差及其产生原因的基础上，通过采取组织、技术、经济等措施，维持原计划，使之能正常实施。如果采取措施后不能维持原计划，则需要对原进度计划进行调整或修正，再按新的进度计划实施。这样在进度计划的执行过程中进行不断地检查和调整，以保证建设工程进度得到有效控制。

4.5.2.6　工程进度控制的方法

进度控制的主要方法是进度目标的动态管理，从事前的目标确定、分解、影响因素、风险分析、事中的协调落实、严格控制到事后的目标值偏差调查分析、采取有效措施纠正，都体现着目标动态滚动管理的内涵。

（1）工程进度控制基本方法。

1）审查承包单位施工管理组织机构，人员配备，资质，业务水平是否适应工程的需要，并提出意见。

2）审核施工单位提出的工程项目总进度计划，并督促其执行。

3）审查施工单位年，季度的进度计划并督促其执行。

4）要求施工单位每月25日报下月进度计划和本月的完成工程量报表，监理工程师审核月报进度计划和月工程量报表作为结算和付款依据。

5）监理工程师对进度计划和实际完成计划定期进行比较，找出影响进度的原因，并报总监理工程师，对客观原因造成进度拖期的应及时调整进度并备案。

6）对承包单位提前完成计划，并没有发生质量、安全事故的应建议设单位予以适当奖励；因承包单位主观原因造成工期拖后，应适当予以罚款。

7）监理部将加强对承建商的计划管理通过对施工组织设计中进度计划的详细审核，即在已经确定了的施工方案的基础上，对工程的施工顺序、各个项目的持续时间及项目间的搭接关系，工程的开工时间、竣工时间及总工期的安排进行审核，并在此基础上审核承建商编制的劳动力计划，材料供应计划，机械用量计划等内容，做到从宏观到微观控制进度目标的实现。

（2）工程进度事前控制方法。

1）认真核对前期工作制订的项目总控进度计划，核对前期工作的进展情况，认真审核施工组织设计及方案，根据实施情况对拟定的总控计划进行调整，再根据确定的总控计划，分解施工各阶段的控制目标，确保目标和计划的准确性、可行性，同时也进一步明确进度控制的内容和条件。

进入现场后即向业主提交完善的本工程《施工阶段进度计划》，包括以下几方面内容：修正的控制性进度计划；各阶段的进度控制计划；独立分包商或分包商进场计划；材料、设备进场计划。

2）预测和分析影响进度计划的因素，采取必要的对策防范。

3）加强对承建商的计划管理：

a. 审核承建商提交的施工进度计划。审核施工进度计划是否符合总工期控制目标的要求；审核施工进度计划与施工方案的协调性和合理性等。施工进度计划包括总进度计划，阶段性进度计划，月进度计划周计划与日计划。

由总承包商编制。独立分包商或分包商计划应与此计划相协调。此计划经慎重研讨后各方必须严格遵守。

阶段性进度计划：承建商编制，监理及业主审核通过后执行。

月进度计划：承建商编制，是审批工程款的依据。不编制月进度不得办理工程款申请手续；计划编制偏差太大实行惩罚，并与工程款挂钩，未做计划的部分不得支付工程款。

周计划：每周例会前提交，具体到每天的工作安排。本周例会检讨上周计划执行情况。

日计划：主要是检查周计划落实情况。

b. 审核施工单位提交的施工方案。主要审核施工进度的技术、组织、经济保证体系和措施的可行性和合理性。

c. 审核施工单位提交的施工总平面图。

d. 协助业主根据施工进度要求制定供应材料、设备的需用量及供应时间参数，编制有关材料、设备部分的采供计划、进场计划。

（3）工程进度事中控制方法。

1）严格填写监理日志，如实反映工程进度，收集进度信息；逐日如实记载每日形象部位及完成的实物工程量。同时如实记载影响工程进度的内、外、人为和自然的各种因素。暴雨、大风、现场停水、现场停电等应注明起止时间（小时、分）。

2）工程进度的检查。审核施工单位每月提交的工程进度报告。审核的要点是：计划进度与实际进度的差异；形象进度、实物工程量与工作量指标完成情况的一致性；按合同要求及时进行工程计量验收；有关进度、计量方面的签证；进度、计量方面的签证是支付进度款、计量索赔、延长工期的重要依据。

3）工程进度的动态管理。实际进度与计划进度发生差异时，分析产生的原因，并提出调整进度的措施和方案，并相应调整施工进度计划及设计、材料设备、资金等进度计划、采取赶工措施消除偏差；必要时调整阶段进度目标，但必须采取有效措施确保总工期目标。

a. 对施工实际进度数据收集定期、经常、完整地收集有承建单位提供的有关报表、资料、参与承建单位或建设单位定期召开的有关工程进展协调会，听取工程施工进度的汇报和讨论、核对监理现场记录，并深入现场，具体检查进度的实际执行情况。

b. 在对施工中的进度的数据分析时，为达到控制进度的目的，必须将工程实际进度与计划进度做比较，从中发现问题，以便采取必要的措施。

c. 上次协调会执行结果的检查。

d. 施工总平面管理上的问题。

e. 现场有关重大事宜。

f. 有良好的大局感和超前意识，综合运用组织协调，协调解决工序立体交叉作业产生的矛盾，及时会同业主、设计、施工单位有关人员讨论解决，做到当日问题当日解决，有效地促进工程进度。

g. 现场协调会印发协调会纪要。

4）每周向项目咨询单位管理协调人及业主报告工程进度情况。

5）施工阶段进度控制工作细则。

a. 施工进度控制工作细则的内容。施工进度控制工作细则是在工程项目监理方案的指导下，由工程项目监理班子中进度控制部门的监理工程师负责编制的更具有实施性和操作性的监理业务文件。其主要内容包括施工进度控制目标分解图；施工进度控制的主要工作内容和深度；进度控制人员的具体分工；与进度控制有关各项工作的时间安排及工作流程；进度控制的方法（包括进度检查日期、数据收集方式、进度报表格式、统计分析方法等）；进度控制的具体措施（包括组织措施、技术措施、经济措施及合同措施等）；施工进度控制目标实现的风险分析；尚待解决的有关问题。

事实上，施工进度控制工作细则是对工程项目监理规划中有关进度控制内容的进一步深化和补充。如果将工程项目监理规划比作开展监理工作的"初步设计"，施工进度控制工作细则就可以看成是开展工程项目进度监理工作的"施工图设计"，它对监理工程师的进度控制实务工作起着具体的指导作用。

b. 下达工程开工令。监理工程师应根据承包单位和业主双方关于工程开工的准备情况，选择合适的时机发布工程开工令。工程开工令的发布要及时，因为从发布工程开工令之日算起，加上合同工期后即为工程竣工日期。

c. 协助承包单位实施进度计划。监理工程师要随时了解施工进度计划执行过程中所存在的问题，并帮助承包单位予以解决，特别是承包单位无力解决的内外关系协调问题。

d. 监督施工进度计划的实施。监理工程师要及时检查承包单位报送的施工进度报表和分析资料，同时还要进行必要的现场实地检查，核实所报送的已完项目时间及工程量，杜绝虚报现象。在对工程实际进度资料进行整理的基础上，监理工程师应将其与计划进度相比较，以判定实际进度是否出现偏差，如果出现进度偏差，监理工程师应进一步分析此偏差对进度控制目标的影响程度及其产生的原因，以便研究对策、提出纠偏措施。必要时还应对后期工程进度计划作适当的调整。

e. 组织现场协调会。监理工程师应每月、每周定期组织召开不同层级的现场协调会议，以解决工程施工过程中的相互协调配合问题。通常包括各承包单位之间的进度协调问题；工作面交接和阶段成品保护责任问题；场地与公用设施利用的矛盾问题；某一方面断水、断电、断路、开挖要求对其他方面影响的协调问题以及资源保障、外部条件配合问题等。

f. 签发工程进度款支付凭证。监理工程师应对承包单位申报的已完工程量进行核实，在质量监理人员通过检查验收后签发工程进度款支付凭证。

g. 审批工程延期。造成工程进度拖延的原因有两个方面：一个是由于承包单位自身的原因；另一个是由于承包单位以外的原因。前者所造成的进度拖延，称为工期延误；而后者所造成的进度拖延称为工程延期。

如果由于承包单位以外的原因造成工期拖延，承包单位有权提出延长工期申请。监理工程师应按照合同的有关规定，公正地区分工期延误和工期延期，并合理地批准工程延期的时间。

h. 向业主提供进度报告。监理工程师应随时整理进度资料，并做好工程记录，定期向业主提交工程进度报告。

i. 督促承包单位整理技术资料。监理工程师要根据工程进展情况，督促承包单位及时整理有关技术资料。

j. 审批竣工申请报告、协助组织竣工验收。当工程竣工后，监理工程师应审批承包单位在自行预验基础上提交的初验申请报告，组织业主和设计单位进行初验。在初验通过后填写初验报告及竣工验收申请书，并协助业主组织工程项目的竣工验收，编写竣工验收报告书。

k. 处理争议和索赔。在工程结算过程中，监理工程师要处理有关争议和索赔问题，详见投资控制相关内容。

l. 整理工程进度资料。在工程完工后，监理工程师应将工程进度资料收集起来，进行归类、编目和建档，以便为今后其他类似工程项目的进度控制提供参考。

m. 工程移交。监理工程师应督促承包单位办理工程移交手续，办理工程移交证书。在工程移交后的保修期内，还要处理验收后质量问题的原因及责任等争议问题，并督促责任单位及时整改。当保修期结束且再无争议时，工程项目进度控制的任务即告完成。

6）进度计划的检查与调整。在施工进度计划的实施过程中，由于各种因素的影响，常常会打乱原始计划的安排而出现进度偏差，因此，监理工程师必须定期地、经常地对施工进度计划的执行情况进行检查和监督，并分析进度偏差产生的原因，以便为施工进度计划的调整提供必要的信息。

a. 施工进度的检查方式。在工程项目的施工过程中，监理工程师可以通过以下方式获得工程项目的实际进展情况。

定期地、经常地收集由承包单位提交的有关进度报表资料；工程施工进度报表资料不仅是监理工程师实施进度控制的依据，同时也是其核发工程进度款的依据，进度报表格式由监理单位提供给施工承包单位，承包单位按时填写后提交给监理工程师核查。报表内容一般应包括工作的开始时间、完成时间、持续时间、逻辑关系、实物工程量和工作量，以及工作时差的利用情况等。承包单位若能准确地填报进度报表，监理工程师就能从中了解到工程项目的实际进展情况。

由监理人员现场跟踪检查工程项目的实际进展情况；为了避免施工承包单位超报已完工程量，监理人员必须每日进行现场检查和监督。除上述两种方式外，由监理工程师定期组织现场施工负责人召开现场会议，也是获得工程项目实际进展情况的一种方式。通过这种方式，监理工程师可以从中了解到施工过程的潜在问题，以便及时采取相应的措施加以预防。

b. 施工进度的检查方法。施工进度主要采用对比法进行检查。即利用经过整理的实际进度数据与计划进度数据进行比较，从中发现是否出现进度偏差以及进度偏差的大小。通过检查分析，如果进度偏差较小，应在分析其产生原因的基础上采取有效措施，解决矛盾，排除障碍，继续执行原进度计划。如果经过努力，确实不能按原计划实现时，再考虑对原计划进行必要的调整。即适当延长工期，或改变施工速度。计划的调整一般是不可避免的，但应当慎重，尽量减少计划的调整。

7）施工进度计划的调整。通过检查分析，如果发现原有进度计划已不能适应实际情况时，为了确保进度控制目标的实现或需要确定新的计划目标，就必须对原有进度计划进行调整，以形成新的进度计划，作为进度控制的新依据。

施工进度的调整方法主要有两种：一种是通过压缩关键工作的持续时间来缩短工期；另一种是通过组织搭接作业或平行作业来缩短工期。在实际工作中应根据具体情况选用上述方法进行进度计划的调整。

a. 压缩关键工作的持续时间。这种方法的特点是不改变工作之间的先后顺序关系，而通过缩短网络计划中关键线路上工作的持续时间来缩短工期。这时通常需要采取一定的方法来达到目的。具体方法如下。

组织方法：增加工作面，组织更多的施工队伍；增加每天的施工时间（如采用三班制等）；增加劳动力和施工机械的数量。

技术方法：改进施工工艺和施工技术，缩短工艺技术间歇时间；采用更先进的施工方法，以减少施工过程的数量；采用更先进的施工机械。

经济方法：实行包干奖励；提高资金数额；对所采取的技术措施给予相应的经济补偿。

b. 组织搭接作业或平行作业。这种方法的特点是不改变工作的持续时间，而只改变工作的开始时间和完成时间。对于本工程，由于其单位工程较多且相互制约比较小，可调整的幅度比较大，所以容易采用平行作业的方法来调整施工进度计划。而对于单位工程项目，由于受工作之间工艺关系的限制，可调整的幅度比较小，所以通常采用搭接作业的方法来调整施工进度计划。但不管是搭接作业还是平行作业，工程项目在单位时间内的资源需求量将会增加。

除了分别采用上述两种方法缩短工期外，有时由于工期拖延得太多，当采用某种方法进行调整，其可调整的幅度又受到限制时，还可以同时利用这两种方法对同一施工进度计划进行调整，以满足工期目标的要求。

（4）工程进度事后控制方法。对进度情况及时总结修正。按至少每月一次甚至每周一次的频度对控制性计划进行动态控制；根据总承包商与各独立分包商完成的交接和发交接单确认影响进度的责任方并进行处罚。当实际进度与计划进度发生差异时，在分析原因的基础上采取措施：每月（季）末应对工程实际进度进行检查与核定，如与计划进度有较大差异时应分析原因，采取纠正措施；如由于资金、材料、设备、施工力量等不通按计划到位，造成工程进度滞后时，应由责任方积极予以纠正。

4.5.2.7 建设工程设计阶段进度控制

监理工程师在工程建设设计阶段进度控制的主要任务是出图控制，也就是要采取有效措施，促使设计人员如期完成初步设计、技术设计、施工图设计。为此，设计监理要审定设计单位的工作计划和各工种的出图计划，经常检查计划执行情况，并对照实际进度与计划进度，及时调整进度计划。如发现出图进度拖后，设计监理要敦促设计方增加设计力量，加强相互协调与配合，来加快设计进度。

设计进度控制绝非单一的工作，务必与设计质量、各个方案的技术经济评价、优化设计等结合。对一般工程，只含方案设计、初步设计与施工图设计三部分，具体实施进度可根据实际情况，更为详尽、细致地进行安排。

工程建设设计阶段的进度控制主要是制订工程项目前期工作计划，对可行性研究、设计任务书及初步设计的工作进度安排。通过这个计划，使建设前期的各项工作相互衔接，时间得到控制。

前期工作计划由建设单位在预测的基础上进行编制。

（1）工程建设项目总进度计划。工程建设项目总进度计划是指初步设计被批准后，编制上报年度计划以前，根据初步设计，对工程项目从开始建设（设计、施工准备）至竣工投产（动用）全过程的统一部署，具体安排各单项工程和单位工程的建设进度，合理分配年度投资，组织各方面的协作，保证初步设计确定的各项建设任务完成的进度安排。工程建设项目总进度计划包括文字部分、工程项目一览表、工程项目总进度计划、投资计划年度分配表及工程项目进度平衡表。

1）文字部分。工程建设项目总进度计划的文字部分包括工程项目的概况和特点，安排建设总进度的原则和依据，投资资金来源和年度安排情况，技术设计、施工图设计、设备交付和施工力量进场时间的安排，道路、供电、供水等方面的协作配合及进度的衔接，计划中存在的主要问题及采取的措施，需要上级及有关部门解决的重大问题等。

2）工程项目一览表。工程项目一览表把初步设计中确定的建设内容，按照单项工程、单位工程归类并编号，明确其建设内容和投资额，以便各部门按统一的口径确定工程项目控制投资和进行管理。

3）工程项目总进度计划。工程项目总进度计划一般用横道图编制，其根据初步设计中确定的建设工期和工艺流程，具体安排单项工程和单位工程的进度。

4）投资计划年度分配表。投资计划年度分配表根据工程项目总进度计划，安排各个年度的投资，以便预测各个年度的投资规模，筹集建设资金或与银行签订借款合同，规定分年用款计划。

5）工程项目进度平衡表。工程项目进度平衡表用以明确各种设计文件交付日期，主要设备交货日期，施工单位进场日期和竣工日期，水、电、道路接通日期等。借以保证建设中各个环节相互衔接，确保工程项目按期投产。

在此基础上，分别编制综合进度控制计划、设计工作进度计划、采购工作进度计划、施工进度计划、验收和投产进度计划等。

（2）工程建设项目年度计划。工程建设项目年度计划由建设单位依据工程建设项目总进度计划进行编制。该计划既要满足工程建设项目总进度的要求，又要与当年可能获得的资金、设备、材料、施工力量相适应。根据分批配套投产或交付使用的要求，合理安排年度建设的工程项目。工程建设项目年度计划由文字部分和表格部分组成。

1）文字部分。工程建设项目年度计划的文字部分主要说明：编制年度计划的依据和原则；工程建设项目的建设进度；本年计划投资额；本年计划建造的建筑面积；施工图、设备、材料、构配件、施工力量等建设条件的落实情况，动员资源情况；对外部协作配合项目建设进度的安排或要求；需要上级主管部门协助解决的问题；计划中存在的其他问题；为完成计划采取的各项措施等。

2）表格部分。工程建设项目年度计划的表格及其内容见表4.6。

表 4.6 工程建设项目年度计划表

序号	项 目	内 容
1	年度计划 项目表	该计划对年度施工的项目确定投资额、年末形象进度，阐明建设条件（图纸、设备、材料、施工力量）的落实情况
2	年度竣工投产 交付使用计划表	该计划阐明单项工程的建筑面积，投资额、新增固定资产，新增生产能力等的总规模和本年计划完成数及竣工日期
3	年度建设资金 平衡表和年度 设备平衡表	年度建设资金平衡表应说明单项工程名称、本年计划投资、动员内部资金、为以后年度储备、本年计划需要资金及资金来源（包括预算拨款、自筹资金、基建贷款等）。 年度设备平衡表应说明单项工程名称、设备名称规格、要求到货的数量和时间、利用库存的数量，自制设备的数量和完成时间、已订货的数量和完成时间、采购数量

4.5.2.8 建设工程施工阶段进度控制

（1）施工进度控制目标体系。保证工程项目按期建成交付使用，是建设工程施工阶段进度控制的最终目的。为了有效地控制施工进度，首先要将施工进度总目标从不同角度进行层层分解，形成施工进度控制目标体系，从而作为实施进度控制的依据。

1）按项目组成分解，确定各单位工程开工及动用日期。各单位工程的进度目标在工程项目建设总进度计划及建筑工程年度计划中都有体现。在施工阶段应进一步明确各单位工程的开工和交工动用日期，以确保施工总进度目标的实现。

2）按承包单位分解，明确分工条件和承包责任。在一个单位工程中有多个承包单位参加施工时，应按承包单位将单位工程的进度目标分解，确定出各分包单位的进度目标，列入分包合同，以便落实分包责任，并根据各专业工程交叉施工方案和前后衔接条件，明确不同承包单位工作面交接的条件和时间。

3）按施工阶段分解，划定进度控制分界点。根据工程项目的特点，应将其施工分成几个阶段，如土建工程可分为基础、结构和内外装修阶段。每一阶段的起止时间都要有明确的标志，特别是不同单位承包的不同施工段之间，更要明确划定时间分界点，以此作为形象进度的控制标志，从而使单位工程动用目标具体化。

4）按计划期分解，组织综合施工。将工程项目的施工进度控制目标按年度、季度、月（或旬）进行分解，并用实物工程量、货币工作量及形象进度表示，将更有利于监理工程师明确对各承包单位的进度要求。同时，还可以据此监督其实施，检查其完成情况。计划期越短，进度目标越细，进度跟踪就越及时，发生进度偏差时也就越能有效地采取措施予以纠正。这样，就形成一个有计划、有步骤协调施工，长期目标对短期目标自上而下逐级控制，短期目标对长期目标自下而上逐级保证，逐步趋近进度总目标的局面，最终达到工程项目按期竣工并交付使用的目的。

（2）施工进度控制目标的确定。为了提高进度计划的预见性和进度控制的主动性，在确定施工进度控制目标时，必须全面细致地分析与建设工程进度有关的各种有利因素和不利因素。只有这样，才能订出一个科学、合理的进度控制目标。确定施工进度控制目标的主要依据有建设工程总进度目标对施工工期的要求；工期定额、类似工程项目的实际进度；工程难易程度和工程条件的落实情况等。要想对工程项目的施工进度实施控制，就必须有明确、合理的进度目标（进度总目标和进度分目标）；否则，控制便失去了意义。

（3）施工阶段进度控制工作的内容。监理工程师对工程项目的施工进度控制从审核承包单位提交的施工进度计划开始，直至工程项目保修期满为止。施工阶段进度控制的主要内容包括施工前的进度控制、施工过程中的进度控制和施工完成后的进度控制。

1）施工前的进度控制。

a. 编制施工阶段进度控制方案。施工阶段进度控制方案是监理工作计划在内容上的进一步深化和补充，它是针对具体的施工项目编制的，是施工阶段监理人员实施进度控制的更详细的指导性技术文件，是以监理工作计划中有关进度控制的总部署为基础而编制的，应包括：施工阶段进度控制目标分解图；施工阶段进度控制的主要工作内容和深度；监理人员对进度控制的职责分工；进度控制工作流程；有关各项工作的时间安排；进度控制的方法（包括进度检查周期、数据收集方式、进度报表格式、统计分析方法等）；实现施工进度控制目标的风险分析；进度控制的具体措施（包括组织措施、技术措施、经济措施及合同措施等）；尚待解决的有关问题等。

b. 编制或审核施工进度计划。对于大型工程项目，由于单项工程较多、施工工期长，且采取分期分批发包又没有一个负责全部工程的总承包单位时，监理工程师就要负责编制施工总进度计划；或者当工程项目由若干个承包单位平行承包时，监理工程师也有必要编制施工总进度计划。施工总进度计划应确定分期分批的项目组成，各批工程项目的开工、竣工顺序及时间安排，全场性准备工程，特别是首批准备工程的内容与进度安排等。

当工程项目有总承包单位时，监理工程师只需对总承包单位提交的施工总进度计划进行审核即可。而对于单位工程施工进度计划，监理工程师只负责审核而不管编制。

施工进度计划审核的内容主要有：进度安排是否满足合同工期的要求和规定的开竣工日期；项目的划分是否合理，有无重项或漏项；项目总进度计划是否与施工进度分目标的要求一致，该进度计划是否与其他施工进度计划协调；施工顺序的安排是否符合逻辑，是否满足分期投产使用的要求，是否符合施工程序的要求；是否考虑了气候对进度计划的影响；材料物资供应是否满足均衡性和连续性的要求；劳动力、机具设备的计划是否能确保施工进度分目标和总进度计划的实现；施工组织设计的合理性、全面性和可行性如何，应防止施工单位利用进度计划的安排造成建设单位的违约、索赔事件的发生；建设单位提供资金的能力是否与进度安排一致；施工工艺是否符合施工规范和质量标准的要求。

进度计划应留有适当的余地，如应留有质量检查、整改、验收的时间；应当在工序与工序之间留有适当空隙、机械设备试运转和检修的时间等。

同样，监理工程师审查进度计划时，也不应过多地干预施工单位的安排，或支配施工中所需的材料、机械设备和劳动力等。

c. 按年、季、月编制工程综合计划。在按计划期编制的进度计划中，监理工程师应着重解决各承包单位施工进度计划之间、施工进度计划与资源保障计划之间及外部协作条件的延伸性计划之间的综合平衡与相互衔接问题，并根据上期计划的完成情况对本期计划做必要的调整，以作为承包单位近期执行的指令性计划。

d. 下达工程开工令。在 FIDIC 合同的条件下，监理工程师应根据承包单位和业主双方关于工程开工的准备情况，选择合适的时机发布工程开工令。工程开工令的发布，要尽可能及时，因为发布工程开工令之日加上合同工期后为工程竣工日期。如果开工令发布拖延，就等于推迟了竣工时间，甚至可能引起承包单位的索赔。

为了检查双方的准备情况，在一般情况下应由监理工程师组织召开有业主和承包单位参加的第一次工地会议。业主应按照合同规定，做好征地拆迁工作，及时提供施工用地；同时，还应当完成法律及财务方面的手续，以便能及时向承包单位支付工程预付款。承包单位应当将开工所需要的人力、材料及设备准备好，同时，还要按合同规定为监理工程师提供各种条件。

2）施工过程中的进度控制。监理工程师监督进度计划的实施，是一项经常性的工作。以被确认的进度计划为依据，在项目施工过程中进行进度控制，是施工进度能够付诸实现的关键过程。一旦发现实际进度与目标偏离，应立即采取措施，纠正这种偏差。

施工过程中进度控制的具体内容包括如下几项。

a. 经常深入现场了解情况，协调有关方面的关系，解决工程中的各种冲突和矛盾，以保证进度计划的顺利实施。

b. 协助施工单位实施进度计划，随时注意进度计划的关键控制点，了解进度计划实施的动态。监理工程师要随时了解施工进度计划执行过程中所存在的问题，并帮助承包单位予以解决，特别是承包单位无力解决的内外关系协调问题。

c. 及时检查和审核施工单位提交的月度进度统计分析资料和报表。

d. 严格进行进度检查。要了解施工进度的实际状况，避免施工单位谎报工作量的情况，为进度分析提供可靠的数据资料。这是工程项目施工阶段进度控制的经常性工作。监理工程师不仅要及时检查承包单位报送的施工进度报表和分析资料，同时，还要进行必要的现场实地检查，核实所报送的已完项目时间及工程量，杜绝虚报现象。

e. 做好监理进度记录。

f. 对收集的有关进度数据进行整理和统计，并将计划与实际进行比较，跟踪监理，从中发现进度是否出现或可能出现偏差。

g. 分析进度偏差给总进度带来的影响，并进行工程进度的预测，从而提出可行的修正措施。

h. 当计划严重拖后时，应要求施工单位及时修改原计划，并重新提交监理工程师确认。计划的重新确认，并不意味着工程延期的批准，而仅仅是要求施工单位在合理的状态下安排施工。监理工程师应监督其按调整的计划实施。

i. 通过周报或月报，向建设单位汇报工程实际进展情况，并提供进度报告。

j. 定期开会。监理工程师应每月、每周定期组织召开不同层级的现场协调会议，以解决工程施工过程中的相互协调配合问题。在平行、交叉施工单位多，工序交接频繁且工期紧迫的情况下，现场协调会甚至需要每日召开。在会上通报和检查当天的工程进度，确定薄弱环节，部署当天的赶工任务，以便为次日正常施工创造条件。

k. 监理工程师应对承包单位申报的已完分项工程量进行核实，在其质量通过检查验收后，签发工程进度款支付凭证。

3）施工完成后的进度控制。施工完成后的进度主要包括以下内容：及时组织工程的初验和验收工作；按时处理工程索赔；及时整理工程进度资料，为建设单位提供信息，处理合同纠纷，积累原始资料；工程进度资料应归类、编目、存档，以便在工程竣工后归入竣工档案备查；根据实际施工进度，及时修改和调整验收阶段进度计划和监理工作计划，以保证下一阶段工作的顺利开展。

典型案例【D4－7】

某工程业主在招标文件中规定：工期 T（周）不得超过 80 周，也不应短于 60 周。某施工单位决定参与该工程的投标。在基本确定技术方案后，为提高竞争能力，对其中某技术措施拟定了三个方案进行比选。

方案一的费用为 $C1＝100＋4T$；

方案二的费用为 $C2＝150＋3T$；

方案三的费用为 $C3＝250＋2T$。

这种技术措施的三个比选方案对施工网络计划的关键线路均没有影响。各关键工作可压缩的时间及相应增加的费用见表 4.7。

表 4.7　　　　　　　　　　　关键工作可压缩数据表

关键工作	A	C	E	H	M
可压缩时间/周	1	2	1	3	2
压缩单位时间增加的费用/(万元/周)	3.5	2.5	4.5	6.0	2.0

问题：

(1) 该施工单位应采用哪种技术措施方案投标，为什么？

(2) 该工程采用问题 (1) 中选用的技术措施方案时的工期为 80 周，造价为 2653 万元。为了争取中标，该施工单位投标应报工期和报价各为多少？

(3) 若招标文件规定，施工单位自报工期小于 180 周时，工期每提前 1 周，其总报价降低 2 万元作为经评审的报价，则施工单位的自报工期应为多少？相应的经评审的报价为多少？

(4) 如果该工程的施工网络计划如图 4.22 所示，则压缩哪些关键工作可能改变关键线路？压缩哪些关键工作不会改变关键线路？

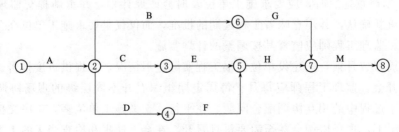

图 4.22　施工网络计划图

分析如下：

（1）令 C1＝C2，即 $100＋4T＝150＋3T$，解得 $T＝50$（周）。

当工期小于 50 周时，应采用方案一；当工期大于 50 周时，应采用方案二。

由于招标文件规定工期为 60～80 周，因此，应采用方案二。

再令 C2＝C3，即 $150＋3T＝250＋2T$，解得 $T＝100$（周）。

当工期小于 100 周时，应采用方案二；当工期大于 100 周时，应采用方案三。

因此，根据招标文件对工期的要求，施工单位应采用方案二的技术措施投标。

或：当 $T＝60$ 周，则 $C1＝100＋4×60＝340$（万元）

$C2＝150＋3×60＝330$（万元）

$C3＝250＋2×60＝370$（万元）

因此，应采用方案二。

当 $T＝80$ 周，则 $C1＝100＋4×80＝420$（万元）

$C2＝150＋3×80＝390$（万元）

$C3＝250＋2×80＝410$（万元）

因此，应采用方案二。

所以施工单位应采用方案二的技术措施投标。

（2）由于方案二的费用函数为 $C2＝150＋3T$，所以对压缩 1 周时间增加的费用小于 3 万元的关键工作均可压缩，即应对关键工作 C 和 M 进行压缩，则自报工期应为：$80－2－2＝76$（周）

相应的报价为：$2653－（80－76）×3＋2.5×2＋2.0×2＝2650$（万元）

（3）由于工期每提前 1 周，可降低经评审的报价 2 万元，所以对压缩 1 周时间增加的费用小于 5 万元的关键工作均可压缩，即应对关键工作 A、C、E、M 进行压缩。

则自报工期应为：$80－1－2－1－2＝74$（周）

相应的经评审的报价为：$2653－（80－74）×（3＋2）＋3.5＋2.5×2＋4.5＋2.0×2＝2640$（万元）

（4）压缩关键工作 C、E、H 可能改变关键线路；压缩关键工作 A、M 不会改变关键线路。

典型案例【D4－8】

某工程，施工单位通过招标将桩基及土方开挖工程发包给某专业分包单位，并与供应商签订了采购合同。实施过程中发生如下事件：

事件 1：桩基验收时，项目监理机构发现部分桩的混凝土强度未达到设计要求，经查是由于预拌混凝土质量存在问题所致。在确定桩基处理方案后，专业分包单位提出异议。混凝土由施工单位采购，要求施工单位承担相应桩基处理费用。施工单位提出因建设单位也参与了预拌混凝土供应商考察，要求建设单位共同承担相应桩基处理费用。

事件 2：专业分包单位编制了深基坑土方开挖专项施工方案，经专业分包单位技术负责人签字后，报送项目监理机构审查的同时开始了挖土作业，并安排施工现场技术负责人兼任专职安全管理人员负责现场监督。专业监理工程师发现了上述情况后及时报告总监理工程师，并建议签发《工程暂停令》。

事件 3：在土方开挖过程中遇到地下障碍物，专业分包单位对深基坑土方开挖专项施工方案做了重大调整后继续施工。总监理工程师发现后，立即向专业分包单位签发了《工程暂停令》。因专业分包单位拒不停止施工，总监理工程师报告了建设单位，建设单位以工期紧为由要求总监理工程师撤回《工程暂停令》。为此，总监理工程师向有关主管部门报告了相关情况。

问题：

（1）针对事件 1，分别指出专业分包单位和施工单位提出的要求是否妥当，并说明理由。

（2）针对事件 2，专业分包单位的做法有什么不妥？写出正确做法。

（3）针对事件 2，专业监理工程师的做法是否正确？说明专业监理工程师建议签发《工程暂停令》的理由。

（4）针对事件 3，分别指出专业分包单位，总监理工程师、建设单位的做法有什么不妥，并写出正确做法。

分析如下：

（1）专业分包单位提出的要求妥当。因为预拌混凝土是由施工单位负责采购，应由施工单位对其质量负责。施工单位提出的要求不妥当。施工单位负责采购的原材料，应对其质量负责。施工单位不能因建设单位共同参与预拌混凝供应商考察为由，减轻自己应承担的责任。建设单位不承担该材料不合格的责任。

（2）不妥之处 1：经专业分包单位技术负责人签字后，报送项目监理机构审查。

正确做法：实行施工总承包的，专项施工方案应当由总承包施工单位技术负责人及相关专业分包单位技术负责人签字。对于超过一定规模的危险性较大的分部分项工程专项方案应当组织召开专家论证会。

不妥之处 2：报送项目监理机构审查的同时开始了挖土作业。

正确做法：达到一定规模的危险性较大的分部分项工程编制专项施工方案，并附具安全验算结果，经施工单位技术负责人、总监理工程师签字后实施。

不妥之处 3：安排施工现场技术负责人兼任专职安全管理人员负责现场监督。

正确做法：应派专职安全管理人员进行现场监督管理。

（3）正确。深基坑属于超过一定规模的危险性较大的分部分项工程，专项施工方案经批准后才可施工，施工单位擅自施工导致施工现场存在较大的安全隐患。因此应下发《工程暂停令》。

（4）专业分包单位不妥之处：专业分包单位对深基坑土方开挖专项施工方案做了重大调整后继续施工。

正确做法：如因设计、结构、外部环境等因素发生变化确需修改的，应及时报告项目监理机构，修改后的专项施工方案应当按相关规定重新审核。

监理单位不妥之处：总监理工程师发现后，立即向专业分包单位签发了《工程暂停令》。

正确做法：总监理工程师签发工程暂停令，应事征得建设单位同意，向施工单位下发《工程暂停令》。在紧急情况下未能事先报告时，应在事后及时向建设单位作出书面报告。

建设单位不妥之处：建设单位以工期紧为由要求总监理工程师撤回《工程暂停令》。

正确做法：建设单位应批准总监理工程师下发《工程暂停令》。

进度延期和延误处理审批程序如图4.23所示。

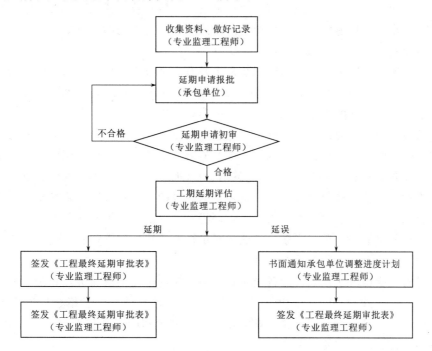

图4.23 进度延期和延误处理审批程序

4.5.3 建设工程质量控制

4.5.3.1 建设工程质量控制的概念及特性

建设工程质量简称工程质量，是指建设工程满足相关标准规定和合同约定要求的程度，包括其在安全、使用功能及其在耐久性能、节能与环境保护等方面所有明示和隐含的固有特性。

建设工程作为一种特殊的产品，除具有一般产品共有的质量特性外，还具有特定的内涵。建设工程质量的特性主要表现在以下七个方面：

（1）适用性即功能，是指工程满足使用目的的各种性能。

（2）耐久性即寿命，是指工程在规定的条件下，满足规定功能要求使用的年限，也就是工程竣工后的合理使用寿命期。

（3）安全性，是指工程建成后在使用过程中保证结构安全、保证人身和环境免受危害的程度。

（4）可靠性，是指工程在规定的时间和规定的条件下完成规定功能的能力。

（5）经济性，是指工程从规划、勘察、设计、施工到整个产品使用寿命周期内的成本和消耗的费用。

（6）节能性，是指工程在设计与建造过程及使用过程中满足节能减排、降低能耗的标志和有关要求的程度。

（7）与环境的协调性，是指工程与其周围生态环境协调，与所在地区经济环境协调以及与周围已建工程相协调，以适应可持续发展的要求。

可靠、经济、节能与环境适应性，都是必须达到的基本要求，缺一不可。但是对于不同门类不同专业的工程，如工业建筑、民用建筑、公共建筑、住宅建筑、道路建筑，可根据其所处的特定地域环境条件、技术经济条件的差异，有不同的侧重面。

4.5.3.2 影响工程质量的因素

影响工程质量的因素很多，但归纳起来主要有五个方面，即人（man）、材料（material）、机械（machine）、方法（method）和环境（environment），简称 4M1E。

人是生产经营活动的主体，也是工程项目建设的决策者、管理者、操作者，工程建设的规划、决策、勘察、设计、施工与竣工验收等全过程，都是通过人的工作来完成的。人员的素质，即人的文化水平、技术水平、决策能力、管理能力、组织能力、作业能力、控制能力、身体素质及职业道德等，都将直接和间接地对规划、决策、勘察、设计和施工的质量产生影响，而规划是否合理、决策是否正确、设计是否符合所需要的质量功能、施工能否满足合同、规范、技术标准的需要等，都将对工程质量产生不同程度的影响。人员素质是影响工程质量的一个重要因素。因此，建筑行业实行资质管理和各类专业从业人员持证上岗制度是保证人员素质的重要管理措施。

工程材料是指构成工程实体的各类建筑材料、构配件、半成品等，它是工程建设的物质条件，是工程质量的基础。工程材料选用是否合理、产品是否合格、材质是否经过检验、保管使用是否得当等，都将直接影响建设工程的结构刚度和强度、工程外表及观感、工程的使用功能、工程的使用安全。

机械设备可分为两类：一类是指组成工程实体及配套的工艺设备和各类机具，它们构成了建筑设备安装工程或工业设备安装工程，形成完整的使用功能；另一类是指施工过程中使用的各类机具设备，包括大型垂直与横向运输设备、各类操作工具、各种施工安全设施、各类测量仪器和计量器具等，简称施工机具设备，它们是施工生产的手段。施工机具设备对工程质量也有重要的影响。工程所用机具设备，其产品质量优劣直接影响工程使用功能质量。施工机具设备的类型是否符合工程施工特点，性能是否先进稳定，操作是否方便安全等，都将会影响工程项目的质量。

4.5.3.3 工程质量控制的程序

工程质量控制也就是为了保证工程质量，满足工程合同、规范标准所采取的一系列措施、方法和手段。工程质量要求主要表现为工程合同、设计文件、技术规范标准规定的质量标准。

工程质量控制按其实施主体不同，分为自控主体和监控主体。前者是指直接从事质量职能的活动者，后者是指对他人质量能力和效果的监控者，主要包括以下几个方面：

（1）政府的工程质量控制。政府属于监控主体，它主要是以法律、法规为依据，通过抓工程报建、施工图设计文件审查、施工许可、材料和设备准用、工程质量监督、重大工程竣工验收备案等主要环节进行的。

（2）建设单位的质量控制。建设单位属于监控主体，它主要是协调设计、监理和施工单位的关系，通过控制项目规划、设计质量、招标投标、审定重大技术方案、施工阶段的质量控制、信息反馈等各个环节，来控制工程质量。

（3）工程监理单位的质量控制。工程监理单位属于监控主体，它主要是受建设单位的委托，代表建设单位对工程实施全过程的质量监督和控制，包括勘察设计阶段质量控制、施工阶段质量控制，以满足建设单位对工程质量的要求。

（4）勘察设计单位的质量控制。勘察设计单位属于自控主体，它是以法律、法规及合同为依据，对勘察设计的整个过程进行控制，包括工作程序、工作进度、费用及成果文件所包含的功能和使用价值，以满足建设单位对勘察设计质量的要求。

（5）施工单位的质量控制。施工单位属于自控主体，它是以工程合同、设计图纸和技术规范为依据，对施工准备阶段、施工阶段、竣工验收交付阶段等施工全过程的工作质量和工程质量进行的控制，以达到合同文件规定的质量要求。

质量控制工作总程序如图 4.24 所示。

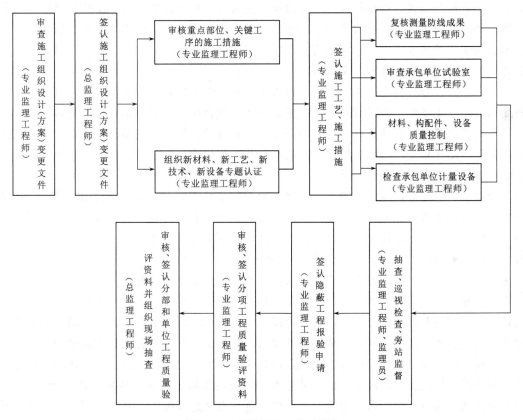

图 4.24　质量控制工作总程序

4.5.3.4　工程质量控制原则

工程质量控制即采取一系列检测、试验、监控措施、手段和方法，按照质量策划和质量改进的要求，确保合同、规范所规定的质量标准的实现。

根据工程施工的特点，在控制过程中，应遵循以下几条基本原则：坚持"质量第一，用户至上"的原则；充分发挥人的作用的原则；坚持"以预防为主"的原则；坚持质量标准、严格检查，一切用数据说话的原则；坚持贯彻科学、公正、守法的职业规范。

4.5.3.5　工程质量控制的目的

监理工程师控制质量的目的，概括起来有以下几个方面：维护项目法人的建设意图，保证投资效益即社会效益和经济效益；防止质量事故的发生，特别是事后质量问题的发生；防止承包单位作出有损工程质量的不良行为。

4.5.3.6　工程质量控制的方法

工程质量控制的方法主要指审核有关技术文件、报告或报表和直接进行现场检查或必要的试验等。

（1）审核有关技术文件、报告或报表。对技术文件、报告、报表的审核，是项目经理对工程质量进行全面控制的重要手段，具体内容包括：审核有关技术资质证明文件；审核开工报告，并经现场核实；审核施工方案、施工组织设计和技术措施；审核有关材料、半成品的质量检验报告；审核反映工序质量动态的统计资料或控制图表；审核设计变更、修改图纸和技术核定书；审核有关质量问题的处理报告；审核有关应用新工艺、新材料、新技术、新结构的技术核定书；审核有关工序交接检查，分项、分部工程质量检查报告；审核并签署现场有关技术签证、文件等。

（2）质量监督与检查。质量监督与检查主要包括以下内容：开工前检查，其目的是检查是否具备开工条件，开工后能否连续正常施工，能否保证工程质量；工序交接检查，对于重要的工序或对工程质量有重大影响的工序，在自检、互检的基础上，还要组织专职人员进行工序交接检查；隐蔽工程检查，凡是隐蔽工程均应检查认证后再掩盖；停工后复工前的检查，因处理质量问题或某种原因停工后需复工时，也应经检查认可后方能复工；分项、分部工程完工后，应经检查认可，签署验收记录后才能进行下一工程项目施工；成品保护检查，检查成品有无保护措施，或保护措施是否可靠；另外，还应经常深入现场，对施工操作质量进行巡视检查；必要时，还应进行跟班或追踪检查。

4.5.3.7　工程建设项目设计阶段质量控制的主要任务和内容

监理工程师在工程建设设计阶段质量控制的主要任务是了解业主建设需求，协助业主制定工程建设质量目标规划（如设计要求文件）；根据合同要求及时、准确、完善地提供设计工作所需的基础数据和资料；配合设计单位优化设计，并最终确认设计符合有关法规要求，符合技术、经济、财务、环境条件要求，满足业主对工程建设的功能和使用要求。

监理工程师在工程建设设计阶段质量控制的主要工作包括：工程建设总体质量目标论证；提出设计要求文件，确定设计质量标准；利用竞争机制选择并确定、优化设计方案；协助业主选择符合目标控制要求的设计单位；进行设计过程跟踪，及时发现质量问题，并及时与设计单位协调解决；审查阶段性设计成果，并根据需要提出修改意见；对设计提出的主要材料和设备进行比较，在价格合理的基础上确认其质量符合要求；做好设计文件验收工作等。

工程项目设计质量就是在严格遵守技术标准、法规的基础上，正确处理和协调资金、资源、技术和环境的制约关系，使设计项目能更好地满足建设单位所需要的功能和使用价值，充分发挥项目投资的经济效益。

设计的质量有两层含义：首先，设计应满足业主所需的功能和使用价值，符合业主投资的意图，而业主所需的功能和使用价值，又必然要受到经济、资源、技术、环境等因素的制约，从而使项目的质量目标与水平受到限制；其次，设计必须遵守有关城市规划、环保、防灾、安全等一系列的技术标准、规范、规程，这是保证设计质量的基础。

工程建设设计的质量控制工作绝不单纯是对其报告及成果的质量进行控制，而是要从整个社会发展和环境建设的需要出发，对设计的整个过程进行控制，包括其工作程序、工作进度、费用及成果文件所包含的功能和使用价值，其中也涉及法律、法规、合同等必须遵守的规定。

工程建设项目设计阶段质量控制主要涉及设计质量控制的依据、设计准备阶段质量控制、初步设计阶段质量控制、施工图设计阶段质量控制、设计质量的审核等内容。

（1）设计质量控制的依据。工程建设设计质量控制的依据主要包括：有关工程建设及质量管理方面的法律、法规；有关工程建设的技术标准，如各种设计规范、规程、标准，设计参数的定额、指标等；项目可行性研究报告、项目评估报告及选址报告；体现建设单位建设意图的设计规划大纲、设计纲要和设计合同等；反映项目建设过程中和建成后有关技术、资源、经济、社会协作等方面的协议、数据和资料等。

（2）设计准备阶段质量控制。设计准备阶段质量控制的工作内容包括：组建项目监理机构，明确监理任务、内容和职责；编制监理规划和设计准备阶段投资进度计划并进行控制；组织设计招标或设计方案竞赛；协助建设单位编制设计招标文件，会同建设单位对投标单位进行资质审查；组织评标或设计竞赛方案评选；编制设计大纲（设计纲要或设计任务书），确定设计质量要求和标准；优选设计单位，协助建设单位签订设计合同。

（3）初步设计阶段质量控制。初步设计阶段质量控制的工作内容包括：设计方案的优化，将设计准备阶段的优选方案加以充实和完善；组织初步设计审查；初步审定后，提交各有关部门审查、征集意见，根据要求进行修改、补充、加深，经批准作为施工图设计的依据。

（4）施工图设计阶段质量控制。

1）施工图设计的内容。施工图设计是在初步设计、技术设计或方案设计的基础上进行详细、具体的设计，把工程和设备各构成部分的尺寸、布置和主要施工做法等绘制成正确、完整和详细的建筑与安装详图，并配以必要的文字说明。其主要内容包括：

a. 全项目性文件。全项目性文件是指设计总说明，总平面布置及其说明，各专业全项目的说明及其室外管线图，工程总概算。

b. 各建筑物、构筑物的设计文件。各建筑物、构筑物的设计文件是指建筑、结构、水暖、电气、卫生、热机等专业图纸及说明，公用设施、工艺设计和设备安装，非标准设备制造详图以及单项工程预算等。

c. 各专业工程计算书、计算机辅助设计软件及资料等。各专业的工程计算书，计算机辅助设计软件及资料等应经校审、签字后整理归档，一般不向建设单位提供。

2）施工图设计阶段质量控制的工作内容。施工图是设计工作的最后成果，是设计质量的重要形成阶段，监理工程师要分专业不断地进行中间检查和监督，逐张审查并签字认可。施工图设计阶段质量控制的主要内容有：所有设计资料、规范、标准的准确性；总说明及分项说明是否具体、明确；计算书是否交代清楚；套用图纸时是否已按具体情况做了必要的核算，并加以说明；图纸与计算书结果是否一致；图形符号是否符合统一规定；图纸中各部尺寸、节点详图，各图之间有无矛盾、漏注；图纸设计深度是否符合要求；套用的标准图集是否陈旧或有无必要的说明；图纸目录与图纸本身是否一致；有无与施工相矛盾的内容等。另外，监理工程师应对设计合同的转包分包进行控制。承担设计的单位应完成设计的主要部分；分包出去的部分，应得到建设单位和监理工程师的批准。监理工程师在批准分包前，应对分包单位的资质审查并进行评价，决定是否胜任设计的任务。

3）施工图设计监理质量控制的程序。施工图设计监理质量控制的程序如图 4.25 所示。

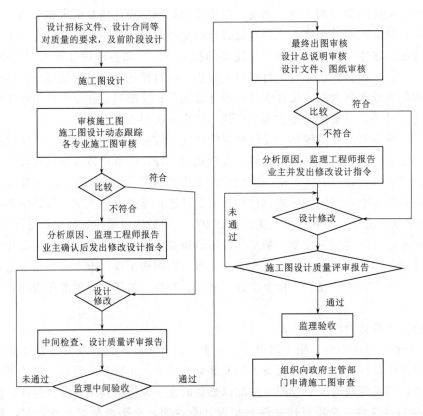

图 4.25 施工图设计监理质量控制的程序

（5）设计质量的审核。设计图纸是设计工作的最终成果，体现了设计质量的形成。因此，对设计质量的审核也就是对设计成果的验收阶段，是对设计图纸的审核。监理工程师代表建设单位对设计图纸的审核是分阶段进行的。在初步设计阶段，应审核工程所采用的技术方案是否符合总体方案的要求，以及是否达到项目决策阶段确定的质量标准；在技术设计阶段，应审核专业设计是否符合预定的质量标准和要求；在施工图设计阶段，应注重其使用功能及质量要求是否得到满足。

4.5.3.8 工程建设项目施工阶段质量控制的任务

工程施工是使工程设计意图最终实现并形成工程实体的阶段，也是最终形成工程产品质量和工程项目使用价值的重要阶段。因此，施工阶段的质量控制不但是施工监理重要的工作内容，也是工程项目质量控制的重点。监理工程师对工程施工的质量控制，就是按合同赋予的职权，围绕影响工程质量的各种因素，对工程项目的施工进行有效的监督和管理。

按工程实体质量形成过程的时间阶段可将工程建设施工划分为施工准备阶段、施工过程和竣工验收阶段。

（1）施工准备阶段的质量控制。施工准备阶段是指监理合同签订后，项目施工正式开始前的阶段。这一阶段监理工程师的工作主要包括：

1）监理工作准备。工程建设项目施工准备阶段的监理工作应做好充分的准备，包括：组建项目监理机构，进驻现场；完善组织体系，明确岗位职责；编制监理规划性文件，包括监理规划、监理实施细则等；拟定监理工作流程；监理设备仪器准备；熟悉监理依据，准备监理资料。

2）参与设计技术交底。监理人员熟悉设计文件是对项目质量要求的学习和理解，只有对设计图纸及质量要求非常熟悉才能在施工过程中把握住质量目标。也可以通过业主向设计单位提出更好的建议或指出图纸中存在的问题。

总监理工程师还应组织监理人员参加由建设单位组织的设计技术交底会。对设计人员交底及施工承包单位提出的涉及工程质量的问题应认真记录，积极参与讨论。对三方协商达成一致的会议纪要，总监理工程师要进行签认。

3）审查承包方现场项目质量管理体系、技术管理体系、质量保证体系，质量管理制度、技术管理制度，专职人员和特种作业人员的资格证、上岗证。

4）审查分包单位的资质。具体包括分包单位营业执照、企业资质证书、特殊专业施工许可证等；分包单位的业绩；拟分包工程的内容和范围。

施工准备阶段监理工作总程序如图 4.26 所示。

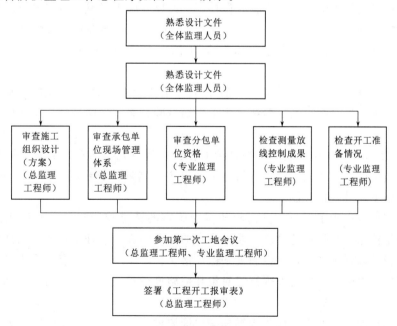

图 4.26 施工准备阶段监理工作总程序

5）审查施工组织设计。施工组织设计的主要内容包括：承包单位的审批手续；施工总平面布置图；施工布置、施工方法、质量保证措施是否可靠并具有针对性；工期安排是否满足施工合同要求；进度计划能否保证施工的连续性和均衡性；质量管理和技术管理体系；安全、环保、消防和文明施工措施；季节施工方案和专项施工方案。

6）参与第一次工地会议。

7）对现场施工准备进行质量控制。监理人员对现场施工准备的质量控制主要包括：查验承包单位的测量放线、交桩和定位放线检查，复测施工测量控制网；施工平面布置的检查；工程材料、半成品、构配件报验的签认；检查进场的主要施工设备；审查主要分部（分项）工程施工方案。

8）审查现场开工条件，签发开工报告。

（2）施工过程的质量控制。

施工过程是指施工开工后、竣工验收前的阶段。

1）施工过程质量控制方法。利用施工文件控制。其内容主要包括：对承包单位的技术文件的审查；下达指令性文件，包括监理通知、工程暂停令等；审核作业指导书，包括施工组织设计、施工方案、各专业作业指导书。每一分项工程开始实施前均要进行技术交底，其主要包括：施工方法、质量要求、验收标准、施工过程中注意的问题，可能出现的意外情况及应采取的措施与应急方案。

应用支付手段控制。应用支付手段控制支付证明书需由监理工程师开具。

现场监理的方法。其包括现场巡视、旁站监理、平行检验和见证取样及送检见证试验。旁站监理是指监理人员在房屋建筑工程施工阶段中，对房屋建筑工程关键部位、关键工序的施工质量实施全过程现场跟班的监督活动。旁站监理人员的主要职责：检查装饰施工单位现场质检人员到岗、特殊工种人员持证上岗以及施工机械、装修材料准备情况；在现场跟班监督关键部位、关键工序的施工执行方案以及执行强制性标准情况；检查进场装修材料、构配件、设备的质量检验；做好旁站监理记录和监理日记，保存旁站监理原始资料。

现场质量检查的手段。现场质量检查的手段主要包括：目测法（看、摸、敲、照）、量测法（靠、吊、量、套）及试验法（力学性能试验、物理性能试验、化学性能试验、无损测试等）。

2）施工质量预控。施工质量预控是指工程建设项目施工活动前的质量控制。其内容主要包括：质量控制点的设置；作业指导书的审查；测量器具精度与实验室条件的控制；劳动组织与施工人员资格控制。

质量控制点是指为了保证作业过程质量而确定的重点控制对象、关键部位或薄弱环节。设置质量控制点是保证达到施工质量要求的必要前提，监理工程师在拟订质量控制工作计划时，应予以详细考虑，并以制度来保证落实。对于质量控制点，一要事先分析可能造成质量问题的原因，再针对原因制定对策和措施进行预控。质量控制点有见证点、停止点、旁站点等。

控制点选择的一般原则。应当选择那些保证质量难度大的、对质量影响大的或者是发生质量问题时危害大的对象作为质量控制点。施工过程中的关键工序或环节以及隐蔽工程；施工中的薄弱环节，或质量不稳定的工序、部位或对象；对后续工程施工或对后续工序质量或安全有重大影响的工序、部位或对象；采用新技术、新工艺、新材料的部位或环节；施工上无足够把握的、施工条件困难的或技术难度大的工序或环节。是否设置为质量控制点，主要是视其对质量特性影响的大小、危害程度及其质量保证的难度大小而定。

3）作为质量控制点重点控制的对象。人的行为，对某些作业或操作，应以人为重点进行控制；物的质量与性能，施工设备和材料是直接影响工程质量和安全的主要因素，对某些工程尤为重要，常作为控制的重点；关键的操作；施工技术参数；施工顺序；技术间歇；新工艺、新技术、新材料的应用；产品质量不稳定、不合格率较高及易发生质量通病的工序应列为重点，仔细分析、严格控制；工程变更控制；工地例会管理；停工令、复工令的应用。

4）施工质量结果的质量控制。监理工程师对施工质量结果的质量控制工作包括：基槽（基坑）验收；隐蔽验收；工序交接；检验批、分项、分部工程验收；单位工程或整个工程项目的竣工验收；初验、工程质量评估报告。

（3）竣工验收阶段的质量控制。工程建设项目施工质量验收，是在施工单位自行质量检查评定的基础上，参与建设活动的有关单位共同对工程施工质量进行抽样复验，根据相关标准以书面形式对工程质量达到合格与否作出确认。

工程施工质量验收包括工程过程的中间验收和工程的竣工验收两个方面。中间验收是指分项工程、分部工程施工过程产品（中间产品、半成品）的验收。竣工验收是指单位工程全部完工的成品验收。

工程建设产品体量庞大，成品建造过程持续时间长，因此，加强对其形成过程产品的分项、分部验收是控制工程质量的关键。竣工验收则是在此基础上的最终检查验收，是工程交付使用前最后把住质量关的重要环节。

1）建筑工程质量验收的划分。建筑工程质量验收应划分为单位（子单位）工程、分部（子分部）工程、分项工程和检验批。

具备独立施工条件并能形成独立使用功能的建筑物及构筑物为一个单位工程。建筑规模较大的单位工程，可将其能形成独立使用功能的部分作为一个子单位工程。

分部工程的划分应按专业性质、建筑部位确定，共划分为十个分部。当分部工程较大或较复杂时，可按材料种类、施工特点、施工程序、专业系统及类别等划分为若干子分部工程。

分项工程应按主要工种、材料、施工工艺、设备类别等进行划分。

检验批是按统一的生产条件或按规定的方式汇总起来供检验用的、由一定数量样本组成的检验体。检验批可根据施工及质量控制和专业验收需要按楼层、施工段、变形缝等进行划分。检验批是工程验收的最小单位，是分项工程乃至整个建筑工程质量验收的基础。分项工程可由一个或若干个检验批组成。

2）工程建设施工质量验收的组织和程序：

a. 检验批及分项工程由专业监理工程师组织施工单位项目专业质量（技术）负责人等进行验收。

b. 分部工程由总监理工程师组织施工单位项目负责人和技术、质量负责人等进行验收；地基与基础、主体结构分部工程的勘察、设计单位工程项目负责人和施工单位技术、质量部门负责人也应参加相关分部工程的验收。

c. 单位工程完工后，施工单位应自行组织有关人员进行检查评定，并向建设单位提交工程验收报告。

d. 建设单位收到工程验收报告后，应由建设单位负责人组织施工（含分包单位），设计、监理等单位负责人进行单位（子单位）工程验收。

e. 单位工程有分包单位施工时，分包单位对所承包的工程项目按规定程序检查评定，总包单位应派人参加。分包工程完成后，应将工程资料交给总包单位。

f. 当参加验收的各方对工程质量验收意见不一致时，可请当地住房城乡建设主管部门或工程质量监督机构协调处理。

g. 单位工程质量验收合格后，建设单位应在 15 日内将工程竣工验收报告和有关文件报建设行政主管部门备案。工程质量监督机构应当在工程竣工验收之日起 5 日内，向备案机关提交工程质量监督报告。

3）工程建设施工质量验收的基本规定。工程建设施工质量验收应符合下列规定：

a. 施工现场质量管理应有相应的施工技术标准、健全的质量管理体系、施工质量检验制度和综合施工质量水平评定考核制度。

施工现场质量管理应按要求进行检查记录，总监理工程师应进行检查，并作出检查结论。

b. 建筑工程采用的主要材料、半成品、成品、建筑构配件、工器具和设备应进行现场验收。凡涉及安全、功能的有关产品，应按各专业工程质量验收规范、规定进行复验，并应经监理工程师检查认可。

c. 各工序应按施工技术标准进行质量控制，每道工序完成后应进行检查。相关各专业工种之间应进行交接检验，并形成记录。未经监理工程师检查认可，不得进行下道工序施工。

4）工程建设施工质量验收要求。建筑工程施工质量应按下列要求进行验收：建筑工程施工质量应符合验收标准和相关专业验收规范的规定；建筑工程施工应符合工程勘察、设计文件的要求；参加工程施工质量验收的各方人员应具备规定的资格；工程质量验收均应在施工单位自行检查评定的基础上进行；隐蔽工程在隐蔽前应由施工单位通知有关单位进行验收，并应形成验收文件；涉及结构安全的试块、试件以及有关材料，应按规定进行见证取样检测；检验批的质量应按主控项目和一般项目验收；对涉及结构安全和使用功能的重要分部工程应进行抽样检测；承担见证取样检测及有关结构安全检测的单位应具有相应的资质；工程的观感质量应由验收人员通过现场检查，并应共同确认。

5）建筑工程施工质量验收内容。建筑工程施工质量验收按照不同层次逐级进行验收。

6）工程质量验收不符合要求的处理。验收中对达不到规范要求的应按下列规定处理：经返工重做或更换器具、设备的检验批，应重新进行验收；经有资质的检测单位检测鉴定能够达到设计要求的检验批，应予以验收；经有资质的检测单位检测鉴定达不到设计要求，但经原设计单位核算认可能够满足结构安全和使用功能的检验批，可予以验收；经返修或加固处理的分项、分部工程，虽然改变外形尺寸但仍能满足安全使用要求，可按技术处理方案和协商文件进行验收；通过返修或加固处理仍然不能满足安全使用的严禁验收。

4.5.3.9 工程施工质量验收

工程施工质量验收是指工程施工质量在施工单位自行检查评定合格的基础上，由工程质量验收责任方组织，工程建设相关单位参加，对检验批、分项、分部、单位工程及其隐蔽工程的质量进行抽样检验，对技术文件进行审核，并根据设计文件和相关标准以书面形式对工程质量是否达到合格作出确认。工程施工质量验收包括工程施工过程质量验收和竣工质量验收，是工程质量控制的重要环节。

（1）工程施工质量验收层次划分及目的。

1）施工质量验收层次划分。随着我国经济发展和施工技术的进步，工程建设规模不断扩大，技术复杂程度越来越高，出现了大量工程规模较大的单体工程和具有综合使用功能的综合性建筑物。由于大型单体工程可能在功能或结构上由若干个单体组成，且整个建设周期较长，可能出现已建成可使用的部分单体需先投入使用，或先将工程中一部分提前建成使用等情况，需要进行分段验收，再加之对规模特别大的工程进行一次验收也不方便等，因此标准规定，可将此类工程划分为若干个子单位工程进行验收。同时，为了更加科学地评价工程施工质量和有利于对其进行验收，根据工程特点，按结构分解的原则将单位或子单位工程又划分为若干个分部工程。在分部工程中，按相近工作内容和系统又划分为若干个子分部工程。每个分部工程或子分部工程又可划分为若干个分项工程。每个分项工程中又可划分为若干个检验批。

2）施工质量验收层次划分目的。工程施工质量验收涉及工程施工过程质量验收和竣工质量验收，是工程施工质量控制的重要环节。根据工程特点，按项目层次分解的原则合理划分工程施工质量验收层次，将有利于对工程施工质量进行过程控制和阶段质量验收，特别是不同专业工程的验收批的确定，将直接影响到工程施工质量验收工作的科学性、经济性、实用性和可操作性。因此，对施工质量验收层次进行合理划分非常必要，这有利于工程施工质量的过程控制和最终把关，确保工程质量符合有关标准。

（2）工程施工质量验收规定。

1）检验批质量验收程序。检验批是工程施工质量验收的最小单位，是分项工程乃至整个建筑工程质量验收的基础。检验批质量验收应由专业监理工程师组织施工单位项目专业质量检查员、专业工长等进行。

验收前，施工单位应先对施工完成的检验批进行自检，合格后由项目专业质量检查员填写《检验批质量验收记录》及检验批报审、报验表，并报送项目监理机构申请验收；专业监理工程师对施工单位所报资料进行审查，并组织相关人员到验收现场进行主控项目和一般项目的实体检查、验收。对验收不合格的检验批，专业监理工程师应要求施工单位进行整改，并自检合格后予以复验；对验收合格的检验批，专业监理工程师应签认检验批报审、报验表及质量验收记录，准许进行下道工序施工。

2）检验批质量验收合格的规定。

a. 主控项目。主控项目的质量指标是必须达到的要求，是保证工程安全和使用功能的重要检验项目，是对安全、卫生、环境保护和公众利益起决定性作用的检验项目，是确定该检验批主要性能的检验项目。主控项目中所有子项必须全部符合各专业验收规范规定的质量指标，方能判定该主控项目质量合格。反之，只要其中某一子项甚至某一抽查样本检验后达不到要求，即可判定该检验批质量为不合格，则该检验批拒收。换言之，主控项目中某一子项甚至某一抽查样本的检查结果若为不合格时，即行使对检验批质量的否决权。

b. 一般项目。一般项目是指除主控项目以外，对检验批质量有影响的检验项目。当其中缺陷（指超过规定质量指标的缺陷）的数量超过规定的比例，或样本的缺陷程度超过规定的限度后，对检验批质量会产生影响。

3）具有完整的施工操作依据、质量检查记录。质量控制资料反映了检验批从原材料到最终验收的各施工工序的操作依据、检查情况以及保证质量所必需的管理制度等。对其完整性的检查，实际是对过程控制的确认，这是检验批合格的前提。

（3）隐蔽工程质量验收。隐蔽工程是指在下道工序施工后将被覆盖或掩盖，不易进行质量检查的工程，如钢筋混凝土工程中的钢筋工程、地基与基础工程中的混凝土基础和桩基础等。因此，隐蔽工程完成后，在被覆盖或掩盖前必须进行隐蔽工程质量验收。隐蔽工程可能是一个检验批，也可能是一个分项工程或子分部工程，所以，可按检验批或分项工程、子分部工程进行验收。

如隐蔽工程为检验批时，其质量验收应由专业监理工程师组织施工单位项目专业质量检查员、专业工长等进行。

施工单位应对隐蔽工程质量进行自检，合格后填写隐蔽工程质量验收记录及隐蔽工程报审、报验表，并报送项目监理机构申请验收；专业监理工程师对施工单位所报资料进行审查，并组织相关人员到验收现场进行实体检查、验收，同时，应留有照片、影像等资料。对验收不合格的工程，专业监理工程师应要求施工单位进行整改，自检合格后予以复查；对验收合格的工程，专业监理工程师应签认隐蔽工程报审、报验表及质量验收记录，准予进行下一道工序施工。

钢筋隐蔽工程验收的内容：纵向受力钢筋的品种、级别、规格、数量和位置等；钢筋的连接方式、接头位置、接头数量、接头面积百分率等；箍筋、横向钢筋的品种、规格、数量、间距等；预埋件的规格、数量、位置等。

检查要点：检查产品合格证、出厂检验报告和进场复验报告；检查钢筋力学性能试验报告；检查钢筋隐蔽工程质量验收记录；检查钢筋安装实物工程质量。

隐蔽工程质量验收监理工作程序如图 4.27 所示。

（4）分项工程质量验收。

1）分项工程质量验收程序。分项工程质量验收应由专业监理工程师组织施工单位项目技术负责人等进行。

验收前，施工单位应先对施工完成的分项工程进行自检，合格后填写《分项工程质量验收记录》及分项工程报审、报验表，并报送项目监理机构申请验收。专业监理工程师对施工单位所报资料逐项进行审查，符合要求后签认分项工程报审、报验表及质量验收记录。

2）分项工程质量验收合格的规定。分项工程所含检验批的质量均应验收合格；分项工程所含检验批的质量验收记录应完整。

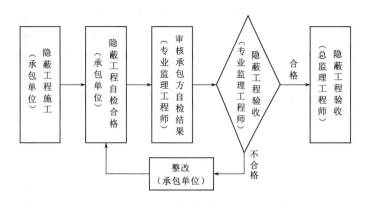

图 4.27 隐蔽工程质量验收监理工作程序

分项工程的验收是在检验批的基础上进行的。一般情况下，检验批和分项工程两者具有相同或相近的性质，只是批量的大小不同而已，将有关的检验批汇集构成分项工程。

实际上，分项工程质量验收是一个汇总统计的过程，并无新的内容和要求。分项工程质量验收合格条件比较简单，只要构成分项工程的各检验批的质量验收资料完整，并且均已验收合格，则分项工程质量验收合格。因此，在分项工程质量验收时应注意以下三点：核对检验批的部位、区段是否全部覆盖分项工程的范围，有没有缺漏的部位没有验收到；一些在检验批中无法检验的项目，在分项工程中直接验收。如砖砌体工程中的全高垂直度、砂浆强度的评定；检验批验收记录的内容及签字人是否正确、齐全。

分项工程质量验收监理工作程序如图 4.28 所示。

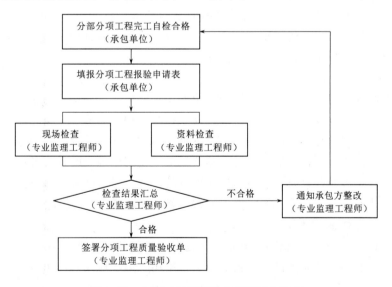

图 4.28 分项工程质量验收监理工作程序

（5）分部工程的验收。

1）分部（子分部）工程质量验收程序。分部（子分部）工程质量验收应由总监理工程师组织施工单位项目负责人和项目技术、质量负责人等进行。由于地基与基础、主体结构工程要求严格、技术性强，关系到整个工程的安全，为严把质量关，规定勘察、设计单位项目负责人和施工单位技术、质量负责人应参加地基与基础分部工程的验收。设计单位项目负责人和施工单位技术、质量负责人应参加主体结构、节能分部工程的验收。

验收前，施工单位应先对施工完成的分部工程进行自检，合格后填写《分部工程质量验收记录》及《分部工程报验表》，并报送项目监理机构申请验收。总监理工程师应组织相关人员进行检查、验收，对验收不合格的分部工程，应要求施工单位进行整改，自检合格后予以复查。对验收合格的分部工程，应签认分部工程报验表及验收记录。

2）分部（子分部）工程所含分项工程的质量验收要求。分部（子分部）工程所含分项工程的质量均应验收合格。实际验收中，这项内容也是一项统计工作。在做这项工作时应注意以下三点：①检查每个分项工程验收是否正确；②注意查对所含分项工程，有没有漏、缺的分项工程没有归纳进来，或是没有进行验收；③注意检查分项工程的资料是否完整，每个验收资料的内容是否有缺漏项，以及各分项工程验收人员的签字是否齐全及符合规定。

3）质量控制资料完整性要求。质量控制资料完整是工程质量合格的重要条件，在分部工程质量验收时，应根据各专业工程质量验收规范的规定，对质量控制资料进行系统地检查，着重检查资料的齐全、项目的完整、内容的准确和签署的规范。

质量控制资料检查实际也是统计、归纳工作，主要包括以下三个方面的资料：①核查和归纳各检验批的验收记录资料，查对其是否完整，有些龄期要求较长的检测资料，在分项工程验收时，尚不能及时提供，应在分部（子分部）工程验收时进行补查；②检验批验收时，要求检验批资料准确完整后，方能对其开展验收，对在施工中质量不符合要求的检验批、分项工程按有关规定进行处理后的资料归档审核；③注意核对各种资料的内容、数据及验收人员签字的规范性，对于建筑材料的复验范围，各专业验收规范都做了具体规定，检验时按产品标准规定的组批规则、抽样数量、检验项目进行，但有的规范另有不同要求，这一点在质量控制资料核查时需引起注意。

4）分部工程安全及功能的检验和抽样检测有关规定。这项验收内容，包括安全检测资料与功能检测资料两部分。涉及结构安全及使用功能检验（检测）的要求，应按设计文件及各专业工程质量验收规范中所作的具体规定执行。抽测其检测项目在各专业质量验收规范中已有明确规定，在验收时应注意以下三个方面的工作：①检查各规范中规定的检测的项目是否都进行了验收，不能进行检测的项目应该说明原因；②检查各项检测记录（报告）的内容、数据是否符合要求，包括检测项目的内容，所遵循的检测方法标准、检测结果的数据是否达到规定的标准；③核查资料的检测程序、有关取样人、检测人、审核人、试验负责人以及公章签字是否齐全等。

5）观感质量验收要求。观感质量验收是指在分部工程所含的分项工程完成后，在前三项检查的基础上，对已完工部分工程的质量，采用目测、触摸和简单量测等方法所进行的一种宏观检查方式。

分部（子分部）工程观感质量验收，其检查的内容和质量指标已包含在各个分项工程内。对分部工程进行观感质量检查和验收，并不增加新的项目，只不过是转换一下视角，采用一种更直观、便捷、快速的方法，对工程质量从外观上做一次重复的、扩大的、全面的检查，这是由建筑施工特点所决定的。

在进行质量检查时，注意一定要在现场将工程的各个部位全部看到，能操作的应实地操作，观察其方便性、灵活性或有效性等；能打开观察的应打开观察，全面检查分部（子分部）工程的质量。

观感质量验收并不给出"合格"或"不合格"的结论，而是给出"好""一般""差"的总体评价：所谓"好"，是指在质量符合验收规范的基础上，能达到精致、流畅、匀净的要求，精度控制好；所谓"一般"，是指经观感质量检验能符合验收规范的要求；所谓"差"，是指勉强达到验收规范的要求，但质量不够稳定，离散性较大，给人以粗疏的印象。

观感质量验收中若发现有影响安全、功能的缺陷，有超过偏差限值，或明显影响观感效果的缺陷，不能评价，应处理后再进行验收。

评价时，施工企业应先自行检查合格后，由监理单位来验收，参加评价的人员应具有相应的资格，由总监理工程师组织，不少于三位监理工程师来检查，在听取其他参加人员的意见后，共同作出评价，但总监理工程师的意见应为主导意见。在做评价时，可分项目逐点评价，也可按项目进行大的方面的综合评价，最后对分部（子分部）作出评价。

分部工程质量验收程序如图 4.29 所示。

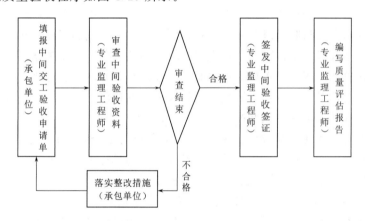

图 4.29 分部工程质量验收程序

（6）单位工程质量验收。单位工程质量验收也称质量竣工验收，是建筑工程投入使用前的最后一次验收，也是最重要的一次验收。验收合格的条件有以下五个：

1）单位（子单位）工程所含分部（子分部）工程的质量均应验收合格。这项工作，总承包单位应事先进行认真准备，将所有分部、子分部工程质量验收的记录表及时进行收集整理，并列出目次表，依序将其装订成册。在核查及整理过程中，应注意以下三点：①核查各分部工程中所含的子分部工程是否齐全；②核查各分部、子分部工程质量验收记录表的质量评价是否完善，如分部、子分部工程质量的综合评价，质量控制资料的评价，地基与基础、主体结构和设备安装分部、子分部工程的有关安全及功能的检测和抽测项目的检测记录，以及分部、子分部观感质量的评价等；③核查分部、子分部工程质量验收记录表的验收人员是否是规定的有相应资质的技术人员，并进行评价和签认。

2）单位（子单位）工程质量验收、质量控制资料应完整。建筑工程质量控制资料是反映建筑工程施工过程中各个环节工程质量状况的基本数据和原始记录，反映完工项目的测试结果和记录。这些资料是反映工程质量的客观见证，是评价工程质量的主要依据。工程质量资料是工程的"合格证"和技术的"证明书"。

单位（子单位）工程质量验收、质量控制资料应完整，总承包单位应将各分部（子分部）工程应有的质量控制资料进行核查。图纸会审及变更记录，定位测量放线记录，施工操作依据，原材料、构配件等质量证书，按规定进行检验的检测报告，隐蔽工程验收记录，施工中的有关施工试验、测试、检验，以及抽样检测项目的检测报告等，由总监理工程师进行核查确认，可按单位工程所包含的分部、子分部分别核查，也可综合抽查。其目的是强调对建筑结构、设备性能、使用功能方面等主要技术性能的检验。

由于每个工程的具体情况不一，因此资料是否完整，要视工程特点和已有资料的情况而定。总之，有一点是验收人员应掌握的，即看其是否可以反映工程的结构安全和使用功能，是否达到设计要求。如果资料能保证该工程结构安全和使用功能，能达到设计要求，则可认为是完整的。否则，不能判定为完整。

3）单位（子单位）工程所含分部工程有关安全和功能的检测资料应完整。在分部、子分部工程中提出了一些检测项目，在分部、子分部工程检查和验收时，应进行检测来保证和验证工程的综合质量和最终质量。这种检测（检验）应由施工单位来进行，检测过程中可请监理工程师或建设单位有关负责人参加监督检测工作，达到要求后，形成检测记录并签字认可。在单位工程、子单位工程验收时，监理工程师应对各分部、子分部工程应检测的项目进行核对，对检测资料的数量、数据及使用的检测方法、检测标准、检测程序进行核查，并核查有关人员的签认情况等。

这种对涉及安全和使用功能的分部工程检验资料的复查，不仅要全面检查其完整性（不得有漏检缺项），而且对分部工程验收时补充进行的见证抽样检验报告也要复核。这种强化验收的手段体现了对安全和主要使用功能的重视。

4）主要功能项目的抽查结果应符合相关专业质量验收规范的规定。使用功能的检查是对建筑工程和设备安装工程最终质量的综合检验，也是用户最为关心的内容。因此，在分项、分部工程验收合格的基础上，竣工验收时再做全面检查。通常主要功能抽测项目应为有关项目最终的综合性的使用功能。

抽查项目是在检查资料文件的基础上由参加验收的各方人员商定，并用计量、计数的抽样方法确定检查部位。检查要求按有关专业工程施工质量验收标准的要求进行。

5）观感质量验收应符合要求。单位工程观感质量的验收方法和内容与分部、子分部工程的观感质量评价一样，只是分部、子分部工程的范围小一些而已，一些分部、子分部工程的观感质量，可能在单位工程检查时已经看不到了。所以单位工程的观感质量更宏观一些。其内容按各有关检验批的主控项目、一般项目有关内容综合掌握，给出"好""一般""差"的评价。

典型案例【D4-9】

某大型商业建筑工程项目，主体建筑物 10 层。在主体工程进行到第二层时，该层的100 根钢筋混凝土柱已浇注完成并拆模后，监理人员发现混凝土外观质量不良，表面疏松，怀疑其混凝土强度不够（设计要求混凝土抗压强度达到 C18 的等级），于是要求承包商出示有关混凝土质量的检验与试验资料和其他证明材料。承包商向监理单位出示其对 9 根柱施工时混凝土抽样检验和试验结果，表明混凝土抗压强度值（28 天强度）全部达到或超过 C18 的设计要求，其中最大值达到了 C30 即 30 MPa。

问题：

（1）作为监理工程师应如何判断承包商这批混凝土结构施工质量是否达到了要求？

（2）如果监理方组织复核性检验结果证明该批混凝土全部未达到 C18 的设计要求，其中最小值仅有 8MPa 即仅达到 C8，应采取什么处理决定？

（3）如果承包商承认他所提交的混凝土检验和试验结果不是按照混凝土检验和试验规程及规定在现场抽取试样进行试验的，而是在试验室内按照设计提出的最优配合比进行配制和制取试件后进行试验的结果。对于这起质量事故，监理单位应承担什么责任？承包方应承担什么责任？

（4）如果查明发生的这起质量事故主要是由于业主提供的水泥质量问题导致混凝土强度不足，而且在业主采购及向承包商提供这批水泥时，均未向监理方咨询和提供有关信息，协助监理方掌握材料质量和信息。虽然监理方与承包商都按规定对业主提供的材料进行了进货抽样检验，并根据检验结果确认其合格而接受。在这种情况下，业主及监理单位应当承担什么责任？

分析如下：

（1）作为监理工程师为了准确判断混凝土的质量是否合格，应当在有承包方在场的情况下组织自身检验力量或聘请有权威性的第三方检测机构，或是承包商在监理方的监督下，对第二层主体结构的钢筋混凝土柱，用钻取混凝土芯的方法，钻取试件再分别进行抗压强度试验，取得混凝土强度的数据，进行分析鉴定。

（2）采取全部返工重做的处理决定，以保证主体结构的质量。承包方应承担为此所付出的全部费用。

（3）承包方不按合同标准规范与设计要求进行施工和质量检验与试验，应承担工程质量责任，承担返工处理的一切有关费用和工期损失责任。监理单位未能按照建设部有关规定实行见证取样，认真、严格地对承包方的混凝土施工和检验工作进行监督、控制，使施工单位的施工质量得不到严格的、及时的控制和发现，以致出现严重的质量问题，造成重大经济损失和工期拖延，属于严重失误，监理单位应承担不可推卸的间接责任，并应按合同的约定课以罚金。

（4）业主向承包商提供了质量不合格的水泥，导致出现严重的混凝土质量问题，业主应承担其质量责任，承担质量处理的一切费用并给承包商延长工期。监理单位及施工单位都按规定对水泥等材料质量和施工质量进行了抽样检验和试验，不承担质量责任。

典型案例【D4 - 10】

某实施监理的工程，工程实施过程中发生以下事件：

事件 1：专业监理工程师在熟悉图纸时发现，基础工程部分设计内容不符合国家有关工程质量标准和规范。总监理工程师随即致函设计单位要求改正并提出更改建议方案。设计单位研究后，口头同意了总监理工程师的更改方案，总监理工程师随即将更改的内容写入监理通知单,通知甲施工单位执行。

事件 2:甲施工单位组织工程竣工预验收后,向项目监理机构提交了工程竣工报验单。项目监理机构组织工程竣工验收后,向建设单位提交了工程质量评估报告。

问题:

(1) 请指出事件 1 中总监理工程师上述行为的不妥之处并说明理由。总监理工程师应如何正确处理?

(2) 指出事件 2 中的不妥之处,写出正确做法。

分析如下:

(1) 事件 1 中总监理工程师的行为有下列不妥之处:

1) 总监理工程师直接致函设计单位不妥。

理由:违反《建设工程质量管理条例》第二十八条规定。

正确做法:发现问题应向建设单位报告,由建设单位向设计单位提出更改要求。

2) 总监理工程师在取得设计变更前签发变更指令不妥。

理由:违反了《建设工程监理规范》(GB/T 50319—2013)中工程变更处理程序。

正确做法:取得设计变更文件后,总监理工程师应结合实际情况对变更费用和工期进行评估,并就评估情况和建设单位、施工单位协调后签发变更指令。

3) 总监理工程师进行设计变更不妥。

理由:违反了《建设工程质量管理条例》第二十八条规定。

正确做法:总监理工程师应组织专业监理工程师对变更要求进行审查、通过后报建设单位转交设计单位,当变更涉及安全、环保等内容时,应经有关部门审定。

(2) 甲施工单位组织工程竣工预验收不妥。工程竣工预验收应由项目监理机构组织。

项目监理机构组织工程竣工验收不妥。工程竣工验收应由建设单位(或验收委员会)组织。

项目监理机构在工程竣工验收后向建设单位提交工程质量评估报告不妥。项目监理机构应在工程竣工验收前向建设单位提交工程质量评估报告。

单位工程质量验收程序如图 4.30 所示。

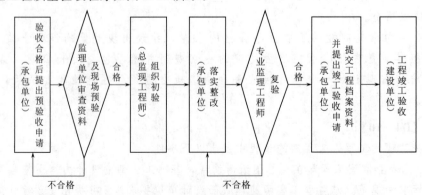

图 4.30 单位工程质量验收程序

4.5.4 建设工程合同管理工作

监理企业在工程建设监理过程中的合同管理，主要是根据监理合同的要求对工程承包合同的签订、履行、变更和解除进行监督、检查，对合同双方的争议进行调解和处理，以保证合同的依法签订和全面履行。

合同管理对于监理企业完成监理任务是非常重要的。根据国外经验，合同管理产生的经济效益往往大于技术优化所产生的经济效益。一项工程合同，应当对参与建设项目的各方建设行为起到控制作用，同时，具体指导这项工程如何操作完成。所以，从这个意义上讲，合同管理起着控制整个项目实施的作用。监理工程师在合同管理中应当着重于合同分析、建立合同目录、编码和档案、对合同履行的监督、检查和索赔几个方面的工作。合同管理直接关系着投资、进度、质量控制，是工程建设监理方法系统中不可分割的组成部分。

4.5.4.1 建设工程施工合同的概念

建设工程施工合同是发包人与承包人就完成具体工程项目的建筑施工、设备安装、设备调试、工程保修等工作内容，确定双方权利和义务的协议。施工合同是建设工程合同的一种，它与其他建设工程合同一样是双务、有偿合同，在订立时应遵守自愿、公平、诚实信用等原则。

建设工程施工合同是建设工程的主要合同之一，其标的是将设计图纸变为满足功能、质量、进度、造价等发包人投资预期目的的建筑产品。

作为施工合同的当事人，业主和承包商必须具备签订合同的资格和履行合同的能力。对业主而言，必须具备相应的组织协调能力，实施对合同范围内的工程项目建设的管理；对承包商而言，必须具备有关部门核定的资质等级，并持有营业执照等证明文件。

建设工程合同管理总工作程序如图 4.31 所示。

4.5.4.2 建设施工合同的特点

（1）合同标的的特殊性。施工合同的标的是各类建筑产品，建筑产品是不动产，建造过程中往往受到各种因素的影响。这就决定了每个施工合同的标的物不同于工厂批量生产的产品，具有单件性的特点。所谓"单件性"，是指不同地点建造的相同类型和级别的建筑，施工过程中所遇到的情况不尽相同，在甲工程施工中遇到的困难在乙工程不一定发生，而在乙工程施工中可能出现甲工程没有发生过的问题。这就决定了每个施工合同的标的都是特殊的，相互间具有不可替代性。

（2）合同履行期限的长期性。由于建筑产品体积庞大、结构复杂、施工周期较长，施工工期少则几个月，一般都是几年甚至十几年，在合同实施过程中不确定影响因素多，受外界自然条件影响大，合同双方承担的风险高，当主观和客观情况变化时，就有可能造成施工合同的变化，因此，施工合同的变更较频繁，施工合同争议和纠纷也比较多。

（3）合同内容的多样性和复杂性。与大多数合同相比较，施工合同的履行期限长、标的额大，涉及的法律关系则包括劳动关系、保险关系、运输关系、购销关系等，具有多样性和复杂性。这就要求施工合同的条款应当尽量详尽。

（4）合同管理的严格性。合同管理的严格性主要体现在：对合同签订管理的严格性；对合同履行管理的严格性；对合同主体管理的严格性。

施工合同的这些特点，使得施工合同无论在合同文本结构，还是合同内容上，都要反

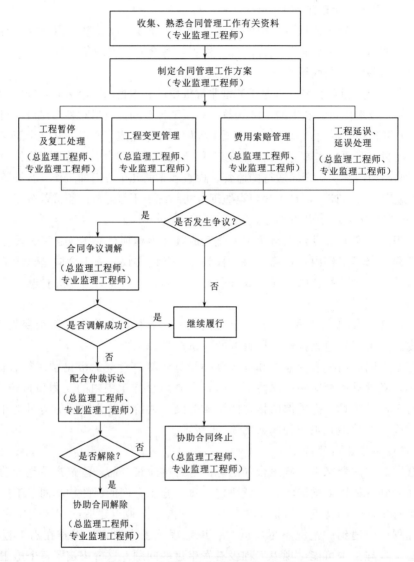

图 4.31 建设工程合同管理总工作程序

映适应其特点，符合工程项目建设客观规律的内在要求，以保护施工合同当事人的合法权益，促使当事人严格履行自己的义务和职责，提高工程项目的综合社会、经济效益。

4.5.4.3 建设工程施工进度中的合同管理工作

（1）合同进度计划的动态管理。为了保证实际施工过程中承包人能够按计划施工，监理人通过协调保障承包人的施工不受到外部或其他承包人的干扰，对已确定的施工计划要进行动态管理。标准施工合同的通用条款规定，不论何种原因造成工程的实际进度与合同进度计划不符，包括实际进度超前或滞后于计划进度，均应修订合同进度计划，以使进度计划具有实际的管理和控制作用。

承包人可以主动向监理人提交修订合同进度计划的申请报告，并附有关措施和相关资料，报监理人审批；监理人也可以向承包人发出修订合同进度计划的指示，承包人应按该指示修订合同进度计划后报监理人审批。

监理人应在专用合同条款约定的期限内予以批复。如果修订的合同进度计划对竣工时间有较大影响或需要补偿额超过监理人独立确定的范围时，在批复前应取得发包人同意。

（2）可以顺延合同工期的情况。

1）发包人原因延长合同工期。通用条款中明确规定，由于发包人原因导致的延误，承包人有权获得工期顺延和（或）费用加利润补偿的情况包括：增加合同工作内容；改变合同中任何一项工作的质量要求或其他特性；发包人拖延提供材料、工程设备或变更交货地点；因发包人原因导致的暂停施工；提供图纸延误；未按合同约定及时支付预付款、进度款；发包人造成工期延误的其他原因。

2）异常恶劣的气候条件原因的延长合同工期。异常恶劣的气候条件是指在施工过程中遇到的，有经验的承包人在签订合同时不可预见的，对合同履行造成实质性影响的，但尚未构成不可抗力事件的恶劣气候条件。合同当事人可以在专用合同条款中约定异常恶劣的气候条件的具体情形。承包人应采取克服异常恶劣的气候条件的合理措施继续施工，并及时通知发包人和监理人。监理人经发包人同意后应当及时发出指示，指示构成变更的，按相关的变更约定办理。承包人因采取合理措施而增加的费用和（或）延误的工期由发包人承担。

3）承包人原因的延长合同工期。未能按合同进度计划完成工作时，承包人应采取措施加快进度，并承担加快进度所增加的费用。由于承包人原因造成工期延误，承包人应支付逾期竣工违约金。

订立合同时，应在专用条款内约定逾期竣工违约金的计算方法和逾期违约金的最高限额。专用条款说明中建议，违约金计算方法约定的日拖期赔偿额，可采用每天为多少钱或每天为签约合同价的千分之几；最高赔偿限额为签约合同价的3%。

（3）暂停施工的情况。

1）发包人原因引起的暂停施工。因发包人原因引起暂停施工的，监理人经发包人同意后，应及时下达暂停施工指示。情况紧急且监理人未及时下达暂停施工指示的，按照"紧急情况下的暂停施工"执行。

因发包人原因引起的暂停施工，发包人应承担由此增加的费用和（或）延误的工期，并支付承包人合理的利润。

2）承包人原因引起的暂停施工。因承包人原因引起的暂停施工，承包人应承担由此增加的费用和（或）延误的工期，且承包人在收到监理人复工指示后84天内仍未复工的，视为承包人无法继续履行合同的情形处理。

3）指示原因引起的暂停施工。监理人认为有必要并经发包人批准后，可向承包人作出暂停施工的指示，承包人应按监理人指示暂停施工。

4）紧急情况下的暂停施工。因紧急情况需暂停施工，且监理人未及时下达暂停施工指示的，承包人可先暂停施工，并及时通知监理人。监理人应在接到通知后24小时内发出指示，逾期未发出指示，视为同意承包人暂停施工。监理人不同意承包人暂停施工的，应说明理由，承包人对监理人的答复有异议按"争议解决"的相关约定处理。

5）暂停施工后的复工。暂停施工后，发包人和承包人应采取有效措施积极消除暂停施工的影响。在工程复工前，监理人会同发包人和承包人确定因暂停施工造成的损失，并确定工程复工条件。当工程具备复工条件时，监理人应经发包人批准后向承包人发出复工通知，承包人应按照复工通知要求复工。

承包人无故拖延和拒绝复工的，承包人承担由此增加的费用和（或）延误的工期；因发包人原因无法按时复工的，按照"因发包人原因导致工期延误"的相关约定办理。

6）暂停施工期间的工程照管。暂停施工期间，承包人应负责妥善照管工程并提供安全保障，由此增加的费用由责任方承担。

7）暂停施工的措施。暂停施工期间，发包人和承包人均应采取必要的措施确保工程质量及安全，防止因暂停施工扩大损失。

工程暂停及复工处理流程如图 4.32 所示。

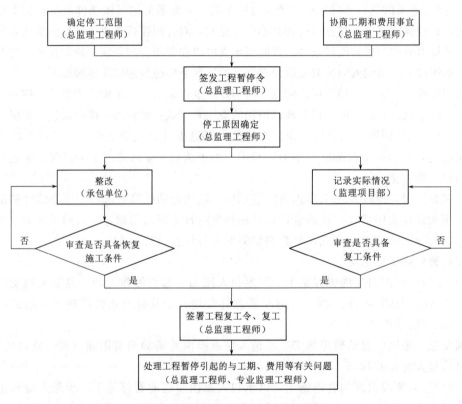

图 4.32　工程暂停及复工处理流程

（4）提前竣工的情况。

1）发包人要求承包人提前竣工的，发包人应通过监理人向承包人下达提前竣工指示，承包人应向发包人和监理人提交提前竣工建议书，提前竣工建议书应包括实施的方案、缩短的时间、增加的合同价格等内容。发包人接受该提前竣工建议书的，监理人应与发包人和承包人协商采取加快工程进度的措施，并修订施工进度计划，由此增加的费用由发包人承担。承包人认为提前竣工指示无法执行的，应向监理人和发包人提出书面异议，发包人和监理人应在收到异议后 7 天内予以答复。任何情况下，发包人不得压缩合理工期。

2) 发包人要求承包人提前竣工，或承包人提出提前竣工的建议能够给发包人带来效益的，合同当事人可以在专用合同条款中约定提前竣工的奖励。

典型案例【D4-11】

监理单位承担了某工程的施工阶段监理任务，该工程由甲施工单位总承包。甲施工单位选择了经建设单位同意并经监理单位进行资质审查合格的乙施工单位作为分包。施工过程中发生了以下事件：

事件1：施工过程中，专业监理工程师发现乙施工单位施工的分包工程部分存在质量隐患，为此，总监理工程师同时向甲、乙两施工单位发出了整改通知。甲施工单位回函称：乙施工单位施工的工程是经建设单位同意进行分包的，所以本单位不承担该部分工程的质量责任。

事件2：专业监理工程师在巡视时发现，甲施工单位在施工中使用未经报验的建筑材料，若继续施工，该部位将被隐蔽。因此，立即向甲施工单位下达了暂停施工的指令（因甲施工单位的工作对乙施工单位有影响，乙施工单位也被迫停工）。同时，指示甲施工单位将该材料进行检验，并报告了总监理工程师。总监理工程师对该工序停工予以确认，并在合同约定的时间内报告了建设单位。检验报告出来后，证实材料合格，可以使用，总监理工程师随即指令施工单位恢复了正常施工。

事件3：乙施工单位就上述停工自身遭受的损失向甲施工单位提出补偿要求，而甲施工单位称：此次停工系执行监理工程师的指令，乙施工单位应向建设单位提出索赔。

事件4：对上述施工单位的索赔建设单位称：本次停工系监理工程师失职造成，且事先未征得建设单位同意。因此，建设单位不承担任何责任，由于停工造成施工单位的损失应由监理单位承担。

（1）事件1中甲施工单位的答复是否妥当？为什么？总监理工程师签发的整改通知是否妥当？为什么？

（2）事件2中专业监理工程师是否有权签发本次暂停令？为什么？下达工程暂停令的程序有无不妥之处？请说明理由。

（3）事件3中甲施工单位的说法是否正确？为什么？乙施工单位的损失应由谁承担？

（4）事件4中建设单位的说法是否正确？为什么？

分析如下：

（1）甲施工单位的答复不妥。

理由：分包单位的任何违约行为导致工程损害或给建设单位造成的损失，总承包单位承担连带责任。

总监理工程师签发的整改通知不妥。

理由：整改通知单应签发给甲施工单位，因乙施工单位和建设单位没有合同关系。

（2）专业监理工程师无权签发"工程暂停令"。

理由：因这是总监理工程师的权力。

下达工程暂停令的程序有不妥之处。

理由：专业监理工程师应报告总监理工程师，由总监理工程师签发工程暂停令。

（3）不正确。

理由：乙施工单位与建设单位没有合同关系（或答"甲、乙施工单位有合同关系"），乙施工单位的损失应由甲施工单位承担。

（4）不正确。

理由：因监理工程师是在合同授权内履行职责，施工单位所受的损失不应由监理单位承担。

4.5.4.4 建设工程施工质量中的合同管理工作

（1）质量要求。

1）工程质量标准必须符合现行国家有关工程施工质量验收规范和标准的要求。有关工程质量的特殊标准或要求由合同当事人在专用合同条款中约定。

2）因发包人原因造成工程质量未达到合同约定标准的，由发包人承担由此增加的费用和（或）延误的工期，并支付承包人合理的利润。

3）因承包人原因造成工程质量未达到合同约定标准的，发包人有权要求承包人返工直至工程质量达到合同约定的标准为止，并由承包人承担由此增加的费用和（或）延误的工期。

（2）监理人的质量检查和检验。监理人按照法律规定和发包人授权对工程的所有部位及其施工工艺、材料和工程设备进行检查和检验。承包人应为监理人的检查和检验提供方便，包括监理人到施工现场，或制造、加工地点，或合同约定的其他地方进行勘察和查阅施工原始记录。监理人为此进行的检查和检验，不免除或减轻承包人按照合同约定应当承担的责任。

监理人的检查和检验不应影响施工正常进行。监理人的检查和检验影响施工正常进行的，且经检查检验不合格的，影响正常施工的费用由承包人承担，工期不予顺延；经检查检验合格的，由此增加的费用和（或）延误的工期由发包人承担。

（3）隐蔽工程检查。

1）承包人自检。承包人应当对工程隐蔽部位进行自检，并经自检确认是否具备覆盖条件。

2）检查程序。除专用合同条款另有约定外，工程隐蔽部位经承包人自检确认具备覆盖条件的，承包人应在共同检查前48小时书面通知监理人检查，通知中应载明隐蔽检查的内容、时间和地点，并应附有自检记录和必要的检查资料。

监理人应按时到场并对隐蔽工程及其施工工艺、材料和工程设备进行检查。经监理人检查确认质量符合隐蔽要求，并在验收记录上签字后，承包人才能进行覆盖。经监理人检查质量不合格的，承包人应在监理人指示的时间内完成修复，并由监理人重新检查，由此增加的费用和（或）延误的工期由承包人承担。

除专用合同条款另有约定外，监理人不能按时进行检查的，应在检查前24小时向承包人提交书面延期要求，但延期不能超过48小时，由此导致工期延误的，工期应予以顺延。监理人未按时进行检查，也未提出延期要求的，视为隐蔽工程检查合格，承包人可自行完成覆盖工作，并做相应记录报送监理人，监理人应签字确认。监理人事后对检查记录有疑问的，可按约定重新检查。

3）重新检查。承包人覆盖工程隐蔽部位后，发包人或监理人对质量有疑问的，可要求承包人对已覆盖的部位进行钻孔探测或揭开重新检查，承包人应遵照执行，并在检查后重新覆盖恢复原状。经检查证明工程质量符合合同要求的，由发包人承担由此增加的费用和（或）延误的工期，并支付承包人合理的利润；经检查证明工程质量不符合合同要求的，由此增加的费用和（或）延误的工期由承包人承担。

4）承包人私自覆盖。承包人未通知监理人到场检查，私自将工程隐蔽部位覆盖的，监理人有权指示承包人钻孔探测或揭开检查，无论工程隐蔽部位质量是否合格，由此增加的费用和（或）延误的工期均由承包人承担。

（4）不合格工程的处理。

1）因承包人原因造成工程不合格的，发包人有权随时要求承包人采取补救措施，直至达到合同要求的质量标准，由此增加的费用和（或）延误的工期由承包人承担。无法补救的，按"拒绝接收全部或部分工程"约定执行。

2）因发包人原因造成工程不合格的，由此增加的费用和（或）延误的工期由发包人承担，并支付承包人合理的利润。

4.5.4.5 建设工程施工投资中的合同管理工作

（1）通用条款中涉及支付管理的概念。标准施工合同的通用条款对涉及支付管理的几个涉及价格的用词作出了明确的规定。

1）合同价格：

a. 签约合同价。签约合同价是指发包人和承包人在合同协议中确定的总金额，包括安全文明施工费、暂估价及暂列金额等。

b. 合同价格。合同价格是指发包人用于支付承包人按照合同约定完成承包范围内全部工作的金额，包括合同履行过程中按合同约定发生的价格变化。

上述两种价格的区别表现为：签约合同价是写在协议书和中标通知书内的固定数额，作为结算价款的基数；而合同价格是承包人最终完成全部施工和保修义务后应得的全部合同价款，包括施工过程中按照合同相关条款的约定，在签约合同价基础上应给承包人补偿或扣减的费用之和。因此，只有在最终结算时，合同价格的具体金额才可以确定。

2）签订合同时签约合同价内尚不确定的款项，包括暂估价和暂列金额。

3）费用和利润。通用条款内对费用的定义为，履行合同所发生的或将要发生的所有必需的开支，包括管理费和应分摊的其他费用，但不包括利润。

合同条款中的费用涉及两个方面：一是施工阶段处理变更或索赔时，确定应给承包人补偿的款额；二是按照合同责任应由承包人承担的开支。通用条款中很多涉及应给予承包人补偿的事件，分别明确调整价款的内容为"增加的费用"，或"增加的费用及合理利润"。导致承包人增加开支的事件如果属于发包人也无法合理预见和克服的情况，应补偿费用但不计利润；若属于发包人应予控制而未做好的情况，如因图纸资料错误导致的施工放线返工，则应补偿费用和合理利润。

利润可以通过工程量清单单价分析表中相关子项标明的利润或拆分报价单费用组成确定，也可以在专用条款内具体约定利润占费用的百分比。

4）质量保证金。质量保证金（保留金）是将承包人的部分应得款扣留在发包人手中，用于因施工原因修复缺陷工程的开支项目。发包人和承包人需在专用条款内约定两个值：一是每次支付工程进度款时应扣质量保证金的比例（例如 10％）；二是质量保证金总额，可以采用某一金额或签约合同价的某一百分比（通常为 5％）。

质量保证金从第一次支付工程进度款时开始起扣，从承包人本期应获得的工程进度付款中，扣除预付款的支付、扣回以及因物价浮动对合同价格的调整三项金额后的款额为基数，按专用条款约定的比例扣留本期的质量保证金。累计扣留达到约定的总额为止。

质量保证金用于约束承包人在施工阶段、竣工阶段和缺陷责任期内，均必须按照合同要求对施工质量和数量承担约定的责任。如果对施工期内承包人修复工程缺陷的费用从工程进度款内扣除，可能影响承包人后期施工的资金周转，因此，规定质量保证金从第一次支付工程进度款时起扣。

监理人在缺陷责任期满颁发缺陷责任终止证书后，承包人向发包人申请到期应返还承包人质量保证金的金额，发包人应在 14 天内会同承包人按照合同约定的内容核实承包人是否完成缺陷修复责任。如无异议，发包人应当在核实后将剩余质量保证金返还承包人。如果约定的缺陷责任期满时，承包人还没有完成全部缺陷修复或部分单位工程延长的缺陷责任期尚未到期，发包人有权扣留与未履行缺陷责任剩余工作所需金额相应的质量保证金。

（2）外部原因引起的合同价格调整。

1）物价浮动的变化。施工工期 12 个月以上的工程，应考虑市场价格浮动对合同价格的影响，由发包人和承包人分担市场价格变化的风险。通用条款规定用公式法调价，但仅适用于工程量清单中单价支付部分。

2）法律法规的变化。基准日后，因法律、法规变化导致承包人的施工费用发生增减变化时，监理人根据法律法规，采用商定或确定的方式对合同价款进行调整。

（3）工程量计量。

1）计量原则。工程量计量按照合同约定的工程量计算规则、图纸及变更指示等进行计量。工程量计算规则应以相关的国家标准、行业标准等为依据，由合同当事人在专用合同条款中约定。

2）计量周期。除专用合同条款另有约定外，工程量的计量按月进行。

3）单价合同的计量。除专用合同条款另有约定外，单价合同的计量按照以下约定执行。

a. 承包人应于每月 25 日向监理人报送上月 20 日至当月 19 日已完成的工程量报告，并附具进度付款申请单、已完成工程量报表和有关资料。

b. 监理人应在收到承包人提交的工程量报告后 7 天内完成对承包人提交的工程量报表的审核并报送发包人，以确定当月实际完成的工程量。监理人对工程量有异议的，有权要求承包人进行共同复核或抽样复测。承包人应协助监理人进行复核或抽样复测，并按监理人要求提供补充计量资料。承包人未按监理人要求参加复核或抽样复测的，监理人复核或修正的工程量视为承包人实际完成的工程量。

c. 监理人未在收到承包人提交的工程量报表后的 7 天内完成审核的，承包人报送的工程量报告中的工程量视为承包人实际完成的工程量，据此计算工程价款。

4）总价合同的计量。除专用合同条款另有约定外，按月计量支付的总价合同，按照以下约定执行。

a. 承包人应于每月 25 日向监理人报送上月 20 日至当月 19 日已完成的工程量报告，并附具进度付款申请单、已完成工程量报表和有关资料。

b. 监理人应在收到承包人提交的工程量报告后 7 天内完成对承包人提交的工程量报表的审核并报送发包人，以确定当月实际完成的工程量。监理人对工程量有异议的，有权要求承包人进行共同复核或抽样复测。承包人应协助监理人进行复核或抽样复测并按监理人要求提供补充计量资料。承包人未按监理人要求参加复核或抽样复测的，监理人审核或修正的工程量视为承包人实际完成的工程量。

c. 监理人未在收到承包人提交的工程量报表后的 7 天内完成复核的，承包人提交的工程量报告中的工程量视为承包人实际完成的工程量。

d. 工程进度款的支付包括进度付款申请单；进度款审核和支付；进度付款的修正。

4.5.4.6 建设工程施工合同变更管理

合同变更是指依法对原来合同进行的修改和补充，即在履行合同项目的过程中，由于实施条件或相关因素的变化，而不得不对原合同的某些条款作出修改、订正、删除或补充。合同变更一经成立，原合同中的相应条款就应解除。

（1）合同变更的原因及影响。

1）合同内容频繁的变更是工程合同的特点之一。一个工程，合同变更的次数、范围和影响的大小与该工程招标文件（特别是合同条件）的完备性、技术设计的正确性，以及实施方案和实施计划的科学性直接相关。合同变更一般主要有以下几方面的原因：

a. 发包人有新的意图，发包人修改项目总计划，削减预算，发包人要求变化。

b. 由于设计人员、工程师、承包商事先没能很好地理解发包人的意图，或设计的错误导致的图纸修改。

c. 工程环境的变化，预定的工程条件改变原设计、实施方案或实施计划，或由于发包人指令及发包人责任的原因造成承包商施工方案的变更。

d. 由于产生新的技术和知识，有必要改变原设计、实施方案或实施计划，或由于发包人指令、发包人的原因造成承包商施工方案的变更。

e. 政府部门对工程新的要求，如国家计划变化、环境保护要求、城市规划变动等。

f. 由于合同实施出现问题，必须调整合同目标，或修改合同条款。

g. 合同双方当事人由于倒闭或其他原因转让合同，造成合同当事人的变化。这通常是比较少的。

2）合同的变更通常不能免除或改变承包商的合同责任，但对合同实施影响很大，主要表现在以下几个方面：

a. 导致设计图纸、成本计划和支付计划、工期计划、施工方案、技术说明和适用的规范等定义工程目标和工程实施情况的各种文件作相应的修改和变更。当然，相关的其他计划也应做相应调整，如材料采购计划、劳动力安排、机械使用计划等。它不仅引起与承包合同平行的其他合同的变化，而且会引起所属的各个分合同，如供应合同、租赁合同、分包合同的变更。有些重大的变更会打乱整个施工部署。

b. 引起合同双方、承包商的工程小组之间、总承包商和分包商之间合同责任的变化。如工程量增加，则增加了承包商的工程责任，增加了费用开支和延长了工期。

c. 有些工程变更还会引起已完工程的返工，现场工程施工的停滞，施工秩序打乱，已购材料的损失等。

（2）合同变更的原则。

1）合同双方都必须遵守合同变更程序，依法进行，任何一方都不得单方面擅自更改合同条款。

2）合同变更要经过有关专家（监理工程师、设计工程师、现场工程师等）的科学论证和合同双方的协商。在合同变更具有合理性、可行性，而且由此而引起的进度和费用变化得到确认和落实的情况下方可实行。

3）合同变更的次数应尽量减少，变更的时间也应尽量提前，并在事件发生后的一定时限内提出，以避免或减少给工程项目建设带来的影响和损失。

4）合同变更应以监理工程师、发包人和承包商共同签署的合同变更书面指令为准，并以此作为结算工程价款的凭据。紧急情况下，监理工程师的口头通知也可接受，但必须在 48 小时内，追补合同变更书。承包人对合同变更若有不同意见可在 7～10 天内书面提出，但发包人决定继续执行的指令，承包商应继续执行。

5）合同变更所造成的损失，除依法可以免除的责任外，如由于设计错误，设计所依据的条件与实际不符，图与说明不一致，施工图有遗漏或错误等，应由责任方负责赔偿。

（3）合同变更范围。合同变更的范围很广，一般在合同签订后所有工程范围、进度、工程质量要求，合同条款内容，合同双方责、权、利关系的变化等都可以被看作为合同变更。最常见的变更有两种：

1）涉及合同条款的变更，合同条件和合同协议书所定义的双方责、权、利关系或一些重大问题的变更。这是狭义的合同变更，以前人们定义合同变更即为这一类。

2）工程变更，即工程的质量、数量、性质、功能、施工次序和实施方案的变化。

（4）合同变更程序。

1）合同变更的提出：

a. 承包商提出合同变更。承包商在提出合同变更时，一种情况是工程遇到不能预见的地质条件或地下障碍。如原设计的某大厦基础为钻孔灌注桩，承包商根据开工后钻探的地质条件和施工经验，认为改成沉井基础较好。另一种情况是承包商为了节约工程成本或加快工程施工进度，提出合同变更。

b. 发包人提出变更。发包人一般可通过工程师提出合同变更。但如发包人提出的合同变更内容超出合同限定的范围，则属于新增工程，只能另签合同处理，除非承包方同意作为变更。

c. 监理工程师提出合同变更。监理工程师往往根据工地现场的工程进展的具体情况，认为确有必要时，可提出合同变更。工程承包合同施工中，因设计考虑不周，或施工时环境发生变化，工程师本着节约工程成本和加快工程与保证工程质量的原则，提出合同变更。只要提出的合同变更在原合同规定的范围内，一般是切实可行的。若超出原合同，新增了很多工程内容和项目，则属于不合理的合同变更请求，工程师应和承包商协商后酌情处理。

2）合同变更的批准。由承包商提出的合同变更，应交与工程师审查并批准。由发包人提出的合同变更，为便于工程的统一管理，一般由工程师代为发出。

而工程师发出合同变更通知的权力，一般由工程施工合同明确约定。当然该权力也可约定为发包人所有，然后，发包人通过书面授权的方式使工程师拥有该权力。如果合同对工程师提出合同变更的权力做了具体限制，而约定其余均应由发包人批准，则工程师就超出其权限范围的合同变更发出指令时，应附上发包人的书面批准文件，否则承包商可拒绝执行。但在紧急情况下，不应限制工程师向承包商发布其认为必要的变更指示。

合同变更审批的一般原则应为：第一，考虑合同变更对工程进展是否有利；第二，要考虑合同变更可以节约工程成本；第三，应考虑合同变更是兼顾发包人、承包商或工程项目之外其他第三方的利益，不能因合同变更而损害任何一方的正当权益；第四，必须保证变更项目符合本工程的技术标准；第五，为工程受阻，如遇到特殊风险、人为阻碍、合同一方当事人违约等不得不变更工程。

3）合同变更指令的发出及执行。为了避免耽误工作，工程师在和承包商就变更价格达成一致意见之前，有必要先行发布变更指示，即分两个阶段发布变更指示：第一阶段是在没有规定价格和费率的情况下直接指示承包商继续工作；第二阶段是在通过进一步的协商之后，发布确定变更工程费率和价格的指示。

合同变更指示的发出有两种，即书面形式和口头形式。

一般情况要求工程师签发书面变更通知令。当工程师书面通知承包商工程变更，承包商才执行变更的工程。当工程师发出口头指令要求合同变更时，要求工程师事后一定要补签一份书面的合同变更指示。如果工程师口头指示后忘了补书面指示，承包商（需7天内）以书面形式证实此项指示，交与工程师签字，工程师若在14天之内没有提出反对意见，应视为认可。

所有合同变更必须用书面形式写明。对于要取消的任何一项分部工程，合同变更应在该部分工程还未施工之前进行，以免造成人力、物力、财力的浪费，避免造成发包人多支付工程款项。

根据通常的工程惯例，除非工程师明显超越合同赋予其的权限，承包商应该无条件地执行其合同变更的指示。如果工程师根据合同约定发布了进行合同变更的书面指令，则不论承包商对此是否有异议，不论合同变更的价款是否已经确定，也不论监理方或发包人答应给予付款的金额是否令承包商满意，承包商都必须无条件地执行此种指令。即使承包商有意见，也只能是一边进行变更工作，一边根据合同规定寻求索赔或仲裁解决。在争议处理期间，承包商有义务继续进行正常的工程施工和有争议的变更工程施工，否则可能会构成承包商违约。

（5）合同变更中的工程变更。在合同变更中，量最大、最频繁的是工程变更。它在工程索赔中所占的份额也最大。工程变更的责任分析是工程变更起因与工程变更问题处理，即确定赔偿问题的桥梁。工程变更中有以下两大类变更：

1）设计变更。设计变更会引起工程量的增加、减少，新增或删除工程分项，工程质量和进度的变化，实施方案的变化。一般工程施工合同赋予发包人（工程师）这方面的变更权力，可以直接通过下达指令，重新发布图纸或规范实现变更。

2）施工方案变更。施工方案变更的责任分析有时比较复杂。

a. 在投标文件中，承包商就在施工组织设计中提出比较完备的施工方案，但施工组织设计不作为合同文件的一部分。

b. 重大的设计变更常常会导致施工方案的变更。如果设计变更由发包人承担责任，则相应的施工方案的变更也由发包人负责；反之，则由承包商负责。

c. 对不利的、异常的地质条件所引起的施工方案的变更，一般作为发包人的责任。一方面这是一个有经验的承包商无法预料现场气候条件除外的障碍或条件；另一方面发包人负责地质勘察和提供地质报告，则其应对报告的正确性和完备性承担责任。

d. 施工进度的变更。施工进度的变更是十分频繁的：在招标文件中，发包人给出工程的总工期目标；承包商在投标书中有一个总进度计划（一般以横道图形式表示）；中标后承包商还要提出详细的进度计划，由工程师批准（或同意）；在工程开工后，每月都可能有进度的调整。通常只要工程师（或发包人）批准（或同意）承包商的进度计划（或调整后的进度计划），则新进度计划就是有约束力的。如果发包人不能按照新进度计划完成按合同应由发包人完成的责任，如及时提供图纸、施工场地、水电等，则属发包人违约，应承担责任。

工程变更处理程序如图 4.33 所示。

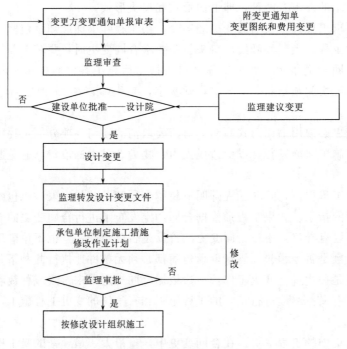

图 4.33　工程变更处理程序

（6）变更估价。

1）变更估价的程序。承包人应在收到变更指示或变更意向书后的14天内，向监理人提交变更报价书，详细列明变更工作的价格组成及其依据，并附必要的施工方法说明和有关图纸。变更工作如果影响工期，承包人应提出调整工期的具体细节。监理人收到承包人变更报价书后的14天内，根据合同约定的估价原则，商定或确定变更价格。

2）变更的估价原则。已标价工程量清单中有适用于变更工作的子目，采用该子目的单价计算变更费用；已标价工程量清单中无适用于变更工作的子目，但有类似子目，可在合理范围内参照类似子目的单价，由监理人商定或确定变更工作的单价；已标价工程量清单中无适用或类似子目的单价，可按照成本加利润的原则，由监理人商定或确定变更工作的单价。

4.5.4.7　施工合同常见的争议及处理

（1）工程进度款支付、竣工结算及审价争议。实际施工中会有很多变化，包括设计变更，现场工程师签发的变更指令，现场条件变化如地质、地形等，以及计量方法等引起的工程数量的增减，与合同中已列出的工程量有差别，通常会引起争议。

在整个施工过程中，发包人在按进度支付工程款时往往会根据监理工程师的意见，扣除未予确认的工程量或存在质量问题的已完工程的应付款项，这种未付款项累积起来往往可能形成一笔很大的金额，使承包商感到无法承受而引起争议。承包商会认为由于未得到足够的应付工程款而不得不将工程进度放慢下来，而发包人则会认为在工程进度拖延的情况下更不能多支付给承包商任何款项。大量的发包人在资金尚未落实的情况下就开始工程的建设，致使发包人千方百计地要求承包商垫资施工、不支付预付款、尽量拖延支付进度款、拖延工程结算及工程审价进程，致使承包商的权益得不到保障，最终引起争议。

（2）工程价款支付主体争议。施工企业被拖欠巨额工程款已成为整个建设领域中屡见不鲜的"正常事"。往往出现工程的发包人并非工程真正的建设单位，并非工程的权利人。在该种情况下，发包人通常不具备工程价款的支付能力，施工单位该向谁主张权利，以维护其合法权益将成为争议的焦点。在此情况下，施工企业应理顺关系，寻找突破口，向真正的发包方主张权利，以保证合法权利不受侵害。

（3）工程工期拖延争议。一项工程的工期延误，往往是由于错综复杂的原因造成的。在许多合同条件中都约定了竣工逾期违约金。由于工期延误的原因可能是多方面的，要分清各方的责任往往十分困难。我们经常可以看到，发包人要求承包商承担工程竣工逾期的违约责任，而承包商则提出因诸多发包人的原因及不可抗力等工期应相应顺延，有时承包商还就工期的延长要求发包人承担停工窝工的费用。

（4）安全损害赔偿争议。安全损害赔偿争议包括相邻关系纠纷引发的损害赔偿、设备安全、施工人员安全、施工导致第三人安全、工程本身发生安全事故等方面的争议。其中，建筑工程相邻关系纠纷发生的频率已越来越高，其牵涉主体和财产价值也越来越多，业已成为城市居民十分关心的问题。《建筑法》为建筑施工企业设定了这样的义务：施工现场对毗邻的建筑物、构筑物和特殊作业环境可能造成损害的，建筑施工企业应当采取安全防护措施。

（5）合同中止及终止争议。中止合同造成的争议有：承包商因这种中止造成的损失严重而得不到足够的补偿，发包人对承包商提出的就终止合同的补偿费用计算持有异议，承包商因设计错误或发包人拖欠应支付的工程款而造成困难提出中止合同，发包人不承认承包商提出的中止合同的理由，也不同意承包商的责难及其补偿要求等。

除非不可抗拒力外，任何终止合同的争议往往是由难以调和的矛盾造成的。终止合同一般都会给某一方或者双方造成严重的损害。如何合理处置终止合同后的双方的权利和义务，往往是这类争议的焦点。终止合同可能有以下几种情况：属于承包商责任引起的终止合同；属于发包人责任引起的终止合同；不属于任何一方责任引起的终止合同；任何一方由于自身需要而终止合同。

（6）工程质量及保修争议。质量方面的争议包括工程中所用材料不符合合同约定的技术标准要求，提供的设备性能和规格不符，或者不能生产出合同规定的合格产品，或者是通过性能试验不能达到规定的产量要求，施工和安装有严重缺陷等。这类质量争议在施工过程中主要表现为，工程师或发包人要求拆除和移走不合格材料，或者返工重做，或者修理后予以降价处置。对于设备质量问题，则常见于在调试和性能试验后，发包人不同意验收移交，要求更换设备或部件，甚至退货并赔偿经济损失。而承包商则认为缺陷是可以改正的，或者业已改正；对生产设备质量则认为是性能测试方法错误，或者制造产品所投入的原料不合格或者是操作方面的问题等，质量争议往往变成责任问题争议。

另外，在保修期的缺陷修复问题往往是发包人和承包商争议的焦点，特别是发包人要求承包商修复工程缺陷而承包商拖延修复，或发包人未经通知承包商就自行委托第三方对工程缺陷进行修复。在此情况下，发包人要在预留的保修金扣除相应的修复费用，承包商则主张产生缺陷的原因不在承包商或发包人未履行通知义务且其修复费用未经其确认而不予同意。

4.5.4.8　索赔

（1）索赔的特征。索赔具有以下基本特征：

1）索赔是双向的，不仅承包人可以向发包人索赔，发包人同样也可以向承包人索赔。由于实践中发包人向承包人索赔发生的频率相对较低，而且在索赔处理中，发包人始终处于主动和有利地位，对承包人的违约行为可以直接从应付工程款中扣抵、扣留保留金或通过履约保函向银行索赔来实现自己的索赔要求。因此，在工程实践中大量发生的、处理比较困难的是承包人向发包人的索赔，也是工程师进行合同管理的重点内容之一。承包人的索赔范围非常广泛，一般只要是非承包人自身责任造成其工期延长或成本增加的，都有可能向发包人提出索赔。有时发包人违反合同，如未及时交付施工图纸、提供合格的施工现场、决策错误等造成工程修改、停工、返工、窝工，未按合同规定支付工程款等，承包人可向发包人提出赔偿要求；也可能由于发包人应承担风险的原因，如恶劣气候条件影响、国家法规修改等造成承包人损失或损害时，也会向发包人提出补偿要求。

2）只有实际发生了经济损失或权利损害，一方才能向对方索赔。经济损失是指因对方因素造成合同外的额外支出，如人工费、材料费、机械费、管理费等额外开支。权利损害是指虽然没有经济上的损失，但造成了一方权利上的损害，如由于恶劣气候条件对工程进度的不利影响，承包人有权要求工期延长等。因此，发生了实际的经济损失或权利损害，应是一方提出索赔的一个基本前提条件。有时上述两者同时存在，如发包人未及时交付合格的施工现场，既造成承包人的经济损失，又侵犯了承包人的工期权利，因此，承包人既要求经济赔偿，又要求工期延长。有时两者也可单独存在，如恶劣气候条件影响、不可抗力事件等，承包人根据合同规定或惯例，则只能要求工期延长，不应要求经济补偿。

3）索赔是一种未经对方确认的单方行为。在施工过程中，签证是承发包双方就额外费用补偿或工期延长等达成一致的书面证明材料和补充协议，它可以直接作为工程款结算或最终增减工程造价的依据，而索赔则是单方面行为，对对方尚未形成约束力，这种索赔要求能否得到最终实现，必须要通过双方确认（如双方协商、谈判、调解或仲裁、诉讼）后才能实现。

索赔是一种正当的权利或要求，是合情、合理、合法的行为，它是在正确履行合同的基础上争取合理的偿付，不是无中生有、无理争利。索赔同守约、合作并不矛盾、对立，索赔本身就是市场经济中合作的一部分，只要是符合有关规定的、合法的或者符合有关惯例的，就应该理直气壮地、主动地向对方索赔。大部分索赔都可以通过协商谈判和调解等方式获得解决，只有在双方坚持己见而无法达成一致时，才会提交仲裁或诉诸法院求得解决，即使诉诸法律程序，也应当被看成是遵法守约的正当行为。

（2）索赔的分类。索赔由于划分的方法、标准、出发点不同，有多种类型，如按索赔的合同依据，可分合同中的明示、默示；按索赔主体，可分为承包商同业主之间、总包单位与分包单位之间、承包商同供货单位之间的索赔；按索赔的处理方式，可分为单项索赔、总索赔等。由于索赔贯穿于工程项目全过程，可能发生的范围比较广泛，其分类随标准、方法不同而不同，主要有以下几种分类方法。

1）按索赔有关当事人分类。

a. 承包人与发包人之间的索赔。这类索赔大多是有关工程量计算、变更、工期、质量和价格方面的争议，也有中断或终止合同等其他违约行为的索赔。

b. 总承包人与分包人之间的索赔。大多数是分包人向总包人索要付款和赔偿及承包人向分包人罚款或扣留支付款等。

以上两类索赔涉及工程项目建设过程中施工条件或施工技术、施工范围等变化引起的索赔，一般发生频率高、索赔费用大，有时也称为施工索赔。

c. 发包人或承包人与供货人、运输人之间的索赔。其内容大多是商贸方面的争议，如货品质量不符合技术要求、数量短缺、交货拖延、运输损坏等。

d. 发包人或承包人与保险人之间的索赔。此类索赔大多是被保险人受到灾害、事故或其他损害或损失，按保险单向其投保的保险人索赔。

以上两类索赔在工程项目实施过程中由物资采购、运输、保管、工程保险等方面活动引起的索赔事项，又称商务索赔。

2）按索赔的依据分类。

a. 合同内索赔。合同内索赔是指索赔所涉及的内容可以在合同文件中找到依据，并可根据合同规定明确划分责任。一般情况下，合同内索赔的处理和解决要顺利一些。

b. 合同外索赔。合同外索赔是指索赔所涉及的内容和权利很难在合同文件中找到依据，但可从合同条文引申含义和合同适用法律或政府颁布的有关法规中找到索赔的依据。

c. 道义索赔。道义索赔是指承包人在合同内或合同外都找不到可以索赔的依据，因而没有提出索赔的条件和理由，但承包人认为自己有要求补偿的道义基础，而对其遭受的损失提出具有优惠性质的补偿要求。道义索赔的主动权在发包人手中，发包人一般在下列四种情况下，可能会同意并接受这种索赔：①若另找其他承包人，费用会更大；②为了树立自己的形象；③出于对承包人的同情和信任；④谋求与承包人更高效或更长久的合作。

3）按索赔目的分类。

a. 工期索赔。由于非承包人自身原因造成拖期的，承包人要求发包人延长工期，推迟原规定的竣工日期，避免因违约误期罚款等。

b. 费用索赔。要求发包人补偿费用损失，调整合同价格，弥补经济损失。

4）按索赔事件的性质分类。

a. 工程延期索赔。因发包人未按合同要求提供施工条件，如未及时交付设计图纸、施工现场、道路等，或因发包人指令工程暂停或不可抗力事件等原因造成工期拖延的，承包人对此提出索赔。

b. 工程变更索赔。由于发包人或工程师指令增加或减少工程量或增加附加工程、修改设计、变更施工顺序等，造成工期延长和费用增加，承包人对此提出索赔。

c. 工程终止索赔。由于发包人违约或发生了不可抗力事件等造成工程非正常终止，承包人因蒙受经济损失而提出索赔。

d. 工程加速索赔。由于发包人或工程师指令承包人加快施工速度，由此缩短工期，引起承包人的人、财、物存在额外开支而提出的索赔。

e. 意外风险和不可预见因素索赔。在工程实施过程中，因人力不可抗拒的自然灾害、特殊风险以及一个有经验的承包人通常不能合理预见的不利施工条件或客观障碍，如地下水、地质断层、溶洞、地下障碍物等引起的索赔。

f. 其他索赔。如因货币贬值、汇率变化、物价、工资上涨、政策法令变化等引起的索赔。这种分类能明确地指出每一项索赔的根源，使发包人和工程师便于审核分析。

5）按索赔处理方式分类。

a. 单项索赔。单项索赔是指采取一事一索赔的方式，即在每一索赔事项发生后，报送索赔通知书，编报索赔报告，要求单项解决支付，不与其他的索赔事项混在一起。单项索赔是针对某一干扰事件提出的，在影响原合同正常运行的干扰事件发生时或发生后，由合同管理人员立即处理，并在合同规定的索赔有效期内向发包人或监理工程师提交索赔要求和报告。通常单项索赔的原因单一、责任单一，分析起来相对容易，由于涉及的金额一般较小，双方容易达成协议，处理起来也比较简单。因此，合同双方应尽可能地用此种方式来处理索赔。

b. 综合索赔。综合索赔又称一揽子索赔，即对整个工程（或某项工程）中所发生的数起索赔事项，综合在一起进行索赔。一般在工程竣工前和工程移交前，承包人将工程实施过程中因各种原因未能及时解决的单项索赔集中起来进行综合考虑，提出一份综合索赔报告，由合同双方在工程交付前后进行最终谈判，以一揽子方案解决索赔问题。在合同实施过程中，有些单项索赔问题比较复杂，不能立即被解决，为了不影响工程进度，经双方协商同意后留待以后解决。有的是发包人或工程师对索赔采用拖延办法，迟迟不做答复，使索赔谈判旷日持久。有的是承包人因自身原因，未能及时采用单项索赔方式等，都有可能出现一揽子索赔。由于在一揽子索赔中许多干扰事件交织在一起，影响因素比较复杂而且相互交叉，责任分析和索赔值计算都很困难，索赔涉及的金额往往又很大，双方都不愿或不容易作出让步，使索赔的谈判和处理都很困难。因此，综合索赔的成功率比单项索赔要低得多。

（3）索赔的起因。在现代承包工程中，特别是在国际承包工程中，索赔经常发生，而且索赔额很大。这主要是由以下几个方面原因造成的。

1）施工延期引起索赔。施工延期是指由于非承包商的各种原因而造成工程的进度推迟，施工不能按原计划时间进行。大型的土木工程项目在施工过程中，由于工程规模大，技术复杂，受天气、水文地质条件等自然因素影响，又受到来自社会的政治、经济等人为因素影响，发生施工进度延期是比较常见的。施工延期的原因有时是单一的，有时又是多种因素综合交错形成的。施工延期的事件发生后，会给承包商造成两方面的损失：一是时间上的损失，二是经济方面的损失。因此，当出现施工延期的索赔事件时，往往在分清责任和损失补偿方面，合同双方易发生争端。常见的施工延期索赔多由于发包人征地拆迁受阻，未能及时提交施工场地；以及气候条件恶劣，如连降暴雨，使大部分的土方工程无法开展等。

2）恶劣的现场自然条件引起索赔。这种恶劣的现场自然条件是指一般有经验的承包商事先无法合理预料的，例如，地下水、未探明的地质断层、溶洞、沉陷等；另外，还有地下的实物障碍，如经承包商现场考察无法发现的、发包人资料中未提供的地下人工建筑物，地下自来水管道、公共设施、坑井、隧道、废弃的建筑物混凝土基础等，这都需要承包商花费更多的时间和金钱去克服和除掉这些障碍与干扰。因此，承包商有权据此向发包人提出索赔要求。

3）合同变更引起索赔。合同变更的含义是很广泛的，它包括了工程设计变更、施工方法变更、工程量的增加与减少等。对于土木工程项目实施过程来说，变更是客观存在的。只是这种变更必须是指在原合同工程范围内的变更，若属超出工程范围的变更，承包商有权予以拒绝。特别是当工程量变化超出招标时工程量清单的 20% 以上时，可能会导致承包商的施工现场人员不足，需另雇工人；也可能会导致承包商的施工机械设备失调，工程量的增加，往往要求承包商增加新型号的施工机械设备，或增加机械设备数量等。人工和机械设备的需求增加，则会引起承包商额外的经济支出，扩大了工程成本。反之，若工程项目被取消或工程量大减，又势必会引起承包商原有人工和机械设备的窝工和闲置，造成资源浪费，导致承包商的亏损。因此，在合同变更时，承包商有权提出索赔。

4）合同矛盾和缺陷引起索赔。合同矛盾和缺陷常出现在合同文件规定不严谨，合同中有遗漏或错误，这些矛盾常反映为设计与施工规定相矛盾，技术规范和设计图纸不符合或相矛盾，以及一些商务和法律条款规定有缺陷等。在这种情况下，承包商应及时将这些矛盾和缺陷反映给监理工程师，由监理工程师作出解释。若承包商执行监理工程师的解释指令后，造成施工工期延长或工程成本增加，则承包商可提出索赔要求，监理工程师应予以证明，发包人应给予相应的补偿。因为发包人是工程承包合同的起草者，应该对合同中的缺陷负责，除非其中有非常明显的遗漏或缺陷，依据法律或合同可以推定承包商有义务在投标时发现并及时向发包人报告。

5) 参与工程建设主体的多元性。一个工程项目的参与单位往往会有发包人、总包商、监理工程师、分包商、指定分包商、材料设备供应商等，各方面的技术、经济关系错综复杂，相互联系又相互影响，只要一方失误，不仅会造成自己的损失，而且会影响其他合作者，造成他人损失，从而导致索赔和争执。

现代建筑市场竞争激烈，承包商的利润水平逐步降低，大部分靠低标价甚至保本价中标，回旋余地较小。施工合同在实践中往往承发包双方风险分担不公，把主要风险转嫁于承包商一方，稍遇条件变化，承包商即处于亏损的边缘，这必然迫使他寻找一切可能的索赔机会来减轻自己承担的风险。因此，索赔实质上是工程实施阶段承包商和发包人之间在承担工程风险比例上的合理再分配，这也是目前国内外建筑市场上，施工索赔无论在数量、款额上呈增长趋势的一个重要原因。

(4) 索赔费用的计算与支付。按照国际惯例，承包商费用索赔的目的是：索赔中的费用应该是承包商为履行合同所必需的，若没有这项费用，就无法履行合同，或者无法使合同中规定的工程保质保量完工。当承包商得到合理的索赔费用补偿后，应该与假定未发生索赔事件情况下的同等有利或不利地位，即承包商在投标、中标时自我确定的地位，使承包商不因索赔事件的发生而额外受益或额外亏损。下面将分别论述索赔费用计算和工期索赔计算。

1) 索赔费用计算。费用索赔是整个合同索赔的重点和最终目标。工期索赔在很大程度上是为了费用索赔。因此，计算方法应按照赔偿实际损失、合同原则、符合规定的或通用的会计核算原则及工程惯例计算原则进行，必须能够为业主、工程师、调解人或仲裁人所接受。费用索赔的计算方法有总费用法、分项费用法等。

总费用法。把固定总价合同转化为成本加酬金合同，以承包商的额外成本为基点加上管理费和利润等附加费作为索赔额，这是总费用法。总费用法又称总成本法，采用这种方法计算索赔额比较简单。

分项费用法。这种方法是对每项索赔事件所引起损失的费用项目分别进行分析，计算出其索赔额，然后将各费用项目的索赔额汇总，即可得到总索赔费用额。这种方法以承包商为某项索赔工作所支付的实际开支为依据，但又仅限于由于索赔事项引起的、超过原计划的费用。在这种计算方法中，需要注意的是不要遗漏费用项目，否则承包商将遭受损失。分项费用法计算不但包括直接成本，而且还包括附加的成本，如人员在现场延长停滞时间所产生的附加费，如差旅费、工地住宿补贴、平均工资的上涨、由于推迟支付而造成的财务损失等。

2) 工期索赔计算：

a. 工期索赔成立的条件。发生了非承包商自身原因造成的索赔事件；索赔事件造成了总工期的延误。

b. 不同类型工程拖期的处理原则。在施工过程中，由于各种因素的影响，使承包商不能在合同规定的工期内完成工程，造成工程拖期。工程拖期可以分为两种情况，即可原谅的拖期和不可原谅的拖期。可原谅的拖期是由于非承包商原因造成的工程拖期。不可原谅的拖期一般是由承包商的原因而造成的工程拖期。这两类工程拖期的索赔处理原则及结果均不相同。

c. 共同延误下的工期索赔的处理原则。在实际施工过程中，工程拖期很少是只由一方面（承包商、业主或某一方面的客观原因）造成的，往往是两三种原因同时发生（或相互作用）而形成的，这就称为共同延误。在共同延误的情况下，要具体分析哪一种延误情况是有效的，即承包商可以得到工期延长，或既可得到工期延长，又可得到费用补偿。

d. 工期索赔的计算方法。工期索赔的计算方法主要有网络图分析法和比例计算法两种。

网络图分析法。网络图分析方法通过分析延误发生前后的网络计划，对比两种工期计算结果，计算索赔额。分析的基本思路为：假设工程施工一直按原网络计划确定的施工顺序和工期进行，现发生了一个或多个延误，使网络中的某个或某些活动受到影响，如延长持续时间，或活动之间逻辑关系变化，或增加新的活动。将这些活动受影响后的持续时间代入网络中，重新进行网络分析，得到一新工期。则新工期与原工期之差即为延误对总工期的影响，即为工期索赔额。通常，如果延误发生在关键线路上，则该延误引起的持续时间的延长即为总工期的延长值。如果该延误发生在非关键线路，受影响后仍在非关键线路上，则该延误对工期无影响，故不能提出工期索赔。

这种考虑延误影响后的网络计划又作为新的实施计划，如果有新的延误发生，则在此基础上可进行新一轮分析，提出新的工期索赔。这样在工程实施过程中，进度计划就是动态的，不断地被调整，而延误引起的工期索赔也可以随之同步进行。

比例计算法。在实际工程中，延误事件常常仅影响某些单项工程、单位工程，或分部分项工程的工期，要分析它们对总工期的影响，可以采用更为简单的比例方法。但这种方法只是一种粗略的估算，在不能采用其他计算方法时使用。

e. 索赔费用的支付。当承包商提供了能使监理工程师确定应付索赔款额的足够的详细资料后，监理工程师在对此类款额做了证实并与业主和承包商协商之后，可在任何中期支付证书中向承包人支付索赔款额。如果提供的详细资料不足以证实全部索赔，则监理工程师应按照足以证实而使监理工程师满意的那部分索赔的详细资料，给予承包人部分索赔的付款。

典型案例【D4-12】

某建筑公司于 2013 年 3 月 8 日与某建设单位签订了修建建筑面积为 3000m² 工业厂房（带地下室）的施工合同。该建筑公司编制的施工方案和进度计划已获批准。施工进度计划已经达成一致意见。合同规定由于建设单位责任造成施工窝工时，窝工费用按原人工费、机械台班费的 60% 计算。在专用条款中明确 6 级以上大风、大雨、大雪、地震等自然灾害按不可抗力因素处理。监理工程师应在收到索赔报告之日起 28 天内予以确认，监理工程师无正当理由不确认时，自索赔报告送达之日起 28 天后视为索赔已经被确认。根据双方商定，人工费定额为 30 元/（工日），机械台班费为 1000 元/台（班）。建筑公司在履行施工合同的过程中发生以下事件。

事件 1：基坑开挖后发现地下情况和发包商提供的地质资料不符，有古河道，须将河道中的淤泥清除并对地基进行二次处理。为此，业主以书面形式通知施工单位停工 10 天，窝工费用合计为 3000 元。

事件 2：2013 年 5 月 18 日由于下大雨，一直到 5 月 21 日开始施工，造成 20 名工人窝工。

事件 3：5 月 21 日用 30 个工日修复因大雨冲坏的永久道路，5 月 22 日恢复正常挖掘工作。

事件 4：5 月 27 日因租赁的挖掘机大修，挖掘工作停工 2 天，造成人员窝工 10 个工日。

事件 5：在施工过程中，发现因业主提供的图纸存在问题，故停工 3 天进行设计变更，造成 5 天窝工 60 个工日，机械窝工 9 个台（班）。

问题：

(1) 分别说明事件 5～事件 5 工期延误和费用增加应由谁承担，并说明理由。如是建设单位的责任应向承包单位补偿工期和费用分别为多少？

(2) 建设单位应给予承包单位补偿工期多少天？补偿费用多少元？

分析如下：

(1) 工期延误和费用增加的承担责任划分：

事件 1：应由建设单位承担延误的工期和增加的费用。

理由：是因建设单位造成的施工临时中断，从而导致承包商的工期延误和费用的增加。建设单位应补偿承包单位工期 10 天，费用 3000 元。

事件 2：工期延误 3 天应由建设单位承担，造成 20 人窝工的费用应由承包单位承担。

理由：因大风大雨，按合同约定属不可抗力。建设单位应补偿承包单位的工期 3 天。

事件 3：应由建设单位承担修复冲坏的永久道路所延误的工期和增加的费用。

理由：冲坏的永久道路是由于不可抗力（合同中约定的大雨）引起的，应由建设单位承担其责任。建设单位应补偿承包单位工期 1 天。建设单位应补偿承包单位的费用为 30 工日×30 元/工日＝900 元。

事件 4：应由承包单位承担由此造成的工期延误和增加费用。

理由：该事件的发生原因属承包商自身的责任。

事件 5：应由建设单位承担工期的延误和费用增加的责任。

理由：施工图纸是由建设单位提供的，停工待图属于建设单位应承担的责任。建设单位应补偿承包单位工期 3 天。建设单位应补偿承包单位费用为：60×30×60％＋1000×9×60％＝6480（元）。

(2) 建设单位应给予承包单位补偿工期为：10＋3＋1＋2＋3＝19（天）；

建设单位应给予承包单位补偿费用为：3000＋900＋6480＝10380（元）。

索赔处理程序如图 4.34 所示。

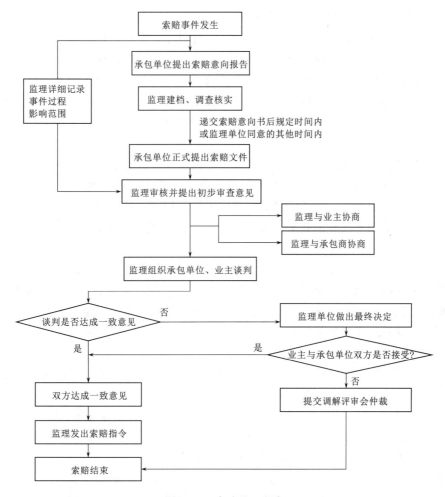

图 4.34 索赔处理程序

4.6 建设工程监理信息管理

　　建设工程监理信息管理是指对建设工程信息的收集、加工、整理、存储、传递、应用等一系列工作的总称。信息管理是建设工程监理的重要手段之一，及时掌握准确、完整的信息，可以使监理工程师耳聪目明，更加卓有成效的完成建设工程监理与相关服务工作，信息管理工作的好坏，将直接影响建设工程监理与相关服务工作的成效。

　　建设工程监理实施过程中会涉及大量文件资料，这些文件资料有的是实施建设工程监理的重要依据，更多的是建设工程监理的成果资料。《建设工程监理规范》（GB/T 50319—2013）明确了建设工程监理基本数据表格形式，也列明了建设工程监理的主要文件资料。项目监理机构应明确监理文件资料管理人员职责，按照相关要求规范化地管理建设工程监理文件资料。

4.6.1 建设工程监理信息管理概述

4.6.1.1 信息在建设工程监理中地重要作用

(1) 信息是监理工程师实施控制的基础。在建设工程监理过程中,为了进行比较分析及采取措施来控制工程项目投资目标、质量目标及进度目标,监理工程师首先应掌握有关项目三大目标的计划值,作为控制的标准;其次,还应了解三大目标的执行情况,作为纠偏的依据。把计划执行情况与目标进行比较,找出差异,分析原因,采取措施,使总体目标得以实现。从控制的角度来讲,离开了信息,控制就无法进行。因此,信息是实施控制的基础。

(2) 信息是监理工程师进行决策的依据。建设监理决策的正确与否,直接影响到项目建设总目标的实现及监理公司、监理工程师的声誉。监理决策正确与否,取决于多种因素,其中最重要的因素之一就是信息。因此,监理工程师在项目设计阶段、施工招标及施工等各个阶段,都必须及时地收集、加工、整理信息,并充分利用信息作出科学、合理的监理决策。

(3) 信息是监理工程师妥善协调项目建设各方关系的重要媒介。工程项目的建设涉及众多的单位,如政府部门、业主、设计、施工单位,材料、设备、资金供应单位,毗邻、运输、保险、税收单位等,这些单位都会给项目目标的实现带来一定的影响。为了加强各单位之间有机联系. 需要加强信息管理,妥善处理各单位之间的关系。

4.6.1.2 建设监理信息分类

建设建立过程中,涉及大量的信息,为便于管理和使用,可依据不同标准划分如下。

(1) 按建设监理的目标划分。

1) 投资控制信息。投资控制信息是指与投资控制直接有关的信息,如各种估算指标、类似工程造价、物价指数、概算定额、预算定额、投资估算、设计概预算、合同价、施工阶段的支付账单、原材料价格、机械设备台班费、人工费等。

2) 质量控制信息。质量控制信息是指与质量控制直接有关的信息,如国家有关的质量政策及质量标准、工程项目建设标准、质量目标分解结果、质量控制工作制度、工作流程、风险分析、质量抽样检查的数据等。

3) 进度控制信息。进度控制信息是与进度控制直接有关的信息,如施工定额、工程项目总进度计划、进度目标分解、进度控制的工作制度、风险分析、进度记录等。

(2) 按建设监理信息的来源划分。

1) 工程项目内部信息。内部信息来自建设项目本身,如工程概况、设计文件、施工方案、合同管理制度、会议制度、工程项目的投资目标、进度目标、质量目标等。

2) 工程项目外部信息。外部信息来自建设项目外部环境,如国家有关的政策及法规、国内及国际市场上原材料及设备价格、物价指数、类似工程造价及进度、投标单位的实力与信誉、项目毗邻单位情况等。

(3) 按建设监理信息的稳定程度划分。

1) 静态信息。静态信息是指在一定时间内相对稳定不变的信息,包括标准信息、计划信息和查询信息。标准信息主要指各种定额和标准,如施工定额、原材料消耗定额、设备及工具的耗损程度等。

计划信息是反映在计划期内已经确定的各项任务指标情况。查询信息是指在一个较长时期内不发生变更的信息，如政府及有关部门颁发的技术标准、不变价格、监理工作制度等。

2）动态信息。动态信息是指在不断地变化着的信息，如项目实施阶段的质量、投资及进度的统计信息，就是反映在某一时刻项目建设的实际进程及计划完成情况。

（4）按建设监理信息的层次划分。

1）决策层信息。决策层信息是指有关工程项目建设过程的进行战略决策所需的信息，如工程项目规模、投资额、建设总工期、承包单位的选定、合同价的确定等信息。

2）管理层信息。管理层信息是提供给业主单位中层及部门负责人作短期决策用的信息，如工程项目年度施工计划、财务计划、物资供应计划等。

3）实务层信息。实务层信息是指个业务部门的日常信息，如日进度、月支付额等。这类信息比较具体、精度较高。

4.6.2　建设工程监理的信息管理工作

4.6.2.1　建设工程监理信息的特征和分类

建筑工程信息是对参与建设各方主体（如建设单位、设计单位、施工单位、供货厂商和监理企业等）从事工程项目管理（或监理）提供决策支持的一种载体，如项目建议书、可行性研究报告、设计图纸及其说明、各种法规及建设标准等。在现代建筑工程中，能及时、准确、完善地掌握与建筑工程项目有关的大量信息，处理好各类建设信息，是建设工程项目管理（或监理）的重要内容。

监理信息是在整个工程建设监理过程中发生的、反映工程建设状态和规律的信息。它具有一般信息的特征，同时也有其本身的特点。监理信息的特点见表4.8。

表 4.8　　　　　　　　　　　监 理 信 息 的 特 点

特　点	说　　　明
信息量大	因为监理的工程项目管理涉及多部门、多专业、多环节、多渠道，而且工程建设中的情况多变化，处理的方式多样化，因此，信息量也特别大
信息系统性强	由于工程项目往往是一次性（或单件性）；即使是同类型的项目，也往往因为地点、施工单位或其他情况的变化而变化，因此，虽然信息量大，但却都集中于所管理的项目对象上，这就为信息系统的建立和应用创造了条件
信息传递中的障碍多	信息传递中的障碍来自地区的间隔、部门的分散、专业的隔阂，或传递手段的落后，或对信息的重视程度或理解能力、经验、知识的限制
信息的滞后现象	信息往往是在项目建设和管理过程中产生的，信息反馈一般要经过加工、整理、传递以后才能到达决策者手中，因此是滞后的。倘若信息反馈不及时，容易影响信息作用的发挥而造成失误

为了有效地管理和应用工程建设监理信息，需将信息进行分类。按照不同的分类标准，工程建设监理信息可分为不同的类型，具体分类见表4.9。

表 4.9 监理信息的分类及内容

序号	分类标准	类 型	内 容
1	按照建设工程监理职能划分	投资控制信息	如各种投资估算指标，类似工程造价，物价指数，概、预算定额，建设项目投资估算，设计概、预算，合同价，工程进度款支付单，竣工结算与决算，原材料价格，机械台班费，人工费，运杂费，投资控制的风险分析等
		质量控制信息	如国家有关的质量政策及质量标准，项目建设标准，质量目标的分解结果，质量控制工作流程，质量控制工作制度，质量控制的风险分析，质量抽样检查结果等
		进度控制信息	如工期定额，项目总进度计划，进度目标分解结果，进度控制工作流程，进度控制工作制度，进度控制的风险分析，某段时间的施工进度记录等
		合同管理信息	如国家有关法律规定，工程建设招标投标管理办法，工程建设施工合同管理办法，工程建设监理合同，工程建设勘察设计合同，工程建设施工承包合同，土木工程施工合同条件，合同变更协议，工程建设中标通知书、投标书和招标文件等
		行政事务管理信息	如上级主管部门、设计单位、承包商、发包人的来函文件，有关技术资料等
2	按照建设工程监理信息来源划分	工程建设内部信息	内部信息取自建设项目本身。如工程概况，可行性研究报告，设计文件，施工组织设计，施工方案，合同文件，信息资料的编码系统，会议制度，监理组织机构，监理工作制度，监理委托合同，监理规划，项目的投资目标，项目的质量目标，项目的进度目标等
		工程建设外部信息	外部信息是指来自建设项目外部环境的信息。如国家有关的政策及法规，国内及国际市场上原材料及设备价格，物价指数，类似工程的造价，类似工程的进度，投标单位的实力，投标单位的信誉，毗邻单位的有关情况等
3	按照建设工程监理信息稳定程度划分	固定信息	固定信息是指那些具有相对稳定性的信息，或者在一段时间内可以在各项监理工作中重复使用而不发生性质的变化的信息，它是工程建设监理工作的重要依据。固定信息主要包括： （1）定额标准信息。这类信息内容很广，主要是指各类定额和标准。如概、预算定额，施工定额，原材料消耗定额，投资估算指标，生产作业计划标准，监理工作制度等。 （2）计划合同信息。这类信息是指计划指标体系、合同文件等。 （3）查询信息。这类信息是指国家标准、行业标准、部颁标准、设计规范、施工规范、监理工程师的人事卡片等
		流动信息	流动信息即作业统计信息，是反映工程项目建设实际进程和实际状态的信息，随着工程目的进展而不断更新。这类信息时间性较强，一般只有一次使用价值。如项目实施阶段的质量、投资及进度统计信息就是反映在某一时刻项目建设的实际进程及计划完成情况。再如项目实施阶段的原材料消耗量、机械台班数、人工工日数等。及时收集这类信息，并与计划信息进行对比分析是实施项目目标控制的重要依据，是不失时机地发现、克服薄弱环节的重要手段。在工程建设监理过程中，这类信息的主要表现形式是统计报表

续表

序号	分类标准	类 型	内 容
4	按照建设工程监理活动层次划分	总监理工程师所需信息	如有关工程建设监理的程序和制度，监理目标和范围，监理组织机构的设置状况，承包商提交的施工组织设计和施工技术方案，建设监理委托合同，施工承包合同等
		各专业监理工程师所需信息	如工程建设的计划信息，实际进展信息，实际进展与计划的对比分析结果等。监理工程师通过掌握这些信息，可以及时了解工程建设是否达到预期目标并指导其采取必要措施，以实现预定目标
		监理检查员所需信息	主要是工程建设实际进展信息，如工程项目的日进展情况。这类信息较具体、详细，精度较高，使用频率也高
5	按照建设工程监理阶段划分	设计阶段	如"可行性研究报告"及"设计任务书"，工程地质和水文地质勘察报告，地形测量图，气象和地震烈度等自然条件资料，矿藏资源报告，规定的设计标准，国家或地方有关的技术经济指标和定额，国家和地方的监理法规等
		施工招标阶段	如国家批准的概算，有关施工图纸及技术资料，国家规定的技术经济标准、定额及规范，投标单位的实力，投标单位的信誉，国家和地方颁布的招标投标管理办法等
		施工阶段	如施工承包合同，施工组织设计、施工技术方案和施工进度计划，工程技术标准，工程建设实际进展情况报告，工程进度款支付申请，施工图纸及技术资料，工程质量检查验收报告，工程建设监理合同，国家和地方的监理法规等

4.6.2.2 建设工程信息管理的基本环节

建设工程信息管理贯穿工程建设全过程。其具体环节包括信息的收集、加工、整理、分发、检索和存储。

（1）建设工程信息的收集。在建设工程的不同进展阶段，会产生大量的信息。工程监理单位的介入阶段不同，决定了信息收集的内容不同。如果工程监理单位接受委托在建设工程决策阶段提供咨询服务，则需要收集与建设工程相关的市场、资源、自然环境、社会环境等方面的信息。如果是在建设工程设计阶段提供项目管理服务，则需要收集的信息有：工程可行性研究报告及前期相关文件资料；同类工程相关资料；拟建工程所在地信息；勘察、设计、测量单位相关信息；拟建工程所在地政府部门相关规定；拟建工程设计质量保证体系及进度计划等。如果是在建设工程施工招投标阶段提供相关服务，则需要收集的信息有：工程立项审批文件；工程地质、水文地质勘察报告；工程设计及概算文件；施工图设计审批文件；工程所在地工程材料、构配件、设备、劳动力市场价格及变化规律；工程所在地工程建设标准及招投标相关规定等。

在建设工程施工阶段，项目监理机构应从下列方面收集信息：

1）建设工程施工现场的地质、水文、测量、气象等数据；地下、地上管线，地下洞室，地上既有建筑物、构筑物及树木，道路，建筑红线，水、电、气管道的引入标志；地质勘察报告、地形测量图及标桩等环境信息。

2）施工机构组成及进场人员资格，施工现场质量及安全生产保证体系；施工组织设计，施工进度计划；分包单位资格等信息。

3）进场设备的规格型号、保修记录、工程材料、构配件、设备的进场、保管、使用等信息。

4）施工项目管理机构管理程序；施工单位内部工程质量、成本、进度控制及安全生产管理的措施及实施效果；工序交接制度；事故处理程序；应急预案等信息。

5）施工中需要执行的国家、行业或地方工程建设标准，施工合同履行情况。

6）施工过程中发生的工程数据，如地基验槽及处理记录；工序交接检查记录、隐蔽工程检查验收记录；分部分项工程检查验收记录。

7）工程材料、构配件、设备质量证明资料及现场测试报告。

8）设备安装试运行及测试信息，如电气接地电阻、绝缘电阻测试、管道漏水、通气、通风试验，电梯施工试验，消防报警、自动喷淋系统联动试验等信息。

9）工程索赔相关信息，如索赔处理程序、索赔处理依据、索赔证据等。

（2）建设工程信息的加工、整理、分发、检索和存储。

1）信息的加工和整理。信息的加工和整理主要是指将所获得的数据和信息通过鉴别、选择、核对、合并、排序、更新、计算、汇总等，生成不同形式的数据和信息，目的是给各类管理人员使用，加工、整理数据和信息，往往需要按照不同的需求来分层进行。

工程监理人员对于数据和信息的加工要从鉴别开始。一般而言，工程监理人员自己收集的数据和信息的可靠度较高；而对于施工单位报送的数据，就需要进行鉴别、选择、核对，对于动态数据需要及时更新。为了便于应用，还需要对收集来的数据和信息按照工程项目组成（单位工程、分部工程、分项工程等）工程项目目标（质量、造价、成本）等进行汇总和组织。

2）信息的分发和检索。加工整理后的信息要及时提供给需要使用信息的部门和人员，信息的分发要根据需要来进行，信息的检索需要建立在一定的分级管理制度上。信息分发和检索的基本原则是：需要信息的部门和人员，有权在需要的第一时间，方便地得到所需要的信息。

3）信息的存储。存储信息需要建立统一数据库。需要根据建设工程实际、规范地组织数据文件。按照工程进行组织，同一工程按照质量、造价、进度、合同等类别组织，各类信息再进一步根据具体情况进行细化；工程参建各方要协调统一数据存储方式，数据文件名要规范化，要建立统一的编码体系；尽可能以网络数据库形式存储数据，减少数据冗余，保证数据的唯一性，并实现数据共享。

4.6.2.3 监理信息管理的流程

工程建设是一个由多个单位、多个部门组成的复杂系统，这是工程建设的复杂性决定的。参加建设的各方要能够实现随时沟通，必须规范相互之间的信息流程，组织合理的信息流。

（1）监理信息流程的组成。建设工程的监理信息流程由建设各方各自的信息流程组成，监理单位的信息系统作为工程建设系统的一个子系统，监理的信息流仅仅是其中的一部分信息流，建设工程参建各方信息关系流程如图 4.35 所示。

（2）监理单位及项目监理部信息流程的组成。监理单位内部也有一个信息流程，监理单位的信息系统更偏重公司内部管理和对所监理的工程建设项目监理部的宏观管理，对具体的某个工程项目监理部，也要组织必要的信息流程，加强项目数据和信息的微观管理，相应的流程如图 4.36 和图 4.37 所示。

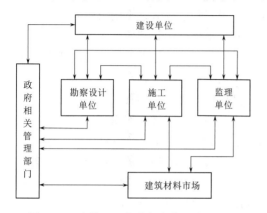

图 4.35 建设工程参建各方信息关系流程

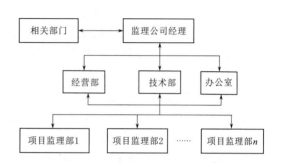

图 4.36 监理单位信息流程

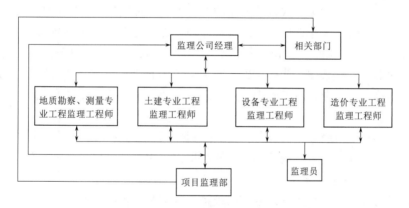

图 4.37 项目监理部信息流程

4.6.2.4 建设工程信息管理系统

随着工程建设规模的不断扩大，信息量的增加是非常惊人的。依靠传统的手工处理方式已难以适应工程建设管理需求。建设工程信息管理系统已成为建设工程管理的基本手段。

（1）信息管理系统的主要作用。建设工程信息管理系统作为处理工程项目信息的人机系统。其主要作用体现在以下几个方面：

1）利用计算机数据存储技术，存储和管理与工程项目有关的信息，并随时进行查询更新。

2）利用计算机数据处理功能，快速、准确地处理工程项目管理所需的信息，如工程造价的估算与控制；工程进度计划的编制和优化等。

3）利用计算机分析运算功能，快速提供高质量的决策支持信息和备选方案。

4）利用计算机网络技术，实现工程参建各方、各部门之间的信息共享和协同工作。

5）利用计算机虚拟现实技术，直观展示工程项目大量数据和信息。

（2）信息管理系统的基本功能。建设工程信息管理系统的目标是实现信息的系统管理和提供必要的决策支持。建设工程信息管理系统可以为监理工程师提供标准化、结构化的数据；提供预测、决策所需要的信息及分析模型；提供建设工程目标动态控制的分析报告；提供解决建设工程监理问题的多个备选方案。建设工程信息管理系统的基本功能应至少包括工程质量控制、工程造价控制、工程进度控制、工程合同管理四个子系统。

（3）信息管理系统的设计原则。由于工程建设项目的特点及施工的技术经济特点，在对工程项目施工监理信息管理系统总体设计中，应遵循下述基本原则：

1）实用性原则。系统总体设计应当从当前工程建设监理单位实际水平和能力出发，分步骤、分阶段加以实施。应力求简单，便于操作，有利于实际推广作用。

2）科学性原则。系统总体设计应符合工程建设项目施工的技术经济规律外，还应灵活地利用相关学科及技术方法，以便于开发工程建设项目施工监理的信息系统软件，为工程建设监理提供有效的服务。

3）数量和与模型化相结合的原则。系统总体设计应以数据处理和信息管理为基础，并配以适量的数学模型，包括工程施工成本、施工进度、施工质量与安全、消耗等方面的控制，以及对施工风险、施工效果等方面的评价，以实现数量和与模型化相结合的信息管理系统软件开发方向，为建设项目管理（或监理）提供计算机辅助的决策支持。

4）可扩充性与可移植性相结合的原则。系统总体设计主要是以单位工程施工监理为对象，开发的信息管理软件应能扩充到由各个单位工程组成的群体工程的施工监理方面；同时，还能移植到工程项目施工管理方面，以便为业主的项目管理和施工单位的项目管理服务。

5）独立性与组合性相结合的原则。系统总体设计应考虑到不同用户的要求，既要保持各子系统的相对独立性，以满足单一功能的推广应用；又要保持相关子系统的联系性。

4.6.2.5 监理信息的表现形式

监理信息的表现形式就是信息内容的载体，也就是各种各样的数据。在工程建设监理过程中，各种情况层出不穷，这些情况包含了各种各样的数据。这些数据可以是文字，可以是数字，也可以是各种报表，还可以是图形、图像和声音等。

（1）文字数据。文字数据是监理信息的一种常见的表现形式。文件是最常见的用文字数据表现的信息。管理部门会下发很多文件，工程建设各方，通常规定以书面形式进行交流，即使是口头上的指令，也要在一定时间内形成书面的文字，这也会形成大量的文件，这些文件包括国家、地区、部门、行业、国际组织颁布的有关工程建设的法律法规文件，还包括国际、国家和行业等制定的标准规范。具体到每一个工程项目，还包括合同及招标投标文件、工程承包（分包）单位的情况资料、会议纪要、监理月报、洽商及变更资料、监理通知、隐蔽及预检记录资料等。这些文件中包含了大量的信息。

（2）数字数据。数字数据也是监理信息常见的一种表现形式。在工程建设中，监理工作的科学性要求"用数字说话"，为了准确地说明各种工程情况，必然有大量数字数据产生，各种计算成果、各种试验检测数据，反映着工程项目的质量、投资和进度等情况。

（3）各种报表。报表是监理信息的另一种表现形式，工程建设各方常用这种直观的形式传播信息。承包商需要提供反映工程建设状况的多种报表。如开工申请单、施工技术方案申报表、进场原材料报验单、进场设备报验单、施工放样报验单、分包申请单、付款申请表、索赔申请书、索赔损失计算清单、延长工期申报表、复工申请、事故报告单、工程验收申请单、竣工报验单等。监理组织内部常采用规范化的表格来作为有效控制的手段。如工程开工令、工程变更通知、工程暂停指令、复工指令、工程验收证书、工程验收记录、竣工证书等。监理工程师向发包人反映工程情况也往往用报表形式传递工程信息。如工程质量月报表、项目月支付总表、工程进度月报表、进度计划与实际完成报表、施工计划与实际完成情况表、监理月报表等。

（4）图形、图像和声音等。这些信息包括工程项目立面、平面及功能布置图形、项目位置及项目所在区域环境实际图形或图像等，对每一个项目，还包括分专业隐检部位图形、分专业设备安装部位图形、分专业预留预埋部位图形、分专业管线平（立）面走向及跨越伸缩缝部位图形、分专业管线系统图形、质量问题和工程进度形象图像，在施工中还有设计变更图等。图形、图像信息还包括工程录像、照片等，这些信息能直观、形象地反映工程情况，特别是能有效地反映隐蔽工程的情况。声音信息主要包括会议录音、电话录音以及其他的讲话录音等。

4.6.2.6 监理信息管理的作用

监理行业属于信息产业，监理工程师是信息工作者，生产的是信息，使用和处理的是信息，主要体现监理成果的也是各种信息。监理信息管理就是监理信息的收集、整理、处理、存储、传递与应用等一系列工作的总称。信息管理的目的是通过有组织的信息流通，是决策者能及时、准确地获得相应的信息，以做出科学的决策。合理进行监理信息管理对监理工程师开展监理工作，对监理工程师进行决策具有重要的作用。

监理信息管理对监理工作的作用表现在以下几个方面。

（1）为监理各层次、各单位收集、传递、处理、存储和分发各类数据和信息。

（2）为高层次建立建立人员提供决策所需的信息、手段、模型和决策支持。

（3）提供人、财、物、设备诸要素之间综合性强的数据，对编制和修改计划，实施调控提供必要的科学手段。

（4）提供必要的办公自动化手段，使监理工程师摆脱繁琐的简单性事务作业。

4.6.3 建设工程监理资料和文档管理

建设工程监理资料和文档管理是工程管理中的重要内容，主要包括监理资料、监理月报、监理工作总结等。

监理资料。应包括下列内容：施工合同文件及委托监理合同；勘察设计文件；监理规划；监理实施细则；分包单位资格报审表；设计交底与图纸会审会议纪要；施工组织设计（方案）报审表；工程开工/复工报审表及工程暂停令；测量核验资料；工程进度计划；工程材料、构配件、设备的质量证明文件；检查试验资料；工程变更资料；隐蔽工程验收资料；工程计量单和工程款支付证书；监理工程师通知单；监理工作联系单；报验申请表；会议纪要；来往函件；监理日记；监理月报；质量缺陷与事故的处理文件；分部工程、单位工程等验收资料；索赔文件资料；竣工结算审核意见书；工程项目施工阶段质量评估报告等专题报告；监理工作总结。

监理月报。监理月报应由总监理工程师组织编制，签认后报建设单位和本监理单位。施工阶段的监理月报应包括以下内容：本月工程概况；本月工程形象进度；工程进度（本月实际完成情况与计划进度比较；对进度完成情况及采取措施效果的分析）；工程质量（本月工程质量情况分析；本月采取的工程质量措施及效果）；工程计量与工程款支付（工程量审核情况；工程款审批情况及月支付情况；工程款支付情况分析；本月采取的措施及效果）；合同其他事项的处理情况（工程变更；工程延期；费用索赔）；本月监理工作小结（对本月进度、质量、工程款支付等方面情况的综合评价；本月监理工作情况；有关本工程的意见和建议；下月监理工作的重点）。

监理工作总结。应包括以下内容：工程概况；监理组织机构、监理人员和投入的监理设施；监理合同履行情况；监理工作成效；施工过程中出现的问题及其处理情况和建议；工程照片（有必要时）。

监理资料必须及时整理、真实完整、分类有序；监理资料的管理应由总监理工程师负责，并指定专人具体实施；监理资料应在各阶段监理工作结束后及时整理归档。监理档案的编制及保存应按有关规定执行。

4.6.3.1 建设工程文件档案资料管理的特征

监理文件资料是工程监理单位在履行建设工程监理合同过程中形成或获取的，以一定形式记录、保存的文件资料。

建设工程文件是指在工程项目建设过程中形成的各种形式的信息记录，包括工程准备阶段文件、监理文件、施工文件、竣工图和竣工验收文件，也可简称为工程文件。建设工程档案是指在项目建设活动中直接形成的具有归档保存价值的文字、图表、声像等各种形式的历史记录，也可简称为工程档案。建设工程文件档案资料是在建设项目规划和实施过程中直接形成的、具有保存价值的文字、图表、数据等各种历史资料的记载，它是建设工程开展规划、勘测、设计、施工、管理、运行、维护、科研、抗灾、战略等不同工作的重要依据。在实际工程中，许多信息由文件档案资料给出。建设工程文件档案资料管理（以下简称文档管理）指的是在建设工程信息管理中对作为信息载体的资料有序地进行收集、加工、分解、编目、存档，并为项目各参加者提供专用和常用信息的过程。

建设工程文件档案资料与其他一般性的资料相比，有以下几个方面的特征：

（1）全面性和真实性。建设工程文件档案资料只有全面反映项目的各类信息，才更有实用价值，而且必须形成一个完整的系统。有时只言片语的引用往往会起到误导作用。另外，建设工程文件档案资料必须真实反映工程情况，包括发生的事故和存在的隐患。真实性是对所有文件档案资料的共同要求，但在建设领域对这方面的要求更为迫切。

（2）继承性和时效性。随着建筑技术、施工工艺、新材料以及建筑企业管理水平的不断提高和发展，文件档案资料可以被继承和积累。新的工程在施工过程中可以吸取以前的经验，避免重犯以往的错误。同时，建设工程文件档案资料有很强的时效性，文件档案资料的价值会随着时间的推移而衰减，有时文件档案资料一经生成，就必须传达到有关部门，否则会造成严重后果。

（3）分散性和复杂性。建设工程周期长，生产工艺复杂，建筑材料种类多，建筑技术发展迅速，影响建设工程因素多种多样，工程建设阶段性强并且相互穿插。由此导致了建设工程文件档案资料的分散性和复杂性。

（4）多专业性和综合性。建设工程文件档案资料依附于不同的专业对象而存在，又依赖不同的载体而流动。涉及建筑、市政、公用、消防、保安等多种专业，也涉及电子、力学、声学、美学等多种学科，并同时综合了质量、进度、造价、合同、组织协调等多方面内容。

（5）随机性。建设工程文件档案资料产生于工程建设的整个过程中，工程开工、施工、竣工等各个阶段、各个环节都会产生各种文件档案资料。部分建设工程文件档案资料的产生有规律性（如各类报批文件），但还有相当一部分文件档案资料产生是由具体工程事件引发的，因此建设工程文件档案资料是有随机性的。

4.6.3.2 建设工程监理主要文件资料和文档管理中应遵循的原则

（1）总监理工程师负责制原则。《建设工程管理规范》第7.4.2条规定"监理资料的管理由总监理工程师负责"。因此，总监理工程师对监理业务文档的真实性、准确性、完整性、系统性负有首要责任。

（2）责任终身制原则。《建设工程质量管理条例》确立的责任终身制原则同样适用于监理业务文档的管理。监理业务文档是在工程监理过程中逐步形成的，而整个工程监理过程环节繁杂，专业各异，在管理上，任何一个监理工程师、监理员都应对自己所形成的档案文件的真实性、准确性和完整性负责。

（3）真实可靠性原则。文档的本质属性在于真实，监理工作的基本要求也在于保证真实。作为监理人员，不仅要有完备的专业知识和技能，而且应当具备良好的职业道德，保证自己监理工作范围内所形成的档案材料真实、可靠。

（4）及时有效性原则。建立业务文档应当随着工程的进展同步形成，并及时整理，监理人员办理签证、见证、验收等监理业务的同时，就应形成相应的文档资料。

4.6.3.3 建设工程监理主要资料的编制要求

《建设工程监理规范》（GB/T 50319—2013）明确规定了监理规划、监理实施细则、监理日志、监理会议纪要、监理月报、工程质量评估报告及监理工作总结等的编制内容和要求。

（1）监理日志。监理日志是项目监理机构在实施建设工程监理过程中，每日对建设工程监理工作及施工进展情况所做的记录，由总监理工程师根据工程实际情况指定专业监理工程师负责记录。每天填写的监理日志内容必须真实、力求详细，主要反映监理工作情况。如涉及具体文件资料，应注明相应文件资料的出处和编号。

监理日志的主要内容包括：天气和施工环境情况；当日施工进展情况，包括工程进度情况、工程质量情况、安全生产情况等；当日监理工作情况，包括旁站、巡视、见证取样、平行检验等情况；当日存在的问题及协调解决情况；其他有关事项。

（2）监理例会会议纪要。监理例会是履约各方沟通情况、交流信息、研究解决合同履行中存在的各方面问题的主要协调方式。会议纪要由项目监理机构根据会议记录整理，主要内容包括以下几项：会议地点及时间；会议主持人；与会人员姓名、单位、职务；会议主要内容、决议事项及其负责落实单位、负责人和时限要求；其他事项。

对于监理例会上意见不一致的重大问题，应将各方的主要观点，特别是相互对立的意见记入"其他事项"中。会议纪要的内容应真实准确，简明扼要，经总监理工程师审阅，与会各方代表会签，发至有关各方并应有签收手续。

（3）监理月报。监理月报是项目监理机构每月向建设单位和本监理单位提交的建设工程监理工作及建设工程实施情况等分析总结报告。监理月报既要反映建设工程监理工作及建设工程实施情况，也要确保建设工程监理工作可追溯。监理月报由总监理工程师组织编写，签认后报送建设单位和本监理单位。报送时间由监理单位与建设单位协商确定，一般在收到施工单位报送的工程进度，汇总本月已完工程量和本月计划完成工程量的工程量表、工程款支付申请表等相关资料后，在协商确定的时间内提交。

监理月报应包括以下主要内容：

1）本月工程实施情况。本情况包括工程进展情况；实际进度与计划进度的比较，施工单位人、机、料进场及使用情况，本期在施部位的工程照片等；工程质量情况。分部分项工程验收情况，工程材料、设备、构配件进场检验情况，主要施工、试验情况，本月工程质量分析；施工单位安全生产管理工作评述；已完工程量与已付工程款的统计及说明。

2）本月监理工作情况。本情况包括工程进度控制方面的工作情况；工程质量控制方面的工作情况；安全生产管理方面的工作情况；工程计量与工程款支付方面的工作情况；合同及其他事项管理工作情况；监理工作统计及工作照片。

3）本月工程实施的主要问题分析及处理情况。本情况包括工程进度控制方面的主要问题分析及处理情况；工程质量控制方面的主要问题分析及处理情况；施工单位安全生产管理方面的主要问题分析及处理情况；工程计量与工程款支付方面的主要问题分析及处理情况；合同及其他事项管理方面的主要问题分析及处理情况。

4）下月监理工作重点。本情况包括工程管理方面的监理工作重点；项目监理机构内部管理方面的工作重点。

（4）工程质量评估报告。

1）工程质量评估报告编制的基本要求：

a. 工程质量评估报告的编制应文字简练、准确、重点突出、内容完整。

b. 工程竣工预验收合格后，由总监理工程师组织专业监理工程师编制工程质量评估报告，编制完成后，由项目总监理工程师及监理单位技术负责人审核签认并加盖监理单位公章后报建设单位。工程质量评估报告应在正式竣工验收前提交给建设单位。

2）工程质量评估报告的主要内容。内容包括工程概况；工程参建单位；工程质量验收情况；工程质量事故及其处理情况；竣工资料审查情况；工程质量评估结论。

（5）监理工作总结。当监理工作结束时，项目监理机构应向建设单位和工程监理单位提交监理工作总结。监理工作总结由总监理工程师组织项目监理机构监理人员编写，由总监理工程师审核签字，并加盖工程监理单位公章后报建设单位。

监理工作总结应包括以下内容：

1）工程概况。

2）项目监理机构。监理过程中如有变动情况，应予以说明。

3）建设工程监理合同履行情况。包括监理合同目标控制情况，监理合同履行情况，监理合同纠纷的处理情况等。

4）监理工作成效。项目监理机构提出的合理化建议并被建设、设计、施工等单位采纳；发现施工中的差错，通过监理工作避免了工程质量事故、生产安全事故、累计核减工程款及为建设单位节约工程建设投资等事项的数据（可举典型事例和相关资料）。

5）监理工作中发现的问题及其处理情况。监理过程中产生的监理通知单、监理报告、工作联系单及会议纪要等所提出问题的简要统计。

6）说明与建议。由工程质量、安全生产等问题所引起的今后工程合理、有效使用的建议等。

典型案例【D4-13】

某业主投资建设一工程项目，该工程是列入城市档案管理部门接受范围的工程。该工程由 A、B、C 三个单位工程组成，各单位工程开工时间不同。该工程由一家承包单位承包，业主委托某监理公司进行施工阶段监理，监理工程师在审核承包单位提交的"工程开工报审表"时，要求承包单位在"工程开工报审表"中注明各单位工程的开工时间。监理工程师审核后认为具备开工条件时。由总监理工程师或由经授权的总监理工程师代表签署意见，报建设单位。

问题：

（1）监理单位的以上做法有何不妥？应该如何做？监理工程师在审核"工程开工报审表"时，应从哪些方面进行审核？

（2）建设单位在组织工程验收前，应组织监理、施工、设计各方进行工程档案的预验收。建设单位的这种做法是否正确？为什么？

（3）监理单位在进行本工程的监理文件档案资料归档时，监理大纲、监理实施细则、监理总控制计划和预付款报审与支付这 4 项监理文件中，哪些不应由监理单位作短期保存？监理单位作短期保存的监理文件应有哪些？

分析如下：

（1）监理单位的做法不妥之处有：①"要求承包单位在工程开工报审表中注明各单住工程开工时间"不妥；②"由总监理工程师或由经授权的总监理工程师代表签署意见"不妥。

监理单位应该：①"要求承包单位在每个单位工程开工前都应填报一次工程开工报审表"；②"由总监理工程师签署意见"。不得由总监理工程师代表签署。

监理工程师在审核"工程开工报审表"时应从以下各方面进行审核：①工程所在地（所属部委）政府建设主管单位已签发施工许可证；②征地拆迁工作已能满足工程进度的需要；③施工组织设计已获总监理工程师批准；④测量控制桩、线已查验合格；⑤承包单位项目经理部现场管理人员已到位，机具、施工人员已进场，主要工程材料已落实；⑥施工现场道路、水、电、通信等已满足开工要求。

（2）建设单位的这种做法不正确。建设单位在组织工程竣工验收前，应提请城建档定管理部门对工程档案进行预验收。

（3）监理大纲和预付款报审与支付不应由监理单位作短期保存。

监理单位作短期保存的监理文件有：监理规划，监理实施细则，监理总控制计划，专题总结，月报总结。

4.7　建设工程监理的其他相关规定

4.7.1　建设工程监理的管理机构及职责

国家发展改革委和住房城乡建设部共同负责推进建设监理事业的发展，住房城乡建设部归口管理全国建设工程监理工作。住房城乡建设部的主要职责：起草并与国家发展改革委制定、发布建设工程监理行政法规，监督实施；审批甲级监理单位资质；管理全国监理工程师资格考试、考核和注册等项工作。

省（自治区、直辖市）人民政府建设行政主管部门归口管理本行政区域内建设工程监理工作，其主要职责：贯彻执行国家建设工程监理法规，起草或制定地方建设工程监理法规并监督实施；审批本行政区域内乙级、丙级监理单位的资质，初审并推荐甲级监理单位；组织本行政区域内监理工程师资格考试、考核和注册工作；指导、监督、协调本行政区域内的建设工程监理工作。

国务院工业、交通等部门管理本部门建设工程监理工作，其主要职责：贯彻执行国家建设工程监理法规，根据需要制定本部门建设工程监理实施办法，并监督实施；审批直属的乙级、丙级监理单位资质，初审并推荐甲级监理单位；管理直属监理单位的监理工程师资格考试、考核和注册工作；指导、监督、协调本部门建设工程监理工作。

4.7.1.1　项目监理机构

（1）关于项目监理机构建立时间、地点及撤离时间的规定；决定项目监理机构组织形式、规模的因素。

（2）项目监理机构人员配备以及监理人员资格要求的规定。

（3）项目监理机构的组织形式、人员构成及对总监理工程师的任命应书面通知建设单位，以及监理人员变化的有关规定。

项目监理机构中配备监理人员的数量和专业应根据监理的任务范围、内容、期限以及工程的类别、规模、技术复杂程度、工程环境等因素综合考虑，并应符合委托监理合同中对监理深度和密度的要求，能体现项目监理机构的整体素质，满足监理目标控制的要求。

项目监理机构应具有合理的人员结构，主要包括以下几方面的内容：

1）合理的专业结构。项目监理人员结构应根据监理项目的性质及业主的要求进行配套。不同性质的项目和业主对项目监理要求需要有针对性地配备专业监理人员，做到专业结构合理，适应项目监理工作的需要。

2）合理的技术职称结构。监理组织的结构要求高、中、初级职称与监理工作要求相称，比例合理，而且要根据不同阶段的监理进行适当调整。施工阶段项目监理机构监理人员具有明确的技术职称结构要求。

3）合理的年龄结构。监理组织的结构要做到老、中、青年龄结构合理，老年人经验丰富，中年人综合素质好，青年人精力充沛。根据监理工作的需要形成合理的人员年龄结构，充分发挥不同年龄层次的优势，有利于提高监理工作的效率与质量。

4.7.1.2 工程监理单位的职责

《建筑法》第三十四条规定:"工程监理单位应当在其资质等级许可的监理范围内,承担工程监理业务。"

《建设工程质量管理条例》第三十七条规定:"工程监理单位应当选派具备相应资格的总监理工程师和监理工程师进驻施工现场。未经监理工程师签字,建筑材料、建筑构配件和设备不得在工程上使用或者安装,施工单位不得进行下一道工序的施工。未经总监理工程师签字,建设单位不拨付工程款,不进行竣工验收。"

《建设工程安全生产管理条例》第十四条规定:"工程监理单位应当审查施工组织设计中的安全技术措施或者专项施工方案是否符合工程建设强制性标准。工程监理单位在实施监理过程中,发现存在安全事故隐患的,应当要求施工单位整改;情况严重的,应当要求施工单位暂时停止施工,并及时报告建设单位。施工单位拒不整改或者不停止施工的,工程监理单位应当及时向有关主管部门报告。"

4.7.1.3 工程监理人员的职责

《建筑法》第三十二条规定:"工程监理人员认为工程施工不符合工程设计要求、施工技术标准和合同约定的,有权要求建筑施工企业改正。工程监理人员发现工程设计不符合建筑工程质量标准或者合同约定的质量要求的,应当报告建设单位要求设计单位改正。"

《建设工程质量管理条例》第三十八条规定:"监理工程师应当按照工程监理规范的要求,采取旁站、巡视和平行检验等形式,对建设工程实施监理。"

监理人员应包括总监理工程师、专业监理工程师和监理员,必要时,项目监理机构可配备总监理工程师代表。总监理工程师、专业监理工程师应是取得注册的监理工程师,监理员应具备监理员上岗证书。根据《建设工程监理规范》(GB/T 50319—2013),总监理工程师应由具有 3 年以上同类工程监理工作经验的人员担任,总监理工程师代表应由具有 3 年以上同类工程监理工作经验的人员担任,专业监理工程师应由具有 2 年以上同类工程监理工作经验的人员担任。

4.7.2 建设工程监理的法律责任

4.7.2.1 工程监理单位的法律责任

《建筑法》第三十五条规定:"工程监理单位不按照委托监理合同的约定履行监理义务,对应当监督检查的项目不检查或者不按照规定检查,给建设单位造成损失的,应当承担相应的赔偿责任。"

《建筑法》第六十九条规定:"工程监理单位与建设单位或者建筑施工企业串通,弄虚作假、降低工程质量的,责令改正,处以罚款,降低资质等级或者吊销资质证书;有违法所得的,予以没收;造成损失的,承担连带赔偿责任;构成犯罪的,依法追究刑事责任。工程监理单位转让监理业务的,责令改正,没收违法所得,可以责令停业整顿,降低资质等级;情节严重的,吊销资质证书。"

《建设工程质量管理条例》第六十条规定:"违反本条例规定,勘察、设计、施工、工程监理单位超越本单位资质等级承揽工程的,责令停止违法行为,对勘察、设计单位或者工程监理单位处合同约定的勘察费、设计费或者监理酬金 1 倍以上 2 倍以下的罚款;对施工单位处工程合同价款百分之二以上百分之四以下的罚款,可以责令停业整顿,降低资质等级；情节严重的，吊销资质证书；有违法所得的，予以没收。未取得资质证书承揽工程的，予以取缔，依照前款规定处以罚款；有违法所得的，予以没收。以欺骗手段取得资质证书承揽工程的，吊销资质证书，依照本条第一款规定处以罚款；有违法所得的，予以没收。"

《建设工程质量管理条例》第六十一条规定："违反本条例规定，勘察、设计、施工、工程监理单位允许其他单位或者个人以本单位名义承揽工程的，责令改正，没收违法所得，对勘察、设计单位和工程监理单位处合同约定的勘察费、设计费和监理酬金 1 倍以上 2 倍以下的罚款；对施工单位处工程合同价款百分之二以上百分之四以下的罚款；可以责令停业整顿，降低资质等级；情节严重的，吊销资质证书。"

《建设工程质量管理条例》第六十二条规定："工程监理单位转让工程监理业务的，责令改正，没收违法所得，处合同约定的监理酬金百分之二十五以上百分之五十以下的罚款；可以责令停业整顿，降低资质等级；情节严重的，吊销资质证书。"

《建设工程质量管理条例》第六十七条规定："工程监理单位有下列行为之一的，责令改正，处 50 万元以上 100 万元以下的罚款，降低资质等级或者吊销资质证书；有违法所得的，予以没收；造成损失的，承担连带赔偿责任：与建设单位或者施工单位串通，弄虚作假、降低工程质量的；将不合格的建设工程、建筑材料、建筑构配件和设备按照合格签字的。"

《建设工程质量管理条例》第六十八条规定："违反本条例规定。工程监理单位与被监理工程的施工承包单位以及建筑材料、建筑构配件和设备供应单位有隶属关系或者其他利害关系承担该项建设工程的监理业务的，责令改正，处 5 万元以上 10 万元以下的罚款，降低资质等级或者吊销资质证书；有违法所得的，予以没收。"

《建设工程安全生产管理条例》第五十七条规定："工程监理单位有下列行为之一的，责令限期改正；逾期未改正的，责令停业整顿，并处 10 万元以上 30 万元以下的罚款；情节严重的，降低资质等级，直至吊销资质证书；造成重大安全事故，构成犯罪的，对直接责任人员，依照刑法有关规定追究刑事责任；造成损失的，依法承担赔偿责任：未对施工组织设计中的安全技术措施或者专项施工方案进行审查的；发现安全事故隐患未及时要求施工单位整改或者暂时停止施工的；施工单位拒不整改或者不停止施工，未及时向有关主管部门报告的；未依照法律、法规和工程建设强制性标准实施监理的。"

《中华人民共和国刑法》第一百三十七条规定："工程监理单位违反国家规定，降低工程质量标准，造成重大安全事故的，对直接责任人员，处五年以下有期徒刑或者拘役，并处罚金；后果特别严重的，处五年以上十年以下有期徒刑，并处罚金。"

典型案例【D4－14】

某工程建设单位委托监理单位承担施工阶段的监理任务，总承包单位按照施工合同约定选择了设备安装分包单位。在合同履行过程中发生如下事件：

事件 1：专业监理工程师检查主体结构施工时，发现总承包单位在未向项目监理机构报审危险性较大的预制构件吊装起重专项方案的情况下已自行施工，且现场没有管理人员。于是，总监理工程师下达了监理通知单。

事件 2：专业监理工程师在现场巡视时，发现设备安装分包单位违章作业，有可能导致发生重大质量事故。总监理工程师口头要求总承包单位暂停分包单位施工，但总承包单位未予执行。总监理工程师随即向总承包单位下达了工程暂停令，总承包单位在向设备安装分包单位转发工程暂停令前，发生了设备安装质量事故。

问题：

（1）根据《建设工程安全生产管理条例》规定，事件1中起重吊装专项方案需经哪些人签字后方可实施？

（2）指出事件1中总监理工程师的做法是否妥当，说明理由。

（3）事件2中总监理工程师是否可以口头要求暂停施工？为什么？

（4）就事件2中所发生的质量事故，指出建设单位、监理单位、总承包单位和设备安装分包单位各自应承担的责任，说明理由。

分析如下：

（1）根据《建设工程安全生产管理条例》规定，事件1中起重吊装专项方案需经总承包单位技术负责人、总监理工程师签字后方可实施。

（2）事件1中，总监理工程师的做法不妥。理由：危险性较大的预制构件起重吊装专项方案没有报审、签认，没有专职安全生产管理人员，总监理工程师应下达工程暂停令。

（3）事件2中，总监理工程师可以口头要求暂停施工。理由：在紧急事件发生或确有必要时，总监理工程师有权口头下达暂停施工指令，但在规定的时间内要书面确认。

（4）事件2中，建设单位、监理单位、总承包单位和设备安装分包单位各自应承担的责任及理由如下：

1）建设单位没有责任。因质量事故是由于分包单位违章作业造成的，与建设单位无关。

2）监理单位没有责任。因质量事故是由于分包单位违章作业造成的，且监理单位已尽责。

3）总承包单位应承担连带责任。工程分包不能解除总承包单位的任何责任和义务。

4）分包单位应承担责任。因质量事故是由于其违反工程建设强制性标准而直接造成的。

4.7.2.2　监理工程师的法律责任

工程监理单位是订立工程监理合同的当事人。监理工程师一般要受聘于工程监理单位，代表工程监理单位从事建设工程监理工作。工程监理单位在履行工程监理合同时，是由具体的监理工程师来实现的，因此，如果监理工程师出现工作过错，其行为将被视为工程监理单位违约，应承担相应的违约责任。工程监理单位在承担违约赔偿责任后，有权在企业内部向有过错行为的监理工程师追偿损失。因此，由监理工程师个人过失引发的合同违约行为，监理工程师必然要与工程监理单位承担一定的连带责任。

《建设工程质量管理条例》第七十二条规定，违反本条例规定，监理工程师因过错造成质量事故的，责令停止执业1年；造成重大质量事故的，吊销执业资格证书，5年以内不予注册；情节特别恶劣的，终身不予注册。《建设工程质量管理条例》第七十四条规定，工程监理单位违反国家规定，降低工程质量标准，造成重大安全事故，构成犯罪的，对直接责任人员依法追究刑事责任。

《建设工程安全生产管理条例》第五十八条规定，注册监理工程师未执行法律、法规和工程建设强制性标准的，责令停止执业3个月以上1年以下；情节严重的，吊销执业资格证书，5年内不予注册；造成重大安全事故的，终身不予注册；构成犯罪的，依照刑法有关规定追究刑事责任。

（1）监理工程师法律责任的表现行为。监理工程师的法律责任与其法律地位密切相关，同样是建立在法律法规和委托监理合同的基础上。监理工程师法律责任的表现行为主要有三个方面：一是违反法律法规的行为；二是违反合同约定的行为；三是承担安全责任。

1）违反法律法规的行为。现行法律法规对监理工程师的法律责任专门做出了具体规定。例如，《建筑法》第三十五条规定："工程监理单位不按照委托监理合同的约定履行监理义务，对应当监督检查的项目不检查或者不按照规定检查，给建设单位造成损失的，应当承担相应的赔偿责任。"

《中华人民共和国刑法》第一百三十七条规定："建设单位、设计单位、施工单位、工程监理单位违反国家规定，降低工程质量标准，造成重大安全事故的，对直接责任人员，处五年以下有期徒刑或者拘役，并处罚金；后果特别严重的，处五年以上十年以下有期徒刑，并处罚金。"

《建设工程质量管理条例》第三十六条规定："工程监理单位应当依照法律、法规以及有关技术标准、设计文件和建设工程承包合同，代表建设单位对施工质量实施监理并对施工质量承担监理责任。"

这些规定能够有效地规范、指导监理工程师的执业行为，提高监理工程师的法律责任意识，引导监理工程师公正守法地开展监理业务。

2）违反合同约定的行为。监理工程师一般主要受聘于工程监理企业，从事工程监理业务。工程监理企业是订立委托监理合同的当事人，是法定意义的合同主体，但委托监理合同在具体履行时，是由监理工程师代表监理企业来实现的。因此，如果监理工程师出现工作过失，违反了合同约定，其行为将被视为监理企业违约，由监理企业承担相应的违约责任。当然，监理企业在承担违约赔偿责任后，有权在企业内部向有过失行为的监理工程师追偿部分损失。所以，由监理工程师个人过失引发的合同违约行为，监理工程师应当与监理企业承担一定的连带责任。其连带责任的基础是监理企业与监理工程师签订的聘用协议或责任保证书，或监理企业法定代表人对监理工程师签发的授权委托书。一般来说，授权委托书应包含职权范围和相应的责任条款。

3）承担安全责任。安全生产责任是法律责任的一部分，其来源于法律法规和委托监理合同。除了上面提到的《刑法》中的有关规定外，《建设工程安全生产管理条例》第十四条还规定，工程监理单位和监理工程师应当按照法律、法规和工程建设强制性标准实施监理，并对建设工程安全生产承担监理责任。

导致工程安全事故或问题的原因很多，有自然灾害、不可抗力等客观原因，也有建设单位、设计单位、施工企业、材料供应单位等主观原因。

（2）监理工程师的安全生产责任。监理工程师的安全生产责任是法律责任的一部分。

导致工作安全事故或问题的原因很多，有自然灾害、不可抗力等客观原因，也有建设单位、设计单位、施工企业、材料供应单位等方面的主观原因。监理工程师虽然不管理安全生产，不直接承担安全责任，但不能排除其间接或连带承担安全责任的可能性。如果监理工程师有下列行为之一，则应当与质量、安全事故责任主体承担连带责任：违章指挥或者发出错误指令，引发安全事故的；将不合格的工程建设、建筑材料、建筑构配件和设备按照合格签字，造成工程质量事故，由此引发安全事故的；与建设单位或施工企业串通，弄虚作假、降低工程质量，从而引发安全事故的。

（3）监理工程师的监理责任。如果监理工程师有下列行为之一，则要承担一定的监理责任：未对施工组织设计中的安全技术措施或者专项施工方案进行审查；发现安全事故隐患未及时要求施工单位整改或者暂时停止施工；施工单位拒不整改或者不停止施工，未及时向有关主管部门报告；未依照法律、法规和工程建设强制性标准实施监理。

（4）监理工程师的连带责任。如果监理工程师有下列行为之一，则应当与质量、安全事故责任主体承担连带责任：违章指挥或者发出错误指令，引发安全事故的；将不合格的建设工程、建筑材料、建筑构配件和设备按照合格签字，造成工程质量事故，由此引发安全事故的；与建设单位或施工企业串通，弄虚作假，降低工程质量，从而引发安全事故的。

思考题

（1）什么是建设工程监理？

（2）建设工程监理的原则是什么？

（3）如何理解业主、承包商、监理单位之间的关系？

（4）简述工程监理企业甲级资质等级标准。

（5）工程监理企业年检结论分哪几种？分别产生哪些法律后果？

（6）简述总监理工程师应履行的职责。

（7）简述施工准备阶段监理工作的主要内容。

（8）建设工程监理工作应遵循哪些程序？

第5章 建设工程竣工验收

【章节指引】 通过本章的学习，了解竣工验收的内容、目的、法定条件，掌握竣工验收的基本程序；了解水利工程建设项目竣工验收的条件和规定；了解建设工程竣工各部门验收的规定，掌握建设工程竣工验收备案的规定，了解工程竣工验收的资料归档和档案验收程序等。
【章节重点】 竣工验收的内容、法定条件。
【章节难点】 竣工验收的基本程序。

5.1 建设工程竣工验收的概念

工程项目按设计文件规定的内容和标准全部建成，并按规定将工程内外全部清理完毕后称为竣工。竣工验收指在工程项目竣工后，由投资主管部门会同建设、设计、施工、设备供应单位及工程质量监督等部门，依照国家关于建筑工程竣工验收制度的规定，对该项目是否符合规划设计要求以及建筑施工和设备安装质量进行全面检验、考核后，取得竣工合格资料、数据和凭证的过程。

竣工验收是对项目全面考核建设的工作，是检查项目是否符合设计要求和工程质量的重要环节，对促进建设项目及时投产，发挥投资效果，总结建设经验有重要作用。

建设工程竣工验收是施工全过程的最后一道工序，也是工程项目管理的最后一项工作。它是建设投资成果转入生产或使用的标志，也是全面考核投资效益、检验设计和施工质量的重要环节。而完善的建设工程竣工验收及备案制度有利于政府通过程序对建设工程规划、质量有较好的控制，同时备案资料又可为之后的改建、扩建工程提供完整的技术资料。

5.1.1 建设工程竣工验收的目的

国家有关法规规定了严格的竣工验收程序，其目的在于以下几方面：

（1）全面考察工程的施工质量。竣工验收阶段通过对已竣工工程的检查和试验，考核承包商的施工成果是否达到了设计的要求而形成的生产或使用能力，可以正式转入生产运行。通过竣工验收及时发现和解决影响生产和使用方面存在的问题，以保证工程项目按照设计要求的各项技术经济指标正常投入运行。

（2）明确合同责任。能否顺利通过竣工验收，是判别承包商是否按施工承包合同约定的责任范围完成了施工义务的标志。圆满地通过竣工验收后，承包商即可以与业主办理竣工结算手续，将所施工的工程转交给业主使用和照管。

（3）建设项目转入投产使用的必备程序。建设项目竣工验收也是国家全面考核项目建设成果，检验项目决策、设计、施工、设备制造和管理水平，以及总结建设项目建设经验的重要环节。一个建设项目建成投产交付使用后，能否取得预想的宏观效益，需要经过国家权威管理部门按照技术规范、技术标准组织验收确认。因此，《建设项目（工程）竣工验收办法》（计建设〔1990〕1215号）中规定，已具备竣工验收条件的项目（工程），3个月内不办理验收投产和移交固定资产手续的，取消企业和主管部门的基建试车收入分成，由银行监督全部上缴财政。如3个月内办理竣工验收确有困难，经验收主管部门批准，可以适当延长期限。

5.1.2 建设工程竣工验收的组织方式

在建设工程完工后，承包单位应当向建设单位提供完整的竣工资料和竣工验收报告，提请建设单位组织竣工验收。建设单位收到竣工验收报告后，应及时组织由设计、施工、工程监理等有关单位参加的竣工验收，检查整个工程项目是否已按照设计要求和合同约定全部建设完成，并符合竣工验收条件。

《建设工程质量管理条例》规定，建设单位收到建设工程竣工报告后，应当组织设计、施工、工程监理等有关单位进行竣工验收。对工程进行竣工检查和验收，是建设单位法定的权利和义务。对于水利工程建设项目，验收的依据主要包括国家有关法律、法规、规章和技术标准；有关主管部门的规定；经批准的工程立项文件、初步设计文件、调整概算文件；经批准的设计文件及相应的工程变更文件；施工图纸及主要设备技术说明书等。此外，法人验收还应当以施工合同为验收依据。

5.1.3 建设工程竣工验收的法定条件

完成工程设计和合同约定的各项内容以后，施工单位在工程完工后对工程质量进行检查，确认工程质量符合所有要求，并提出工程竣工报告。对于委托监理的工程项目，监理单位对工程进行了质量评估，具有完整的监理资料，并提出工程质量评估报告。勘察、设计单位对勘察、设计文件及施工过程中有设计单位签署的设计变更通知书进行检查，并提出质量检查报告，有完整的技术档案和施工管理资料。有工程使用的主要建筑材料、建筑构配件和设备的进场试验报告。建设单位已按合同约定支付工程款。有施工单位签署的工程质量保修书。城乡规划行政主管部门对工程是否符合规划设计要求进行检查，并出具认可文件。有公安消防、环保等部门出具的认可文件或者准许使用文件。建设行政主管部门及其委托的工程质量监管机构等有关部门责令整改的问题全部整改完毕，可以进行建设工程竣工验收。

《建筑法》规定，交付竣工验收的建筑工程，必须符合规定的建筑工程质量标准，有完整的工程技术经济资料和经签署的工程保修书并具备国家规定的其他竣工条件。建筑工程竣工验收合格后，方可交付使用；未经验收或验收不合格的不得交付使用。

《建设工程质量管理条例》进一步规定，建设工程竣工验收应当具备以下条件：

(1) 完成建设工程设计和合同约定的各项内容。

(2) 有完整的技术档案和施工管理资料。

(3) 有工程使用的主要建筑材料、建筑构配件和设备的进场试验报告。

(4) 有勘察、设计、施工、工程监理等单位分别签署的质量合格文件。

(5) 有施工单位签署的工程保修书。

建设工程验收合格的，方可交付使用。

5.1.4 建设工程竣工验收的内容

5.1.4.1 建设工程竣工验收的主要内容

建设工程竣工验收的内容主要包括：

(1) 工程是否按批准的设计文件建成，配套、辅助工程是否与主体工程同步建成。

(2) 工程质量是否符合国家颁布的相关设计规范及工程施工质量验收标准。

(3) 工程设备配套及设备安装、调试情况，国外引进设备合同完成情况。

(4) 概算执行情况及财务竣工决算编制情况。

(5) 联调联试、动态检测、运行试验情况。

(6) 环保、水保、劳动、安全、卫生、消防、防灾安全监控系统、安全防护、应急疏散通道、办公生产生活房屋等设施是否按批准的设计文件建成、合格，精测网复测是否完成、复测成果和相关资料是否移交设备管理单位，工机具、常备材料是否按设计配备到位，地质灾害整治及建筑抗震设防是否符合规定。

(7) 工程竣工文件编制完成情况，竣工文件是否齐全、准确。

(8) 建设用地权属来源是否合法，面积是否准确，界址是否清楚，手续是否齐备等方面内容。

5.1.4.2 验收过程中的文件

验收过程中的文件主要包括：

(1) 勘察、设计、施工、工程监理等有关单位分别签署的质量合格文件。勘察、设计、施工、工程监理等有关单位要依据工程设计文件及承包合同所要求的质量标准，对竣工工程进行检查评定，符合规定的应当签署合格文件。

(2) 施工单位签署的工程保修书。施工单位同建设单位签署的工程保修书，也是交付竣工验收的条件之一。凡是没有经过竣工验收或者经过竣工验收确定为不合格的建设工程，不得交付使用。如果建设单位为了提前获得投资效益，在工程未验收时就提前投产或使用，则由此而发生的质量问题，建设单位要承担责任。中华人民共和国建设部根据《建设工程质量管理条例》和《房屋建筑工程质量保修办法》的有关规定，印发了《房屋建筑工程质量保修书（示范文本）》（图 5.1）和《建设工程施工合同》配合使用。

(3) 完整的技术档案和施工管理资料。工程技术档案是指在基本建设等活动保存的图纸、图表、文字资料、计算材料、照片、音频、视频等科技文件材料。施工管理资料是为了完成施工任务，从接受施工任务到工程验收的全过程中，围绕施工对象和施工现场而进行的生产事务的组织管理工作过程的所有资料。工程技术档案和施工管理资料是工程竣工验收和质量保证的重要依据之一，主要包括以下档案和资料：工程项目竣工验收报告、分项、分部工程和单位工程技术人员名单、图纸会审和技术交底记录、设计变更通知单、技术变更核实单、工程质量事故发生后调查和处理资料、隐蔽验收记录及施工日志、竣工图、质量检验评定资料以及合同约定的其他资料。

(4) 工程使用的主要建筑材料、建筑构配件和设备的进场检验报告。对建设工程使用的主要建筑材料、建筑构配件和设备，除须具有质量合格证明资料外，还应具有进场试验、检验报告，其质量要求必须符合国家规定的标准。

(5) 公安消防、环保等部门出具的认可文件或者准许使用文件。

房屋建筑工程质量保修书（示范文本）

发包人（全称）：＿＿＿＿＿＿＿＿＿＿＿＿＿＿＿＿＿

承包人（全称）：＿＿＿＿＿＿＿＿＿＿＿＿＿＿＿＿＿

发包人、承包人根据《中华人民共和国建筑法》、《建设工程质量管理条例》和《房屋建筑工程质量保修办法》，经协商一致，对（工程全称）签订工程质量保修书。

一、工程质量保修范围和内容

承包人在质量保修期内，按照有关法律、法规、规章的管理规定和双方约定，承担本工程质量保修责任。

质量保修范围包括地基基础工程、主体结构工程，屋面防水工程、有防水要求的卫生间、房间和外墙面的防渗漏，供热与供冷系统，电气管线、给排水管道、设备安装和装修工程，以及双方约定的其他项目。具体保修的内容，双方约定如下：

＿＿＿

＿＿＿

＿＿＿

二、质量保修期

双方根据《建设工程质量管理条例》及有关规定，约定本工程的质量保修期如下：

1. 地基基础工程和主体结构工程为设计文件规定的该工程合理使用年限＿＿＿＿＿＿＿；

2. 屋面防水工程、有防水要求的卫生间、房间和外墙面的防渗漏为＿＿＿＿＿＿＿年；

3. 装修工程为＿＿＿＿＿＿＿年；

4. 电气管线、给排水管道、设备安装工程为＿＿＿＿＿＿＿年；

5. 供热与供冷系统为＿＿＿＿＿＿＿个采暖期、供冷期；

6. 住宅小区内的给排水设施、道路等配套工程为＿＿＿＿＿＿＿年；

7. 其他项目保修期限约定如下：

＿＿＿

质量保修期自工程竣工验收合格之日起计算。

三、质量保修责任

1. 属于保修范围、内容的项目，承包人应当在接到保修通知之日起7天内派人保修。承包人不在约定期限内派人保修的，发包人可以委托他人修理。

2. 发生紧急抢修事故的，承包人在接到事故通知后，应当立即到达事故现场抢修。

3. 对于涉及结构安全的质量问题，应当按照《房屋建筑工程质量保修办法》的规定，立即向当地建设行政主管部门报告，采取安全防范措施；由原设计单位或者具有相应资质等级的设计单位提出保修方案，承包人实施保修。

4. 质量保修完成后，由发包人组织验收。

四、保修费用

保修费用由造成质量缺陷的责任方承担。

五、其他

双方约定的其他工程质量保修事项：

＿＿＿

＿＿＿

本工程质量保修，由施工合同发包人、承包人双方在竣工验收前共同签署，作为施工合同附件，其有效期限至保修期满。

发包人（公章）   承包人（公章）

法定代表人（签字）   法定代表人（签字）

年　月　日   年　月　日

图5.1　房屋建筑工程质量保修书（示范文本）

典型案例【D5-1】

某水利工程已具备竣工条件，2010 年 7 月 2 日施工单位向建设单位提交竣工验收报告，7 月 7 日经验收不合格，施工单位返修后于 7 月 20 日再次验收合格，7 月 31 日，建设单位将有关资料报送建设行政主管部门备案。

试分析：该工程质量保修期自什么时候开始？

分析如下：

该工程质量保修期应自 2010 年 7 月 20 日开始。建设工程的保修期自竣工验收合格之日起计算，而不是从提交验收报告的时间，也不是从验收的时间，更不是从备案的时间起算。

5.1.5　竣工验收的流程

工程竣工验收的程序主要包括工程竣工验收准备，工程竣工初步验收（预验收），工程竣工正式验收，填写竣工验收鉴定证书，最后进行工程竣工验收备案。

工程竣工验收准备由施工承包单位组织各分包商、设备供应商等整理工程资料、绘制竣工图，准备工程竣工通知书、工程竣工申请报告、工程竣工验收鉴定证书和工程保修证书等。工程竣工初步验收是工程达到竣工验收条件后，施工承包单位在自查、自评工作完成后，填写工程竣工报验单，并将全部竣工资料报送项目监理机构，申请竣工验收。总监理工程师收到申请报告后，组织各专业监理工程师对竣工资料及各专业工程的质量情况进行全面检查。检查出的问题应及时以书面整改通知书的形式督促施工承包单位进行整改。监理工程师应认真审查竣工资料并督促施工承包单位做好工程保护和现场清理。经项目监理机构对工程竣工资料及工程实体全面检查、验收合格后，由总监理工程师签署工程竣工验收报验单，并向业主或建设单位提交质量评估报告。

业主或建设单位收到工程竣工验收报告后，由业主或建设单位的负责人或业主代表组织勘察、设计、监理、承包单位和其他有关方面的专家组成验收组，制定验收方案，对工程进行正式验收，参加验收各方对工程验收质量进行评定，并在工程竣工验收 7 个工作日前，将验收的时间、地点及验收组名单书面通知建设行政主管部门的工程质量监管机构对工程验收进行监督，评定结论一致后，共同签署工程竣工验收鉴定证书。如果参验各方对工程质量验收意见不一致，则由建设行政主管部门或质量监督机构协调处理。

验收的主要内容包括建设、勘察、设计、施工、监理单位分别汇报工程合同履约情况和在工程建设各个环节执行法律、法规和工程建设强制性标准的情况。审阅建设、勘察、设计、施工、监理单位的工程档案资料；实地查验工程质量；对工程勘察、设计、施工、设备安装质量和各管理环节等方面做出全面评价，形成经验收组人员签署的工程竣工验收意见。参与工程竣工验收的建设、勘察、设计、施工、监理等各方不能形成一致意见时，应当协商提出解决的方法，待意见一致后，重新组织工程竣工验收。建设行政主管部门或者其他部门发现建设单位在竣工验收过程中违反国家有关建设工程质量管理规定行为的，责令停止使用，重新组织竣工验收。

竣工验收鉴定证书的内容需要包括验收时间、验收工作概况、工程概况、项目建设情况、生产工艺及水平和生产设备试生产情况、竣工结算情况、工程质量总体评价、经济效果评价、遗留问题及处理意见、验收委员会对项目验收结论。

根据《建设工程质量管理条例》第十七条、第四十九条规定，建设单位应当严格按照国家有关档案管理的规定，及时收集、整理建设项目各环节的文件资料，建立、健全建设项目档案，应当自建设工程竣工验收合格之日起15日内，将建设工程竣工验收报告和规划、公安消防、环保等部门出具的认可文件或者准许使用文件报建设行政主管部门或者其他有关部门备案，及时向建设行政主管部门或者其他有关部门移交建设项目档案。

工程竣工验收监督是指监督机构通过对建设单位组织的工程竣工验收程序进行监督，对经过勘察、设计、监理、施工各方责任主体签字认可的质量文件进行查验，对工程实体质量进行现场抽查，以监督责任主体和有关机构履行质量责任、执行工程建设强制性标准的活动。监督机构在进行工程竣工验收监督时应首先依法对工程竣工验收文件进行审查，包括施工单位出具的工程竣工报告，包括结构安全、室内环境质量和使用功能抽样检测资料等合格证明文件以及施工过程中发现的质量问题整改报告；勘察、设计单位出具的工程质量检查报告；监理单位出具的工程质量评估报告。然后对验收组成员组成及竣工验收方案进行监督。对工程实体质量进行抽测，对观感质量进行检查。最后，形成工程竣工验收监督的记录，包括对工程建设强制性标准执行情况、观感质量检查验收、工程验收的组织及程序以及对工程竣工验收报告的评价。

5.2　水利工程建设项目竣工验收

《水利工程建设项目验收管理规定》是水利工程建设项目验收管理的重要文件。由中央或者地方财政全部投资或者部分投资建设的大中型水利工程建设项目的验收活动应按照此规定执行。

水利部负责全国水利工程建设项目验收的监督管理工作。水利部所属流域管理机构（以下简称流域管理机构）按照水利部授权，负责流域内水利工程建设项目验收的监督管理工作。县级以上地方人民政府水行政主管部门按照规定权限负责本行政区域内水利工程建设项目验收的监督管理工作。

水利工程建设项目验收，按验收主持单位性质不同分为法人验收和政府验收两类。

5.2.1　法人验收和政府验收

法人验收是指在项目建设过程中由项目法人组织进行的验收。法人验收监督管理机关对项目的法人验收工作实施监督管理。由水行政主管部门或者流域管理机构组建项目法人的，该水行政主管部门或者流域管理机构是本项目的法人验收监督管理机关；由地方人民政府组建项目法人的，该地方人民政府水行政主管部门是本项目的法人验收监督管理机关。工程建设完成分部工程、单位工程、单项合同工程，或者中间机组启动前，应当组织法人验收。项目法人可以根据工程建设的需要增设法人验收的环节。项目法人应当自工程开工之日起60个工作日内，制定法人验收工作计划，报法人验收监督管理机关和竣工验收主持单位备案。施工单位在完成相应工程后，应当向项目法人提出验收申请。项目法人经检查认为建设项目具备相应的验收条件的，应当及时组织验收。

法人验收由项目法人主持。验收工作组由项目法人、设计、施工、监理等单位的代表组成，必要时可以邀请工程运行管理单位等参建单位以外的代表及专家参加。项目法人可以委托监理单位主持分部工程验收，有关委托权限应当在监理合同或者委托书中明确。

法人验收是政府验收的基础。政府验收是指由有关人民政府、水行政主管部门或者其他有关部门组织进行的验收，包括专项验收、阶段验收和竣工验收。水利工程建设项目具备验收条件时，应当及时组织验收。未经验收或者验收不合格的，不得交付使用或者进行后续工程施工。

法人验收后，质量评定结论应当报该项目的质量监督机构核备。未经核备的，不得组织下一阶段验收。项目法人应当自法人验收通过之日起 30 个工作日内，制作法人验收鉴定书，发送参加验收单位并报送法人验收监督管理机关备案。法人验收鉴定书是政府验收的备查资料。单位工程投入使用验收和单项合同工程完工验收通过后，项目法人应当与施工单位办理工程的有关交接手续。工程保修期从通过单项合同工程完工验收之日算起，保修期限按合同约定执行。

5.2.2　水利工程建设项目竣工验收的条件和所需资料

对于水利工程建设项目，竣工验收时，应满足工程已按批准设计全部完成，工程重大设计变更已经有审批权的单位批准，各单位工程能正常运行，历次验收所发现的问题已基本处理完毕，各专项验收已通过。同时，工程投资应已全部到位，竣工财务决算已通过竣工审计，审计意见中提出的问题已整改并提交了整改报告。运行管理单位应该明确，管理养护经费已基本落实。质量和安全监督工作报告已提交，工程质量达到合格标准。最后将竣工验收资料准备就绪。

水利工程竣工验收时，建设单位应提交工程竣工验收申请报告（包含工程完成情况，验收条件检查结果，验收组织准备情况，建议验收时间、地点和参加单位）、工程建设管理工作报告、工程建设大事记；还要提交拟验工程清单、未完工程清单，未完工程的建设安排及完成工期，存在的问题及解决建议，以及初步验收工作报告、竣工验收鉴定书（草稿）、工程运用和度汛方案、工程建设监理工作报告、工程设计工作报告、水利水电工程质量评定报告、工程施工管理工作报告、重大技术问题专题报告、工程运行管理准备工作报告、工程建设征地补偿及移民安置工作报告、工程档案资料自检报告和工程竣工决算审计报告或审计意见 。

水利部 2017 年颁布的《水利部关于废止和修改部分规章的决定》（水利部令第 49 号）规定，水利工程质量监督实施以抽查为主，运用法律和行政手段，做好监督抽查后的处理工作。工程竣工验收前，质量监督机构应对工程质量结论进行核备。未经质量核备的工程，项目法人不得报验，工程主管部门不得验收。

5.2.3　水利工程建设项目竣工验收的规定

枢纽工程导（截）流、水库下闸蓄水等阶段验收前，涉及移民安置的，应当完成相应的移民安置专项验收。工程竣工验收前，应当按照国家有关规定，进行环境保护、水土保持、移民安置以及工程档案等专项验收。经商有关部门同意，专项验收可以与竣工验收一并进行。项目法人应当自收到专项验收成果文件之日起 10 个工作日内，将专项验收成果文件报送竣工验收主持单位备案。专项验收成果文件是阶段验收或者竣工验收成果文件的组成部分。

工程建设进入枢纽工程导（截）流、水库下闸蓄水、引（调）排水工程通水、首

（末）台机组启动等关键阶段，应当组织进行阶段验收。竣工验收主持单位根据工程建设的实际需要，可以增设阶段验收的环节。阶段验收的验收委员会由验收主持单位、该项目的质量监督机构和安全监督机构、运行管理单位的代表以及有关专家组成。工程参建单位是被验收单位，应当派代表参加阶段验收工作。

大型水利工程在进行阶段验收前，可以根据需要进行技术预验收。水库下闸蓄水验收前，项目法人应当按照有关规定完成蓄水安全鉴定。验收主持单位应当自阶段验收通过之日起 30 个工作日内，制作阶段验收鉴定书，发送参加验收的单位并报送竣工验收主持单位备案。阶段验收鉴定书是竣工验收的备查资料。

竣工验收应当在工程建设项目全部完成并满足一定运行条件后 1 年内进行。一定运行条件是指泵站工程经过一个排水或抽水期、河道疏浚工程完成后或其他工程经过 6 个月（经过一个汛期）至 12 个月。不能按期进行竣工验收的，经竣工验收主持单位同意，可以适当延长期限，但最长不得超过 6 个月。逾期仍不能进行竣工验收的，项目法人应当向竣工验收主持单位作出专题报告。

竣工验收分为竣工技术预验收和竣工验收两个阶段。大型水利工程在竣工技术预验收前，项目法人应当按照有关规定对工程建设情况进行竣工验收技术鉴定。中型水利工程在竣工技术预验收前，竣工验收主持单位可以根据需要决定是否进行竣工验收技术鉴定。竣工技术预验收由竣工验收主持单位以及有关专家组成的技术预验收专家组负责。工程参建单位的代表应当参加技术预验收，汇报并解答有关问题。竣工验收的验收委员会由竣工验收主持单位、有关水行政主管部门和流域管理机构、有关地方人民政府和部门、该项目的质量监督机构和安全监督机构、工程运行管理单位的代表以及有关专家组成。工程投资方代表可以参加竣工验收委员会。竣工验收主持单位可以根据竣工验收的需要，委托具有相应资质的工程质量检测机构对工程质量进行检测。

项目法人全面负责竣工验收前的各项准备工作，设计、施工、监理等工程参建单位应当做好有关验收准备和配合工作，派代表出席竣工验收会议，负责解答验收委员会提出的问题，并作为被验收单位在竣工验收鉴定书上签字。

竣工验收主持单位应当自竣工验收通过之日起 30 个工作日内，制作竣工验收鉴定书，并发送有关单位。竣工验收鉴定书是项目法人完成工程建设任务的凭据。

项目法人和其他有关单位应当按照竣工验收鉴定书的要求妥善处理竣工验收遗留问题和完成尾工。验收遗留问题处理完毕和尾工完成并通过验收后，项目法人应当将处理情况和验收成果报送竣工验收主持单位。项目法人与工程运行管理单位不同的，工程通过竣工验收后，应当及时办理移交手续。工程移交后，项目法人以及其他参建单位应当按照法律法规的规定和合同约定，承担后续的相关质量责任。项目法人已经撤销的，由撤销该项目法人的部门承接相关的责任。

5.3 建设工程竣工其他部门验收

《建设工程质量管理条例》规定，建设单位应当自建设工程竣工验收合格之日起 15 日内，将建设工程竣工验收报告和规划、公安消防、环保等部门出具的认可文件或者准许使用文件报建设行政主管部门或者其他有关部门备案。

5.3.1　建设工程竣工规划验收规定

《中华人民共和国城乡规划法》（以下简称《城乡规划法》）是为了加强城乡规划管理，协调城乡空间布局，改善人居环境，促进城乡经济社会全面协调可持续发展而制定的法律。《城乡规划法》规定，县级以上地方人民政府城乡规划主管部门按照国务院规定对建设工程是否符合规划条件予以核实。未经核实或者经核实不符合规划条件的，建设单位不得组织竣工验收。建设单位应当在竣工验收后 6 个月向城乡规划主管部门报送有关竣工验收资料。

（1）建设工程规划验收申请条件主要包括以下几个方面：

1）已缴清报建有关费用。

2）已按规划报建要求完成建筑单体工程。

3）已完成报建图规定的工程内容、道路系统、环境绿化及化粪池等公建配套工程。

（2）需提交的资料主要有以下几项：

1）建设用地规划许可证（复印本）。

2）建设工程规划许可证（正本）。

3）施工许可证（复印本）。

4）放线图（原件）、竣工测绘图（原件）。

5）加具规划局公章的总平面布置图（原件）1 份。

6）填写"建设工程规划验收申请表"1 份。

建设工程竣工后，建设单位应当依法向城乡规划行政主管部门提出竣工规划验收申请，由城乡规划行政主管部门按照选址意见书、建设用地规划许可证、建设工程规划许可证、乡村建设规划许可证及其有关规划的要求，对建设工程进行规划验收，包括对建设用地范围内的各项工程建设情况、建筑物的使用性质、位置、间距、层数、标高、平面、立面、外墙装饰材料和色彩、各类配套服务设施、临时施工用房、施工场地等进行全面核查，并做出验收记录。对于验收合格的，由城乡规划行政主管部门出具规划认可文件或核发建设工程竣工规划验收合格证。《城乡规划法》还规定，建设单位未在建设工程竣工验收后 6 个月内向城乡规划主管部门报送有关竣工验收资料的，由所在地城市、县人民政府城乡规划主管部门责令限期补报；逾期不补报的，处 1 万元以上 5 万元以下的罚款。

5.3.2　建设工程竣工消防验收规定

消防验收是指消防部门对企事业单位竣工运营时进行消防检测的合格调查，施工单位进行消防验收时需要消防局进行安全检测排查，同时需要出具电气防火检查合格证明文件，电气消防检测已被国家公安部列入消防验收强制检查的项目。根据《中共中央办公厅国务院办公厅关于调整住房和城乡建设部职责机构编制的通知》和《中央编办关于建设工程消防设计审查验收职责划转核增行政编制的通知》（中央编办发〔2018〕169 号），建设工程消防设计审查验收工作收由城乡建设主管部门负责。建设工程消防验收主要法律依据是《中华人民共和国消防法》、《建设工程消防监督管理规定》（公安部令第 119 号）、《国家工程建设消防技术标准》。

《中华人民共和国消防法》是为了预防火灾和减少火灾危害，加强应急救援工作，保护人身、财产安全，维护公共安全，制定的法律。《消防法》规定，对按照国家工程建设消防技术标准需要进行消防设计的建设工程，实行建设工程消防设计审查验收制度，依照规定进行消防验收、备案。国务院公安部门规定的大型的人员密集场所和其他特殊建设工程，建设单位应当向公安机关消防机构申请消防验收。其他建设工程，建设单位在验收后应当报公安机关消防机构备案，公安机关消防机构应当进行抽查。依法应当进行消防验收的建设工程，未经消防验收或者消防验收不合格的，禁止投入使用；其他建设工程经依法抽查不合格的，应当停止使用。

公安部《建设工程消防监督管理规定》进一步规定，建设单位申请消防验收应当提供下列材料：①建设工程消防验收申报表；②工程竣工验收报告；③消防产品质量合格证明文件；④有防火性能要求的建筑构件、建筑材料、室内装修装饰材料符合国家标准或者行业标准的证明文件、出厂合格证；⑤消防设施、电气防火技术检测合格证明文件；⑥施工、工程监理、检测单位的合法身份证明和资质等级证明文件；⑦其他依法需要提供的材料，包括总平面布局和平面布置中涉及消防安全的防火间距、消防车道、消防水源等，建筑的火灾危险性类别和耐火等级，建筑防火防烟分区和建筑构造，安全疏散和消防电梯，消防给水和自动灭火系统，防烟、排烟和通风、空调系统，消防电源及其配电，火灾应急通道、应急照明、应急广播和疏散指示标志，火灾自动报警系统和消防控制室，建筑内部装修，建筑灭火器配置，国家工程建设标准中有关消防安全的其他内容，以及查验消防产品有效文件和供货证明。

公安机关消防机构应当自受理消防验收申请之日起 20 日内组织消防验收，并出具消防验收意见。公安机关消防机构对申请消防验收的建设工程，应当依照建设工程消防验收评定标准对已经消防设计审核合格的内容组织消防验收。对综合评定结论为合格的建设工程，公安机关消防机构应当出具消防验收合格意见；对综合评定结论为不合格的，应当出具消防验收不合格意见。

对于依法应当进行消防验收的建设工程，未经消防验收或者消防验收不合格，擅自投入使用的，《消防法》规定，由公安机关消防机构责令停止施工、停止使用或者停产停业，并处 3 万元以上 30 万元以下罚款。

5.3.3 建设工程竣工环保验收规定

建设项目竣工环境保护验收是指建设项目竣工后，环境保护行政主管部门根据建设项目竣工环境保护验收管理办法规定，依据环境保护验收监测或调查结果，并通过现场检查等手段，考核该建设项目是否达到环境保护要求的活动。建设项目竣工环境保护验收范围包括与建设项目有关的各项环境保护设施，包括为防治污染和保护环境所建成或配备的工程、设备、装置和监测手段，各项生态保护设施；以及环境影响报告书（表）或者环境影响登记表和有关项目设计文件规定应采取的其他各项环境保护措施。

建设工程环保验收主要法律依据有《中华人民共和国环境保护法》《中华人民共和国水污染防治法》《中华人民共和国大气污染防治法》《中华人民共和国固体废物污染环境防治法》《中华人民共和国环境噪声污染防治法》《中华人民共和国海洋环境保护法》《中华人民共和国环境影响评价法》《建设项目环境保护管理条例》《建设项目竣工环境保护验收暂行办法》《环境保护部建设项目"三同时"监督检查和竣工环保验收管理规程（试

行）》等。

生态环境部也印发了多个行业的建设项目竣工环境保护验收技术规范，与建设工程相关的主要有《建设项目竣工环境保护验收技术规范——水利水电》《建设项目竣工环境保护验收技术规范——公路》《建设项目竣工环境保护验收技术规范——城市轨道交通》。

《建设项目环境保护管理条例》是为防止建设项目产生新的污染、破坏生态环境而制定，由中华人民共和国国务院于 1998 年 11 月 29 日发布，自发布之日起施行的建设项目环境保护政策。《建设项目环境保护管理条例》规定，编制环境影响报告书、环境影响报告表的建设项目竣工后，建设单位应当按照国务院环境保护行政主管部门规定的标准和程序，对配套建设的环境保护设施进行验收，编制验收报告。

建设单位在环境保护设施验收过程中，应当如实查验、监测、记载建设项目环境保护设施的建设和调试情况，不得弄虚作假。

除按照国家规定需要保密的情形外，建设单位应当依法向社会公开验收报告。

环境保护行政主管部门审批环境影响报告书、环境影响报告表，应当重点审查建设项目的环境可行性、环境影响分析预测评估的可靠性、环境保护措施的有效性、环境影响评价结论的科学性等，并分别自收到环境影响报告书之日起 60 日内、收到环境影响报告表之日起 30 日内，做出审批决定并书面通知建设单位。

建设项目需要配套建设的环境保护设施未建成、未经验收或者验收不合格，建设项目即投入生产或使用，或者在环境保护设施验收中弄虚作假的，由县级以上环境保护行政主管部门责令限期改正，处 20 万元以上 100 万元以下的罚款；逾期不改正的，处 100 万元以上 200 万元以下的罚款；对直接负责的主管人员和其他责任人员，处 5 万元以上 20 万元以下的罚款；造成重大环境污染或者生态破坏的，责令停止生产或使用，或者报经有批准权的人民政府批准，责令关闭。

建设项目环境保护设施存在下列情形之一的，建设单位不得提出验收合格的意见：

（1）未按环境影响报告书（表）及其审批部门审批决定要求建成环境保护设施，或者环境保护设施不能与主体工程同时投产或者使用的。

（2）污染物排放不符合国家和地方相关标准、环境影响报告书（表）及其审批部门审批决定或者重点污染物排放总量控制指标要求的。

（3）环境影响报告书（表）经批准后，该建设项目的性质、规模、地点、采用的生产工艺或者防治污染、防止生态破坏的措施发生重大变动，建设单位未重新报批环境影响报告书（表）或者环境影响报告书（表）未经批准的。

（4）建设过程中造成重大环境污染未治理完成，或者造成重大生态破坏未恢复的。

（5）纳入排污许可管理的建设项目，无证排污或者不按证排污的。

（6）分期建设、分期投入生产或者使用依法应当分期验收的建设项目，其分期建设、分期投入生产或者使用的环境保护设施防治环境污染和生态破坏的能力不能满足其相应主体工程需要的。

（7）建设单位因该建设项目违反国家和地方环境保护法律法规受到处罚，被责令改正，尚未改正完成的。

（8）验收报告的基础资料数据明显不实，内容存在重大缺项、遗漏，或者验收结论不明确、不合理的。

（9）其他环境保护法律法规规章等规定不得通过环境保护验收的。

5.3.4 建设工程竣工节能验收规定

《中华人民共和国节约能源法》（以下简称《节约能源法》）是为了推动全社会节约能源，提高能源利用效率，保护和改善环境，促进经济社会全面协调可持续发展而制定。《节约能源法》规定，不符合建筑节能标准的建筑工程，建设主管部门不得批准开工建设；已经开工建设的，应当责令停止施工、限期改正；已经建成的，不得销售或者使用。《民用建筑节能条例》（国务院令〔2008〕530号）规定，建设单位组织竣工验收，应当对民用建筑是否符合民用建筑节能强制性标准进行验收。对不符合民用建筑节能强制性标准的，不得出具竣工验收合格报告。

建筑节能工程施工质量的验收，主要应按照《建筑节能工程施工质量验收规范》（GB 50411—2019）以及《建筑工程施工质量验收统一标准》（GB 50300—2013）、各专业工程施工质量验收规范等执行。单位竣工验收应在建筑节能分部工程验收合格后进行。

建筑节能工程为单位建设工程的一个分部工程，按规定划分为分项工程和检验批，分项工程主要有墙体节能工程、幕墙节能工程、门窗节能工程、屋面节能工程、地面节能工程、采暖节能工程、通风与空气调节节能工程、配电与照明节能工程等，建筑节能工程应按照分项工程进行验收。当建筑节能分项工程的工程量较大时，可以将分项工程划分为若干个检验批进行验收。当建筑节能工程验收无法按照要求划分为分项工程或检验批时，可由建设、施工、监理等各方协调进行划分，但验收项目、验收内容、验收标准和验收记录均应遵守规范的规定。

建筑节能分部工程进行质量验收的条件建筑节能分部工程的质量验收，应在检验批、分项工程全部合格的基础上，进行建筑围护结构的外墙节能构造实体检验，严寒、寒冷和夏热冬冷地区的外窗气密性现场检测，以及系统节能性能检测和系统联合试运行与调试，确认建筑节能工程质量达到验收条件后方可进行。

建筑节能工程验收的程序和组织应遵守《建筑工程施工质量验收统一标准》（GB 50300—2013）的要求。节能工程的检验批验收和隐蔽工程验收应由监理工程师主持，施工单位相关专业的质量检查员与施工员参加。节能分项工程验收应由监理工程师主持，施工单位项目技术负责人和相关专业的质量检查员、施工员参加，必要时可邀请设计单位相关专业的人员参加。节能分项工程验收应由监理工程师主持，施工单位项目经理、项目技术负责人和相关专业的质量检查员、施工员参加，施工单位的质量或技术负责人应参加，设计单位节能设计人员应参加。

建筑节能分部工程施工完成后，施工单位对节能工程质量进行检查，确认符合节能设计文件要求后，填写建筑节能分部工程质量验收表，并由项目经理和施工单位负责人签字。监理单位收到建筑节能分部工程质量验收表后，应全面审查施工单位的节能工程验收资料并且整理监理资料，对节能各分项工程进行质量评估，监理工程师及项目总监理工程师在建筑节能分部工程质量验收表中签字确认验收结论。

质量评估完成后，进行建筑节能分部工程验收。由总监理工程师主持验收会议，组织施工单位的相关人员、设计单位节能设计人员对节能工程质量进行检查验收。验收各方对工程质量进行检查，提出整改意见。

建筑节能质量监督管理部门的验收监督人员到施工现场对建筑节能工程验收的组织形式、验收程序、执行验收标准等情况进行现场监督，发现有违反规定程序、执行标准或者评定结果不准确的，应要求有关单位改正或停止验收。对未达到国家验收标准合格要求的质量问题，签发监督文书。

施工单位按照验收各方提出的整改意见进行整改；整改完毕后，建设、监理、设计、施工单位对节能工程的整改结果进行确认。对建筑节能工程存在重要整改内容的项目，质量监督人员参加复查。符合建筑节能工程质量验收规范的工程为验收合格，即通过节能分部工程质量验收。对节能工程验收不合格工程，按《建筑节能工程施工质量验收规范》（GB 50411—2019）和其他验收规范的要求整改完后，重新验收。建筑节能工程施工质量验收合格后，相应的建筑节能分部工程验收资料应作为建设工程竣工验收资料中的重要组成部分归档。

建筑节能工程的验收重点是检查建筑节能工程效果是否满足设计及规范要求，监理和施工单位应加强和重视节能验收工作，对验收中发现的工程实物质量问题及时解决。单位工程在办理竣工备案时应提交建筑节能相关资料，不符合要求的不予备案。建筑工程节能验收违法行为应承担的法律责任。《民用建筑节能条例》（国务院令〔2008〕530号）规定，建设单位对不符合民用建筑节能强制性标准的民用建筑项目出具竣工验收合格报告的，由县级以上地方人民政府建设主管部门责令改正，处民用建筑项目合同价款2%以上4%以下的罚款；造成损失的，依法承担赔偿责任。

5.4　建设工程竣工验收备案及归档资料

按照我国相关法律规定，工程竣工验收后需要对工程资料进行备案归档。

5.4.1　建设工程竣工验收备案的规定

《建设工程质量管理条例》规定，建设单位应当自建设工程竣工验收合格之日起15日内，将建设工程竣工验收报告和规划、公安消防、环保等部门出具的认可文件或者准许使用文件报建设行政主管部门或者其他有关部门备案。建设行政主管部门或者其他有关部门发现建设单位在竣工验收过程中有违反国家有关建设工程质量管理规定行为的，责令停止使用，重新组织竣工验收。

在工程竣工验收阶段，建设单位组织设计、施工、监理等有关单位对施工阶段的质量进行最终检验，以考核质量目标是否符合设计阶段的质量要求。这一阶段是工程建设向交付使用转移的必要环节，体现了工程质量水平的最终结果。《建设工程质量管理条例》确立了竣工验收备案制度，这是政府加强工程质量管理，防止不合格工程流向社会的一个重要手段。

为了加强房屋建筑工程和市政基础设施工程质量的管理，根据《建设工程质量管理条例》制定了《房屋建筑和市政基础设施工程竣工验收备案管理办法》。

（1）竣工验收备案的实施对象是在中华人民共和国境内新建、扩建、改建各类房屋建筑工程和市政基础设施工程。

国务院建设行政主管部门负责全国房屋建筑工程和市政基础设施工程的竣工验收备案管理工作。县级以上地方人民政府建设行政主管部门负责本行政区域内工程的竣工验收备案管理工作。

建设单位应当自工程竣工验收合格之日起 15 日内，依照规定，向工程所在地的县级以上地方人民政府建设行政主管部门备案。建设单位办理工程竣工验收备案应当提交工程竣工验收备案表，工程竣工验收报告。工程竣工验收报告应当包括工程报建日期，施工许可证号，施工图设计文件审查意见，勘察、设计、施工、工程监理等单位分别签署的质量合格原始文件以及验收人员签署的竣工验收原始文件，市政基础设施的有关质量检测和功能性试验资料以及备案机关认为需要提供的有关资料，住宅工程还应当提交住宅质量保证书和住宅使用说明书。还应提交法律、行政法规规定应当由规划、环保等部门出具的认可文件或者准许使用文件。法律规定应当由公安消防部门出具的对大型的人员密集场所和其他特殊建设工程验收合格的证明文件。法律、规章规定必须提供的其他文件以及施工单位签署的工程质量保修书。

（2）竣工验收备案文件的签收和处理备案机关收到建设单位报送的竣工验收备案文件，验证文件齐全后，应当在工程竣工验收备案表上签署文件收讫。工程竣工验收备案表一式两份，一份由建设单位保存，另一份留备案机关存档。

工程质量监督机构应当在工程竣工验收之日起 5 日内，向备案机关提交工程质量监督报告。备案机关发现建设单位在竣工验收过程中有违反国家有关建设工程质量管理规定行为的，应当在收讫竣工验收备案文件 15 日内，责令停止使用，重新组织竣工验收。

（3）竣工验收备案违反规定的处罚。《房屋建筑和市政基础设施工程竣工验收备案管理办法》规定，建设单位在工程竣工验收合格之日起 15 日内未办理工程竣工验收备案的，备案机关责令限期改正，处 20 万元以上 50 万元以下罚款。建设单位将备案机关决定重新组织竣工验收的工程，在重新组织竣工验收前，擅自使用的，备案机关责令停止使用，处工程合同价款 2％～4％罚款。建设单位采用虚假证明文件办理工程竣工验收备案的，工程竣工验收无效，备案机关责令停止使用，重新组织竣工验收，处 20 万元以上 50 万元以下罚款；构成犯罪的，依法追究刑事责任。备案机关决定重新组织竣工验收并责令停止使用的工程，建设单位在备案之前已投入使用或者建设单位擅自继续使用造成使用人损失的，由建设单位依法承担赔偿责任。

5.4.2　建设工程竣工归档资料的规定

《建设工程质量管理条例》规定，建设单位应当严格按照国家有关档案管理的规定，及时收集、整理建设项目各环节的文件资料，建立健全建设项目档案，并在建设工程竣工验收后，及时向建设行政主管部门或者其他有关部门移交建设项目档案。

一般的建筑物设计年限在 50～70 年，重要的建筑物达百年以上。在建设工程投入使用之后，还要进行检查、维修、管理，还可能会遇到改建、扩建或拆除活动以及在其周围进行建设活动。这些都需要参考原始的勘察、设计、施工等资料。建设单位是建设活动的总负责方，应当在合同中明确要求勘察、设计、施工、监理等单位分别提供工程建设各环节的文件资料，及时收集整理，建立健全建设项目档案。按照《城市建设档案管理规定》（建设部令〔2001〕9 号）的规定，建设单位应当在工程竣工验收后 3 个月内，向城建档案馆报送一套符合规定的建设工程档案。凡建设工程档案不齐全的，应当限期补充。对改建、扩建和重要部位维修的工程，建设单位应当组织设计、施工单位据实修改、补充和完善原建设工程档案。

施工单位应按照归档要求制定统一目录，有专业分包工程的，分包单位要按照总承包单位的总体安排做好各项资料的整理归档工作，最后再由总承包单位进行审核、汇总。施工单位一般应当提交的档案资料是工程技术档案资料、工程质量保证资料、工程检验评定资料和竣工图等。

5.4.3　水利工程建设项目竣工验收资料归档

2005 年 11 月 1 日，水利部印发了《水利工程建设项目档案管理规定》（水办〔2005〕480 号）。根据国家最新标准，并结合水利工程档案工作的实际，对原《水利基本建设项目（工程）档案资料管理规定》（水办〔1997〕275 号）进行的修订。本规定为加强水利工程建设项目档案管理工作，明确档案管理职责，规范档案管理行为，充分发挥档案在水利工程建设与管理中的作用，根据《中华人民共和国档案法》、《水利档案工作规定》（水办〔2020〕195 号）及有关业务建设规范，结合水利工程的特点制定，主要包括总则、档案管理、归档与移交要求、档案验收、附则，为加强水利工程建设项目档案管理工作，明确档案管理职责，规范档案管理行为，发挥重要作用。

水利工程建设项目竣工验收资料归档中包括工程建设前期工作文件材料、工程建设管理文件材料、施工文件材料、监理文件材料、工艺及设备材料（含国外引进设备材料）文件材料、科研项目文件材料、生产技术准备及试生产文件材料、财务及器材管理文件材料以及竣工验收文件材料。

水利工程文件材料的收集、整理应符合《科学技术档案案卷构成的一般要求》（GB/T 11822—2008），归档文件材料的内容与形式均应满足档案整理规范要求。即内容应完整、准确、系统；形式上要求字迹清楚、图样清晰、图表整洁、竣工图及声像材料须标注的内容清楚、签字（章）手续完备，归档图纸应按《技术制图　复制图的折叠方法》（GB/T 10609.3—2009）要求统一折叠。

竣工图是水利工程档案的重要组成部分，必须做到完整。准确、清晰、系统、修改规范、签字手续完备。项目法人应负责编制项目总平面图和综合管线竣工图。施工单位应以单位工程或专业为单位编制竣工图。竣工图须由编制单位在图标上方空自处逐张加盖"竣工图章"，有关单位和责任大应严格履行签字手续。每套竣工图应附编制说明、鉴定意见及目录。

项目法人可根据实际需要，确定不同文件材料的归档份数，但应保证项目法人与运行管理单位应各保存 1 套较完整的工程档案材料（当二者为一个单位时，应异地保存 1 套）。若工程涉及多家运行管理单位时，各运行管理单位则只保存与其管理范围有关的工程档案材料。当有关文件材料需由若干单位保存时，原件应由项目产权单位保存，其他单位保存复印件。对于流域控制性水利枢纽工程或大江、大河、大湖的重要堤防工程，项目法人应负责向流域机构档案馆移交 1 套完整的工程竣工图及工程竣工验收等相关文件材料。工程档案的归档与移交必须编制档案目录。档案目录应为案卷级，并须填写工程档案交接单，交接双方应认真核对目录。

水利工程档案的保管期限分为永久、长期、短期三种。长期档案的实际保存期限不得短于工程的实际寿命。《水利工程建设项目文件材料归档范围和保管期限表》是对项目法人等相关单位应保存档案的原则规定。项目法人可结合实际，补充制定更加具体的工程档案归档范围及符合工程建设实际的工程档案分类方案。

5.4.4　水利工程建设项目档案验收

水利工程档案验收是水利工程竣工验收的重要内容，应提前或与工程竣工验收同步进行。凡档案内容与质量达不到要求的水利工程，不得通过档案验收；未通过档案验收或档案验收不合格的，不得进行或通过工程的竣工验收。2008 年水利部根据《水利工程建设项目档案管理规定》（水办〔2005〕480 号）和国家档案局、国家发展改革委联合印发的《重大建设项目档案验收办法》，为加强对水利工程建设项目档案验收工作的监督、指导，规范档案验收工作行为，统一档案验收标准，确保档案验收质量，制定并发布了《水利工程建设项目档案验收管理办法》（水办〔2008〕366 号），以及《水利工程建设项目档案验收评分标准》（以下简称《评分标准》）。《评分标准》对项目档案管理及档案质量进行量化赋分，满分为 100 分。验收结果分为 3 个等级：总分达到或超过 90 分的，为优良；达到 70～89.9 分的，为合格；达不到 70 分或"应归档文件材料质量与移交归档"项达不到 60 分的，均为不合格。

各级水行政主管部门组织的水利工程竣工验收，应有档案人员作为验收委员参加。水利部组织的工程验收，由水利部办公厅档案部门派员参加；流域机构或省级水行政主管部门组织的工程验收，由相应的档案管理部门派员参加；其他单位组织的有关工程项目的验收，由组织工程验收单位的档案人员参加。

水利工程在进行档案专项验收前，项目法人应组织工程参建单位对工程档案的收集、整理、保管与归档情况进行自检，确认工程档案的内容与质量已达要求后，可向有关单位报送档案自检报告，并提出档案专项验收申请。档案自检报告应包括工程概况，工程档案管理情况，文件材料的收集、整理、归档与保管情况，竣工图的编制与整编质量，工程档案完整、准确、系统、安全性的自我评价内容。申请档案验收应具备项目主体工程、辅助工程和公用设施，已按批准的设计文件要求建成，各项指标已达到设计能力并满足一定运行条件。且项目法人与各参建单位已基本完成应归档文件材料的收集、整理、归档与移交工作，监理单位对主要施工单位提交的工程档案的整理与内在质量进行了审核，认为已达到验收标准，并提交了专项审核报告。项目法人基本实现了对项目档案的集中统一管理，且按要求完成了自检工作，并达到评分标准规定的合格以上分数。项目法人在确认已达到以上规定的条件后，应早于工程计划竣工验收的 3 个月前，向项目竣工验收主持单位提出档案验收申请，原则主要有：主持单位是水利部的，应按归口管理关系通过流域机构或省级水行政主管部门申请；主持单位是流域机构的，直属项目可直接申请，地方项目应经省级水行政主管部门申请；主持单位是省级水行政主管部门的，可直接申请。档案验收申请应包括项目法人开展档案自检工作的情况说明、自检得分数、自检结论等内容，并将项目法人的档案自检工作报告和监理单位专项审核报告附后。

档案自检工作报告的主要内容包括：工程概况，工程档案管理情况，文件材料收集、整理、归档与保管情况，竣工图编制与整理情况，档案自检工作的组织情况，对自检或以往阶段验收发现问题的整改情况，按《评分标准》自检得分与扣分情况，目前仍存在的问题，对工程档案完整、准确、系统性的自我评价等内容。专项审核报告的主要内容包括：监理单位履行审核责任的组织情况，对监理和施工单位提交的项目档案审核、把关情况，审核档案的范围、数量，审核中发现的主要问题与整改情况，对档案内容与整理质量的综合评价，目前仍存在的问题，审核结果等内容。

档案验收由项目竣工验收主持单位的档案业务主管部门负责组织。档案验收的组织单位，应对申请验收单位报送的材料进行认真审核，并根据项目建设规模及档案收集、整理的实际情况，决定先进行预验收或直接进行验收。对预验收合格或直接进行验收的项目，应在收到验收申请后的 40 个工作日内组织验收。对需进行预验收的项目，可由档案验收组织单位组织，也可由其委托流域机构或地方水行政主管部门组织（应有正式委托函）。被委托单位应在受委托的 20 个工作日内，按本办法要求组织预验收，并将预验收意见上报验收委托单位，同时抄送申请验收单位。

档案验收应由组织单位会同国家或地方档案行政管理部门成立档案验收组进行验收。验收组成员一般应包括档案验收组织单位的档案部门，国家或地方档案行政管理部门，有关流域机构和地方水行政主管部门的代表及有关专家。

档案验收应形成验收意见。验收意见须经验收组三分之二以上成员同意，并履行签字手续，注明单位、职务、专业技术职称。验收成员对验收意见有异议的，可在验收意见中注明个人意见并签字确认。验收意见应由档案验收组织单位印发给申请验收单位，并报国家或省级档案行政管理部门备案。

档案专项验收的主持单位在收到申请后，可委托有关单位对其工程档案进行验收前检查评定，对具备验收条件的项目，应成立档案专项验收组进行验收。档案专项验收组由验收主持单位、国家或地方档案行政管理部门——地方水行政主管部门及有关流域机构等单位组成。必要时，可聘请相关单位的档案专家作为验收组成员参加验收。

档案验收通过召开验收会议的方式进行。验收会议由验收组组长主持，验收组成员及项目法人、各参建单位和运行管理等单位的代表参加。档案验收会议主要议程如下：

（1）验收组组长宣布验收会议文件及验收组组成人员名单。

（2）项目法人汇报工程概况和档案管理与自检情况，项目法人进行有关工程建设情况和档案收集、整理、归档、移交、管理与保管情况的自检报告。

（3）监理单位对项目档案整理情况的审核报告。

（4）已进行预验收的，由预验收组织单位汇报预验收意见及有关情况。对验收前已进行档案检查评定的水利工程，应听取被委托单位的检查评定意见。

（5）验收组对汇报有关情况提出质询，并察看工程建设现场，了解工程建设实际情况。

（6）验收组检查工程档案管理情况，并按比例抽查已归档文件材料。根据水利工程建设规模，抽查各单位档案整理情况。抽查比例一般不得少于项目法人应保存档案数量的 8%，其中竣工图不得少于一套竣工图总张数的 10%；抽查档案总量应在 200 卷以上。

（7）验收组结合检查情况按验收标准逐项赋分，并进行综合评议，讨论、形成档案验收意见。

（8）验收组与项目法人交换意见，通报验收情况。

（9）验收组组长宣读验收意见，验收主持单位以文件形式正式印发档案专项验收意见。

对档案验收意见中提出的问题和整改要求，验收组织单位应加强对落实情况的检查、督促；项目法人应在工程竣工验收前，完成相关整改工作，并在提出竣工验收申请时，将整改情况一并报送竣工验收主持单位。

对未通过档案验收（含预验收）的，项目法人应在完成相关整改工作后，需要重新申请验收。

档案验收意见应包括：验收会议的依据、时间、地点及验收组组成情况，工程概况，验收工作的步骤、方法与内容简述；档案工作基本情况，如工程档案工作管理体制与管理状况；文件材料的收集、整理、立卷质量与数量，竣工图的编制质量与整理情况，已归档文件材料的种类与数量；工程档案的完整、准确、系统性评价；存在问题及整改要求；得分情况及验收结论；附件档案验收组成员签字表。

档案资料装订时，应保证卷皮与页面资料下口整齐，采取三孔一线的装订方法，孔距7cm。注意装订时装订线不得将字迹住。资料用纸统一为 A4 纸，装订厚度一般在 0.5～1.5cm，最厚不得超过 2cm。若超过 2cm，可分多本装订，但需标出能够说明该资料是一体的标志。各类资料必须有封面（卷皮），资料内红印章，目录，页面要有页码，页底要有备考表。资料整理成册后，必须是有档案盒、卷皮、卷内目录、页面资料、页码、卷内备考表，应该签字的地方，必须签字到位，无遗漏、印章加盖到位。施工单位应负责向建设单位提交竣工资料原件一份，复印件两份，同时应加盖印章。进行资料移交时，施工单位应提供完整的资料清单供建设单位、档案室查阅（资料归档总目、分卷归档目录）。

思 考 题

（1）建设工程竣工验收的目的是什么？

（2）建设工程竣工验收应具备哪些条件？

（3）竣工验收程序是什么？

（4）竣工验收备案如何办理？备案文件应包含哪些内容？

（5）水利工程竣工验收的类型有哪些？

第6章 工程质量验收

【章节指引】 通过本章的学习，了解工程质量的概念、管理体系，质量体系认证制度，政府对建设工程的监督管理，建设行为主体的质量责任与义务，建设工程质量保修及损害赔偿。

【章节重点】 建设工程勘察设计单位、施工单位、监理单位、建筑材料与设备供应单位的质量责任与义务。

【章节难点】 建设工程施工单位的质量责任与义务。

6.1 工程质量验收简介

工程质量验收，即工程质量的中间验收，是指在施工单位自行质量检查评定的基础上，参与建设活动的有关单位共同对检验批、分项、分部、单位工程的质量进行抽样复验，根据相关标准以书面形式对工程质量达到合格与否做出确认。

6.1.1 工程质量的概念

质量是指一组固有特性满足要求的程度，其中"特性"指"可区分的特征"，可以有各种类的特性，如机械性能、气味、噪声、色彩、可靠、速度等。特性可分为固有的和赋予的。固有特性就是指某事或某物中本来就有的，尤其是那种永久的特性，如螺栓的直径、机器的生产率或接通电话的时间等技术特性。赋予特性不是固有的，不是某事物本来就有的，而是完成产品后因不同的要求而对产品所增加的特性，如产品的价格、硬件产品的供货时间和运输要求（如运输方式）、售后服务要求（如保修时间）等特性。

在建设工程质量领域，建设工程质量仅指工程实体质量，它是指在国家现行的有关法律、法规、技术标准、设计文件和合同中，对工程的安全、适用、经济美观等特性的综合要求，以及建设工程参与者的服务质量和工作质量。工程质量的好坏是决策、计划、勘察、设计、施工等单位各方面各环节工作质量的综合反映。工程质量好与坏，是一个根本性的问题。工程项目建设，投资大，建成及使用时期长，只有合乎质量标准，才能投入生产和交付使用，发挥投资效益，结合专业技术、经营管理和数理统计，满足社会需要。世界上许多国家对工程质量的要求，都有一套严密的监督检查办法。

6.1.2 建设工程质量管理体系

质量管理体系是指在质量方面指挥和控制组织的管理体系。质量管理体系是组织内部建立，为实现质量目标所必需的，系统的质量管理模式，是组织的一项战略决策。

建设工程质量管理体系包括建设单位的质量检查体系，监理单位的质量控制体系，设计和施工单位的质量保证体系，以及政府部门的质量监督体系。施工过程是控制质量的主要阶段，全优工程的具体检查评定标准包括六个方面：

（1）达到国家颁发的施工验收规范的规定和质量检验评定标准的质量优良标准。

（2）必须按期或提前竣工，交工必须符合国家规定。材料和预制构件、半成品的检验，凡甲乙双方签订合同者，以合同规定的单位工程竣工日期为准；未签订合同的工程，主要包括：图纸的审查，以地区主管部门有关建筑安装工程工期定额为准。

（3）工效必须达到全国统一劳动定额，材料和能源要有节约，降低成本要实现计划规定的指标。

（4）严格执行安全操作规程，使工程建设全过程都处于受控制状态。参加施工人员均不应发生重大伤亡事故。

（5）坚持文明施工，保持现场整洁，把影响质量的诸因素查找出来，做到工完场清。组织施工要制定科学的施工组织设计，施工现场应达到场容管理规定要求。

（6）各项经济技术资料齐全，手续完整。

6.2 质量体系认证制度

《建筑法》规定，国家对从事建筑活动的单位推行质量体系认证制度。从事建筑活动的单位根据自愿原则可以向国务院产品质量监督管理部门或者国务院产品质量监督管理部门授权的部门认可的认证机构申请质量体系认证。经认证合格的，由认证机构颁发质量体系认证证书。

住房城乡建设部在《住房城乡建设部关于开展工程质量管理标准化工作的通知》中指出，工程质量管理标准化，是依据有关法律法规和工程建设标准，从工程开工到竣工验收备案的全过程，对工程参建各方主体的质量行为和工程实体质量控制实行的规范化管理活动。其核心内容是质量行为标准化和工程实体质量控制标准化。质量行为标准化是依据《建筑法》和《建设工程质量管理条例》等法律法规和标准规范，按照"体系健全、制度完备、责任明确"的要求，对企业和现场项目管理机构应承担的质量责任和义务等方面做出相应规定，主要包括人员管理、技术管理、材料管理、分包管理、施工管理、资料管理和验收管理等。工程实体质量控制标准化是按照"施工质量样板化、技术交底可视化、操作过程规范化"的要求，从建筑材料、构配件和设备进场质量控制、施工工序控制及质量验收控制的全过程，对影响结构安全和主要使用功能的分部、分项工程和关键工序做法以及管理要求等做出相应规定。

质量体系的重点任务是建立质量责任追溯制度。明确各分部、分项工程及关键部位、关键环节的质量责任人，严格施工过程质量控制，加强施工记录和验收资料管理，建立施工过程质量责任标识制度，全面落实建设工程质量终身责任承诺和竣工后永久性标牌制度，保证工程质量的可追溯性。建立质量管理标准化岗位责任制度。将工程质量责任详细分解，落实到每一个质量管理、操作岗位，明确岗位职责，制定简洁、适用、易执行、通俗易懂的质量管理标准化岗位手册，指导工程质量管理和实施操作，提高工作效率，提升质量管理和操作水平。实施样板示范制度。在分项工程大面积施工前，以现场示范操作、视频影像、图片文字、实物展示、样板间等形式直观展示关键部位、关键工序的做法与要求，使施工人员掌握质量标准和具体工艺，并在施工过程中遵照实施。通过样板引路，将工程质量管理从事后验收提前到施工前的预控和施工过程的控制。按照"标杆引路、以点带面、有序推进、确保实效"的要求，积极培育质量管理标准化示范工程，发挥示范带动作用。促进质量管理标准化与信息化融合。充分发挥信息化手段在工程质量管理标准化中的作用，大力推广建筑信息模型、大数据、智能化、移动通信、云计算、物联网等信息技术应用，推动各方主体、监管部门等协同管理和共享数据，打造基于信息化技术、覆盖施工全过程的质量管理标准化体系。建立质量管理标准化评价体系。及时总结具有推广价值的工作方案、管理制度、指导图册、实施细则和工作手册等质量管理标准化成果，建立基于质量行为标准化和工程实体质量控制标准化为核心内容的评价办法和评价标准，对工程质量管理标准化的实施情况及效果开展评价，评价结果作为企业评先、诚信评价和项目创优等重要参考依据。

6.2.1　建设工程质量标准化制度

工程建设标准指对基本建设中各类工程的勘察、规划、设计、施工、安装、验收等需要协调统一的事项所制定的标准。工程建设标准是为在工程建设领域内获得最佳秩序，对建设工程的勘察、规划、设计、施工、安装、验收、运营维护及管理等活动和结果需要协调统一的事项所制定的共同的、重复使用的技术依据和准则，对促进技术进步，保证工程的安全、质量、环境和公众利益，实现最佳社会效益、经济效益、环境效益和最佳效率等，具有直接作用和重要意义。

《中华人民共和国标准化法》第2条规定，标准包括国家标准、行业标准、地方标准、团体标准和企业标准。国家标准分为强制性标准、推荐性标准，行业标准、地方标准是推荐性标准。强制性标准必须执行。国家鼓励采用推荐性标准。

《中华人民共和国标准化法》规定，对保障人身健康和生命财产安全、国家安全、生态环境安全以及满足经济社会管理基本需要的技术要求，应当制定强制性国家标准。国务院有关行政主管部门依据职责负责强制性国家标准的项目提出、组织起草、征求意见和技术审查。国务院标准化行政主管部门负责强制性国家标准的立项、编号和对外通报。国务院标准化行政主管部门应当对拟制定的强制性国家标准是否符合前款规定进行立项审查，对符合前款规定的予以立项。省、自治区、直辖市人民政府标准化行政主管部门可以向国务院标准化行政主管部门提出强制性国家标准的立项建议，由国务院标准化行政主管部门会同国务院有关行政主管部门决定。社会团体、企业事业组织以及公民可以向国务院标准化行政主管部门提出强制性国家标准的立项建议，国务院标准化行政主管部门认为需要立项的，会同国务院有关行政主管部门决定。

强制性国家标准由国务院批准发布或者授权批准发布。法律、行政法规和国务院决定对强制性标准的制定另有规定的，从其规定。

对满足基础通用、与强制性国家标准配套、对各有关行业起引领作用等需要的技术要求，可以制定推荐性国家标准。推荐性国家标准由国务院标准化行政主管部门制定。对没有推荐性国家标准、需要在全国某个行业范围内统一的技术要求，可以制定行业标准。行业标准由国务院有关行政主管部门制定，报国务院标准化行政主管部门备案。为满足地方自然条件、风俗习惯等特殊技术要求，可以制定地方标准。地方标准由省（自治区、直辖市）人民政府标准化行政主管部门制定；设区的市级人民政府标准化行政主管部门根据本行政区域的特殊需要，经所在地省（自治区、直辖市）人民政府标准化行政主管部门批准，可以制定本行政区域的地方标准。地方标准由省（自治区、直辖市）人民政府标准化行政主管部门报国务院标准化行政主管部门备案，由国务院标准化行政主管部门通报国务院有关行政主管部门。

6.2.2 建设工程质量管理体系认证制度

质量管理体系是组织建立质量方针和质量目标并实现这些目标的体系。该体系一般分为建立质量管理体系、编制质量管理体系文件和运行质量管理体系三阶段工作内容。建立质量管理体系是根据质量管理原则，在确定市场及顾客需求的前提下，制定组织的质量方针、质量目标、质量手册、程序文件和质量记录等体系文件，并将质量目标落实到相关层次、相关岗位的职能中，形成组织质量管理体系执行的系列工作。编制质量管理体系文件是质量管理体系的重要组成部分，也是组织进行质量管理和质量保证的基础，是保持体系有效运行和提供有效证据的重要基础工作。运行质量管理体系是指按照质量管理体系文件制定的程序、标准、工作要求及目标分解的岗位职责实施运行。

质量管理体系的认证程序是由具有公正性的第三方认证机构，依据质量管理体系的标准，审核组织质量理体系要求的符合性和实施的有效性，进行独立、客观、科学、公正的评价，得出结论。认证一般按照申请、审核、审批与注册发证程序进行。

组织获准认证后，应经常性地进行内部审核，保持质量管理体系运行的有效性，并每年接受一次认证机构对组织质量管理体系实施的监督管理。组织获准认证的有效期为3年。获准认证后监督管理的主要工作有组织通报、监督检查、认证注销、认证暂停、认证撤销、复评及重新换证等。

6.2.3 水利工程标准化制度

水利部制定了《水利部关于修订印发水利标准化工作管理办法的通知》（水国科〔2019〕112号）。水利标准是指水利行业需要统一的技术要求，主要包括水资源管理、节约用水、水生态保护与修复、河湖管理、水旱灾害防御、农村水利水电、水土保持、工程建设与运行管理、水文、信息化、技术应用等领域。水利标准化工作主要任务包括贯彻国家有关标准化法律法规，开展水利标准化研究，组织制定行业标准化有关政策制度、发展规划、标准体系和计划，组织编制、实施水利技术标准并进行监督。

水利部国际合作与科技司是水利标准化工作的主管机构，主要职责是组织制定水利标准化工作的政策制度和发展规划、水利技术标准体系、水利技术标准项目的年度计划，指导水利技术标准编制工作，对行业标准的出版发行活动进行监督管理，组织开展水利技术标准实施与监督管理和水利技术标准国际化活动。水利部有关业务司局是有关水利技术标准的主持机构，主要职责是向主管机构提出本专业领域标准项目年度计划建议，负责推荐主编单位，指导本专业领域标准编制工作，负责所主持标准的编制质量、进度和经费使用的监督管理，主持标准工作大纲和送审稿的审查，负责本专业领域标准的解释、实施监督与成效组建本专业领域专家组。水利技术标准编制的第一起草单位是主编单位，主要职责是负责组建编制组，把关参编单位和主要起草人技术水平，落实保障措施，组织开展标准编制工作，全面负责标准编制的质量、进度和经费使用，确保标准的准确性和适用性，承办标准解释并跟踪标准实施情况。水利部标准化工作专家委员会是水利标准化工作的技术咨询组织，主要负责标准体系、标准项目的技术审查与论证等工作。

6.2.4　建筑材料使用许可制度

建筑材料使用许可制度包括建筑材料生产许可制度、建筑材料产品质量认证制度、建筑材料产品推荐制度和建筑材料进场检验制度。其目的是保证建设工程使用的建筑材料符合现行的国家标准、设计要求和合同约定，从而确保建设工程质量。

《中华人民共和国行政许可法》规定，政府对涉及建设工程中的对安全、卫生、环境保护和公共利益起决定性的建筑材料实行生产许可制度。生产如建筑用钢，水泥等建筑材料产品的企业必须具备许可证规定的生产条件、技术装备、技术人员和产品质量保证体系，经政府部门审核批准后，方可进行建筑材料的生产和销售。

国家对重要的建筑材料和设备推行产品质量认证制度。经认证合格的产品或企业，由认证机构颁发质量认证证书，准许企业在其产品或包装上使用质量认证标志。同时，在其销售的产品或包装上除标有产品质量检验合格证明外，还应标明质量认证的编号，批准日期和有效期。使用单位经检验发现已认证的产品质量不合格的，有权向产品质量认证机构投诉。

《建筑法》《建设工程质量管理条例》《工程建设标准强制性条文》规定，施工单位必须按照工程设计要求、施工技术标准和合同约定，对建筑材料、建筑构配件、设备和商品混凝土进行检验，检验应当有书面记录和专人签字；未经检验或者检验不合格的，不得使用；建筑承包企业必须加强对进场的建筑材料、构配件及设备的质量检查和检测。对所有建筑材料和构配件等必须进行复检。凡涉及结构安全的试块、试件以及有关材料，应按规定进行见证取样检测。见证取样和送检的比例不得低于有关技术标准中规定应取样数量的30%。质量不合格的建筑材料、构配件及设备，不得在工程上使用，如果材料进场，应在见证的情况下退场。

6.3　政府对建设工程的监督管理

《建设工程质量管理条例》强调，工程质量必须实行政府监督管理。政府对工程质量的监督管理主要以保证工程使用安全和环境质量为主要目的，以法律、法规和强制性标准为监督的依据，以地基基础、主体结构、环境质量和与此有关的工程建设各方主体的质量行为为监督的主要内容，以施工许可制度和竣工验收备案制度为监督的主要手段。

建设工程质量监督管理制度具有权威性、强制性、综合性、宏观性。权威性是指任何单位和个人应当服从建设工程质量监督管理制度；强制性是指该制度由国家的强制力来保证的；综合性是因为建设工程质量监督管理不是对于一个单一的部门或者单位执行，而是对于建筑工程的各个参与方在不同的功能进行。宏观性是指整个监督管理不是对某一具体工程，而是从整个社会建设的大局出发来进行监督管理。

6.3.1　建设工程质量监督机构

国家实行建设工程质量政府监督制度。建设工程质量监督机构（以下简称"监督机构"）是指受县级以上地方人民政府建设主管部门或有关部门委托，经省级人民政府建设主管部门或国务院有关部门考核认定，依据国家的法律、法规和工程建设强制性标准，对工程建设实施过程中各参建责任主体和有关单位的质量行为及工程实体质量进行监督管理的具有独立法人资格的单位。

监督机构应具有一定数量的监督人员，地市级以上人民政府建设主管部门所属的监督机构不少于9人，县级人民政府建设主管部门所属的监督机构不少于3人。监督人员专业结构合理，建筑工程水、电、智能化等安装专业技术人员与土建工程专业技术人员相配套，监督人员数量占监督机构总人数的比例不低于75%。监督机构还应有健全的工作制度和管理制度和固定的工作场所以及适应工程质量监督检查工作需要的仪器、设备和工具等。监督机构还应具备与质量监督工作相适应的信息化管理条件。

监督人员应当具备一定的专业技术能力和监督执法知识，熟悉掌握国家有关的法律、法规和工程建设强制性标准，具有良好职业道德。还应当符合下列基本条件，并经省级人民政府建设主管部门组织的上岗培训、考核合格后，方可从事工程质量监督工作。

凡新建、扩建、改建的工业、交通、民用、市政公用工程及建筑构件，均应接受建筑工程质量监督机构的监督，住房城乡建设部是国家建设工程质量监督工作的主管部门；地方各级政府的住房城乡建设厅政主管部门是当地建设工程质量监督工作的主管部门；市、县建设工程质量监督站（以下简称"监督站"）是建设工程质量监督的实施机构。

监督站的主要职责是检查受监工程的勘察、设计、施工单位和建筑构件厂的资质等级和营业范围；监督勘察、设计、施工单位和建筑构件厂严格执行技术标准，检查其工程（产品）质量；检验工程的质量等级和建筑构件质量，参与评定本地区、本部门的优质工程；参与重大工程质量事故的处理；总结质量监督工作经验，掌握工程质量状况，定期向主管部门汇报。

建设单位在开工前一个月，应到监督站办理监督手续，提交勘察设计资料等有关文件。监督站应在接到文件、资料的两周内，确定该工程的监督员，通知建设、勘察、设计、施工单位，并提出监督计划。工程开工前，监督员应对受监工程的勘察、设计和施工单位的资质等级及营业范围进行核查，凡不符合规定要求的，不得开工。工程施工中，监督员必须按照监督计划对工程质量进行抽查。房屋建筑和构筑物工程的抽查重点是地基基础、主体结构和决定使用功能、安全性能的重要部位；其他工程的监督重点视工程性质确定。工程完工后，监督站在施工单位验收的基础上对工程质量等级进行核验。建筑构件质量的监督，重点是核查生产许可证、检测手段和构件质量。

住房城乡建设部为了加强建设工程质量监督机构和人员的管理，根据《中华人民共和国建筑法》《建设工程质量管理条例》等有关规定，制定《建设工程质量监督机构和人员考核管理办法》。国务院建设主管部门对全国建设工程质量监督机构和人员考核工作实施统一监督管理。铁路、交通、水利、信息、民航等国务院有关部门按照国务院规定的职责分工对所属的专业工程质量监督机构和人员实施考核管理。省（自治区、直辖市）人民政府建设主管部门对本行政区域内建设工程质量监督机构和人员进行考核管理和业务指导。

省（自治区、直辖市）人民政府建设主管部门对本行政区域内的监督机构和人员初次考核合格后，颁发国务院建设主管部门统一格式的监督机构考核证书和监督人员资格证书。此外，还应对监督机构每三年进行一次验证考核，对监督人员每两年进行一次岗位考核，每年进行一次法律、业务知识培训，并适时组织开展相关内容的继续教育培训。

6.3.2 建设工程质量监督制度

政府对建设工程质量的监督管理主要以保证工程使用安全和环境质量为主要目的，以法律、法规和强制性标准为依据，以地基基础、主体结构、环境质量和与此相关的建设工程各方主体的质量行为为主要内容，以施工许可证和竣工验收备案制度为主要手段。

（1）建设单位在开工前应当依照下述办法的规定，向工程所在地的县级以上人民政府建设行政主管部门（以下简称发证机关）申请领取施工许可证。施工许可证分为正本和副本，正本和副本具有同等法律效力。建设单位申请领取施工许可证，应当具备下列条件，并提交相应的证明文件：

1）已经办理该建筑工程用地批准手续。

2）在城市规划区的建筑工程，已经取得建设工程规划许可证。

3）施工场地已经基本具备施工条件，需要拆迁的，其拆迁进度符合施工要求。

4）已经确定施工企业。按照规定应该招标的工程没有招标，应该公开招标的工程没有公开招标，或者支解发包工程，以及将工程发包给不具备相应资质条件的企业的，所确定的施工企业无效。

5）有满足施工需要的施工图纸及技术资料，施工图设计文件已按规定进行了审查。

6）有保证工程质量和安全的具体措施。施工企业编制的施工组织设计中有根据建筑工程特点制订的相应质量、安全技术措施，专业性较强的工程项目编制的专项质量、安全施工组织设计，并按照规定办理了工程质量、安全监督手续。

7）按照规定应该委托监理的工程已委托监理。

8）建设资金已经落实。建设工期不足一年的，到位资金原则上不得少于工程合同价的50％，建设工期超过一年的，到位资金原则上不得少于工程合同价的30％。建设单位应当提供银行出具的到位资金证明，有条件的可以实行银行付款保函或者其他第三方担保。

9）法律、行政法规规定的其他条件。

（2）申请办理施工许可证，应当按照下列程序进行：

1）建设单位向发证机关领取《建筑工程施工许可证申请表》。

2）建设单位持加盖单位及法定代表人印鉴的《建筑工程施工许可证申请表》，并附证明文件，向发证机关提出申请。

3）发证机关在收到建设单位报送的《建筑工程施工许可证申请表》和所附证明文件后，对于符合条件的，应当自收到申请之日起15日内颁发施工许可证；对于证明文件不齐全或者失效的，应当限期要求建设单位补正，审批时间可以自证明文件补正齐全后作相应顺延；对于不符合条件的，应当自收到申请之日起15日内书面通知建设单位，并说明理由。建筑工程在施工过程中，建设单位或者施工单位发生变更的，应当重新申请领取施工许可证。

典型案例【D6-1】

某质量监督站派出的监督人员到施工现场进行检查，发现工程进度相对于施工合同中约定的进度，已经严重滞后。于是，质量监督站的监督人员对施工单位和监理单位提出了批评，并拟对其进行行政处罚。

试分析：质量监督站的决定正确吗？

分析如下：

质量监督站的决定不正确，因为政府监督的依据是法律、法规和强制性标准，而不是合同，进度不符合合同要求不属于监督范围之内。即使应该予以行政处罚，也应由监督人员报告委托部门后实施，而不是由其直接处罚。

6.3.3 建设工程质量的检测制度

建设工程质量检测是指工程质量检测机构接受委托，依据国家有关法律、法规和工程建设强制性标准，对涉及结构安全项目的抽样检测和对进入施工现场的建筑材料、构配件的见证取样检测，是政府进行建设工程质量监督管理工作的重要手段之一。

《建设工程质量检测管理办法》规定，国务院建设主管部门负责对全国质量检测活动实施监督管理，并负责制定检测机构资质标准。省（自治区、直辖市）人民政府建设主管部门负责对本行政区域内的质量检测活动实施监督管理，并负责检测机构的资质审批。市、县人民政府建设主管部门负责对本行政区域内的质量检测活动实施监督管理。

建设工程质量检测机构是具有独立法人资格的中介机构，不得与行政机关，法律、法规授权的具有公共事务管理职能的组织以及所检测工程项目相关的设计单位、施工单位、监理单位有隶属关系或者其他利害关系。检测机构从事规定的质量检测业务，应当取得相应的资质证书。检测机构资质按照其承担的检测业务内容分为专项检测机构资质和见证取样检测机构资质。

检测机构未取得相应的资质证书，不得承担规定的质量检测业务。具有相应资质证书的检测机构，从事规定的质量检测业务所出具的检测报告，可作为工程竣工验收的资料。

"检测机构资质证书"应注明检测业务范围。检测机构资质证书有效期为 3 年。资质证书有效期满需要延期的，检测机构应当在资质证书有效期满 30 个工作日前办理延续手续。

检测机构完成检测业务后，应当及时出具检测报告。检测报告经检测人员签字、检测机构法定代表人或授权签字人签署，并加盖检测机构公章或检测专用章后方可生效。检测报告由建设单位或工程监理单位审查后，交由施工单位归档。见证取样检测的检测报告中应当注明见证人单位及姓名。禁止委托方任何单位和个人不得明示或者暗示检测机构出具虚假检测报告，不得篡改或者伪造检测报告。检测人员不得同时受聘于两个及以上的检测机构从业。检测机构和检测人员不得推荐或者监制建筑材料、构配件和设备。检测机构不得与行政机关、受委托行使行政权力的机构，以及和所检测工程项目相关的设计单位、施工单位、监理单位有隶属关系或者其他利害关系。检测机构不得转包检测业务。

检测机构应当对其检测数据和检测报告的真实性和准确性负责，并承担相应的检测责任。检测机构应当将检测过程中发现的建设单位、监理单位、施工单位违反有关法律、法规和建设工程强制性标准的情况，以及涉及结构安全检测结果的不合格情况，及时报告工程所在地建设主管部门或铁路、交通、水利等有关部门。检测机构应当建立档案管理制度。检测合同、委托单、原始记录、检测报告应当按年度统一编号，编号应当连续，不得随意抽撤、涂改。检测机构应当单独建立检测结构不合格项目台账。

县级以上地方人民政府建设主管部门和交通、水利等有关部门应当加强对检测机构的监督检查，主要检查检测机构是否符合本办法规定的资质标准、是否超出资质范围从事质量检测活动、是否有涂改、倒卖、出租、出借、转让资质证书的行为、是否按规定在检测报告上签字盖章，检测报告是否真实、检测机构是否按有关技术标准和规定进行检测、仪器设备及环境条件是否符合计量认证要求以及法律、法规规定的其他事项。

6.3.4 建筑材料使用许可制度

为保证建设工程中使用的建筑材料性能符合规定标准，从而确保建设工程质量，我国规定了建材材料使用许可制。这一制度包括建材生产许可证制、建材产品质量认证制、建材产品推荐使用制及建材进场检验制等制度。

国家规定对于一些十分重要的建材产品，如钢材、门窗等，实行生产许可证制。生产这些建材产品的生产企业必须具备相应的生产条件、技术装备、技术人员和质量保证体系，经有关部门审核批准取得相应资质等级并获得生产许可证后，才能进行这些建材产品的生产。其生产销售的建材产品或产品包装上，除应标有产品质量检验合格证明外，还应标明生产许可证的编号、批准日期和有效日期。未获生产许可证的任何其他企业，都不得生产这类建材产品。

对重要的建筑材料和设备推行产品质量认证制度，经认证合格的由认证机构颁发质量认证证书，准许企业在产品或其包装上使用质量认证标志。使用单位经检验发现认证的产品质量不合格的，有权向产品质量认证机构投诉。同时规定，销售已经过质量认证的建材产品，在产品或其包装上除标有产品质量检验合格证明外，还应标明质量认证的编号、批准日期和有效期限。

住房城乡建设部规定，对尚未经过产品质量认证的建筑材料，各省（自治区、直辖市）建设行政主管部门可以推荐使用。为此，各省（自治区、直辖市）都颁布了一些地方性规章，对建材产品质量认证和推荐作了相应规定。

为保证建筑的结构安全及其质量，住房城乡建设部还规定，建筑施工企业必须加强对进场的建筑材料、构配件及设备的质量检查、检测；各类建筑材料、构配件等都必须按规定进行检查或复试；凡影响结构安全的主要建筑材料、构配件及设备的采购与使用必须经同级技术负责人同意；质量不合格的建筑材料、构配件及设备，不得使用在工程上。并进一步规定，对进入施工现场的层面防水材料，不仅要有出厂合格证，还必须有进场试验报告，确保其符合标准和设计要求。未经检验而直接使用了质量不合格要求的建材、设备及构配件的施工企业将承担相应责任。

6.4 水利工程的质量监督管理

6.4.1 水利工程的质量监督管理规定

水利工程质量管理主要依据的国家法律包括《中华人民共和国产品质量法》和《建筑法》。遵循的行政法规和法规性文件主要有《建设工程质量管理条例》和《建设工程勘察设计管理条例》。为了加强对水利工程的质量管理，水利部根据《建筑法》《建设工程质量管理条例》等有关规定，发布《水利工程质量管理规定》。

《水利工程质量管理规定》中规定了水利部负责全国水利工程质量管理工作。各流域机构负责本流域由流域机构管辖的水利工程的质量管理工作，指导地方水行政主管部门的质量管理工作。各省（自治区、直辖市）水行政主管部门负责本行政区域内水利工程质量管理工作。水利工程质量实行项目法人（建设单位）负责、监理单位控制、施工单位保证和政府监督相结合的质量管理体制。

水利工程质量由项目法人（建设单位）负全面责任。监理、施工、设计单位按照合同及有关规定对各自承担的工作负责。质量监督机构履行政府部门监督职能，不代替项目法人（建设单位）、监理、设计、施工单位的质量管理工作。水利工程建设各方均有责任和权利向有关部门和质量监督机构反映工程质量问题。

水利工程项目法人（建设单位）、监理、设计、施工等单位的负责人，对本单位的质量工作负领导责任。各单位在工程现场的项目负责人对本单位在工程现场的质量工作负直接领导责任。各单位的工程技术负责人对质量工作负技术责任。具体工作人员为直接责任人。

6.4.2 水利工程质量监督机构划分及监督方式

《水利工程质量监督管理规定》确定了政府对水利工程的质量实行监督的制度。水利部主管全国水利工程质量监督工作，水利工程质量监督机构按总站、中心站、站三级设置。水利水电规划设计管理局设置水利工程设计质量监督分站，各流域机构设置流域水利工程质量监督分站作为总站的派出机构。各省（自治区、直辖市）水利（水电）厅（局），新疆生产建设兵团水利局设置水利工程质量监督中心站。各地（市）水利（水电）局设置水利工程质量监督站。各级质量监督机构隶属于同级水行政主管部门，业务上接受上一级质量监督机构的指导。水利工程质量监督项目站（组），是相应质量监督机构的派出单位。

水利工程质量监督实施以抽查为主的监督方式。工程竣工验收前，质量监督机构应对工程质量结论进行核备。未经质量核备的工程，项目法人不得报验，工程主管部门不得验收。大型水利工程应建立质量监督项目站，中、小型水利工程可根据需要建立质量监督项目站（组），或进行巡回监督。从工程开工前办理质量监督手续始，到工程竣工验收委员会同意工程交付使用止，为水利工程建设项目的质量监督期（含合同质量保修期）。

（1）项目法人（或建设单位）应在工程开工前到相应的水利工程质量监督机构办理监督手续，签订《水利工程质量监督书》，并按规定缴纳质量监督费，同时提交以下材料：

1）工程项目建设审批文件。

2）项目法人（或建设单位）与监理、设计、施工单位签订的合同（或协议）副本。

3）建设、监理、设计、施工等单位的基本情况和工程质量管理组织情况等资料。

（2）工程质量监督的主要内容包括以下几个方面：

1）对监理、设计、施工和有关产品制作单位的资质进行复核。

2）对建设、监理单位的质量检查体系和施工单位的质量保证体系以及设计单位现场服务等实施监督检查。

3）对工程项目的单位工程、分部工程、单元工程的划分进行监督检查。

4）监督检查技术规程、规范和质量标准的执行情况。

5）检查施工单位和建设、监理单位对工程质量检验和质量评定情况。

6）在工程竣工验收前，对工程质量进行等级核定，编制工程质量评定报告，并向工程竣工验收委员令提出工程质量等级的建议。

质量监督机构根据受监督工程的规模、重要性等制订质量监督计划，确定质量监督的组织形式。在工程施工中，根据《水利工程质量监督管理规定》对工程项目实施质量监督。根据需要，质量监督机构可委托具有相应资质的检测单位，对水利工程有关部位以及所采用的建筑材料和工程设备进行抽样检测。工程质量检测是工程质量监督和质量检查的重要手段。水利工程质量检测单位，必须取得省级以上计量认证合格证书，并经水利工程质量监督机构授权，方可从事水利工程质量检测工作，检测人员必须持证上岗。

6.4.3　水利工程建设单位质量管理

建设单位应根据国家和水利部有关规定依法设立，主动接受水利工程质量监督机构对其质量体系的监督检查；应根据工程规模和工程特点，按照水利部有关规定，通过资质审查招标选择勘测设计、施工、监理单位并实行合同管理。在合同文件中，必须有工程质量条款，明确图纸、资料、工程、材料、设备等的质量标准及合同双方的质量责任。

建设单位要加强工程质量管理，建立健全施工质量检查体系，根据工程特点建立质量管理机构和质量管理制度。

在工程开工前，建设单位应按规定向水利工程质量监督机构办理工程质量监督手续。在工程施工过程中，应主动接受质量监督机构对工程质量的监督检查。

建设单位还应组织设计和施工单位进行设计交底；施工中应对工程质量进行检查，工程完工后，应及时组织有关单位进行工程质量验收、签证。

6.4.4　水利工程监理单位质量管理

监理单位必须持有水利部颁发的监理单位资格等级证书，依照核定的监理范围承担相应水利工程的监理任务。监理单位必须接受水利工程质量监督机构对其监理资格质量检查体系及质量监理工作的监督检查。

监理单位必须严格执行国家法律、水利行业法规、技术标准，严格履行监理合同。

监理单位根据所承担的监理任务向水利工程施工现场派出相应的监理机构，人员配备必须满足项目要求。监理工程师应当持证上岗。

监理单位应根据监理合同参与招标工作，从保证工程质量全面履行工程承建合同出发，签发施工图纸；审查施工单位的施工组织设计和技术措施；指导监督合同中有关质量标准、要求的实施；参加工程质量检查、工程质量事故调查处理和工程验收工作。

6.4.5　水利工程设计单位质量管理

设计单位必须按其资质等级及业务范围承担勘测设计任务，并应主动接受水利工程质量监督机构对其资质等级及质量体系的监督检查。

设计单位必须建立健全设计质量保证体系，加强设计过程质量控制，健全设计文件的审核、会签批准制度，做好设计文件的技术交底工作。设计文件应当符合国家、水利行业有关工程建设法规、工程勘测设计技术规程、标准和合同的要求。设计依据的基本资料应完整、准确、可靠，设计论证充分，计算成果可靠。设计文件的深度应满足相应设计阶段有关规定要求，设计质量必须满足工程质量、安全需要并符合设计规范的要求。

设计单位应按合同规定及时提供设计文件及施工图纸，在施工过程中要随时掌握施工现场情况，优化设计，解决有关设计问题。对大中型工程，设计单位应按合同规定在施工现场设立设计代表机构或派驻设计代表。

设计单位应按水利部有关规定在阶段验收、单位工程验收和竣工验收中，对施工质量是否满足设计要求提出评价意见。

6.4.6 水利工程施工单位质量管理

施工单位必须按其资质等级和业务范围承揽工程施工任务，接受水利工程质量监督机构对其资质和质量保证体系的监督检查。

施工单位必须依据国家、水利行业有关工程建设法规、技术规程、技术标准的规定以及设计文件和施工合同的要求进行施工，并对其施工的工程质量负责。

施工单位不得将其承接的水利建设项目的主体工程进行转包。对工程的分包，分包单位必须具备相应资质等级，并对其分包工程的施工质量向总包单位负责，总包单位对全部工程质量向项目法人（建设单位）负责。工程分包必须经过项目法人（建设单位）的认可。

施工单位要推行全面质量管理，建立健全质量保证体系，制定和完善岗位质量规范、质量责任及考核办法，落实质量责任制。在施工过程中要加强质量检验工作，认真执行"三检制"，切实做好工程质量的全过程控制。

工程发生质量事故，施工单位必须按照有关规定向监理单位、项目法人（建设单位）及有关部门报告，并保护好现场，接受工程质量事故调查，认真进行事故处理。

竣工工程质量必须符合国家和水利行业现行的工程标准及设计文件要求，并应向项目法人（建设单位）提交完整的技术档案、试验成果及有关资料。

典型案例【D6-2】

某施工承包单位承接了一商业建筑工程，工程为现浇框架结构，地上 15 层，地下 2 层。在该工程地下室顶板施工过程中，钢筋已经送检。施工单位为了加快工期，在没有得到钢筋检验结果时，未经监理工程师许可，擅自进行混凝土施工。待地下室顶板混凝土浇筑完毕后，收到钢筋检测结果，发现钢筋的重要指标不合格。

试分析：面对该问题应该如何处理？

分析如下：

应该返工，返工的责任方是施工单位。因为地下室顶板属于隐蔽工程，未进行隐蔽验收，不能进行下一道工序。且材料进场后，施工单位还应向监理机构提交工程材料报审表，附钢筋出厂合格证、技术说明书及按规定要求进行送检的检验报告，经监理工程师审查并确认合格后，方可使用。

6.5 建设行为主体的质量责任与义务

6.5.1 建设单位的质量责任与义务

建设单位应当将工程发包给具有相应资质等级的单位，不得将建设工程支解发包。建设单位应当依法对工程建设项目的勘察、设计、施工、监理以及与工程建设有关的重要设备、材料等的采购进行招标。建设单位对由于其选择的设计、施工单位和其负责供应的设备等原因发生的质量问题承担相应责任。

建设单位必须向有关的勘察、设计、施工、工程监理等单位提供与建设工程有关的原始资料。原始资料必须真实、准确、齐全。不得迫使承包方以低于成本的价格竞标，不得任意压缩合理工期；不得明示或者暗示设计单位或者施工单位违反工程建设强制性标准，降低建设工程质量。应当将施工图设计文件报县级以上人民政府建设行政主管部门或者其他有关部门审查；施工图设计文件未经审查批准的，不得使用。

施行监理的建设工程，建设单位应当委托具有相应资质等级的工程监理单位进行监理，也可以委托具有工程监理相应资质等级并与被监理工程的施工承包单位没有隶属关系或者其他利害关系的该工程的设计单位进行监理。在领取施工许可证或者开工报告前，建设单位应当按照国家有关规定办理工程质量监督手续。

按照合同约定由建设单位采购建筑材料、建筑构配件和设备的，建设单位应当保证建筑材料、建筑构配件和设备符合设计文件和合同要求；不得明示或者暗示施工单位使用不合格的建筑材料、建筑构配件和设备。涉及建筑主体和承重结构变动的装修工程，建设单位应当在施工前委托原设计单位或者具有相应资质等级的设计单位提出设计方案；没有设计方案的，不得进行装修施工；房屋建筑使用者在装修过程中，不得擅自变动房屋建筑主体和承重结构。

收到建设工程竣工报告后，建设单位应当组织设计、施工、工程监理等有关单位进行竣工验收；经验收合格的，方可交付使用。建设单位应当严格按照国家有关档案管理的规定，及时收集、整理建设项目各环节的文件资料，建立、健全建设项目档案，并在建设工程竣工。

6.5.2　建设工程监理单位的质量责任与义务

工程监理单位应在其资质等级许可的范围内承担工程监理业务，不得超越本单位资质等级许可的范围或以其他工程监理单位的名义承担工程监理业务。禁止工程监理单位允许其他单位或个人以本单位的名义承担工程监理业务。工程监理单位也不得将自己承担的工程监理业务进行转让。

工程监理单位与被监理工程的施工承包单位以及建筑材料、建筑构配件和设备供应单位有隶属关系或其他利害关系的，不得承担该项建设工程的监理业务，以保证监理活动的公平、公正。

工程监理单位应选派具有相应资格的总监理工程师进驻施工现场。监理工程师应依据有关技术标准、设计文件和建设工程承包合同及工程监理规范的要求，采取旁站、巡视和平行检验等形式，对建设工程实施监理，对违反有关规范及技术标准的行为进行制止，责令改正；对工程使用的建筑材料、建筑构配件和设备的质量进行检验，不合格者，不得准许使用。工程监理单位不得与建设单位或施工单位串通一气，弄虚作假，降低工程质量。工程监理单位未尽上述责任影响工程质量的，将根据其违法行为的严重程度，给予责令改正、没收非法所得、罚款、降低资质等级、吊销资质证书等处罚。造成重大安全事故、构成犯罪的，要追究直接责任人员的刑事责任。

6.5.3　勘察设计单位的质量责任与义务

勘察设计单位应对本单位编制的勘察设计文件的质量负责。勘察设计单位必须在其资质等级允许范围内承揽工程勘察设计任务，不得擅自超越资质等级或以其他勘察、设计单位的名义承揽工程，也不得允许其他单位或个人以本单位的名义承揽工程，还不得转包或违法分包自己承揽的工程。

勘察设计单位应建立健全质量保证体系，工程勘察项目负责人应组织有关人员做好现场踏勘、调查，按要求编写"勘察纲要"，并对勘察过程中各项作业资料验收和签字。"勘察纲要"一般应包括工程名称、委托单位、勘察场地的位置，勘察目的与要求，勘察场地的自然与地质条件概况，工作量的布置原则与工作量布置，预计工程施工中可能遇到的问题与解决、预防的措施，对资料的整理和报告书编写的要求，所需的主要机械设备、材料、人员与施工进度等。

工程勘察工作的原始记录应在勘察工程中及时整理、核对，确保取样、记录的真实和准确，严禁离开现场后再追记和补记。工程勘察企业的法定代表人、项目负责人、审核人、审定人等相关人员应在勘察文件上签字或盖章，并对勘察质量负责，其相关责任分别为：企业法定代表人对勘察质量负全面责任；项目负责人对项目的勘察文件负主要质量责任；项目审核人、审定人对其审核、审定项目的勘察文件负审核、审定的质量责任。设计单位应加强设计过程的质量控制，健全设计文件的审核会签制度。注册建筑师、注册结构工程师等执业人员应在设计文件上签字，对设计文件的质量负责。

勘察设计单位必须按照建设工程强制性标准及有关规定进行勘察设计。工程勘察文件要反映工程地质、地形地貌、水文地质状况，其勘察成果必须真实、准确，评价应准确、可靠。勘察文件应符合国家规定的勘察深度要求。设计单位要根据勘察成果文件进行设计，设计文件的深度，应符合国家规定，满足相应设计阶段的技术要求，并注明工程合同使用年限。所完成的施工图应配套，细部节点应交代清楚，标注说明应清晰、完整。凡设计所选用的建筑材料、建筑构配件和设备，应注明规格、型号、性能等技术指标，其质量必须符合国家规定的标准；除有特殊要求的建筑材料、专用设备、工艺生产线等外，设计单位不得指定生产厂家或供应商。

工程勘察企业应当参与施工验槽，及时解决工程设计和施工中与勘察工作有关的问题。设计单位应就审查合格的施工图向施工单位作出详细说明，做好设计文件的技术交底工作，对大中型建设工程、超高层建筑以及采用其新技术、新结构的工程，设计单位还应向施工现场派设计代表。当其设计的工程发生质量事故时，设计单位应参与质量事故分析，并对因设计造成的质量事故，提出相应的技术处理方案。勘察设计单位应对本单位编制的勘察设计文件的质量负责。当其违反国家的法律、法规及相关规定，没有尽到上述质量责任时，根据情节轻重，将会受到责令改正、没收违法所得、罚款、责令停业整顿、降低资质等级、吊销资质证书等处罚。造成损失的，依法承担赔偿责任。注册建筑师、注册结构工程师等注册执业人员因过错造成质量事故的，责令停止执业1年；造成重大事故的，吊销执业资格证书，5年内不予注册；情节特别恶劣的，终身不予注册。勘察设计单位违反国家规定，降低工程质量标准，造成重大安全事故、构成犯罪的，要依法追究直接责任人员的刑事责任。

勘察设计单位应按照国家现行的有关规定、技术标准和合同进行勘察设计，建立质量保证体系，加强设计过程的质量控制，健全设计文件的审核会签制度，参与图纸会审和做好设计文件的技术交付工作。设计文件应符合国家现行有关法律、法规、工程设计技术标准和合同的规定。工程勘察设计文件应反映工程地质、地形地貌、水文地质状况，评价准确，数据可靠。设计文件的深度，应满足相应设计阶段的技术要求，施工图应配套，细部结点应交代清楚，标准说明应清晰完整。设计中选用的材料、设备等，应注明其规格、型号、性能、色泽等，并提出质量要求，但不得指定生产厂家。对大型建筑工程，超高层建筑，以及采用新技术、新结构的工程，应在合同中规定设计单位向施工现场派驻设计代表。

6.5.4 施工单位的质量责任与义务

施工单位应在执业资质等级许可的范围内承揽工程施工任务，不得超越本单位资质等级许可的业务范围或以其他施工单位的名义承揽工程。禁止施工单位允许其他单位或个人以本单位的名义承揽工程。施工单位也不得将自己承包的工程再进行转包或非法分包。

施工单位应当对本单位施工的工程质量负责，同时必须按资质等级承担相应的工程任务，不得擅自超越资质等级及业务范围承包工程，依据勘察设计文件和技术标准精心施工，接受工程质量监督机构的监督检验。

施工单位应当建立健全质量保证体系，建立并落实质量责任制度，要明确确定工程项目的项目经理、技术负责人和管理负责人。施工单位必须建立、健全并落实质量责任制度，严格工序管理，做好隐蔽工程的质量检查和记录。隐蔽工程在掩埋前，应通知建设单位和建设工程质量监督机构进行检验。施工单位还应当建立、健全教育培训制度，加强对职工的教育培训，未能教育培训或考核不合格的人员，不得上岗作业。施工单位还应加强计量、检测等基础工作。

施工单位必须按照工程设计图纸和施工技术标准施工，不得擅自修改工程设计，不得偷工减料。施工过程中如发现设计文件和图纸的差错，应及时向设计单位提出意见和建议，不得擅自处理。施工单位必须按照工程设计要求、施工技术标准和合同约定，对建筑材料、建筑构配件、设备及商品混凝土进行检验，并做好书面记录，由专人签字，未经检验或检验不合格的上述物品，不得使用。施工单位必须按有关施工技术标准留取试块、试件及有关材料的取样，应在建设单位或工程监理单位监督下在现场进行。施工单位对施工中出现质量问题的建设工程或竣工验收不合格的工程，应负责返修。

建设工程实行总承包的，总承包单位应对全部建设工程质量负责；实行勘察、设计、施工、设备采购的一项或多项总承包的，总承包单位应对其承包单位或采购设备的质量负责。总承包单位依法进行分包的，分包单位应按分包合同的约定对其分包工程的质量向总承包单位负责，总承包单位与分包单位对分包工程的质量承担连带责任。施工单位未尽上述质量责任时，根据其违法行为的严重程度，将受到责令改正、罚款、降低资质等级、责令停业整顿、吊销资质证书等处罚。对不符合质量标准的工程，要负责返工、修理，并赔偿因此造成的损失。对降低工程质量标准，造成重大安全事故，构成犯罪的，要追究直接责任人的刑事责任。

典型案例【D6－3】

某施工单位项目经理为了确保工程质量高于验收标准，使工程可以获奖，根据自己的意愿，决定暗自修改主体工程混凝土配合比，使修改后的混凝土强度比施工图纸设计混凝土强度整体高一个等级。

试分析：项目经理的决定是否妥当？

分析如下：

项目经理的决定不妥当。项目经理的修改主体工程混凝土配合比的决定将改变设计图纸，应先得到设计人的同意。《建设工程质量管理条例》规定，施工单位必须按照工程设计图纸和施工技术标准施工，不得擅自修改工程设计，不得偷工减料。如施工单位没有按照工程设计图纸施工，首先要对建设单位承担违约责任。同时，还要承担相应的违法责任。施工单位在施工过程中发现设计文件和图纸有差错的，应及时提出意见和建议，并按照规定程序提请变更。项目经理的出发点是提升工程质量，但工程质量是由多方面因素决定的，提高混凝土强度不一定会提高工程整体强度。

6.5.5 建筑材料、构配件生产及设备供应单位的质量责任与义务

建筑材料、构配件生产及设备供应单位对其生产或供应的产品质量负责。生产厂或供应商必须具备相应的生产条件、技术装备和质量管理体系，所生产或供应的工程材料、构配件及设备的质量应符合国家和行业现行的技术规定的合格标准和设计要求，并与说明书和包装上的质量标准相符，且应有相应的产品检验合格证，设备应有详细的使用说明等。

建筑材料、构配件生产及设备供应单位必须具备相应的生产条件、技术装备和质量保证体系，具备必要的检测人员和设备，严格对看样、订货、存储、运输和核验过程的质量进行把关。供需双方均应订立购销合同，并按合同条款进行质量验收。

建筑材料、构配件及设备质量应当符合国家或行业现行有关技术标准规定的合格标准和设计要求；符合在建筑材料、构配件及设备或其包装上注明采用的标准；符合以建筑材料、构配件及设备说明、实物样品等方式标明的质量状况。在建筑材料、构配件及设备或者包装上的标记应有产品质量检验合格证明、中文标明的产品名称、生产厂家厂名和厂址，且产品包装和商标样式符合国家有关规定和标准要求。设备应有产品详细的使用说明书，电气设备还应附有线路图。实施生产许可证或使用产品质量认证标志的产品，应有许可证或质量认证的编号、批准日期和有效期限。

6.6 建设工程质量保修及损害赔偿

建设工程质量保修制度是指建设工程竣工验收后，在规定的保修期限内，因勘察、设计、施工、材料等原因导致房屋建筑工程的质量不符合建设工程强制性标准以及合同约定而出现的质量缺陷，应当由施工承包单位负责维修、返工或更换，由责任单位负责赔偿损失。建设工程质量保修制度是落实工程质量责任的重要措施，对于促进建设各方加强质量管理，保护用户及消费者的合法权益可起到重要的保障作用。《建筑法》和《建设工程质量管理条例》均规定，建设工程实行质量保修制度。

建设工程承包单位在向建设单位提交工程竣工验收报告时，应当向建设单位出具质量

保修书。质量保修书中应当明确建设工程的保修范围、保修期限和保修责任等。

6.6.1　最低质量保修期限

《建设工程质量管理条例》规定，在正常使用条件下，基础设施工程、房屋建筑的地基基础工程和主体结构工程，建设工程的最低保修期限为设计文件规定的该工程的合理使用年限。屋面防水工程、有防水要求的卫生间、房间和外墙面的防渗漏，建设工程的最低保修期限为 5 年。供热与供冷系统，为 2 个采暖期、供冷期。电气管线、给排水管道、设备安装和装修工程，为 2 年。其他项目的保修期限由发包人与承包人约定。

建设工程的保修期，自竣工验收合格之日起计算。因使用不当或者第三方造成的质量缺陷，以及不可抗力造成的质量缺陷，不属于法律规定的保修范围。按照《建设工程质量管理条例》的规定，建设行政主管部门或者其他有关部门发现建设单位在竣工验收过程中有违反国家有关建设工程质量管理规定行为的，责令停止使用，重新组织竣工验收。对于重新组织竣工验收的工程，其保修期为各方都认可的重新组织竣工验收的日期。

建设工程在超过合理使用年限后需要继续使用的，产权所有人应当委托具有相应资质等级的勘察、设计单位鉴定，并根据鉴定结果采取加固、维修等措施，重新界定使用期。

各类工程根据其重要程度、结构类型、质量要求和使用性能等所确定的使用年限是不同的。确定建设工程的合理使用年限，并不意味着超过合理使用年限后，建设工程就一定要报废、拆除。该建设工程经过具有相应资质等级的勘察、设计单位鉴定，提出技术加固措施，在设计文件中重新界定使用期，并经有相应资质等级的施工单位进行加固、维修和补强，达到能继续使用条件的可以继续使用。否则，违法继续使用的所产生的后果由产权所有人负责。

6.6.2　建设工程质量保修程序

（1）建设工程在保修期限内出现质量缺陷，建设单位应当向施工单位发出保修通知。

（2）施工单位接到保修通知后，应当到现场核查情况，在保修书约定的时间内予以保修。发生涉及结构安全或者严重影响使用功能的紧急抢修事故，施工单位接到保修通知后，应当立即到达现场抢修。

（3）施工单位不按工程质量保修书约定保修的，建设单位可以另行委托其他单位保修，由原施工单位承担相应责任。

（4）保修费用由质量缺陷的责任方承担。如果质量缺陷是由于施工单位未按照工程建设强制性标准和合同要求施工造成的，则施工单位不仅要负责保修，还要承担费用；但是，如果质量缺陷是由于设计单位、勘察单位或建设单位、监理单位的原因造成的，施工单位仅负责保修，其有权对由此发生的保修费用向建设单位索赔：建设单位向施工单位承担赔偿责任后，有权向质量缺陷的责任方追偿。

6.6.3　建设工程质量保修书的主要内容

《建设工程质量管理条例》规定，建设工程承包单位在向建设单位提交工程竣工验收报告时，应当向建设单位出具质量保修书。质量保修书中应当明确建设工程的保修范围、保修期限和保修责任等。

建设工程承包单位应当依法在向建设单位提交工程竣工验收报告资料时，向建设单位出具工程质量保修书。工程质量保修书应根据《建筑法》和《建设工程质量管理条例》协商签订，包括如下主要内容：

（1）质量保修范围。《建筑法》规定，建筑工程的保修范围应当包括地基基础工程、主体结构工程、屋面防水工程和其他土建工程，还包括电气管线、上下水管线的敷设安装工程以及供热、供冷系统工程等项目。当然，不同类型的建设工程其保修范围有所不同。

（2）质量保修期限。《建筑法》规定，保修的期限应当按照保证建筑物合理寿命年限内正常使用，维护使用者合法权益的原则确定。具体的保修范围和最低保修期限在《建设工程质量管理条例》中作了明确规定。

（3）承诺质量保修责任。承诺质量保修责任主要是施工单位向建设单位承诺保修范围、保修期限和有关具体实施保修的措施，如保修的方法、人员及联络办法、保修答复和处理时限、不履行保修责任的罚则等。

（4）缺陷责任期。工程缺陷责任期为 24 个月，缺陷责任期自工程竣工验收合格之日起计算。单位工程先于全部工程进行验收，单位工程缺陷责任期自单位工程验收合格之日起算。

（5）保修费用。保修费用由造成质量缺陷的责任方承担。

典型案例【D6-4】

某建设工程已具备竣工条件，施工单位向建设单位提交竣工验收报告后验收合格。工程竣工验收合格后第 11 年内，部分结构梁板发生不同程度的断裂，经有相应资质的质量鉴定机构鉴定，确认断裂原因为混凝土施工养护不当致其强度不符合设计要求，则该质量缺陷应由哪个单位承担？

分析如下：

工程的质量保修义务由施工单位承担，但保修费用由质量缺陷的责任方承担。在本案例中，施工单位既是质量保修的义务承担者，也是质量缺陷的责任方。所以该质量缺陷应该由施工单位维修并承担维修费用。

6.6.4 建设工程质量保修的损失承担

为规范建设工程质量保证金管理，落实工程在缺陷责任期内的维修责任，根据《建筑法》、《建设工程质量管理条例》、《国务院办公厅关于清理规范工程建设领域保证金的通知》（国办发〔2016〕49 号）和《基本建设财务管理规定》等相关规定，住房和城乡建设部、财政部制定的《建设工程质量保证金管理办法》（建质〔2017〕138 号）。中规定，建设工程质量保证金（以下简称保证金）是指发包人与承包人在建设工程承包合同中约定，从应付的工程款中预留，用以保证承包人在缺陷责任期内对建设工程出现的缺陷进行维修的资金。

缺陷是指建设工程质量不符合工程建设强制性标准、设计文件，以及承包合同的约定。缺陷责任期一般为 1 年，最长不超过 2 年，由发、承包双方在合同中约定。缺陷责任期从工程通过竣工验收之日起计。由于承包人原因导致工程无法按规定期限进行竣（交）工验收的，缺陷责任期从实际通过竣（交）工验收之日起计。由于发包人原因导致工程无法按规定期限进行竣（交）工验收的，在承包人提交竣（交）工验收报告 90 日后，工程自动进入缺陷责任期。

全部或者部分使用政府投资的建设项目,按工程价款结算总额约 5% 的比例预留保证金。社会投资项目采用预留保证金方式时,预留保证金的比例可参照执行。缺陷责任期内,由承包人原因造成的缺陷,承包人应负责维修,并承担鉴定及维修费用。如承包人不维修也不承担费用,则发包人可按合同约定扣除保证金,并由承包人承担违约责任。承包人维修并承担相应费用后,不免除对工程的一般损失赔偿责任。由他人原因造成的缺陷,发包人负责组织维修,承包人不承担费用,且发包人不得从保证中扣除费用。

承包人在缺陷责任期内认真履行合同约定的责任,到期后,承包人向发包人申请返还保证金。发包人在接到承包人返还保证金申请后,应于 14 日内会同承包人按照合同约定的内容进行核实。如无异议,发包人应当在核实后 14 日内将保证金返还给承包人,逾期支付的,从逾期之日起,按照同期银行贷款利率计付利息,并承担违约责任。发包人在接到承包人返还保证金申请后 14 日内不予答复,经催告后 14 日内仍不予答复的,视同认可承包人的返还保证金申请。发包人和承包人对保证金预留、返还以及工程维修质量、费用有争议的,按承包合同约定的争议和纠纷解决程序处理。

典型案例【D6－5】

某水利工程施工企业在缺陷责任期满向建设单位申请退还质量保修金时,建设单位以在保修期间曾自行针对合同路段进行过维修为由,扣除了 30% 的质量保修金,仅将剩余部分的质量保证金退还。

试分析:建设单位的做法正确吗?

分析如下:

不正确。建设单位无法证明质量问题的原因是承包人所用的材料、设备或者操作工艺不符合合同要求,或者承包人的疏忽或未遵守合同中对承包人规定的义务面造成的。这种情况下,建设单位不能直接扣减承包单位的质量保修金。

6.6.5　建设工程质量保修违法责任

《建筑法》规定,建筑施工企业违反《建筑法》规定,不履行保修义务的,责令改正,可以处以罚款,并对在保修期内因屋顶、墙面渗漏、开裂等质量缺陷造成的损失,承担赔偿责任。

《建设工程质量管理条例》规定,施工单位不履行保修义务或者拖延履行保修义务的,责令改正,处 10 万元以上 20 万元以下的罚款,并对在保修期内因质量缺陷造成的损失承担赔偿责任。

《建设工程质量保证金管理办法》(建质〔2017〕138 号)规定,缺陷责任期内,因承包人原因造成的缺陷,承包人应负责维修,并承担鉴定及维修费用。如承包人不维修也不承担费用,发包人可按合同约定从保证金或银行保函中扣除,费用超出保证金额的,发包人可按合同约定向承包人进行索赔。承包人维修并承担相应费用后,不免除其对工程的损失赔偿责任。

《建筑业企业资质管理规定》(住房和城乡建设部令〔2015〕22 号)规定,企业申请建筑业企业资质升级、资质增项,在申请之日起前 1 年至资质许可决定做出前,若出现未依法履行工程质量保修义务或拖延履行保修义务的情形,则资质许可机关不予批准其建筑业企业资质升级申请和增项申请。

思考题

（1）工程建设质量管理体系有哪几个方面？

（2）什么是建设工程质量保修书？

（3）建设工程质量保修金的作用是什么？

（4）保修义务的损失赔偿是怎么分担的？

（5）建设工程质量保修程序是什么？

（6）工程质量保修费用的分担原则是什么？

参 考 文 献

[1] 杨元伟. 建设工程施工合同案件裁判观点与依据 [M]. 北京：人民法院出版社，2019.
[2] 谢勇. 建设工程施工合同案件裁判规则解析 [M]. 北京：中国法制出版社，2020.
[3] 何涛，李嘉. 建设工程施工合同案件审判参考 [M]. 北京：人民法院出版社，2018.
[4] 李明. 建设工程施工合同纠纷案件裁判规则 [M]. 北京：法律出版社，2019.
[5] 贾劲松，潘全民，周峰. 建设工程施工合同案件裁判要点与观点 [M]. 北京：法律出版社，2016.
[6] 李玉生，余灌南. 建设工程施工合同案件审理指南 [M]. 北京：人民法院出版社，2019.
[7] 王楷，于秋磊. 建设工程施工合同纠纷——法律实务与工程专业知识解答 [M]. 北京：法律出版社，2021.
[8] 王勇. 建设工程施工合同纠纷实务解析 [M]. 北京：法律出版社，2019.
[9] 袁继尚. 建设工程施工合同纠纷疑难问题研究 [M]. 北京：法律出版社，2021.
[10] 杨平. 工程招投标与合同管理 [M]. 北京：清华大学出版社，2015.
[11] 李永福. 建设工程法规 [M]. 北京：中国建筑工业出版社，2011.
[12] 刘宇，赵继伟，高磊. 建设工程招投标与合同管理 [M]. 北京：北京理工大学出版社，2018.
[13] 宋春岩，付庆向. 建设工程招投标与合同管理 [M]. 北京：北京大学出版社，2008.
[14] 刘圣寅. 基于《招标投标法》的招投标法律制度问题研究 [J]. 现代经济信息，2018 (7)：347.
[15] 何红峰. 工程建设中的合同法与招标投标法 [M]. 3 版. 北京：中国计划出版社，2008.
[16] 尹文伟. 探讨全流程电子招投标形式在工程建设招标投标中的应用 [J]. 建筑与装饰，2020 (23)：188 - 190.
[17] 中国法制出版社. 招标投标：实用版法规专辑 [M]. 新 6 版. 北京：中国法制出版社，2019.
[18] 白如银. 招标投标典型案例评析 [M]. 北京：中国电力出版社，2019.
[19] 王俊安. 招标投标案例分析 [M]. 北京：中国建材工业出版社，2005.
[20] 朱晓轩，张植莉. 建筑工程招投标与施工组织合同管理 [M]. 北京：电子工业出版社，2009.
[21] 刘安业. 建筑工程招标投标实例教程 [M]. 北京：机械工业出版社，2016.
[22] 黄聪普，白秀华. 建设工程招投标与合同管理 [M]. 重庆：重庆大学出版社，2017.
[23] 杨陈慧，杨甲奇. 工程招投标与合同管理实务 [M]. 重庆：重庆大学出版社，2016.
[24] 钟汉华，于立宝，张萍，等. 建设工程招标与投标 [M]. 武汉：华中科技大学出版社，2013.
[25] 杨锐，王兆. 建设工程招投标与合同管理 [M]. 北京：人民邮电出版社，2018.
[26] 宋怡. 建设工程招投标与合同管理 [M]. 北京：北京理工大学出版社，2018.
[27] 刘伊生. 建设工程招投标与合同管理 [M]. 北京：北方交通大学出版社，2002.
[28] 鲁正，李庭辉，等. 建设工程法规 [M]. 北京：机械工业出版社，2018.
[29] 赖一飞. 工程建设监理 [M]. 湖北：武汉大学出版社，2006.
[30] 朱宏亮，张伟，卜炜玮. 建设法规教程 [M]. 2 版. 北京：中国建筑工业出版社，2019.
[31] 刘黎虹，韩丽红. 工程建设法规与案例 [M]. 北京：机械工业出版社，2015.
[32] 周宜红. 水利水电工程建设监理概论 [M]. 武汉：武汉大学出版社，2004.
[33] 庞永师. 工程建设监理 [M]. 广州：广东科技出版社，2000.
[34] 刘伊生. 建设监理工程师手册 [M]. 北京：中国建材工业出版社，1994.

［35］　何红锋. 工程建设相关法律实务［M］. 北京：人民交通出版社，2000.

［36］　卢谦. 建设工程招标投标与合同管理［M］. 北京：中国水利水电出版社，2001.

［37］　范世平. 水利工程建设监理理论与实用技术［M］. 北京：中国水利水电出版社，2008.

［38］　董长兴，潘远友，赵国富，等. 水利工程建设监理基础与实务［M］. 郑州：黄河水利出版社，2014.